TUN   CE

터널 스파드 시야공간

TUNNEL
SMART U-SPACE

지 하 터 널 의 시 대

터널

스마트 지하공간

김영근 저

APUB
에이퍼브

국토가 협소하고 산악지대가 발달한 우리나라는 인구밀도가 높아 1980년대 초부터 산업화에 따른 사회기반시설의 확충에 지하공간 개발의 필요성이 지속적으로 강조되었다. 서울 지하철 건설 초기에 도입된 신 오스트리아 터널공법(NATM)과 1970년대 후반기에 착수된 석유·가스 지하 비축시설과 지하 양수발전소 건설은 우리나라 터널 지하공간의 설계 및 시공 기술 발전의 획기적 계기가 되었다. 지난 반세기 동안 터널 지하공간의 설계 및 시공 기술의 눈부신 발달은 관련 분야의 많은 기술자와 공학자의 헌신적인 노력으로 이루어졌다.

본 저서『터널 스마트 지하공간』의 저자 김영근 박사는 서울대학교 공과대학 자원공학과에서 나의 강의를 이수한 유능한 제자로서 1993년 동 대학원에서 암반공학 전공 박사학위를 취득하였다. 그 후 대우건설, 삼보기술단, 삼성물산 등에 재직하면서 지반 및 터널설계와 시공에 다양한 실무를 경험하고 관련 분야의 기술사 자격을 취득한 후, 전문 학회의 학술 활동과 기술강의 등 활발한 연구 활동으로 지난 20년간 터널, 응용지질 및 암반공학에 관한 20권의 도서를 공동 혹은 단독으로 저술 출판하였다.

현재 종합설계사인 (주)건화 지반터널부 부사장으로 재직하면서 명지대학교 토목환경공학과 대학원 겸임교수, 한국터널지하공간학회 부회장 등으로 활동하고 있다.

본서는 저자가 현재까지 출판한 자료를 토대로 터널 기술에 대한 실제적인 문제와 현안을 중심으로 11개의 핵심어를 선정, 이 핵심어를 주제로 한 주요 내용을 기술하였다. 구성 내용은 스마트 터널과 터널 기술로 시작하여, NATM, TBM, 대심도 도심지 터널, 로드헤드 기계굴착, 터널 페이스 매핑, 터널 붕락 사고, 안전과 리스크 관리, 디지털 지하정보, 초장대 해저터널을 설명하고 마지막으로 선진 터널공사와 건설관리로 끝을 맺는다.

실무 핵심을 중심으로 알기 쉽게 설명하고 있어 토목공학, 자원공학, 지질공학 전공자에게는 물론 터널 지하공간에 관심 있는 일반인에게도 좋은 지침서가 될 것으로 확신하여 자랑스러운 제자의 저서를 추천하는 바이다.

서울대학교 공과대학 에너지자원공학과 명예교수
전 한국암반공학회 회장
국제암반공학회 석학회원(ISRM Fellow)
이 정 인

　　최근 터널 및 지하공간에 관심이 많아지고 있다. GTX-A 수도권 급행철도와 같은 대심도 터널 프로젝트와 영동대로 지하공간과 같은 도심지 지하개발 프로젝트 등이 활발히 진행되면서 지하에 구축되는 지하터널에 대한 다양한 이슈가 부각되었다. 이러한 이슈에 적극적으로 대응하고 기술적 문제를 해결하기 위하여 산학연을 중심으로 터널과 지하공간에 대한 연구 및 기술개발이 지속적으로 진행되어 왔으며, 이제 한국은 2006년 국제터널학회를 개최하고 도심지 초장대 터널을 건설하는 등 터널 선진국으로 자리매김하게 되었다.

　　김영근 박사와 인연을 맺은 지는 아마도 20여 년 전 터널공학회 활동을 하면서부터라고 기억된다. 김영근 박사는 서울대에서 암반공학을 전공한 박사로서 다양한 학회활동을 통하여 터널 전문가로 성장하였으며, 설계와 시공분야 등을 두루 섭렵한 실력 있는 엔지니어로 발전하였다. 특히 우리 분야에서는 부지런하고 성실한 능력 있는 터널 전문가로서 반드시 필요한 인재라고 생각한다.

　　이 책은 저자의 터널 및 지하에 대한 경험과 노하우를 주요 키이슈를 중심으로 알기 쉽게 풀어낸 터널공학 전문서적이다. 또한 11개 키워드로 만든 스마트 지하공간(SMART U-SPACE)이라는 콘셉트는 터널을 이해할 수 있는 핵심 사항이므로 터널(TUNNEL)이라는 토목구조물을 일반인들도 쉽게 알 수 있는 교양서적으로도 훌륭한 가치를 가질 수 있을 것이다.

　　아무쪼록 이 책이 터널과 지하공간 분야에서의 중요한 변환점이 되기를 바라면서 김영근 박사의 노고에 박수를 보내는 바이다. 또한 이 책이 터널과 지하공간 분야의 기술발전과 저변확대에 기여하는 소중한 자산이 되기를 기대해 본다.

상지대학교 건설환경공학과 교수
(전)대한토목학회 회장
(사)한일해하저터널연구원 이사장
이 승 호

"노력은 흔적을 남깁니다."

선택한 길을 열심히 걸어온 그리고 걸어가고 있는 사람이 있습니다.

엔지니어의 외길을, 한눈 팔지 않고 살아왔고, 계속 그 길을 가고 있습니다.

그리고 순수한 건설 엔지니어로서 걸어온 흔적을, 터널과 지하공간 분야의 전문가로서 긍지를 갖고 체득한 지식과 경험을, 책으로 담았습니다.

바쁘게 설계사의 전문기술인으로서 일하면서, 다양한 관련 분야 학회 및 협회의 임원으로서 활발히 활동하면서, 하루의 시간을 쪼개고 그것을 한 달, 일 년으로 꾸준히 엮어서 작품을 펴낸 저자의 노고에 진심으로 존경을 표합니다.

이미 저서를 여럿 출간하였지만, 이번에 출간하는 『터널 스마트 지하공간』은 저자가 엔지니어로서 30년을 맞는 중간 매듭입니다. 터널과 지하공간의 기술과 관련 사례를 총괄하면서도, 알기 쉽게 담았습니다. 터널을 'SMART U-SPACE'라는 스마트 디지털 지하공간의 의미로 표현하면서, 최신 터널 기술에 대한 내용을 다루고 있습니다. "알쓸터지! 알아두면 쓸모있는 터널과 지하공간 이야기"라고 선정한 주제에서 저자의 터널에 대한 사랑과 독자들에 대한 배려를 알 수 있습니다.

우리나라의 건설은 지하 공간 개발이 대세입니다. 환경과 생태계에 대한 영향을 최소화하면서 부족한 인프라 공간을 개발할 수 있는 효율적 방법이기 때문입니다. 수도권 GTX뿐 아니라, 도로 및 철도가 터널로 개발되는 구간이 크게 확대되고 있고, 기존 인프라 교통망도 지하화하는 추세입니다. 당연히 다양한 상황과 여건을 포괄하는 터널 기술의 개발이 필요하고, 전문 엔지니어의 확충도 중요합니다. 이번에 발간하는 이 책은 터널 입문서로서, 그리고 국내 미래 건설인을 위한 필독서가 될 것으로 확신합니다.

노력은 흔적과 자취를 남겨야 보다 큰 의미가 있습니다. 성실하게 닦아 온 전문 기술자로서, 저자의 노력이 터널 기술의 발전에 밑거름과 미래의 큰 흔적으로 남기를 바랍니다.

대한토목학회 회장
서울대학교 공과대학 건설환경공학부 교수
정 충 기

책 발간을 축하드립니다

더 깊이, 더 높이(the deeper, the higher). 더 깊은 지하여행은 더 높은 혁신기술로 가능하다. 미래 메타-어스(meta-eartg)의 지하영역은 수평적, 수직적으로 다양한 터널과 지하공간의 네트워크가 될 것이며, 이를 실현케 하는 기술적 패러다임은 스마트와 디지털이다. 여기서는 터널과 지하공간의 다양한 영역과 기술 발전상을 통해 최신 기술 트렌드의 핵심 키워드 조합으로 SMART U-SPACE를 제시하고 미래 스마트-디지털 기술방향을 보여주고 있다.

신중호 / 한국지질자원연구원 책임연구원 / (전)한국자원공학회 회장

대학 후배이자 업계 후배인 김영근 박사는 모든 분야에서 적극적으로 활동하여 목표를 이루어내고 발전하는 엔지니어로 아마도 터널 분야에서의 최고 전문가로 생각된다. 특히 다양한 현장 경험과 해외에서의 설계 경험을 바탕으로 만들어진 본 책은 터널 실무 엔니지어들에게 큰 도움이 될 것이며, 많은 관련 기술자들에게 좋은 가이드가 될 것이다.

이상헌 / 다산엔지니어링 대표 / 대한토목학회 부회장

'지하터널의 시대, 터널 스마트 지하공간'은 저자의 스물한 번 째 책이다. 암반, 터널, 지하공간을 공부하고 30년의 실무로 체화한 지식과 혜안을 저자는 건설기술인이 터널 프로젝트의 안과 밖, 그리고 현재와 미래를 이해할 수 있도록 친절하게 안내하고 있다. 저자가 열한 개의 주제를 재치있게 초성으로 표현한 S.M.A.R.T.U.S.P.A.C.E를 따라가다 보면 터널링의 핵심기술, 최신 동향, 수요변화와 대응, 미래의 방향이 눈앞에 펼쳐질 것이다.

정문경 / 한국건설기술연구원 선임연구위원/ (전)한국지반공학회 회장

1980년대 국내에 암반공학이 자리 잡으면서 터널과 지하공간 분야는 상당한 발전을 이루어 왔으며, 이러한 발전과 함께 터널공학은 건설 분야의 핵심적인 분야로 성장하고 있다. 본 책은 김영근 박사의 역작으로 저자의 터널 분야에 대한 집념과 열정을 느낄 수 있다. 진심으로 책 발간을 축하드리며, 본 책이 터널 엔지니어들에게 좋은 참고도서가 될 것으로 믿는다.

전석원 / 서울대학교 교수 / (전)한국암반공학회 회장

서울대학교 암반공학연구실에서 동문수학한 김영근 박사는 박사학위 후 현업에 뛰어들어 30년 간 한길을 달려 온 실력있는 엔지니어이다. 특히 관련 학회에서의 활발한 학회 활동과 전문학회지 등에서의 왕성한 집필 활동을 해왔으며, 본 책은 이러한 오랫동안의 노력의 결과이자 산물로 저자의 터널과 지하공간에 대한 열정과 사랑을 확인할 수 있다. 또한 여기서는 미래공간으로서의 터널과 지하공간에 대한 핵심 기술과 주요 이슈를 쉽게 이해할 수 있을 것이다.

최성웅 / 강원대학교 교수 / (전)한국암반공학회 회장

지하터널의 시대, 터널에 대한 기술적 관심이 커지고 있는 이때, 30년간 터널 전문가로서 그동안 다양한 영역에서 많은 경험을 쌓아온 절친이 책을 발간했다. 최신 스마트 기술을 포함한 터널에 대한 11개의 주요 키워드로 풀어낸 이 책『터널 스마트 지하공간』은 터널 관련 기술 서적으로는 최고의 명서가 될 것이라고 확신한다.

김병일 / 명지대학교 교수 / 대한토목학회 부회장

최근 건설산업에서의 스마트 기술의 도입과 응용은 가장 중요한 패러다임의 변화이자 도전 과제이다. 터널 기술에서도 다양한 스마트 기술과 공법이 개발되고 적용되고 통합되고 있다. 이에 터널에 대한 최신 기술 트렌드를 반영하여 가장 핵심적인 키워드 11개를 선정하였고, 선정된 키워드를 배열하여 하나의 문구로 표시한 것이 매우 인상적이다.

이석원 / 건국대학교 교수 / (전) 한국터널지하공간학회 회장

암반공학은 터널과 지하공간에 있어 반드시 필요한 필수적인 공학이다. 최근 한국의 암반공학은 국제암반공학회(ISRM) 회장과 부회장을 배출하면서 르네상스를 맞고 있다. 이러한 시기에 발간된 본 책은 터널과 지하공간에 관심이 많은 기술자뿐만 아니라 일반인들에게도 매우 유용한 지침서가 될 것으로 생각된다. 또한 터널이 미래 스마트 지하공간으로 개발되는 지하터널의 시대에 있어 중요한 참고 서적이 될 것이다.

박찬 / 한국지질자원연구원 책임연구원 / 한국암반공학회 회장

지하공간 개발은 제한된 국토의 효율적인 활용 측면에서 필수불가결하다. 전 세계적으로 지하개발이 시작된 지 100여 년, 최근에는 AI를 이용한 스마트 기술이 접목되어 지하공간건설을 위한 장이 열리고 신기술이 개발 보급되고 있는 실정이다. 이에 발맞추어 지하공간건설에서 스마트 기술의 활용과 실무에 대한 선도적인 지도서가 발간된 것은 후배들의 기술 습득 바이블로써 무척 축하할 일이다. 자료 수집, 정리, 집필에까지 탁월한 '筆力'으로 우수한 도서를 제작한 김영근 박사를 존경하며, 지하공간 관련 기술자의 사랑과 노력에 무한한 지원과 응원의 메시지를 보냅니다.

백용 / 한국건설기술연구원 선임연구위원 / 대한지질공학회 부회장

최근 터널과 지하공간에 대한 관심이 많아지고 있는 지금, 본 책은 터널 및 지하공간에 대한 기술 트렌드와 핵심 키워드가 알기 쉽게 잘 정리되어 있다. 항상 후배들에게 타의 모범을 보이고, 열심히 한길을 걸으면서 터널 분야의 발전에 기여한 김영근 박사의 노력에 다시 한번 찬사를 보내며 본 책의 발간을 진심으로 축하드린다.

조계춘 / 한국과학기술원 교수 / 한국터널지하공간학회 부회장

>>> 엔지니어의 길 30년

1983년 우연한 기회로 암반공학을 전공하고 꼬박 10년을 공부하여 박사학위를 취득하였으며, 1993년 아무것도 모르는 상태에서 현업에 뛰어 들게 되었습니다. 그리고 30년 동안 암반 및 터널 분야에 대한 설계 및 시공, 글로벌 엔지니어링 등의 경험을 거쳐 2023년 현재 이 자리에 서있게 되었습니다.

터널 현장을 처음 갔을 때의 경험은 생생하기만 합니다. 아는 것이 없어 과연 잘 해낼 수 있을까 하는 걱정과 두려움 속에 다양한 현장을 거쳐, 여러 가지 프로젝트를 통해 실무 하나하나 소중한 경험을 쌓고, 터널에 대한 기술 노하우를 축적하면서 우리 업에 대하여 이해하게 되었고, 이제 터널 분야의 전문가로서 자리 잡게 되었습니다.

엔지니어로서의 30년의 시간은 배움과 경험 그리고 변화의 시간이었다고 생각합니다. 시공에서 설계로의 전환, 국내에서 해외로의 도전 그리고 관련 학회에서의 다양한 활동 경험은 통합 엔지니어로 성장하고 글로벌 엔지니어로 발전하는 계기가 되었습니다. 또한 우리 분야에 대한 전문 지식을 기술기사, 논문 그리고 책으로 표현하는 글쓰는 엔지니어가 되었습니다.

우리 업에 대하여 잘 모르는 상태에서 우리 업을 선택하고, 우리 업에 대하여 공부하고 경험하면서 점차 알게 되었습니다. 그리고 우리 업에 대하여 무한한 애정과 열정을 가지게 되었고, 30년이 지난 지금 전문가로서 우리 일에 대한 자부심을 통하여 우리 업의 자리매김과 발전을 위해 꾸준히 노력 중에 있습니다.

>>> 무엇을 할 것인가?

무엇을 할 것인가? What is to be done? 학창시절 인문서적을 읽으면서 가장 가슴에 와닿은 말로서, 지금까지 엔지니어의 길을 선택하고 걸어오면서 끊임없이 나 자신에게 던져온 명제이다. 이러한 기본 명제를 생각하면서 지금까지 엔지니어로서 걸어왔던 나의 길을 한번 돌이켜 보게 된다.

[학교에서 현업으로] 1993년 박사학위를 마치고 학교가 아닌 현업을 선택하게 되었다. 교수가 되기 위한 지루한 과정이 힘들게 생각되어서 그랬었는지 바로 현업에서 일하고 싶었고, 운 좋게도 시공사인 대우건설에 자리를 잡을 수 있었다. 이때는 현장지원과 R&D를 수행하면서 실제적인 엔지니어의 기반을 쌓았다.

[시공에서 설계로] 2002년 무슨 바람이 들어서 직접 설계하고 싶은 욕심으로 터널전문 설계사인 삼보기술단에 들어가 턴키설계를 직접 하면서 가장 힘들게 보냈던 시간이었다. 아마도 가장 많이 단련되고 성장하는 계기가 되었다. 야근과 철야를 밥 먹듯이 했던, 동고 동락했던 바보팀의 시절과 직원들이 그립기도 하다.

[설계에서 다시 시공에서] 2006년 좋은 조건의 스카우트 제의를 거절하지 못하고 시공사인 삼성물산으로 옮기게 되었다. 그러나 운명의 장난처럼 입사하자마자 소양강 터널 붕락사고가 발생하여 현장 기술대책팀으로 파견 나가게 되어 생고생을 다했지만, 사고를 수습하면서 설계, 시공 및 감리 등 모든 것을 살펴보게 되었다. 또한 합사 등에서의 PM으로서의 설계관리능력을 갖출 수 있게 되었다.

[국내에서 해외로] 2012년 해외경험에 대한 갈증을 채우기 위하여 호주 UNSW(University of New South Wales)에서 공부할 기회가 생겼고, 강의, 집필 그리고 영어경험을 통하여 보다 성숙한 글로벌 엔지니어로 성장할 수 있었다. 이어서 세계 최대 글로벌 엔지니어링사인 싱가포르 Parsons Brinckerhoff에서 일하게 되었으며, 해외 터널프로젝트를 직접 설계하고 관리하는 경험, 그리고 리스크 관리 등의 해외 선진시스템에 대한 소중한 경험도 할 수 있었다.

[해외에서 다시 국내로] 2015년 다시 국내로 돌아와 종합설계사인 (주)건화에서 일할 수 있는 기회가 생겼으며, (주)건화 지반터널부를 맡아 일반설계, 턴키설계 및 해외 설계 등을 열심히 수행하였고, 현재는 전략기획실을 맡아 기획업무를 수행하고 있다.

지난 30년 동안 엔지니어로 살아오면서 설계와 시공 그리고 국내와 해외 등을 경험하였다. 돌이켜 보면 정말로 운도 좋고 참으로 복도 많았던 시간이었으며, 나름 쉬지 않고 열심히 그리고 즐겁게 살아왔다고 자부하게 된다.

>>> 지하터널의 시대

지난 수십 년 동안 우리 터널 분야는 많은 변화와 발전을 거듭해왔습니다. 1980년대 초에 NATM 공법이 서울 지하철공사에 도입된 후 계속적으로 성장하여 이제는 NATM 터널 기술이 세계적 수준으로 발전하였으며, 세계 4위의 연장 50.3km 초장대 터널인 율현터널이 준공되어 운행 중에 있습니다. 또한 1990년대 초 TBM 공법이 부산지하철에 도입되어 도심지 터널구간 및 하저터널 구간에 꾸준히 적용되어 왔으며, 현재는 국내 최초로 직경 14.01m의 쉴드 TBM이 한강하저 도로터널에 굴진 중에 있습니다. 그리고 도심지 터널굴착 시의 안전 및 민원 문제에 대응하기 위하여 기계화 시공이 적극적으로 도입되어 적용되고 있습니다.

바야흐로 지하터널의 시대(The Era of Underground Tunnel)가 오고 있습니다. 현재 국내에서는 수도권 급행철도(GTX) 사업, 지하고속도로 사업, 영동대로 지하공간개발사업 등과 같은 수많은 대형 지하터널프로젝트가 진행 중에 있습니다. 해외에서도 일본의 대심도 지하(大深度 地下, Deep Underground)와 대심도 터널프로젝트, 싱가포르의 디지털 지하(Digital Underground)와 지하인프라 프로젝트 등 메가 프로젝트가 계획되거나 시공 중에 있습니다.

또한 건설공사의 패러다임이 변하여 기존의 경제성 및 시공성 중심의 공사에서 안전성 및 민원최소화 중심의 공사로 변화하고 있습니다. 특히 도심지 터널공사의 경우 지하안전 영향평가, 설계안전성 검토 등의 안전문제에 대한 기술적 검토사항이 요구되며, 환경 및 안전이슈에 대한 민원 문제에도 적극적인 대응이 요구되고 있습니다.

지하터널의 시대와 함께 지하터널공사에서 공사 중 사고를 최소화하고, 적정한 공사 및 공사비를 감당할 수 있으며, 안전을 최대로 확보할 수 있는 최적의 관리방안에 대한 기술적 검토와 고민이 시작되었으며, 영국, 싱가포르 등과 같은 선진국에서는 지오 리스크가 큰 지하터널공사에서 리스크 평가를 반영한 리스크 대책방안을 의무적으로 검토하도록 하고 있으며, 이를 통하여 지하공사의 리스크 안전 관리를 체계적으로 수행하기 위한 노력이 계속되고 있습니다.

또한 스마트 건설기술이 개발됨에 따라 다양한 관련 최신 스마트 기술이 터널공사에 적용되기 시작하였으며, BIM 등을 활용한 디지털 설계 및 시공 기술에 대한 응용도 활발해지고 있습니다.

>>> 알쓸터지! 알아두면 쓸모있는 터널과 지하공간 이야기

지하터널의 시대에서 터널 기술에 대한 일반적인 이해가 부족한 상황에서 스마트 기술과 디지털 기술에 대한 기본적인 이해를 바탕으로 터널 공학과 터널링에 대한 보다 알기 쉬운 논리와 표현이 반드시 필요합니다.

따라서 지하터널에서 암반 및 터널 문제에 대하여 고민하는 설계나 시공을 담당하는 터널 기술자들에게 실무적으로 도움이 될 만한 참고도서가 필요할 것으로 생각됩니다. 또한 터널을 잘 모르는 일반인들에게도 지하터널에 대한 이해를 돕고자 지하터널에서의 주요 이슈와 핵심 현안을 종합적으로 정리하여 현장에서의 다양한 경험과 사례를 중심으로 본 책을 집필하게 되었습니다.

끝으로 지난 시간 동안 부족한 원고를 게제해 준 한국지반공학회지 「地盤」, 한국터널지하공간학회지 「자연, 터널 그리고 지하공간」 관계자분들께 진심으로 감사드립니다. 또한 지난 수십 년 동안 암반 및 터널 분야에 관심을 갖고 응원해주신 모든 분들께도 감사드립니다. 그리고 항상 책 발간에 도움을 주신 에이퍼브프레스 관계자분들에게도 감사의 말씀을 전합니다.

또 한 권의 책이 만들어지게 되었습니다. 항상 우리 터널 분야가 자리매김하고 더욱 발전하기를 바라는 마음과 그러기 위해 모두가 노력하고 함께하는 우리 터널 기술자들의 활약과 비전을 그려봅니다. 또한 이 책이 터널 기술자뿐만 아니라 터널에 관심 있는 일반인들에게도 알아두면 쓸모 있는 좋은 책이 되기를 바랍니다.

한국터널지하공간학회 부회장
(주)건화 부사장 / 공학박사·기술사

김 영 근

터널 스마트 지하공간
TUNNEL · SMART U – SPACE

강의	내용	비고
S	**스마트 터널**과 터널 기술 트렌드 Smart Tunnel and Tunnel Technology Trend	제1강
M	**TBM 터널**과 터널링 Mechanized TBM Tunnel and Tunnelling	제3강
A	**터널 페이스 매핑**과 지오 리스크 Automated Tunnel Face Mapping and Geo-Risk	제6강
R	**로드헤더 기계굴착**과 도심지 터널 Roadheader Excavation in Urban Tunnelling	제5강
T	**터널 붕락사고**와 교훈 Tunnel Collapse Accident and Lesson Learned	제7강
U	**대심도 지하**와 도심지 대심도 터널 Urban Deep Tunnel and Deep Underground	제4강
S	**터널 안전**과 리스크 관리 Safety and Risk Management in Tunnelling	제8강
P	**디지털 지하**와 지하정보 플랫폼 Platform of Digital Underground Information	제9강
A	**선진 터널공사**와 건설 관리 Advanced Tunnel Construction Management	제11강
C	**NATM 터널**과 터널링 Conventional NATM Tunnel and Tunnelling	제2강
E	**초장대 해저터널**과 핵심 이슈 Extra Long Undersea Tunnel and Key Issues	제10강

이 책의 구성과 활용

지하터널(Underground Tunnel)의 시대가 오고 있는 지금, 터널에 대한 기술적 관심과 사회적 니즈가 증가하고 있다. 이에 터널공학(Tunnel Engineering)과 터널 기술에 대하여 보다 쉽게 설명하고 지하터널에 대하여 실제적인 이슈와 현안을 중심으로 설명하기 위하여 본 강좌를 시작하게 되었다.

우선적으로 터널에 대한 주요 키워드 11개를 선정하였다. 이를 조합하여 만들어진 것이 바로 'SMART U-SPACE'이다. 즉 지하터널은 '스마트 건설기술과 디지털 지하기술로 구현되는 통합 지하공간'이라는 의미이다.

지하터널에 대한 총 11개의 주제의 주요 내용을 핵심 이슈를 중심으로 기술하였다. 또한 "알쓸터지! 알아두면 쓸모있는 터널과 지하공간 이야기"의 주제로 보다 이해하기 쉽고 모두에게 유익한 기술 자료가 되도록 하였다.

이 책의 구성과 내용

강의	내용	핵심 이슈
제1강	스마트 터널과 터널 기술 트렌드 Smart Tunnel and Tunnel Technology Trend	터널 기술의 스마트화 (Smart Tunnelling)
제2강	NATM 터널과 터널링 NATM Tunnel and Conventional Tunnelling	터널링의 응용 복합화 (Fusion Technology)
제3강	TBM 터널과 터널링 TBM Tunnel and Mechanized Tunnelling	TBM 장비의 대형 자동화 (TBM Technology)
제4강	대심도 지하와 도심지 대심도 터널 Urban Deep Tunnel and Deep Underground	도심지 지하공간 개발 (Underground Development)
제5강	도심지 터널과 로드헤더 기계굴착 Roadheader Excavation in Urban Tunnelling	도심지 진동소음 대책 (Urban Tunnelling)
제6강	터널 페이스 매핑과 지오 리스크 Tunnel Face Mapping and Geo-Risk	터널 기술의 디지털화 (Digital Technology)
제7강	터널 붕락사고와 교훈 Tunnel Collapse Accident and Lesson Learned	터널 안전사고 대책 관리 (Safety Management)
제8강	터널 안전과 리스크 관리 Tunnel Safety and Risk Management in Tunnelling	터널 리스크 관리 시스템 (Risk Management)
제9강	디지털 지하와 지하정보 플랫폼 Digital Underground and Information Platform	통합 디지털 정보관리 (Integrated Digitalization)
제10강	초장대 해저터널과 핵심 이슈 Extra Long Undersea Tunnel and Key Issues	초고속 교통인프라 구축 (Hyer Trans Infra System)
제11강	선진 터널공사와 건설 관리 Advanced Tunnel Construction Management	터널 건설관리 시스템 구축 (Construction Management)

11개 터널 키워드 Tunnel Keywords

* 터널에 대한 최신 기술 트렌드를 반영하여 가장 핵심적인 키워드 11개를 선정하였고 선정된 키워드를 배열하여 하나의 문구로 표시하였다.

TUNNEL · SMART U - SPACE
터널 – 스마트 건설기술과 디지털 지하기술로 구현되는 통합 지하공간

1. 스마트 터널   Smart Tunnel
최근 건설산업에서의 스마트 기술의 도입과 응용은 가장 중요한 패러다임의 변화이자 도전 과제이다. 터널 기술에서도 다양한 스마트 기술과 공법이 개발·적용 및 통합되고 있다.

2. TBM 터널   Mechanized TBM Tunnel
발파 굴착(drill and blasting)을 기반으로 발전해왔던 터널 기술은 경제성 중심에서 안전성 및 환경성을 중심으로 변화함에 따라 TBM 장비를 이용한 터널 기계화 시공으로 전환되어 TBM 터널링이 터널 기술의 핵심으로 자리하게 되었다.

3. 터널 페이스 매핑   Automated Tunnel Face Mapping
터널 막장에서의 암판정 기술은 터널 엔지니어의 경험과 주관적 판단에 의존하던 것을 보다 객관화하고 정량화하기 위하여 터널 디지털 매핑기술을 적용하여 응용하여 막장에서의 암반평가 및 계측 등을 자동화할 수 있게 되었다.

4. 로드헤더 기계굴착   Roadheader Mechanical Excavation
도심지 터널공사에서 발파로 인한 민원을 최소화하고 안전이슈를 해결하기 위하여 기존의 발파굴착방법 대신 로드헤더(roadheader)장비를 이용한 기계굴착이 점차적으로 적용되고 있지만 경암반에서의 굴진성능을 검증할 필요가 있다.

5. 터널 붕락사고   Tunnel Collapse Accident
터널공사는 지반 불확실성(uncertainty)으로 인하여 시공중 예상치 못한 터널붕락사고 등이 발생할 가능성이 크므로 시공 중 지질 및 지반 리스크(geo-risk)에 대하여 보다 적극적으로 대응하여야 한다.

6. 도심지 대심도 터널   Urban Deep Underground Tunnel

대심도(deep underground)는 40m 이하의 지하공간으로 토지소유자에 의해 통상적으로 이용되지 않는 지하공간을 의미한다. 특히 도심지에서는 기존 지하철하부의 대심도 지하에 건설되는 대심도 터널이 지속적으로 활성화되고 있다.

7. 터널 안전 리스크 관리   Safety and Tunnel Risk Management

터널공사에서 지오 리스크에 의한 안전사고를 최소화하기 위하여 터널 공사에서 발생가능한 리스크를 정확히 분석하고 정량적으로 평가하는 터널 리스크 관리 시스템이 선진국을 중심으로 개발되고 활용되고 있다.

8. 디지털 지하   Platform of Digital Underground

디지털(digital underground)이란 지하매설물, 지하시설물 및 지반 등과 같이 지하공간에 대한 모든 관련 정보를 디지털화하여 3차원적으로 구현하고자 하는 것으로, 지상정보와 통합운영하도록 하는 지하정보 플랫폼이 구축되고 있다.

9. 선진 터널공사관리   Advanced Tunnel Construction Management

선진 터널공사관리 시스템은 발주자와와 시공자간의 리스크 분담이슈를 해결하기 위하여 터널전문기술자를 현장에 상주하여 터널공사를 통합관리하는 건설관리 시스템으로 보다 선진화된 터널공사시스템으로 변화가 요구되고 있다.

10. NATM 터널   Conventional NATM Tunnel

주지보재인 숏크리트와 록볼트를 이용하는 재래식 NATM 공법은 대부분의 암반조건에 적용가능하고 즉각적인 변경이 가능한 매우 실용적이며 기본적인 터널공법으로 광범위하게 적용되고 발전하여 왔다.

11. 초장대 해저터널   Extra Long Undersea Tunnel

현재 많은 국가에서 섬과 대륙을 이어주고, 국가간을 연결하기 위하여 초장대 해저터널(undersea tunnel)을 건설하여 글로벌 교통인프라를 구축하고 있으며, 수압, 환기방재 등과 같은 기술 이슈에 대한 충분한 검토가 필요하다.

강의 - 터널 스마트 지하공간 제11강

터널 스마트 지하공간
제11강

스마트 터널과 터널 기술 트렌드

LECTURE 01 스마트 터널과 터널 기술 트렌드
Smart Tunnel and Tunnel Technology Trend

최근 터널 기술은 기계 공학 및 전자 기술의 급격한 발전과 스마트 건설로의 전환과 함께 혁신적인 변화를 가져오고 있다. 이는 TBM과 로드헤더와 같은 기계화 시공기술의 발전과 자동화 및 디지털 기술의 응용으로 전환되고 있다. 이러한 터널의 기술 발전과 트렌드를 [표 1.1]에 정리하였다. 표에서 보는 바와 같이 초단면화, 초장대화, 초굴진화, 대심도화 및 초근접화의 5-Hyper(超)와 복합화, 기계화, 스마트화, 안전화, 아트화의 5-High(高)로 요약된다. 여기에서는 10가지 키워드에 대한 주요 기술 내용을 중심으로 기술하였다.

[표 1.1] 터널의 기술 발전과 트렌드

Keyword			As-is	To-Be
5-Hyper 超(초)	초단면화	더 크게	직경 10m급 내외	직경 15m급 이상
	초장대화	더 길게	연장 수km 내외	연장 수십km 이상
	초굴진화	더 빠르게	굴진율 수m/일	굴진율 수십m/일
	대심도화	더 깊게	지하심도 30m 내외	지하심도 40m 이상
	초근접화	더 가깝게	이격거리 1.0D 이상	이격거리 0.5D 이하
5-High 高(고)	복합화	복합 다기능	Single-Function	Multi-Function
	기계화	고성능 기술	기계 장비 위주	첨단 기술 적용
	스마트화	디지털 기술	Monitoring Data	BIM 기술 응용
	안전화	시스템 관리	정성적 안전 관리	정량적 리스크 관리
	아트화	미적 디자인	단순한 굴착기계	상징화된 의미

[표 1.2] 5—Hyper SMART Tunnel Technology and Trend

■ Hyper(超) 대단면화	The Larger

- 직경 14~15m급 Mega TBM 적용 확대
- 세계 최대 TBM 단면 17.6m
- 홍콩 TMCLK 터널(도로)
- 국내 최대 TBM 단면 13.98m
- 김포파주 고속도로 한강터널(도로)

■ Hyper(超) 초장대화	The Longer

- 연장 50km이상의 초장대 터널 건설 증가
- 세계 최장대 TBM 터널 57.5km (직경 11m)
- 스위스 Gotthard Base 터널 (철도)
- 국내 최장대 TBM 터널 22.3km (직경 3.3m)
- 영천 도수로 터널 (수로)

■ Hyper(超) 굴진화	The Faster

- 직경 14~15m급 Mega TBM 적용 확대
- 세계 최대 월굴진율 1,482m (직경 10.8m)
- 미국 시카고 TARP 터널 (수로)
- 세계 최대 일굴진율 106m (직경 9.6m)
- 스페인 La Cabrera 터널 (철도)

■ Hyper(超) 대심도화	The Deeper

- 도심지 터널의 대심도화 (지하 50m이하)
- 세계 최대 심도 터널 /지하 2300m
- 스위스 Gotthard Base 터널 (철도)
- 도심지 대심도 터널 / 지하 80m
- 싱가포르 케이블 터널 (유틸리티)

■ Hyper(超) 초근접화	The Closer

- 도심지 구간에서 초근접 시공 증가(수m 이내)
- 도심지 터널 초근접 이격거리 1m
- 미국 맨하탄 East Side Access터널 (지하철)
- 도심지 터널 이격거리 2.7m
- 중국 베이징 Metro Line 10 (지하철)

[표 1.3] 5– High SMART Tunnel Technology and Trend

■ High(高) 복합화   More Complex

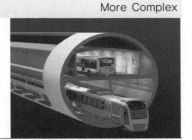

- 도로와 철도 기능의 복합화 (Combined)
- 도심지 복합터널 / 복층구조
  - 호주 브리스번 (도로+메트로)
- 대단면 복합터널 / 복층구조 직경 15.2m
  - 중국 Sanyang 하저터널(고속도로+철도)

■ High(高) 기계화   More Mechanized

- TBM 장비의 첨단 자동화
- TBM Robot 기술
  - 프랑스 Chiltern 터널 (철도)
- 고수압 대응 기술
  - TBM Hyperbaric Chamber/Intervention

■ High(高) 스마트화   The Smarter

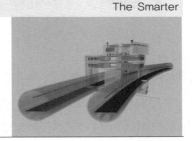

- 대형 터널프로젝트에 BIM 기술 적용
- 통합 4D-BIM 운영
  - 공정관리 및 설계에서부터 유지관리까지
- 싱가포르 지하공사
  - Integrated Digital Delivery(IDD) 적용

■ High(高) 안전화   The Safer

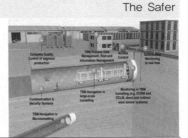

- 지하공사에서의 안전 리스크 관리 강화
- 싱가포르 LTA
  - Total Safety Management System
- 국제터널협회(ITA) 및 영국 CDM
  - 정량적 Risk Management System(RMS)

■ High(高) 아트화   Art Design

- TBM 장비의 예술적 디자인 (상징성 부여)
- 국가적 상징 - 국기를 형상화
  - 인도, 스페인, 터키, 이탈리아, 캐나다 등
- 발주기관 및 SPC 상징 - 프로젝트 형상화
  - 호주 West Gate Tunnel 프로젝트

1. 초대단면화 - The Larger

TBM 장비 제작기술이 발전함에 따라 TBM 터널 직경은 점점 커지고 있다. 지하철 터널이 직경 7~8m급, 철도 터널이 직경 12~14m급, 도로터널이 직경 14~15m급이며, [그림 1.1]에는 TBM 직경 크기 비교가 나타나 있다.

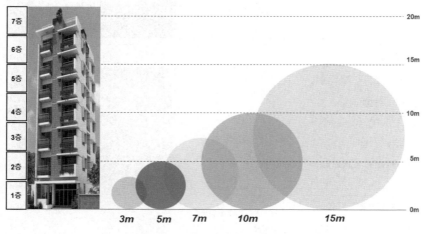

[그림 1.1] TBM 직경 크기 비교

1985년 이후부터 최근까지의 적용된 TBM 터널 직경이 [그림 1.2]에 나타나 있다. 그림에서 보는 바와 같이 TBM 직경이 점차적으로 점점 커지고 있음을 확인할 수 있으며, 국내 최대 TBM 터널인 한강터널의 TBM 직경을 표시하였다.

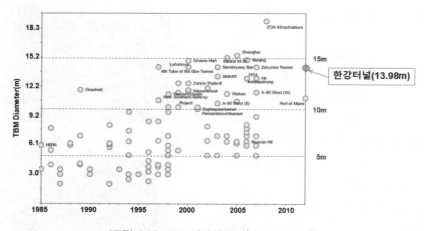

[그림 1.2] TBM 직경의 증가(1985~2012)

독일 TBM 장비제작사인 Herrenknecht에서 제시한 TBM 직경에 대한 크기 비교는 [그림 1.3] [그림 1.4] [그림 1.5]에 나타난 바와 같다. EPB 쉴드는 15.20m(마드리드, 2006), Mix 쉴드는 17.6m(홍콩, 2013)으로 나타났다.

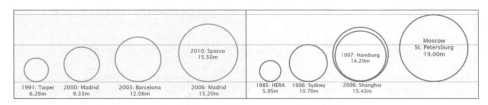

[그림 1.3] 쉴드 TBM의 직경 비교

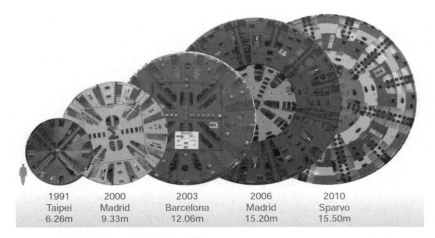

[그림 1.4] TBM 직경의 변화 (EPB Shields, From Herrenknecht)

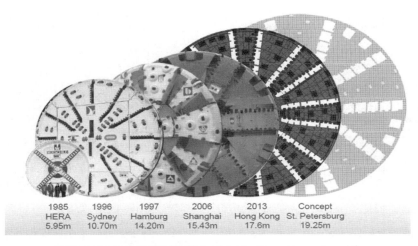

[그림 1.5] TBM 직경의 변화(Mix Shields, From Herrenknecht)

[표 1.4] 14m급 대단면 TBM(Mega TBM) 시공 실적

Date	Country	Project	TBM manufacturer	Diameter
2020	China	Zhenzho undersea highway crossing, Shenzhen	2 TBMs	15.03m
2020	China	Mawan undersea highway crossing, Shenzhen	2 slurry TBMs one a STEC machine	14.90m
2020	China	Genshan East highway crossing under Qiantang River, Hanzhou	1 CRCHI slurry TBM	15.01m
2020	Australia	Melbourne West Gate Highway	2 Herrenknecht EPBMs	15.60m
2018	China	Nanjing MeiZiZhou Tunnel	1 Herrenknecht Mixshield Ex-Nanjing Machine	15.43m
2018	China	Shanghai Zhou Jia Zui Road River Crossing Motorway	1 Herrenknecht Mixshield	14.90m
2017	China	Suai highway tunnel, Shantou	1 CREG slurry TBM	15.30m
2017	China	Shantou Su'Ai Sub-sea Tunnel East	1 Herrenknecht Mixshield	14.96m
2017	China	Shenzhen highway tunnel	1 CREG slurry TBM	15.80m
2017	Japan	Tokyo Outer Ring Road Kan-etsu to Tomei	4 machines 1 Kawasaki, 3 JIM	16.10m
2017	China	Shanghai Zhuguang Road Tunnel	1 Herrenknecht EPBM Ex Auckland Waterview TBM	14.41m
2016	China	Shanghai Yanjiang A30 Motorway	2 Herrenknecht Mixshields Ex Shanghai Changjiang under river project	15.43m
2016	China	Shanghai Bei Heng Motorway	1 Herrenknecht Mixshield	15.53m
2016	China	Zhuhai Hengqin Tunnel	1 Herrenknecht Mixshield Ex Shanghai Hongmei Road Tunnel TBM	14.90m
2016	Italy	Santa Lucia Highway Tunnel, A1 near Firenze	1 Herrenknecht EPBM	15.87m
2015	Hong Kong	Lung Shan Tunnel on Liantang Highway Project	1 NFM TBM	14.10m
2015	Hong Kong	Tuen Mun-Chek Lap Kok subsea highway link	2 Herrenknecht Mixshields 1 Herrenknecht Mixshields	17.60m 14.00m
2015	China	Wuhan Metro Line 7 Sanyang Road river crossing (Metro + 3 Lane road)	2 Herrenknecht Mixshields	15.76m
2013	China	Shouxhiou Lake Highway Tunnel	1 Herrenknecht Mixshield Ex-Nanjing Machine	14.93m
2013	Italy	Caltanissetta highway tunnel, Sicily	1 NFM Technologies EPBM	15.08m
2011	China	Shanghai West Changjiang Yangtze River Road Tunnel	1 Herrenknecht Mixshield Ex-Shanghai Changjiang highway	15.43m
2013	New Zealand	Waterview highway connection, Auckland	1 Herrenknecht EPBM	14.41m
2011	USA	Alaskan Way highway replacement tunnel	1 Hitachi Zosen EPBM	17.48m
2011	China	Weisan Road Tunnel, Nanjing	2 IHI/Mitsubishi / CCCC slurry TBMs	14.93m
2012	China	Shanghai Hongmei Road	1 Herrenknecht Mixshield	14.93m
2011	Italy	A1 Sparvo highway tunnel	1 Herrenknecht EPBM	15.55m
2010	Spain	Seville SE-40 Highway Tunnels	2 NFM Technologies EPBMs	14.00m
2010	China	Hangzhou Qianjiang Under River Tunnel	1 Herrenknecht Mixshield Ex-Shanghai Changjiang highway	15.43m
2009	China	Yingbinsan Road Tunnel, Shanghai	1 Mitsubishi EPBM Ex-Bund Tunnel machine	14.27m
2008	China	Nanjing Yangtze River Tunnel	2 Herrenknecht Mixshields	14.93m
2007	China	Bund Tunnel, Shanghai	1 Mitsubishi EPBM	14.27m
2006	China	Jungong Road Subaqueous Tunnel, Shanghai	1 NFM slurry shield Ex-Groenehart machine	14.87m
2006	China	Shanghai Changjiang under river highway tunnel	2 Herrenknecht Mixshields	15.43m
2006	Canada	Niagara Water Diversion Tunnel	1 Robbins Gripper TBM Rebuilt Manapouri machine	14.40m
2005	Spain	Madrid Calle 30 Highway Tunnels	2 machines / 1 Herrenknecht, 1 Mitsubishi	15.20m
2004	Russia	Moscow Silberwald Highway Tunnel	1 Herrenknecht Mixshield Ex-Elbe project machine	14.20m
2004	China	Shangzhong Road Subacqueous Tunnel, Shanghai	1 NFM Technologies Ex-Groenehart machine	14.87m
2004	Japan	Tokyo Metro	1 IHI EPBM	14.18m
2001	Russia	Moscow Lefortovo Highway Tunnel	1 Herrenknecht Mixshield Ex-Elbe project machine	14.20m
2000	Netherlands	Groenehart double-track rail tunnel	1 NFM Technologies	14.87m
1997	Germany	Hamburg 4th Elbe River Highway Tunnel	1 Herrenknecht Mixshield	14.20m
1994	Japan	Trans Tokyo Bay Highway Tunnel	8 machines 3 Kawasaki, 3 Mitsubishi, 1 Hitachi, 1 IHI	14.14m

[그림 1.6]은 세계적으로 운영 중이거나 준공된 TBM 터널에서의 최대 TBM 직경을 나타낸 것이다. 그림에서 보는 바와 같이 TBM 직경 최대 17m급이 미국과 홍콩에서 적용된 바 있음을 확인할 수 있다.

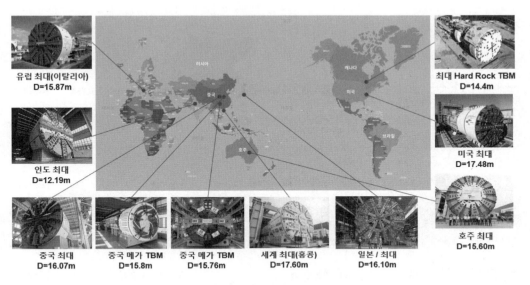

[그림 1.6] 세계의 Mega TBM 시공 사례

[그림 1.7]은 국내 최대 TBM 직경과 세계 최대 TBM 직경을 비교하여 나타낸 것이다. 그림에서 보는 바와 같이 현재 계획 중인 최대 TBM 직경은 러시아에서 구상 중인 19.2m, 준공된 최대 TBM 직경은 홍콩의 17.6m, 국내 최대 TBM 직경은 14.01m로 조사되었다.

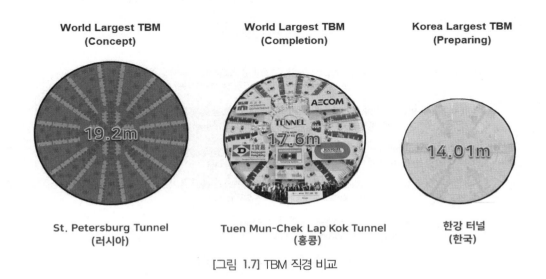

[그림 1.7] TBM 직경 비교

2. 초장대화 – The Longer

TBM 장비 제작 기술과 굴진 기술이 발전함에 따라 TBM 터널의 연장은 점점 길어지고 있다. [그림 1.8]은 세계적인 초장대 터널을 나타낸 것이다. 산악을 통과하거나 해저를 통과하는 철도터널은 초장대화되고 있으며, 세계 최장대 터널은 57.5km의 스위스 고타드 베이스 터널이다.

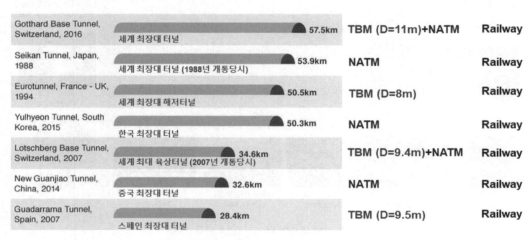

[그림 1.8] 세계의 초장대 터널(NATM 터널과 TBM 터널)

[그림 1.9]에서 보는 바와 같이 국내 최장대 터널은 NATM 공법으로 굴착된 연장 50.3km의 율현 터널이며, TBM 공법으로 굴진된 경우는 연장 33km의 영천댐 도수로 터널이다. 현재 시공 중인 국내 최대 TBM 터널은 한강하저를 통과하는 한강터널로 연장 2.86km이다.

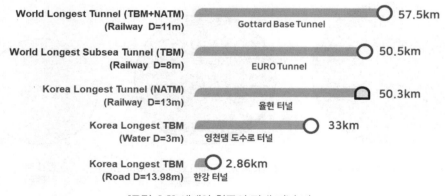

[그림 1.9] 세계와 한국의 장대 터널 비교

[그림 1.10]에는 세계적으로 운영 중이거나 준공된 TBM 터널에서의 초장대 TBM 터널을 나타내었다. 그림에서 보는 바와 같이 세계 최대 장대 터널은 연장 137km의 미국 Delaware Aqueduct로 조사되었다.

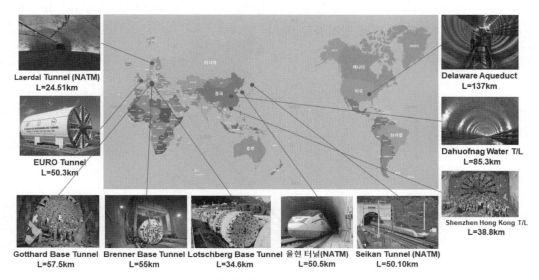

[그림 1.10] 세계의 초장대 터널 시공 실적

국내의 경우 해저를 통과하는 해저터널을 초장대 터널로 계획 중에 있다. [그림 1.11]에서 보는 바와 같이 목포제주 해저터널, 한일 해저터널 및 한중 해저터널 등을 TBM 공법으로 구상 중이다.

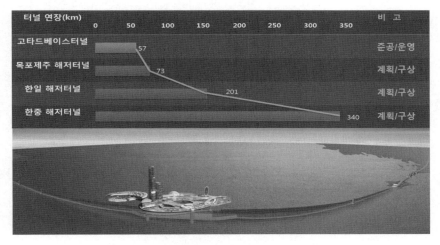

[그림 1.11] 국내에서 구상 중인 초장대 해저터널

3. 초굴진화 - The Faster

TBM 터널은 NATM 공법에 비하여 굴진속도가 빠르기 때문에 장대터널 건설에 유리하다 할 수 있다. [그림 1.12]는 발파를 이용하는 NATM 공법, TBM 공법 및 로드헤더(roadheader) 굴착공법에서의 굴진속도를 비교한 것으로 그림에서 나타난 바와 같이 빠른 굴진속도가 TBM 공법의 장점임을 볼 수 있다.

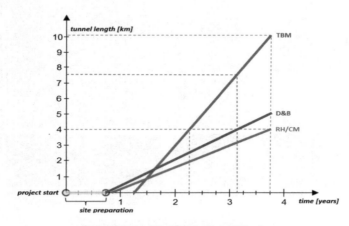

[그림 1.12] 터널 연장과 터널 공법 비교

TBM 굴진속도(굴진율)는 TBM 직경 크기에 따라 좌우되며 [그림 1.13]에서 보는 바와 같이 TBM 직경이 클수록 TBM 굴진율이 감소함을 볼 수 있다. 그림에서 보는 바와 같이 직경 4m급에서 일최대 700m, 월평균 1,000m 이상, 직경 10m급에서 일최대 100m 이상, 월평균 600m 이상을 기록함을 볼 수 있다. 또한 [표 1.5]는 TBM 굴진율에 대한 실제 기록을 정리한 것이다.

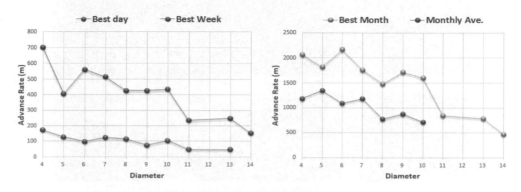

[그림 1.13] TBM 직경에 따른 굴진율 비교 그래프

[표 1.5] 세계의 TBM 굴진 기록

3-4m Diameter

	Best Day	Best Week	Best Month	Monthly Ave.
Record	172.4m	703m	2066m	1189
Make	Robbins	Robbins	Robbins	Robbins
Model#	Mk 12C	Mk 12C	MB 104-121A	Mk 12C
Project	Katoomba Carrier	Katoomba Carrier	Oso Tunnel	Katoomba Carrier
Tunnel	Australia	Australia	USA	Australia

4-5m Diameter

	Best Day	Best Week	Best Month	Monthly Ave.
Record	128.0m	477.0m	1822m	1352
Make	Robbins	Robbins	Robbins	Robbins
Model#	MB 146-193-2	MB 146-193-2	DS 1617-290	DS 155-274
Project	SSC No.4 Texas	SSC No.4 Texas	Yellow River Tunnel	Yellow River Tunnel
Tunnel	USA	USA	China	China

5-6m Diameter

	Best Day	Best Week	Best Month	Monthly Ave.
Record	99.1m	562m	2163m	1095
Make	Robbins	Robbins	Robbins	Robbins
Model#	MB 1410-251-2	MB 1410-251-2	MB 1410-251-2	DS 1811-256
Project	Little Calumet, Chicago	Little Calumet, Chicago	Little Calumet, Chicago	Yindaruqin
Tunnel	USA	USA	USA	China

6-7m Diameter

	Best Day	Best Week	Best Month	Monthly Ave.
Record	124.7m	515.1m	1754m	1187
Make	Robbins	Robbins	Robbins	Robbins
Model#	MB 203-205-4	MB 203-205-4	MB 203-205-4	MB 222-183-2
Project	Indianapolis DRT	Indianapolis DRT	Indianapolis DRT	Dallas Metro
Tunnel	USA	USA	USA	USA

7-8m Diameter

	Best Day	Best Week	Best Month	Monthly Ave.
Record	115.7m	428.0m	1472m	770
Make	Robbins	Robbins	Robbins	Robbins
Model#	MB 236-308	MB 236-308	MB 321-200	MB 321-200
Project	Karahnjukar Hydroelectric	Karahnjukar Hydroelectric	TARP, Chicago	TARP, Chicago
Tunnel	Iceland	Iceland	USA	USA

8-9m Diameter

	Best Day	Best Week	Best Month	Monthly Ave.
Record	75.5m	428m	1719m	873
Make	Robbins	Robbins	Robbins	Robbins
Model#	271-244	271-244	271-244	271-244
Project	Channel Tunnel	Channel Tunnel	Channel Tunnel	Channel Tunnel
Tunnel	U.K.	U.K.	U.K.	U.K.

4. 대심도화 - The Deeper

도심지 터널에서의 터널 건설은 점점 대심도화하고 있다. 기존 지하철 심도보다 깊은 대심도 구간은 [그림 1.14]에서 나타난 바와 같이 대심도화할수록 암반이 양호하며 터널 굴착에 매우 양호한 조건임을 볼 수 있다.

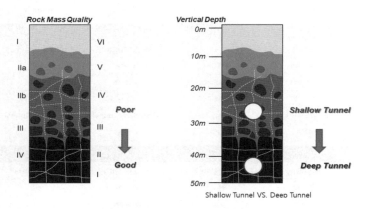

[그림 1.14] 대심도화에 따른 특성

싱가포르의 경우 대심도 지하개발(Deep Underground Development)에 대한 계획을 수립하고 [그림 1.15]에 나타난 바와 같이 지하 심도별로 주요 지하구조물계획을 수립하고 운영하고 있음을 확인할 수 있다.

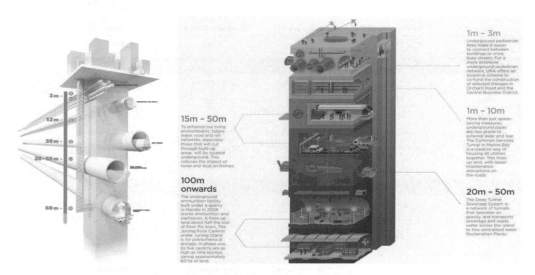

[그림 1.15] 싱가포르에서의 지하공간 이용 계획(Vertical Planning)

또한 런던이나 시드니와 같은 메가시티에서는 도심지 터널링을 점점 지하화하고 있음을 볼 수 있으며, 런던의 경우 메트로를 지하 70~80m, 시드니의 경우 지하도로를 최대 90m로 계획·시공되고 있음을 확인할 수 있다.

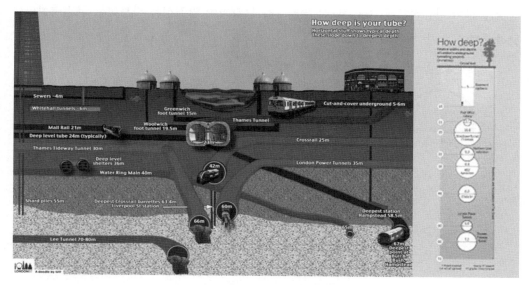

[그림 1.16] 영국 런던에서의 대심도 터널(Deep Tunnelling)

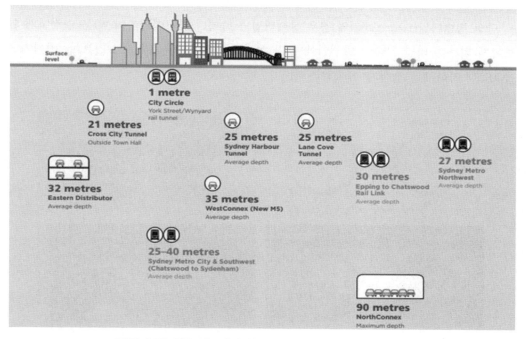

[그림 1.17] 호주 시드니에서의 대심도 터널(Deep Tunnelling)

5. 초근접화 - The Closer

5.1 근접 병설 터널

병설터널의 경우 터널과 터널 사이의 필라부(pillar)를 터널폭(D)보다 좁게 유지시키면서 굴착이 가능하도록 하고, 또한 필라부를 보강하여 안정성을 확보하는 근접병설터널 굴착방법이 최근 사용되고 있다.

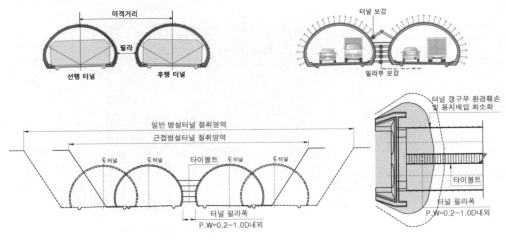

[그림 1.18] 근접 병설터널

단선 병렬터널(twin tube)의 경우 상행터널과 하행터널의 이격거리(W)를 일정하게 확보하게 되는데 터널 기술이 발전함에 따라 이격 거리가 점점 줄어들고 있으며, 이격거리를 0.5D 이하로 근접하게 계획하는 경우가 많아지고 있다.

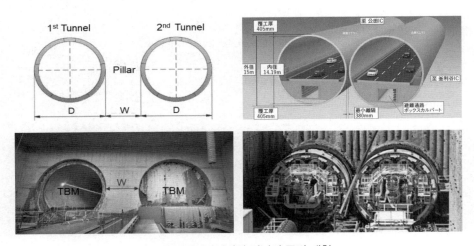

[그림 1.19] 단선병렬 터널의 근접 계획

5.2 기존 구조물과의 근접 시공

도심지 터널의 경우 지하에 존재하는 기존 구조물(기존 터널, 지하박스, 건물 기초 등)과의 간섭이 발생하게 된다. 이러한 경우 새로운 터널은 기존 구조물에 근접하여 계획하게 되며, 이격거리가 수m 이내의 근접 시공이 발생하고 기존 구조물의 안정성을 확보하면서 터널을 시공하도록 하여야 한다.

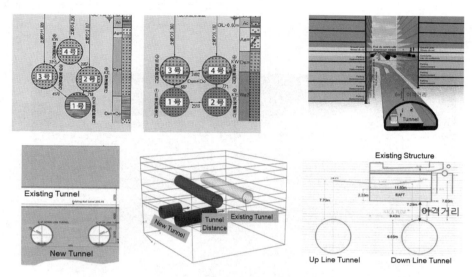

[그림 1.20] 기존 구조물과의 근접 시공

터널과 터널 간의 근접 시공은 기존 터널 시공에 따른 이완영역이 발생하게 되고 이영역 내에 근접하여 새로운 터널을 시공할 경우 기존 터널에 영향을 미치게 된다. 따라서 신설 터널 시공 시에는 필요할 경우 터널 주변을 보강하여 기존 구조물에 미치는 영향을 최소화하고 주의 깊게 시공하여 기존 터널의 안정성을 확보해야 한다. 근접시공은 터널의 병설, 터널의 교차, 터널상부의 개착 및 개착박스 구조물의 근접시공 경우로 각 조건별 안전영역의 평가는 반드시 수행되어야 한다.

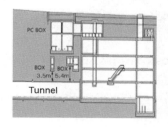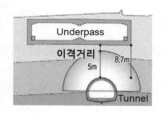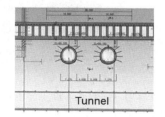

[그림 1.21] 터널 근접시공 사례

6. 복합화 - More Complex

TBM 터널 기술이 발달하고 TBM 터널단면이 증가함에 따라 큰 단면을 한번에 굴착하고 다양한 기능을 포함할 수 있는 복합 터널(Combined Tunnel)로서 복층 구조 또는 3층 구조의 TBM 터널로 만들어지고 있다. [그림 1.22]와 [그림 1.23]에는 대표적인 복합 터널의 모습이 나타나 있다. 그림에서 보는 바와 같이 상부에는 도로터널로, 하부에는 철도터널로 운용되도록 하고, 3층 구조인 경우 중간층에 철도가 상층과 하층에는 도로로 계획됨을 볼 수 있다.

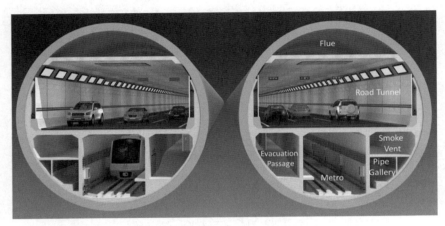

[그림 1.22] 도로와 철도의 복합 TBM 터널(중국 Sanyang 도로 하저터널)

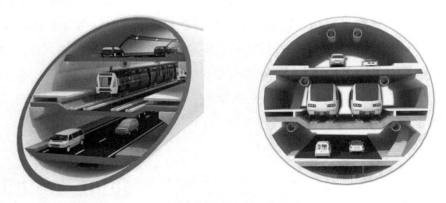

[그림 1.23] 도로와 메트로 복합 TBM 터널 계획(터키 Bosphorus 해저터널)

[그림 1.24] [그림 1.25] [그림 1.26]에는 현재 계획 중이나 운영 중인 복합 터널의 예로서 도심지 터널이나 해저터널에서의 대안으로 제시되고 있다.

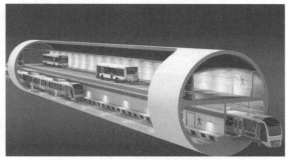

[그림 1.24] 더블 데크 도로 및 철도 복합 터널(호주 브리즈번)

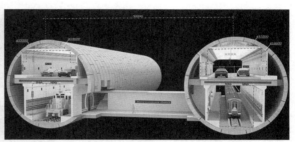

[그림 1.25] 도로 및 철도 복합 터널(Kerch 해저터널)

T B M 터 널

침 매 터 널

[그림 1.26] 도로 및 철도 복합 침매 터널(독일 Fehmarnbelt 터널)

7. 기계화 - More Mechanized

7.1 TBM 기계화 시공

터널 기계화 시공에서 가장 중요한 점은 TBM 장비를 이용한 TBM 터널의 발전이다. 이는 거대한 기계 장비로 구성된 TBM은 더욱 기계화되고 자동화되면서 도심지 및 불량 지반 구간에서의 터널 시공이 가능하게 되었으며, 점차적으로 보다 안전하고 첨단화된 터널로 전환되고 있다.

[그림 1.27] TBM 기계화 시공

터널 기계화 시공은 단순히 장비나 기계를 이용한 개념에서 암반/토사의 굴착, 버력 및 굴착토의 운반/처리, 라이닝 및 지보의 시공 등을 종합적으로 포함한 거대한 플랜트로 발전하고 하나의 건설 시공시스템으로 발전하게 되었다.

[그림 1.28] TBM 터널 공사 시스템

7.2 첨단기술의 응용과 융합화

TBM 터널에서는 각종 첨단 기술이 적용되고 응용되고 있다. [그림 1.29]에서 보는 바와 같이 TBM 터널에서 첨단 측량기술이 반영되어 TBM 굴진 선형을 관리할 수 있으며, 터널 굴진에 대한 모든 데이터를 모니터링하도록 하고 있다.

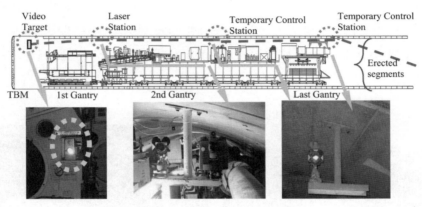

[그림 1.29] TBM 장비에서의 첨단 기술 응용

NATM 터널에서도 각종 첨단 기술이 적용되고 응용되고 있다. [그림 1.30]에서 보는 바와 같이 터널 막장 데이터를 획득하고, 터널 장비를 자동적으로 관리하고, 계측 결과 및 주변 환경자료 온라인상태로 즉각적으로 관리하도록 하고 있다.

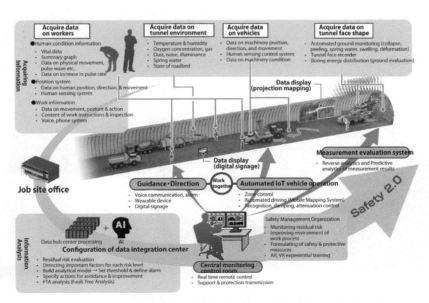

[그림 1.30] NATM 터널에서의 자동화 시공 시스템(일본 스미즈 건설)

8. 스마트화 - The Smarter

8.1 스마트 터널 기술

스마트 터널은 드론, BIM, 빅데이터, IOT 및 로봇 등을 융합한 스마트 기술을 터널에 적용하는 것으로, 이는 터널 설계 및 시공에 대한 패러다임을 혁신적으로 변화시키는 기술이다. 터널 굴착 장비는 각종 센서와 디지털 기기를 탑재해 운영정보를 실시간으로 취득할 수 있다. 이러한 터널의 시공 정보를 포함한 전체 현장의 현황 정보는 BIM 기반 디지털 시스템과 중앙 통합운영 시스템을 이용해 실시간으로 현장 작업을 원격 지원·관리하고 있다.

[그림 1.31] 스마트 터널 기술

터널링의 주요 구성요소는 [그림 1.32]에서 보는 바와 같이 ① 주변 지반 ② 터널 라이닝 ③ TBM ④ 기존 인프라(빌딩 등)이며 스마트 터널 기술의 핵심은 변화하는 지반조건에 최적의 굴착환경을 제공할 수 있도록 터널링 관련 모든 데이터를 각종 첨단 센서 등을 이용하여 자동적으로 정량화하고 디지털화하는 것이다.

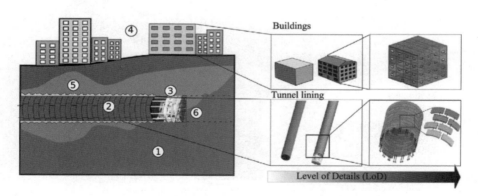

[그림 1.32] 터널링 구성요소 및 모델링

8.2 디지털 기술

터널 디지털 기술은 터널링 및 주변에 대한 모든 정보를 모델링하여 통합 정보 플랫폼을 구축하는 것이다. [그림 1.33]에서 보는 같이 TIM(터널정보모델링)은 지반 정보모델, 빌딩 및 지장물 모델, TBM 모델 및 라이닝 모델로 구현되는 것이다.

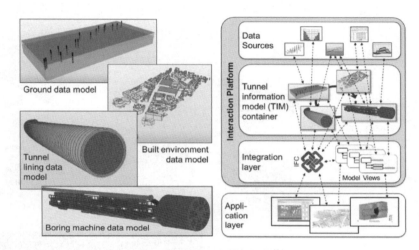

[그림 1.33] 터널 정보 모델링 TIM(Tunnel Information Model) 기술

또한 터널 설계단계에서부터 BIM(Building Information Modelling) 기술을 적용하여 터널에 대한 모든 정보를 3D 모델로 구현하여 시공 중 시공단계별 시공 관리 및 공정 관리 등에 활용할 수 있다.

[그림 1.34] 터널에서의 BIM 적용

9. 안전화 - The Safer

9.1 TBM 터널 방재시스템

최근 터널 개소의 증가와 장대화로 화재 사고가 점차 증가되고 있어 터널의 방재시설 강화가 요구되고 있다. 터널에서 화재가 발생하면 밀폐된 구조적 특성상 대형재난으로 발전할 가능성이 높기 때문에 각종 방재시설이 잘 설치되어 화재예방과 대응에 제기능을 발휘해야 한다.

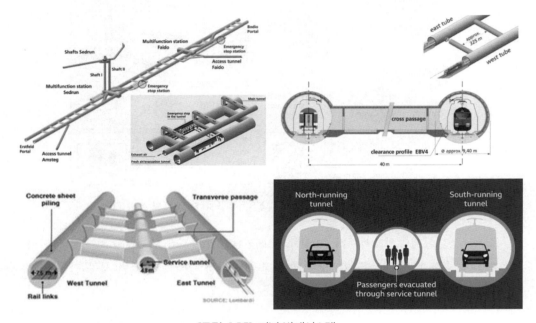

[그림 1.35] 터널 방재시스템

터널에는 화재 발생 시 피난로를 확보하기 위해 거리표시유도등, 천정형 피난구유도 등, 벽부형 피난구유도등, 갱문형 유도등, 소화전표시등, 비상전화표시등, 비상주차표 시등 같은 피난 유도등 설비가 설치되어야 한다.

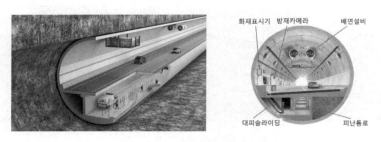

[그림 1.36] TBM 터널 방재설비

9.2 방재 성능과 피난연결통로(Cross Passage)

　피난연결통로(Cross Passage)는 단선 병렬터널(Twin Tube)을 연결하는 통로 또는 본선과 평행하게 건설된 피난대피터널을 연결하는 통로이다. Cross Passage는 매우 유용한 방재시설로 설치 간격 및 규격에 대한 방재기준을 만족하여야 한다.

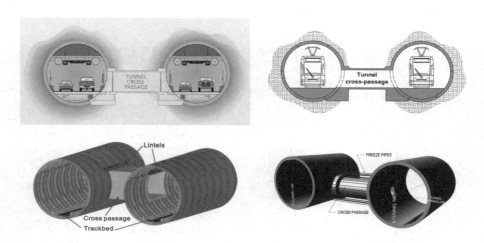

[그림 1.37] 복선 터널(twin tube)과 Cross Passage

　특히 TBM 터널에서의 Cross Passages는 본선터널과는 달리 NATM 공법을 적용하여 굴착하는 경우가 많기 때문에 이에 대한 상대적인 리스크가 매우 크므로 설계 및 시공상 특히 유의해야 한다.

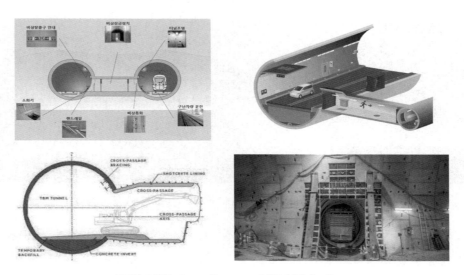

[그림 1.38] Cross Passage 시공과 방재 기능

10. 아트화 - Art Design of Tunnel

TBM 장비는 고가의 대형 건설장비로서 프로젝트의 특징과 발주처의 특성에 따라서 다양한 형태의 디자인을 적용하고 있음을 볼 수 있다. [그림 1.39]에는 세계 각국에서 만들어진 TBM 장비 디자인의 예를 나타내었다. 또한 [그림 1.40]은 독일 국화인 카모마일 꽃을 형상화한 TBM 장비를 보여주고 있다.

[그림 1.39] 국가, 지역 및 발주처 특성을 반영한 TBM 디자인

[그림 1.40] 독일 Albvorland TBM 터널 – 카모마일 꽃을 형상화

[그림 1.41]에는 세계 각국의 국기를 상징하는 TBM 장비 디자인 예가 나타나 있다. 또한 대형 터널 프로젝트를 주관하는 발주처 심볼을 상징화하거나 지역 특징을 표현하는 TBM 장비를 보여주고 있다.

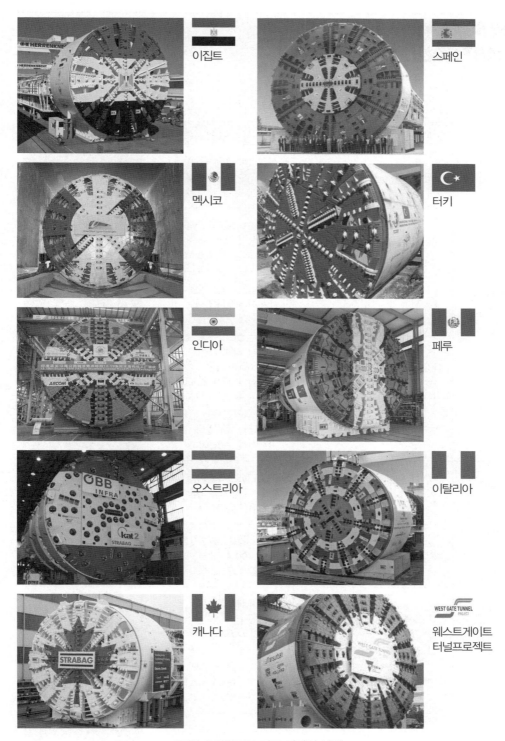

[그림 1.41] TBM 아트 디자인 사례

요약 Summary
SMART 터널의 기술 발전과 트렌드

	Keyword		특징	비고
5-Hyper **超(초)**	초단면화	더 크게 The Larger	• 직경 14~15m급 증가 • TBM 장비기술 발달 • 세계최대 직경 17.8m	
	초장대화	더 길게 The Longer	• 수십km 초장대 터널 • 초고속 인프라 구축 • 세계 최장대 56.5km	
	초굴진화	더 빠르게 The Faster	• 급속굴진 기술 발달 • 세계최대 일굴진율 • 세계최대 월굴진율	
	대심도화	더 깊게 The Deeper	• 도심지 터널 대심도화 • 지하 50m 이상 • 세계최대 지하 2,400m	
	초근접화	더 가깝게 The Closer	• 도심지 근접시공 증가 • 병설터널 초근접화 • 이격거리 수m 이하	
5-High **高(고)**	복합화	복합 기능 More Complex	• 도로+철도 복합기능 • 도로+유틸러티 복합 • 복층/3층 구조	
	기계화	고성능 기술 Mechanized	• 첨단 자동화 기술 • TBM robot 기술 • 고수압 대응 기술	
	스마트화	디지털 관리 The Smarter	• 4D-BIM 적용 • 통합 관리 • Digital Delivery	
	안전화	리스크 관리 The Safer	• 정량적 리스크 관리 • 토탈 안전관리 시스템 • Zero Accident	
	아트화	미적 디자인 Aesthetic	• 국가적 상징성 부여 • 다양한 TBM 디자인 • 예술적 디자인	

SMART Tunnel : 5-Hyper and 5-High Technology

스마트 터널로의 전환

최근 지하터널을 개발하거나 복잡하고 어려운 지반 조건을 극복하기 위해 최근 터널 기술은 스마트 기술을 응용하는 추세이다. 해외의 경우 터널 공사 계획 시 디지털 기술을 활용한 기계화 굴착공법을 우선 고려하고 특수한 경우에만 재래식 터널 공법을 계획하고 있다. 국내의 경우 터널 공사비 문제, TBM 기술 및 경험 부족 등을 이유로 하저 구간, 지반이 매우 불량한 구간 그리고 민원이 상당히 심각한 도심지 구간에서만 TBM 공법을 적용해왔던 것이 현실이다.

하지만 최근 터널 기술은 엄청난 전환점에 서있다. 건설 분야에서의 스마트 기술의 발전과 함께 각종 첨단화된 기계화 기술과 디지털 기술이 개발됨에 따라 그동안 재래식 터널 공법을 중심으로 자리 잡은 터널 기술은 스마트 기술과 디지털 기술이 적용가능한 TBM 터널 공법으로서 변환되고 있음이다.

이러한 스마트 및 디지털 기술의 장점을 바탕으로 이제는 스마트 터널 기술이 보다 활성화되고 적극적으로 검토되어야 하지만, 터널 적용상에 많은 문제점이 있는 것이 사실이다. 특히 공사비 중심의 발주방식의 문제는 실제로 TBM 공법을 적용하는 기술적 타당성에도 불구하고, 여러 가지 시공 중 리스크를 가지는 재래식 공법을 적용할 수밖에 없는 현실이다. 또한 외국산 터널 장비의 기술 의존과 운영기술에 대한 경험 부족은 스마트 터널의 활성화에 대한 거대한 장벽이라고 생각된다. 국내에서는 오래전부터 터널 기계화 시공이 미래 터널 기술의 핵심임을 인식하고 TBM 공법을 중심으로한 스마트 기술에 대한 연구개발을 활발히 진행해 왔으며, 국내 TBM 터널에서의 기술적 경험과 해외 현장에서의 기술 노하우 습득 등을 통하여 스마트 터널 기술에 대한 밑거름을 다져오고 있었다. 이제는 이러한 TBM 터널 기술에 대한 베이스를 중심으로 TBM 터널의 활성화를 위한 제도적 문제점을 개선하게 된다면 우리만의 TBM 터널 기술력 확보와 미래에는 TBM 장비의 국산화에 이를 것이다.

이제는 지하터널의 시대가 오고 있다. 다가오는 지하터널의 시대에 가장 중요한 이슈는 안전하고 튼튼한 지하터널의 구축일 것이다. 이는 터널 장비의 첨단화 시공프로세스의 자동화, 터널의 스마트 기술 적용 그리고 BIM 기반의 디지털 기술의 응용을 통하여 실현될 것이다. 터널 기술자 모두가 "스마트 터널과 디지털 지하 구축"에 진심으로 힘을 모아 나아갈 때이다.

제2강

NATM 터널과 터널링

LECTURE 02 NATM 터널과 터널링
NATM Tunnel and Conventional Tunnelling

NATM 터널은 1960년대 개발된 이후로 세계적으로 가장 많이 적용되는 터널링 기술로서 숏크리트와 록볼트를 주지보로 사용하는 터널 공법이다. 현재는 NATM 터널 기술이 지속적으로 발전하여 TBM 공법이 적용되지 않은 모든 터널공사에서 적용되는 가장 일반적인 공법이 되었다. [표 2.1]에는 NATM 터널 기술의 특성과 기술 트렌드를 10가지 키워드로 정리하였다. 본 장에서는 10가지 키워드를 중심으로 NATM 터널 기술의 주요 특징에 대하여 기술하였다.

[표 2.1] NATM 터널의 기술 발전과 트렌드

	Keyword	As-is	To-Be
1	NATM공법과 재래식 공법	주로 암반에 적용	모든 지반에 적용
2	대단면화와 대단면 터널	단면크기 제한	대단면/대공간화
3	전단면 굴착과 분할 굴착	상하반 굴착	다분할 굴착/대형화
4	다양한 단면과 특수 형상	마제형/아치형	대형화/다기능화
5	장대화와 초장대 터널	단터널 위주	대심도/초장대화
6	발파 굴착과 기계 굴착	발파 진동/소음	고성능 로드헤더
7	NATM 시공과 1사이클	인력/소형	기계화/대형장비화
8	주지보와 보조공법	숏크리트+록볼트	주지보+보조공법
9	숏크리트와 콘크리트 라이닝	1차 및 2차 라이닝	고성능/고강도 라이닝
10	NATM의 다른 이름들	NATM	SCL, SEM, NMT

1. NATM 공법 vs. 재래식 공법

재래식 공법은 암반을 굴착한 후 강지보를 세우고 암반과 강지보 사이를 목재로 끼우는 방법이다. 이에 비하여 NATM 공법은 암반 굴착 후 숏크리트와 록볼트를 타설하는 방법으로 [그림 2.1]에는 NATM 공법과 재래식 공법의 특징이 나타나 있다. 두 공법 모두 최종적으로 콘크리트 라이닝을 시공한다.

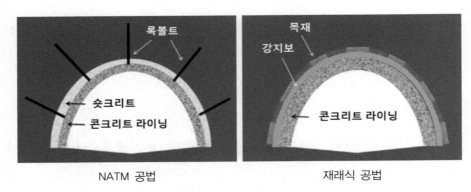

[그림 2.1] NATM 공법과 재래식 공법

재래식 공법은 암반과 강지보 사이가 틈이 밀실하게 채워지지 못해 암반이완(loosening)이 지속적으로 발생하여 암반이완범위가 크게 증가하나, NATM 공법은 굴착 이후 가능한 빨리 숏크리트를 타설하여 암반이완을 최소화함으로써 기존 재래식 공법에 비해 지보량을 최소화할 수 있다[그림 2.2].

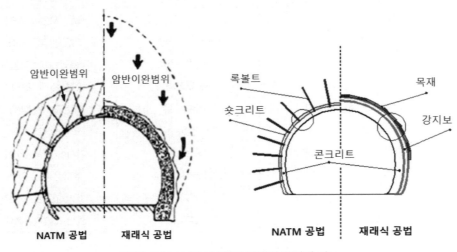

[그림 2.2] NATM 공법과 재래식 공법의 비교

NATM 공법은 지반이완을 최소화하기 위하여 숏크리트를 타설하고 록볼트와 함께 복합지보구조를 형성하는 공법으로, 재래식 공법과는 달리 인버트(invert)를 타설하여 링폐합(ring closure)구조를 형성하여 터널의 안정성을 최대로 확보하는 공법이다. 특히 지반이 불량한 경우에는 반드시 인버트(바닥부)에 숏크리트 및 콘크리트 라이닝을 타설하여 장기적인 안정성을 확보하여야 한다. [그림 2.3]에는 NATM의 개발자인 Rabcewicz가 1964년에 제시한 NATM 개념이 나타나 있다.

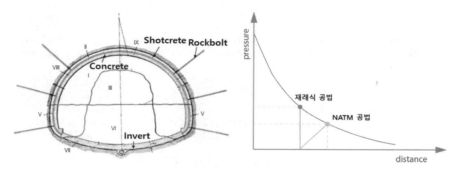

[그림 2.3] NATM 공법의 개념

[그림 2.4] NATM 공법

2. 대단면화와 대단면 터널

NATM 터널의 가장 큰 장점은 터널 용도에 맞게 터널 단면의 형상과 크기를 크게 할 수 있다는 것이다. [그림 2.5]는 단면이 작은 수로터널부터 단면이 매우 큰 지하철 터널까지 다양한 크기의 터널 단면을 보여주고 있으며, 터널 굴착기술과 터널 기능특성에 따라 터널 단면이 점차적으로 대단면화되고 있다.

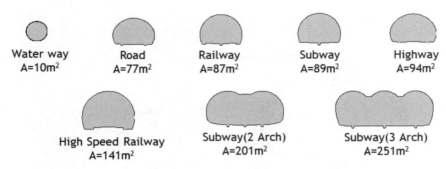

[그림 2.5] NATM 터널 단면 크기 비교

철도 터널의 경우 본선 터널을 기본으로 확폭 터널, 승강장 터널, 2아치 터널, 3아치 터널, 정거장 터널 등 다양한 형상의 터널로 구성된다. [그림 2.6]은 철도터널에서의 다양한 터널 단면 크기를 비교하여 나타낸 것으로, 지하 정거장 터널은 폭 43m, 높이 25m, 굴착단면적 $500m^2$ 이상의 초대단면 터널로 계획되었다.

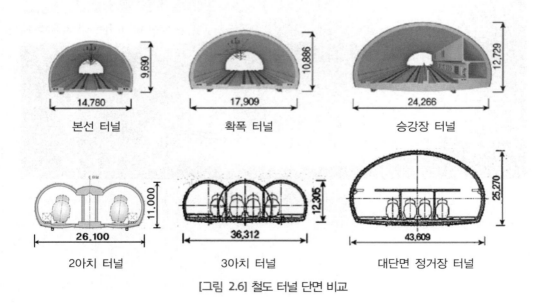

[그림 2.6] 철도 터널 단면 비교

도로 터널의 경우 2차로 단면을 기본으로 3차로 단면, 3차로 확폭 단면, 4차로 단면, 5차로 단면까지 다양한 터널로 구성된다. [그림 2.7]은 도로터널에서의 다양한 터널 단면 크기를 비교하여 나타낸 것으로, 5차로 단면은 폭 21m, 높이 11.7m, 굴착단면적 200m² 이상의 대단면 터널로 계획되었다.

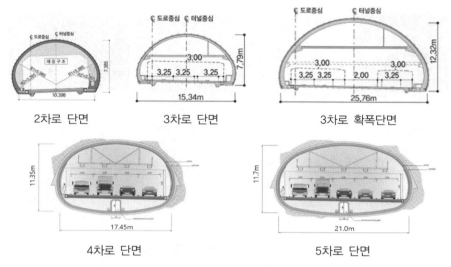

[그림 2.7] 도로 터널 단면 비교

NATM 터널의 또 하나의 큰 장점은 터널 노선상의 변단면 구간을 적용할 수 있다는 것이다. [그림 2.8]의 도로터널에서의 차로 확장구간, 철도터널에서의 분기 구간 및 확폭 구간 등에서의 변단면의 대단면 구간은 NATM 공법만이 가능하다.

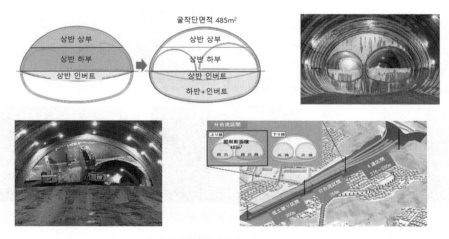

[그림 2.8] 세계 최대 NATM 터널 굴착단면(일본 釜利谷庄戸 터널)과 변단면 구간

3. 분할 굴착 vs. 전단면 굴착

NATM 공법은 암반상태에 따라 지보를 차등적용하고, 굴착방법도 달라지게 된다. 암반이 양호하면 전단면 굴착을, 암반이 불량하게 되면 분할 굴착을 적용하게 된다. [그림 2.9]에는 NATM 공법에서의 분할 굴착 방법이 나타나 있다.

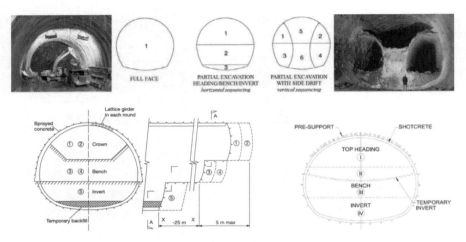

[그림 2.9] NATM 공법에서의 분할 굴착

NATM 공법에서의 분할 굴착은 상하반 분할 굴착을 기본으로 중벽(central diaphragm, CD) 분할 굴착과 측벽도갱(side drift) 분할 굴착이 많이 적용되고 있으며[그림 2.10], 터널 단면크기와 지반조건에 따라 보다 세분하여 굴착한다.

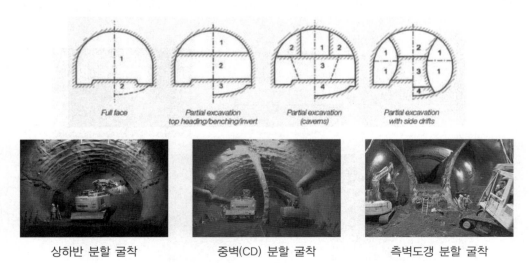

[그림 2.10] NATM 터널에서의 분할 굴착

터널이 대단면화됨에 따라 대단면 터널의 설계 및 시공이 증가하고 있다. 대단면 터널의 경우 불가피하게 분할 굴착을 적용하게 되며, [그림 2.11]에서 보는 바와 같이 상반과 하반을 분할 굴착하거나, 중벽 분할의 좌우터널을 다시 분할 굴착하거나, 측벽도갱 및 중앙터널을 분할 굴착하는 방법을 적용한다.

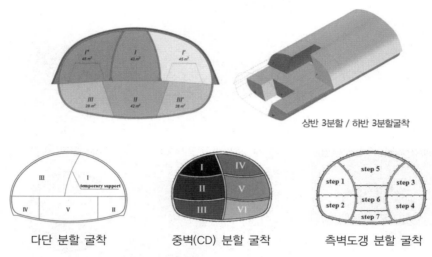

상반 3분할 / 하반 3분할굴착

다단 분할 굴착   중벽(CD) 분할 굴착   측벽도갱 분할 굴착

[그림 2.11] 대단면 NATM 터널에서의 분할 굴착

[그림 2.12]는 국내에 적용된 대단면 터널에서의 분할 굴착 단면을 나타낸 것이다. 국내의 경우 시공성 등으로 인하여 상중하반의 다단 분할 굴착을 선호하며, 정거장 터널의 경우 4단의 최대 15분할굴착을 적용한 사례로 있다.

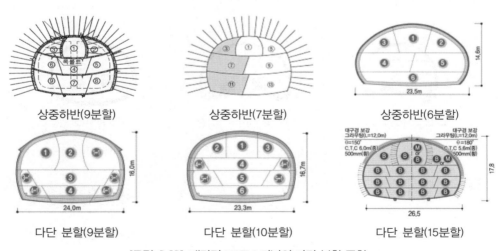

상중하반(9분할)   상중하반(7분할)   상중하반(6분할)

다단 분할(9분할)   다단 분할(10분할)   다단 분할(15분할)

[그림 2.12] 대단면 NATM 터널의 다단 분할 굴착

4. 다양한 단면 형상

NATM 터널은 다양한 터널 단면으로 굴착이 가능하다는 장점을 가진다. 현재 NATM 터널은 아치형 단면을 기본으로 바닥이 편평한 경우와 바닥이 인버트를 가지는 단면으로 구분된다. [그림 2.13]에는 NATM 단면과 TBM 단면의 비교가 나타나 있으며, 원형인 TBM 단면은 하부에 사공간이 발생하게 된다.

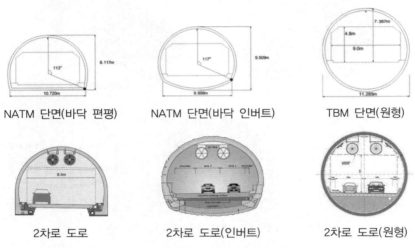

NATM 단면(바닥 편평)　　　NATM 단면(바닥 인버트)　　　TBM 단면(원형)

2차로 도로　　　2차로 도로(인버트)　　　2차로 도로(원형)

[그림 2.13] NATM 터널 단면과 TBM 터널 단면 비교

NATM 단면은 측벽이 직선이 마제형 단면에서 곡선인 아치형으로 변화하고 있으며, 터널 기능이 다양해지고 차선이 증가함에 따라 [그림 2.14]에서 보는 바와 같이 터널 폭이 높이에 비해 큰 타원형(oval)의 단면도 있다.

마제형(Horseshoe)　　　아치형(인버트 없음)　　　아치형(인버트 있음)

마제형(Horseshoe)　　　Oval(인버트 없음)　　　Oval(인버트 없음)

[그림 2.14] 다양한 NATM 터널 단면 형상

NATM 터널 폭이 증가함에 따라 1아치 대단면 터널과 중앙에 기둥을 설치하는 2아치 또는 3아치 터널의 단면형태도 볼 수 있다. 또한 지하공간과 경우에는 [그림 2.15]에서 보는 바와 같이 단면의 형태를 목적에 따라 다양하게 계획할 수 있으며, 지하유류비축기지의 경우 터널 높이가 폭에 비해 매우 큰 단면을 가진다.

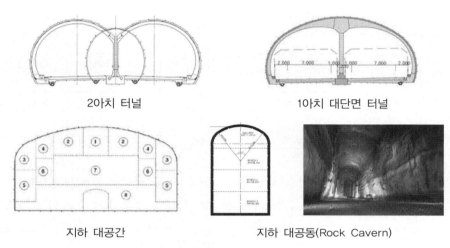

2아치 터널　　　　　　　　　　　1아치 대단면 터널

지하 대공간　　　　　　지하 대공동(Rock Cavern)

[그림 2.15] 다양한 대단면 터널 단면 형상

NATM 터널은 암반 특성과 터널 목적에 따라 터널 단면의 형태를 자유롭게 계획할 수 있으며, 이는 원형면만이 가능한 TBM 터널과 비교하여 큰 장점이기도 하다. [그림 2.16]에는 호주 Westconnex 지하도로터널 단면이 나타나 있다.

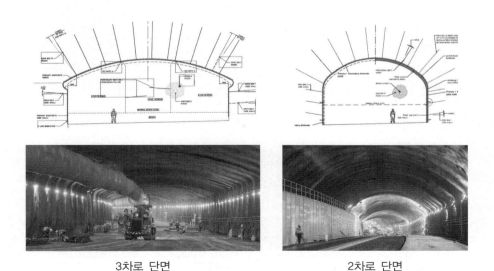

3차로 단면　　　　　　　　　　　2차로 단면

[그림 2.16] 특수한 터널 단면 형상

5. 장대화와 초장대터널

터널 기술이 발전하고 터널 기능이 다양해짐에 따라 터널 연장이 점점 길어지는 장대화 경향이 나타나고 있다. [표 2.2]에는 장대 터널에 대한 정의로서 터널기준, 방재 개념 그리고 통상적 개념으로 구분할 수 있으며, 수십 km에 이르는 초장대 터널이라고 한다.

[표 2.2] 장대 터널의 기준

		짧은 터널	터널	장대 터널	초장대 터널
설계 기준		1km 이하	-	1~5km	5km 이상
방재 개념		0.5~1km	-	1~15km	15km 이상
통상적 개념	도로	1km 이하	1~4km	4~10km	10km 이상
	철도	1km 이하	1~5km	5~20km	20km 이상

세계적으로는 고타르트 베이스 터널이 57km로 세계 최장대 터널이며, 계속적으로 50km 이상 최장대 터널이 건설되고 있다[표 2.3]. 국내의 경우 SRT 구간의 율현 터널이 50.3km로 국내 최장대 터널로, 세계 4위의 초장대 터널이다. 또한 현재 수도권급행철도 GTX-A가 대심도 터널로 시공 중에 있다[표 2.4].

[표 2.3] 세계의 초장대 터널

터널명	터널 연장	터널 용도	비고
고타르트 베이스 터널	57.0km	철도	세계 최장대(스위스-이탈리아)
브레너 베이스 터널	55.4km	철도	오스트리아-이탈리아
세이칸 터널	53.9km	철도	해저터널(일본)
유로 터널	50.0km	철도	해저터널(영국-프랑스)
레드달 터널	24.5km	도로	세계 최장대 도로(노르웨이)
야마테 터널	18.5km	고속도로	세계 최장대 고속도로(일본)

[표 2.4] 한국의 장대 터널

터널명	터널 연장	터널 용도	비고
율현 터널	50.3km	고속철도	국내 최장대 (복선)
대관령 터널	21.74km	철도	복선 터널
금정 터널	20.26km	고속철도	복선 터널
솔안 터널	16.24km	일반철도	단선 터널
인제 터널	10.96km	고속도로	국내 최장대 도로
서부 간선지하터널	10.33km	도심지 지하도로	대심도 터널
GTX-A 터널	42.689km	급행철도	대심도 터널(시공 중)

장대 터널의 경우 굴착공법으로서 NATM 공법과 TBM 공법 둘 다 적용할 수 있으며, 일반적으로 터널 연장이 긴 경우 TBM 공법이 유리한 것으로 알려져 있다. [그림 2.17]은 터널 연장 55.4km인 Brener 터널에 적용된 터널공법으로 NATM(D+B Drill and Blast)과 TBM 공법(쉴드 TBM과 오픈 그리퍼 TBM)이 암반 특성 및 현장 여건에 따라 적용되었다.

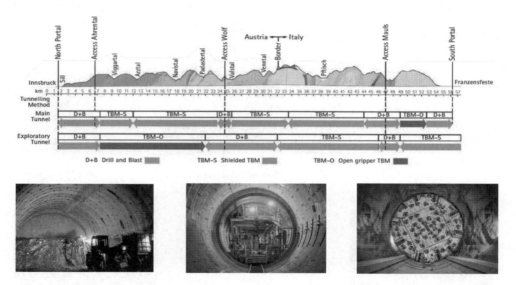

[그림 2.17] Brener 터널에서의 터널 공법(NATM+TBM)

국내 최장대 터널인 터널 연장 50.3km의 율현터널은 [그림 2.18]에서 보는 바와 터널 전 구간에 NATM 공법을 적용하였으며, 공사기간을 단축하고 운영 중 환기 방재의 목적으로 이용하기 위하여 수직구를 이용하여 굴착을 수행하였다. 또한 도심지 구간을 통과하기 때문에 50m 이하의 대심도 터널로 계획하였다.

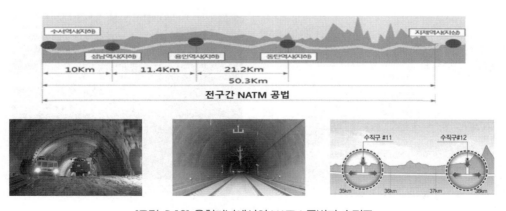

[그림 2.18] 율현터널에서의 NATM 공법과 수직구

6. 발파 굴착과 기계 굴착

터널을 굴착하기 위해서 수행되는 발파(drill and blasting)는 1자유면 발파이기 때문에 심발부 발파가 선행되어야 하며, 암반상태에 따라 1발파당 굴진장을 다양하게 달리할 수 있다. 터널발파는 [그림 2.19]에서 보는 바와 같이 암반상태에 따라 장약량을 달리하는 발파패턴을 적용하고, 주변에 보안물건(건물 및 축사 등)에 따라 장약량을 조절하고 조절발파(controlled blasting)를 실시하여야 한다.

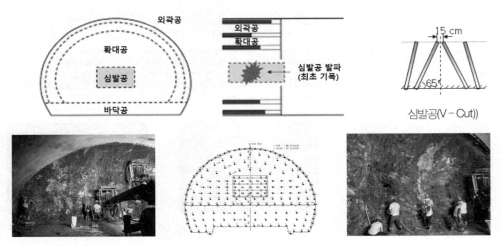

[그림 2.19] NATM 공법에서의 발파 굴착과 발파 패턴

[그림 2.20]에서 보는 바와 같이 발파 굴착은 필연적으로 진동과 소음을 발생시키고, 이에 따라 민원 및 환경 문제 등이 발생하는 경우가 많으므로 이에 대한 적절한 대책(진동 제어발파 및 미진동/무진동 공법 적용)을 반영하여야 한다.

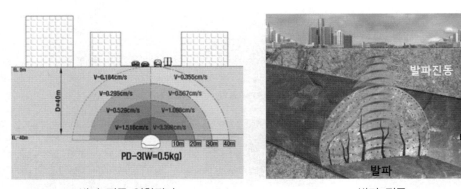

발파 진동 영향평가   발파 진동

[그림 2.20] 터널 발파 영향과 진동소음 문제

도심지 터널공사에서의 발파 진동 문제를 해결하기 위하여 최근 도입된 굴착공법이 바로 로드헤더(Roadheader)를 이용한 기계굴착이다. [그림 2.21]에서 보는 바와 같이 경암반(hard rock)에도 적용이 가능한 고성능 로드헤더가 개발되었으며, 호주, 캐나다와 같은 선진국에서는 도심지 터널굴착공법으로 많이 적용되고 있다.

로드헤더

로드헤더 기계굴착

[그림 2.21] 로드헤더 기계굴착

[표 2.5]에는 발파공법과 로드헤더 기계굴착공법의 비교가 나타나 있는데, 로드헤더 기계굴착공법은 진동소음이 적고 굴착면이 양호한 장점을 가지고 있다.

[표 2.5] 발파공법과 로드헤더 기계굴착공법의 비교

터널공법		NATM	
굴착공법		발파 굴착(Drill and Blast)	로드헤더 기계굴착(Roadheader)
개요		발파를 이용하여 막장면을 굴착한 후 숏크리트와 록볼트를 이용하여 지보를 설치하는 공법	로드헤더 등을 이용하여 막장면을 굴착한 후 숏크리트와 록볼트를 이용하여 지보를 설치하는 공법
도심지터널	특징	• 안정성 취약 : 빌딩 하부통과, 지장물과의 간섭, 기존 구조물과의 근접 시공 • 환경성 민감 : 주민과 생활 시설물에 진동, 소음, 먼지, 지하수위 등 • 시공성 불량 : 공사부지 협소, 자재 및 장비 운반의 한계 등	
	장점	• 시공성 우수(분할굴착/다양한 단면형상) • 기술경험 풍부 • 지질/지반 대응성 우수 • 상대적으로 공사비 저렴	• 진동 소음문제 적음 • 굴착면 양호 • 이완영역 최소 • 단면 적용성/이동성 우수
	단점	• 발파진동 및 소음 문제 • 발파불가구간 공사비 증가 • 도심지구간 제한성 큼 • 대규모 민원 발생	• 시공성(굴진율) 검증 필요 • 국내 기술경험 부족 • 경암반에서 낮은 효율성 • 공사비 자료 부족
	이슈	• 발파민원 문제에 대한 기술적/사회환경적 대응대책	• 국내 지질 및 암반특성에 대한 적합성/적용성 검증

7. NATM 시공과 1사이클

발파 굴착을 적용하는 NATM 터널은 굴착(천공 – 장약 – 발파 – 버력처리)과 지보설치의 과정을 반복적으로 수행하게 되며, 이를 1사이클(cycle)이라고 한다. [그림 2.22]는 NATM 터널의 시공순서가 나타나 있으며, 암반상태에 따른 굴착 및 지보 패턴에 따라 시공 프로세스가 결정된다.

[그림 2.22] NATM 공법 시공순서

[그림 2.23]은 NATM 터널의 시공 프로세스를 나타낸 것으로 막장관찰결과에 의한 암반상태에 따라 지보 설치하게 되고, 계측모니터링을 통하여 추가보강 여부를 결정하게 된다. 이를 관찰적 접근법(observational approach)이라 하는데, NATM 공법의 중요한 원칙이다.

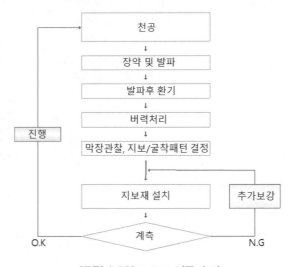

[그림 2.23] NATM 시공 순서

[그림 2.24]에는 NATM 터널의 시공과정이 나타나 있다. 상하반 굴착(천공 – 발파 – 버력처리)과 지보(숏크리트 + 록볼트 + 강지보재) 설치 이후 현장타설 콘크리트 라이닝을 타설하게 되면 최종 터널구조물이 만들어지게 된다.

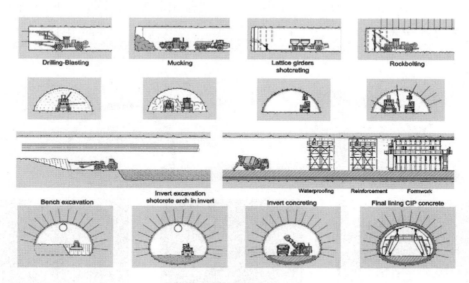

[그림 2.24] NATM Sequence

[그림 2.25]에는 NATM 터널의 굴착공정이 나타나 있다. 점보드릴을 이용한 천공과 장약 그리고 발파를 시행한 후 로더와 덤프트럭을 이용한 버력처리와 지보를 설치하게 된다. 최근에는 장비의 대형화로 굴착효율이 향상되고 있다.

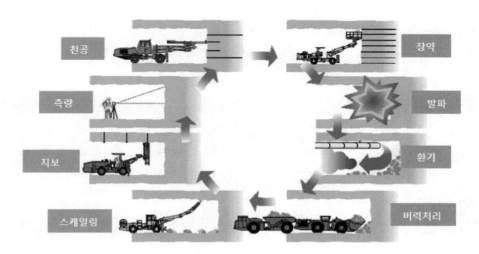

[그림 2.25] NATM 터널에서의 굴착공정

8. 주지보와 보조공법

NATM 터널에서의 주지보재는 숏크리트(shotcrete)와 록볼트(rockbolt)를 조합한 지보시스템이며, 암반상태에 따라 강지보재(steel rib)를 적용한다[그림 2.26]. 가장 중요한 역할을 하는 지보는 숏크리트로 굴착이후 지반이완을 최소화하기 위하여 가능한 빨리 타설하는 것이 중요하다.

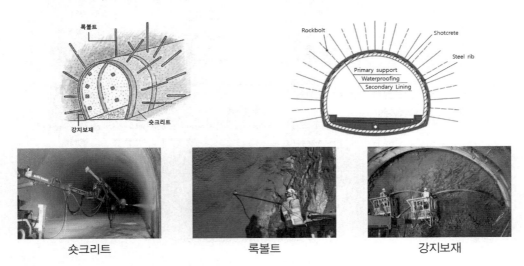

숏크리트   록볼트   강지보재

[그림 2.26] NATM 공법에서의 주지보

NATM 터널은 설계단계에서 암반분류(RMR 및 Q-System 적용)에 의한 암반등급에 따른 표준지보패턴과 단층파쇄대 및 이상대와 같은 특수한 경우를 대비한 지보패턴을 고려하여 설계를 수행하게 된다. [그림 2.27]에는 NATM 터널 표준지보패턴의 예가 나타나 있으며, 암반상태가 나쁠수록 지보량이 증가하게 되고, 추가적으로 보조공법 등이 적용되어 터널 안정성을 확보하도록 하고 있다.

구 분		본 선					
		P-1	P-2	P-3	P-4	P-5	P-5-1
표준단면		B	B	B	B / B	B / B	M M M / B
암반등급		I	II	III	IV	V	파쇄대/이상대
RMR		100~81	80~61	60~41	40~21	20이하	-
Q		400이상	40~10	10~4	4~1	1미만	-
굴착공법		전단면굴착	전단면굴착	전단면굴착	상하분할굴착	상하분할굴착	링컷굴착
굴진장(상반/하반)(m)		3.5(2회굴진후지보)	3.5	2.0	1.5/3.0	1.2/1.2	1.0/1.0
숏크리트두께(cm)		5(일반)	5(강섬유)	8(강섬유)	12(강섬유)	16(강섬유)	20(강섬유)
록볼트	길이(종/횡)(m)	3.0(Rnadom)	4.0(3.5/2.0)	4.0(2.0/2.0)	4.0(1.5/1.5)	4.0(1.2/1.5)	4.0(1.0/1.2)
강지보재	규격(간격)	-	-	-	LG-50X20X30(1.5)	LG-70X20X30(1.2)	H-100X100X6X8(1.0)
보조공법		-	-	-	필요시 훠폴링	훠폴링	강관보강그라우팅

[그림 2.27] NATM 공법에서의 지보패턴

단층파쇄대와 같이 지반이 불량하거나 연약한 경우에는 터널의 안정성을 확보하기 위하여 보조공법(auxiliary method)을 적용하게 된다. 이는 터널 주변지반의 지지력을 증진시키기 위한 것으로 가장 일반적으로 적용되는 보조공법은 Umbrella Arch 공법으로 알려진 강관그라우팅 보강공법이다[그림 2.28]. 본 공법은 천단부에 빔아치체의 보강영역을 형성하여 천단부의 안정성을 확보하는 개념이다.

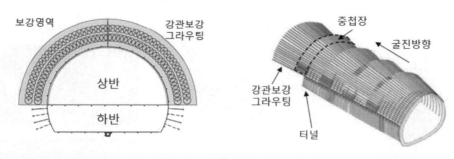

[그림 2.28] 강단보강 그라우팅 공법

초기 NATM은 주로 경암반에 적용되었지만, 각종 보조공법이 발달함에 따라 거의 모든 지반에 적용이 가능하게 되었다. [그림 2.29]에는 연약 암반(soft ground)에서의 굴착, 지보 및 보조공법에 대한 모식도로 상반 가인버트, 측벽부 마이크로 파일, 천단부 포아폴링, 막장면 볼팅, 엘리펀트 풋 등이 나타나 있다.

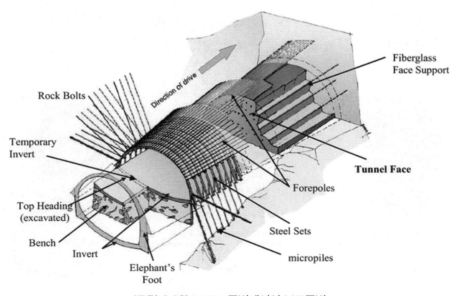

[그림 2.29] NATM 공법에서의 보조공법

9. 숏크리트 라이닝과 콘크리트 라이닝

터널 공사에서 라이닝(lining)은 일정한 두께로 터널면을 따라 만들어지는 지지구조를 말한다. NATM 터널은 굴착단계의 숏크리트 라이닝과 지보 이후의 콘크리트 라이닝으로 구성되는데[그림 2.30], 숏크리트 라이닝은 굴착단계에서 시공되므로 1차 임시 지보 (primary/temporary support) 개념이며, 콘크리트 라이닝은 최종 완성단면을 이루게 되므로 2차 영구 라이닝(secondary/permanent lining) 개념이다.

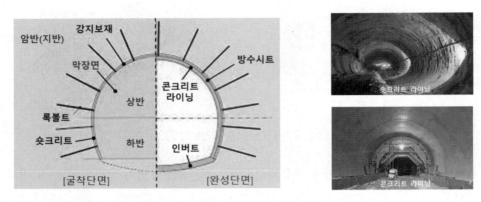

[그림 2.30] 숏크리트 라이닝과 콘크리트 라이닝

[그림 2.31]에서 보는 바와 같이 숏크리트 라이닝과 콘크리트 라이닝이 이중으로 설치되는 구조를 더블쉘(double shell) 구조라고 하며, 숏크리트 라이닝 또는 쉴드 TBM의 세 그먼트 라이닝만이 설치되는 경우를 싱글쉘(single shell) 구조라고 한다. NATM 터널은 장기적인 안정성 확보를 위해 더블쉘 구조를 형성하게 된다.

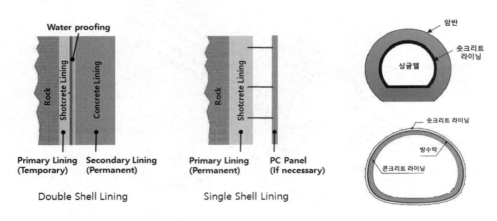

[그림 2.31] NATM 터널의 싱글쉘과 더블쉘 라이닝

NATM 터널에서 콘크리트 라이닝은 1차 지보(숏크리트+록볼트+강지보재)가 설치된 이후 [그림 2.32]에서 보는 바와 같이 강재 거푸집을 이용하여 현장타설 콘크리트로 타설로 만들어진다. 한 번에 타설되는 길이를 1스판(span)이라고 하며, 1스판을 반복적으로 타설해야 하기 때문에 터널 공기에 영향을 주는 주요 공정이며 특히 콘크리트 라이닝의 품질관리에 주의해야 한다.

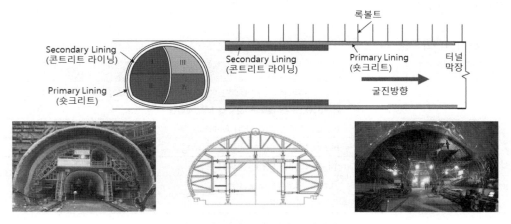

[그림 2.32] 현장 타설 콘크리트 라이닝 시공

NATM 터널에서 콘크리트 라이닝은 지반조건에 따라 구조재로서의 역할을 하게 되며, 일반적으로 암반이 양호한 경우에는 무근 콘크리트를 암반이 불량한 경우에는 철근 콘크리트를 적용하게 된다[그림 2.33]. 또한 숏크리트 라이닝과 콘크리트 라이닝 사이에 방수시트를 설치하도록 하여 터널 내 유입수를 배수처리한다.

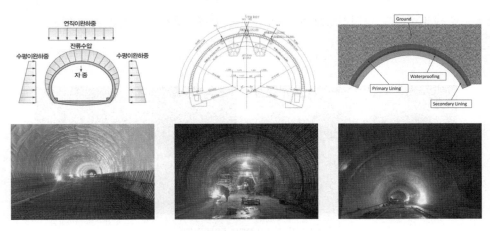

[그림 2.33] 콘트리트 라이닝(무근과 철근)

10. NATM의 다른 이름들

NATM 공법은 오스트리아에서 개발되고 명명된 터널공법으로 세계적으로 널리 이용되고 있지만, 일부 국가에서는 NATM 공법의 독창성을 인정하지 않거나 기존의 터널공법과 크게 다르지 않다는 개념으로 NATM이라는 이름을 사용하지 않고 [표 2.6]에서 보는 바와 같이 별도의 다른 이름을 사용하는 경우가 있다. 특히 일본에서의 NATM은 산악터널공법에 적용되는 터널공법으로 통용되고 있다.

[표 2.6] NATM의 다른 이름들

구분	공법		비고
Conventional Tunnelling	NATM	New Austrian Tunnelling Method	오스트리아, 한국, 일본 등
	SCL	Sprayed Concrete Lining Method	영국, 홍콩, 싱가포르 등
	SEM	Sequential Excavation Method	미국 등
	NMT	Norwegian Method of Tunnelling	노르웨이
	山岳トンネル工法(산악터널공법) - NATM		일본
Mechanized Tunnelling	TBM	Tunnel Boring Machine	전 세계
	シールド工法(Shied 쉴드공법)		일본

■ SCL(Sprayed Concrete Lining) 숏크리트 라이닝 공법

SCL은 터널의 주지보로서 숏크리트(Shotcrete/Sprayed Concrete)를 사용한다는 개념으로 NATM의 다른 이름으로 사용된다[그림 2.34]. SCL은 NATM에 들어 있는 새로운(New)라는 의미와 오스트리아(Austria)라는 국가명에 대한 반감으로 NATM 공법은 오스트리아에서 개발된 새로운 공법이 아니며, 지반이완을 최소화하고 지반의 자체 지지능력(self-support capacity)을 극대화하기 위하여 숏크리트 라이닝을 적용하는 공법이라는 개념으로 SCL이라고 명명하였으며, 주로 영국, 홍콩, 싱가포르 등지에서 일반적으로 사용되고 있다.

[그림 2.34] SCL 공법(영국)

■ SEM(Sequential Excavation Method) 순차적 굴착공법

SEM 공법은 암반을 순차적(단계적)으로 굴착한 후 지보를 설치한다는 개념에서 명명된 NATM의 다른 이름이다[그림 2.35]. SEM 프로세스는 지반조사결과에 의한 암반분류에 따라 굴착/지보 등급(excavation and support class)을 적용하는 것이다. SEM은 주로 미국 등의 북미에서 사용되고 있으며, 수많은 터널, 지하철 및 정거장 공사에 적용되고 있다.

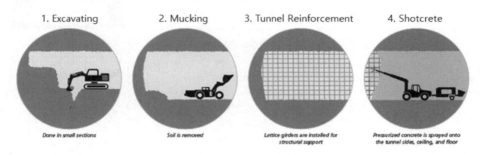

[그림 2.35] SEM 공법(미국)

■ NMT(Norwegian Tunelling Method) 노르웨이 터널공법

NMT 공법은 고성능 숏크리트를 영구지보재로 적용여 숏크리트만으로 터널을 형성하는 개념으로, 주로 북유럽의 경암반(hard rock mass)에 적용하는 공법이다[그림 2.36]. NMT 공법은 NATM 공법에서 일반적으로 적용되는 더블쉘(shotcrete lining+concrete lining) 구조와는 달리 고성능 숏크리트 라이닝만의 싱글쉘 구조를 형성하고, 유지관리 및 미관상 필요한 경우에 부분적으로 PC판넬를 덧붙이도록 하여 터널 공사비를 최적화하도록 하는 것으로 노르웨이에서 개발되어 노르웨이 터널공사 등에 적용되고 있다.

NMT 공법

RRS(Reinforced Ribs of Shotcrete)

[그림 2.36] NMT 공법(노르웨이)

요약 Summary
NATM 터널의 기술 특성과 트렌드

Keyword	특징	비고
NATM 공법과 재래식 공법	• 지반이완 최소화 • 숏크리트에 의한 빠른 지보 설치 • 인버트를 포함한 링폐합 구조 형성	
대단면화와 초대단면 터널	• 복합, 다기능에 따른 대단면화 • 4차선/정거장 터널 등 대단면 터널 • 수백m² 이상의 초대단면 터널	
분할 굴착과 전단면 굴착	• 대단면화에 따른 분할 굴착 • 중벽분할과 측벽도갱 분할 굴착 • 지반보강 후 전단면 굴착	
다양한 단면 형상과 특수 단면터널	• 마제형, 아치형, 난형 등 다양 • 터널폭의 커짐에 따라 타원형 • 암반 특성에 따라 특수 단면 가능	
장대화와 초장대 터널	• 수십km 이상의 초장대 터널 증가 • 세계 최대 고르타드 베이스 57km • 국내 최대 율현 터널 50.3km	
발파 굴착과 기계 굴착	• 발파굴착의 진동문제 이슈 • 고성능 로드헤더의 적용확대 • 발파+기계굴착의 복합 굴착	
NATM 시공과 1사이클	• 천공 - 장약 - 발파 - 버력처리 - 지보 • 방수 - 콘크리트 라이닝 타설 • 1사이클의 반복 공정	
주지보와 보조공법	• 주지보 : 숏크리트/록볼트/강지보재 • 보조공법 : 강관보강그라우팅 등 • 주지보+보조공법	
숏크리트 라이닝과 콘크리트 라이닝	• 숏크리트 : 1차 / 임시 라이닝(지보) • 콘크리트 : 2차 / 영구 라이닝 • 싱글쉘과 더블쉘 라이닝 구조	
NATM의 다른 이름들	• SCL 숏크리트 라이닝 공법 :영국 • SEM 연속굴착공법 - 미국 • NMT 노르웨이 터널공법	
NATM Tunnel : Larger, Faster and Longer		

NATM vs. TBM

터널에서의 NATM 공법은 1960년대 개발된 이후로 세계적으로 가장 많이 적용되는 터널 기술로서 국내에서도 1980년대 이후 대부분의 터널공사에 적용되어 많은 기술적 노하우가 축적되어 국내 NATM 터널 기술은 세계 최고 수준이라고 할 수 있다.

NATM 터널은 단면을 다양하게 계획할 수 있고, 대단면의 복잡한 터널을 안전하게 굴착할 수 있는 엄청난 장점으로 인하여 지속적으로 적용되고 발전하여 왔으며, 지금은 모든 지반(연약한 지반부터 경암반까지)에서 적용 가능하며, 프로젝트 계획에 맞는 다양한 터널 단면을 만들 수 있는 만능의 터널공법으로 자리 잡게 되었다.

하지만 터널 굴착을 보다 효율화하기 위하여 발파굴착으로 적용하게 되며, 이에 따른 진동과 소음의 문제는 피할 수 없는 이슈가 되고 있다. 이에 따라 발파공해 문제를 해결하기 위한 다양한 기술(미진동 발파/무진동 굴착공법)들이 반영되고 있지만 아직은 기술적 효용성을 가지지 못하고 있음이다.

최근 터널공사에서 이러한 문제에 대한 적극적 대안으로 로드헤더(roadheader)를 이용한 기계굴착이 도입되고 있으며, TBM 공법의 적용이 활발해지고 있다. 특히 도심지 터널공사의 경우에는 안전 및 환경에 대한 문제가 키이슈가 되기 때문에 터널공법 검토 시 NATM 공법보다는 TBM 공법이 보다 우선적으로 선호되고 있는 흐름이다.

NATM 공법의 10가지 키워드를 생각해보면 NATM 공법은 변화가 많은 암반/지반 조건에 능동적으로 대응할 수 있고, 다양한 형태의 터널 단면을 계획할 수 있으며, TBM 공법에서는 구현할 수 없는 대단면 터널을 시공할 수 있다는 가지고 있음을 유념해야만 한다. 선진국의 경우도 단면이 일정하고 공정이 단순한 본선구간에는 TBM 공법을, 단면이 크고 공정이 복잡한 경우에는 NATM 공법을 적용하여 NATM 공법과 TBM 공법을 복합적으로 적용하고 있음을 볼 수 있다.

따라서 지하터널 프로젝트를 계획하는 경우 NATM 공법과 TBM 공법의 특징과 장단점을 충분히 고려하고, 지반조건과 현장 상태를 잘 반영하도록 하여 최적 공법을 선정하여야 할 것이다.

TBM 터널과 터널링

LECTURE 03 TBM 터널과 터널링
TBM Tunnel and Mechanized Tunnelling

TBM 터널은 TBM(Tunnel Boring Machine) 장비를 이용하여 터널을 굴진하는 터널 공법으로, 도심지 터널 등과 같은 안전 및 민원이 강조되는 터널공사에서 적용되는 가장 중요한 공법이 되었다. TBM 공법은 TBM 장비의 발전으로 인하여 토사, 연암 및 암반 등에 복합적으로 적용성이 확보되었고, 터널 단면도 대형화되어 직경 14m 이상의 Mega TBM 개발이 세계적으로 증가하고 있다.

[표 3.1]에는 TBM 터널 기술의 특성과 기술 트렌드를 10가지 키워드로 정리하였다. 본 장에서는 10가지 키워드를 중심으로 TBM 터널 기술의 주요 특징과 핵심 사항을 보다 알기 쉽게 기술하였다.

[표 3.1] TBM 터널의 기술 발전과 트렌드

	Keyword	As-is	To-Be
1	오픈 TBM vs. 쉴드 TBM	암반/토사 구분 적용	모든 지반에 적용
2	EPB 쉴드 vs. Slurry 쉴드	EPB or Slurry	EPB + Slurry
3	TBM 장비구성과 복합화	단일 목적의 장비	복합 목적의 장비
4	TBM 커터헤드와 대단면화	소형/소중단면	대형/대단면화
5	TBM 시공프로세스와 자동화	인력중심 운영	자동화 기술 적용
6	TBM 굴진율과 급속 굴진	굴진율 한계	굴진율 증가
7	막장 안정성과 고수압	저수압 적용	고수압 대응
8	TBM 부대설비와 첨단화	일반 장비	특수 장비 운용
9	세그먼트 라이닝과 고성능화	PC 콘크리트	고성능/특수 라이닝
10	TBM 스마트 기술과 디지털화	기존 기술 이용	스마트 기술 응용

■ TBM 공법의 역사

• 토사지반(Soft ground)에서의 쉴드 머신

프랑스 엔지니어 브루넬은 배벌레가 나무로 만든 배의 목재를 먹고 석회질로 구멍을 단단하게 만든 뒤 그 안에서 사는 점에 영감을 받아 쉴드 터널공법의 원형을 고안했다. 쉴드 터널공법은 1825년 영국 런던 템스강을 가로지르는 하저 터널(연장 약 396m)에 처음으로 적용되었다. 현대식 쉴드 터널공법은 인력 대신 쉴드 머신(Shield machine)에 의한 굴착과 벽돌 대신 세그먼트 콘크리트 라이닝 설치를 통하여 가능했으며, 안전성과 효율성이 발전함에 따라 연약한 토사 및 복합 지반(토사+암반) 등에서의 터널 굴착을 가능하게 하였다.

[그림 3.1] 쉴드 공법의 역사

• 경암반(hard rock)에서의 TBM

1952년 로빈스는 미국 사우스다코타에서 오아헤댐 프로젝트를 위한 최초의 경암 굴착용 TBM 장비를 개발했으며, 가장 기본적인 두 가지 개념을 도입했다. 이는 암석을 절단하고 쉴드의 전진을 허용할 수 있는 막장면에서 회전하는 커팅헤드(Cutting head) 그리고 작업자와 장비를 보호하고, 내부에 터널 지지대를 세울 수 있는 원형 쉴드(Circular shield)이다. 이 두 개념의 지속적인 개선을 기반으로 대부분의 현대식 TBM 장비가 개발되었다.

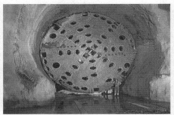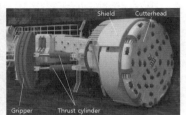

[그림 3.2] TBM 공법의 역사

■ TBM 공법의 명칭

TBM 공법은 크게 토사지반에서의 쉴드 공법과 경암반에서의 TBM 공법으로 개발되어 발전하여 왔다. 하지만 TBM 공법이 발전함에 따라 각각의 공법의 적용 범위가 넓어지고 각 공법의 장점을 서로 포함하게 됨에 따라 쉴드 공법과 TBM 공법의 구분은 점차 사라지고, 이제는 터널공법에서 모든 기계식 터널공법의 대명사로서 TBM 공법이 사용되고 있으며, 발파 굴착(Drill & Blasting)을 주로 하는 NATM 공법과 구별되는 터널 공법으로 인식되고 있다. 이와 같이 TBM 공법이 발전함에 따라 TBM 공법에 대한 분류와 명칭도 변하여 왔으며, 이를 정리하여 [표 3.2]와 [표 3.3]에 나타내었다. TBM 공법은 지반조건 및 쉴드 그리고 라이닝 등에 따라 분류되며, 명칭도 TBM 공법으로 통일되어 사용되고 있다.

[표 3.2] TBM 공법의 분류

지반 조건	쉴드 유무	TBM 장비		지보/라이닝
경암반/연암반 Hard Rock Soft Rock	Open TBM	Rock TBM	Gripper TBM	숏크리트 + 콘크리트 라이닝
	Shield TBM		Single Shield TBM	세그먼트 라이닝
			Double Shield TBM	세그먼트 라이닝
토사/복합 지반 Soft Ground Mixed Ground		Soil Shield	EPB Shield TBM	세그먼트 라이닝
			Slurry Shield TBM (Hydro/Mixed Shield)	세그먼트 라이닝
			Hybrid(Multi) TBM (EPB+Slurry)	세그먼트 라이닝

[표 3.3] TBM 공법의 명칭

국가	명칭	비고
한국	TBM / TBM 장비(Open TBM, Shield TBM)	굴착 장비
	쉴드 공법 → TBM 공법 / 쉴드 TBM 공법	TBM 터널
일본	쉴드(シールド) / 쉴드 추진기	쉴드 머신
	TBM 공법 - 경암 / 산악 터널공법	산악 터널(산악부)
	쉴드 공법(シールド 工法) - 토사 / 도심지 터널공법	쉴드 터널(도심지)
해외	Shield / Shield Machine	Shield Machine
	TBM(Tunnel Boring Machine)	Tunnelling Machine
	TBM tunnelling / Mechanized tunnelling / TBM Method	TBM tunnel

1. 오픈 TBM vs. 쉴드 TBM

TBM 공법은 TBM 장비의 굴진을 위한 반력을 그리퍼(Gripper)의 암반벽면 지지에 의해 얻는 Open TBM(Gripper TBM)과 세그먼트에 대한 반력을 이용하는 쉴드 TBM으로 구분된다. 이전에는 암반 굴착에는 Open TBM 그리고 토사지반 굴착에는 쉴드 TBM이 사용되는 것으로 인식되어왔으나, 현재는 오픈 TBM과 쉴드 TBM을 복합한 TBM이 개발되어 사용되고 있다.

1.1 오픈 TBM(그리퍼 TBM)

암반을 굴착할 수 있는 Open TBM은 터널 주면을 지지하고 내부 작업공간을 보호하기 위한 쉴드가 없으며, 굴착 벽면에 대한 그리퍼의 지지력으로 추진력을 얻는다. 또한 굴착 후 터널 안정성을 확보하기 위해 쉴드 TBM에 적용되는 세그먼트 라이닝(segment lining)이 아닌 숏크리트, 록볼트 등과 같은 지보와 콘크리트 라이닝이 활용되는 굴착장비이다.

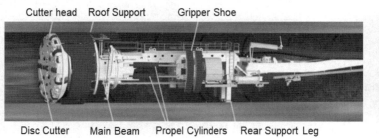

[그림 3.3] 오픈 그리퍼 TBM 구성

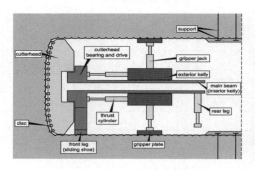

[그림 3.4] 오픈 그리퍼 TBM의 작동 원리 및 모습

1.2 쉴드 TBM

쉴드 TBM은 커터헤드 회전 및 추진에 의해 지반을 굴착하는 것은 Open TBM과 동일하나, 주면 지지를 위한 쉴드가 포함되어 있으며 굴진단계에서는 추력 실린더를 이미 시공된 세그먼트 라이닝에 지지해 반력을 얻음으로 인해 쉴드를 전진하는 굴착장비이다. 또한 쉴드 TBM은 경우에 따라 암반, 토사지반 및 복합지반을 굴착할 수 있으며 막장면(face)의 안정성을 확보하기 위해 토압식(EPB), 이수식(Slurry), 혼합식(Hybrid or Multi) 등의 시스템을 채용할 수 있다.

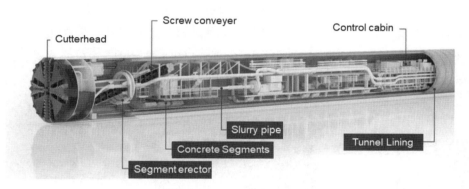

[그림 3.5] 쉴드 TBM 구성

쉴드 TBM 공법은 쉴드기 전면에 장착된 커터헤드를 회전시키면서 디스크 커터(면판)가 지반을 굴착한다. 이후 이수(Slurry) 또는 굴착된 버력으로 챔버를 채워 막장압을 유지한다. 이렇게 압력을 가하면서 회전·전진하며 터널을 굴진하면 분쇄된 암석과 흙은 컨베이어 벨트 또는 배관을 통해 TBM 장비 뒤로 옮겨지고 굴착과 동시에 이렉터를 이용해 터널 벽면에 세그먼트 라이닝(Segment lining)을 설치하여 하나의 링 구조(ring structure)를 완성하게 된다.

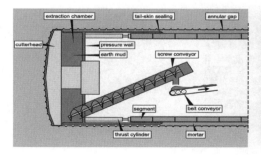

[그림 3.6] 쉴드 TBM의 작동 원리 및 모습

2. EPB 쉴드 vs. Slurry 쉴드

쉴드 TBM은 터널 굴진 후 챔버 내에 압력을 가하는 방식에 따라 이수식(Slurry Pressure Balanced, SPB)과 토압식(Earth Pressure Balanced, EPB)으로 나뉜다. 막장압을 챔버 내에 채워진 굴착토로 메워서 지지하면 토압식(이토압식), 물을 섞은 점토인 이수(Slurry)로 채워서 압력을 가하면 이수식(이수가압식)이라 한다.

2.1 EPB 쉴드(토압식 쉴드)

EPB 쉴드 TBM은 전단면 굴착을 위한 커터헤드(cutterhead)를 장착하고 챔버안에 굴착된 물질을 압축하므로써 막장면을 지지하면서 스크류 컨베이어로 배출한다. 일반적으로 막장면 토압이 확실하게 스크류 컨베이어에 전달되도록 소성유동화한 굴착토를 챔버에 가득 채우게 된다.

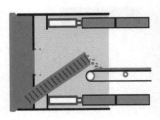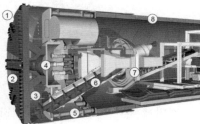

① Tunnel face
② Cutter head
③ Excavation chamber
④ Bulkhead
⑤ Thrust cylinders
⑥ Screw conveyer
⑦ Segment erector
⑧ Segment lining

[그림 3.7] EPB 쉴드 TBM의 구성

EPB 쉴드 공법은 커터 헤드로 굴삭한 토사를 막장과 격벽 사이에 충만시키고, 필요에 따라 첨가재를 주입, 그 토압으로 막장의 안정을 도모하면서 굴진, 격벽을 관통하여 설치한 스크류 컨베이어로 배토하는 공법이다.

[그림 3.8] EPB 쉴드 TBM의 모습

2.2 Slurry 쉴드(이수식 쉴드)

Slurry 쉴드 TBM은 커터헤드로 전단면굴착을 수행한다. 챔버내에 이수를 가압순환시켜 막장을 안정시키며 버력처리 역시 이수의 유동에 의하여 수행된다. 즉 수압, 토압에 대응해서 챔버 내에 소정의 압력을 가한 이수를 층만 가압하여 막장의 안정을 유지하는 동시에 이수를 순환시켜 굴착토를 유체 수송하여 배토하는 공법이다.

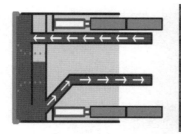 

① Cutter head
② Bulkhead
③ Compressed air
④ Submerged wall
⑤ Slurry line
⑥ Stone srusher
⑦ Feed line
⑧ Segment erector

[그림 3.9] Slurry 쉴드 TBM의 구성

Slurry 쉴드 TBM은 가압된 슬러리를 막장압을 유지하는 데 사용하며, 굴착된 버력을 외부로 운송할 때도 슬러리가 사용된다. 커터챔버에 고농도의 이수를 주입 이수의 특성과 이수압을 이용해서 굴삭면에 작용하는 토압과 수압에 대항시켜 절삭지반의 안정을 도모함과 함께 굴삭한 토사를 환류이수로서 유체수송하면서 굴진하므로 광범위한 지반에 적용할 수 있다. 슬러리 TBM 장비는 굴착 챔버(전면 챔버)와 작업 챔버(후면 챔버)가 슬러리로 채워진다. 슬러리는 물과 벤토나이트 입자의 현탁액을 말하며, 굴착 챔버와 작업 챔버는 격벽으로 분리되어 있다. 두 챔버 사이의 흐름은 격벽 바닥의 오프닝에 의해 가능하다.

[그림 3.10] Slurry 쉴드 TBM의 모습

3. TBM 장비 구성과 복합화

3.1 TBM 장비 구성

Open TBM은 디스크가 부착된 커터헤드, 추진장치, 버력운반 컨베이어 그리고 그리퍼로 구성된 본체가 있으며, 후속 트레일러 그리고 후속 설비로 크게 세 가지로 구성되며 터널 굴진후방에서 지보 설치 장치를 갖출 수 있다.

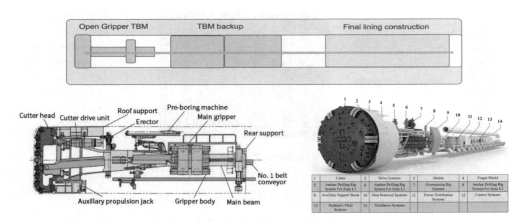

[그림 3.11] 오픈 TBM 장비의 구성

쉴드 TBM은 본체와 후속설비 등으로 이루어져 있고 본체 부분은 굴진면 측에서부터 후드부, 거더부, 테일부의 3부분으로, 외피는 외판(skin plate)과 그 보강재로 구성되어 있다.

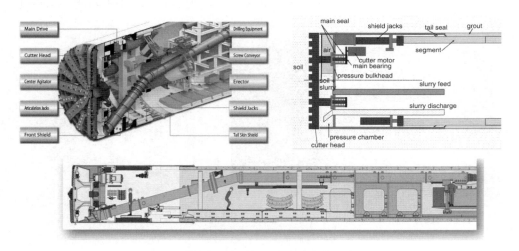

[그림 3.12] 쉴드 TBM 장비의 구성

3.2 복합 쉴드 TBM

복합 쉴드 TBM은 오픈 TBM에서의 후방에서의 지보 및 콘크리트 라이닝 설치 문제점을 해결하기 위하여 막장면에 챔버가 없는 전면개방형 상태에서 세그먼트를 설치하는 TBM 장비이다. 그리퍼가 없으면 싱글 쉴드 TBM, 그리퍼가 있으면 더블 쉴드 TBM으로, 막장면 지지와 반력을 얻는 메커니즘을 혼용한 것이라 할 수 있다. 막장면에 안정을 위한 별도의 장치(챔버)가 없기 때문에 Soft Ground에는 사용이 불가능하며, 최소한 막장면 자립이 가능한 지반조건에 적용이 가능하다.

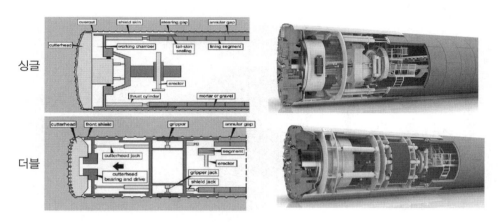

[그림 3.13] 싱글 쉴드 TBM과 더블 쉴드 TBM

멀티 모드 쉴드 TBM은 EPB와 슬러리 모드를 복합한 TBM 장비로서 복합지반에서의 지반조건의 변화에 터널링이 가능하도록 개발되었다. 터널링 전 과정에서 최적의 안전성과 유연성을 제공할 수 있으며, 다양한 지반조건에 적용 가능하다.

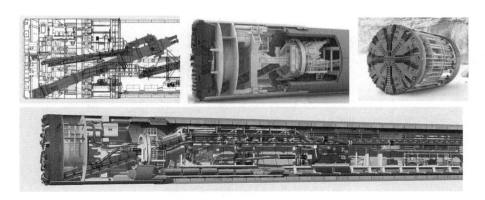

[그림 3.14] Multi Mode 쉴드 TBM

4. TBM 커터 헤드와 대단면화

4.1 TBM 터널 단면과 대단면화

TBM 터널 단면은 원형이므로 NATM 터널 단면에 비하여 단면 규모가 크고 공간 활용성이 떨어지는 문제점이 있다. TBM공법을 적용한 도로터널에서는 상하부 여유 공간을 환기 및 방재시설과 유지 관리 시설로 활용하게 되고, 터널 내에 슬래브를 설치하여 차량운행하중을 지지하고 공간을 확보하게 된다. 최근에는 TBM 단면이 직경이 14m 이상의 대단면화되고 있으며, 중간 슬래브를 설치하여 공간 활용도를 높이는 복층(Double-decked) TBM 터널도 적용되고 있다.

| 3차로 | 2차로 | 2차로 복층 터널 |

[그림 3.15] TBM 도로터널 단면

TBM 철도터널의 경우 단선(Single tube)과 복선(Double tube) 그리고 열차의 특성에 따라 단면 크기가 달라지는데, 일반적으로 단선 터널이 직경 7~8m, 복선터널이 직경 11~12m이다. 최근 철도의 고속화에 따라 대단면화되는 추세이다.

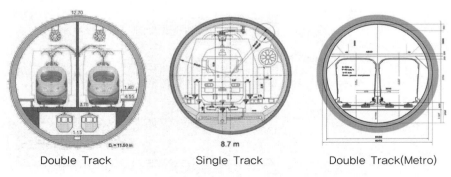

| Double Track | Single Track | Double Track(Metro) |

[그림 3.16] TBM 철도터널 단면

4.2 커터 헤드와 대형화

TBM에서 가장 핵심적인 부분은 지반을 직접 굴착하게 되는 회전식 커터헤드이다. 커터헤드는 TBM에서 터널의 굴착방향으로 최전방에 구비되어 있으며 회전에 의해 지반을 굴착하게 된다. 즉, 커터헤드가 회전을 하면서 터널을 굴착하게 되고, 굴착된 토사나 암석은 커터헤드의 개구부(opening)를 통해 후방으로 배출된다. 커터헤드는 TBM의 굴착 성능과 굴착효율을 좌우하는 가장 중요한 부분이다.

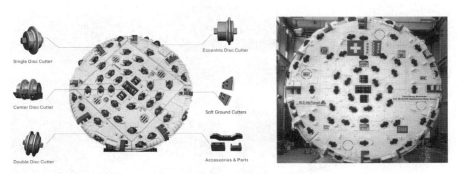

[그림 3.17] 오픈 TBM의 커터헤드

TBM 커터는 커터 헤드에 설치되는 굴착 공구로서 암반용 디스크 커터와 토사용 커터비트로 구분되며 이들 커터는 커터헤드 전면에 설치되어 회전하면서 지반을 굴착하는 역할을 한다.

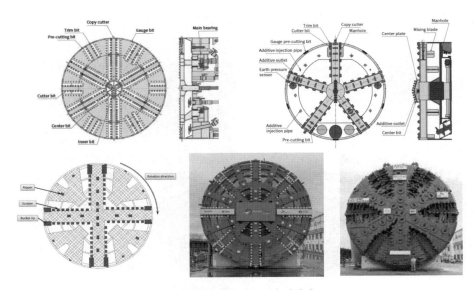

[그림 3.18] 쉴드 TBM의 커터헤드

5. TBM 시공 프로세스와 자동화

TBM 시공프로세스의 핵심은 TBM 장비의 설치이다. 일반적으로 야드에서 굴진하는 방법과 수직구에서 굴진하는 방법으로 구분되는데, 도심지 터널의 경우 수직구를 굴착하여 TBM 장비를 조립하여 굴진하게 된다.

[그림 3.19] TBM 터널 시공프로세스

TBM 장비가 준비가 완료되면 초기굴진 과정을 거쳐 본굴진을 시작하게 된다. TBM 굴진은 커터헤드의 회전과 추진력에 의한 굴착, 굴착토의 배토 및 운반, 세추진잭을 이용한 굴진 그리고 세그먼트 라이닝 운반 및 조립 순서로 진행된다.

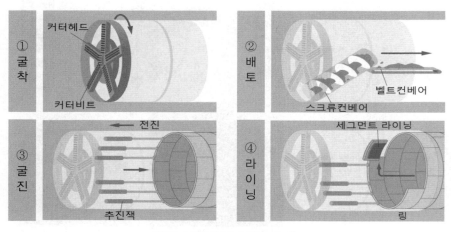

[그림 3.20] TBM 굴진 프로세스

쉴드 TBM 터널의 굴진순서는 다음과 같다. 쉴드 장비 중통부에 설치된 잭으로 쉴드를 앞으로 추진하면서 쉴드 막장부에서 세그먼트 1링분의 굴착을 실시한다. 1링분의 굴착이 완료되면 쉴드 후방부에서 세그먼트 조립기계인 이렉터를 사용하여 세그먼트를 조립한다. 쉴드의 전진으로 쉴드 후방에서 발생한 세그먼트 외경과 쉴드굴착경 사이의 여굴에 뒷채움을 그라우팅하여 충진한다.

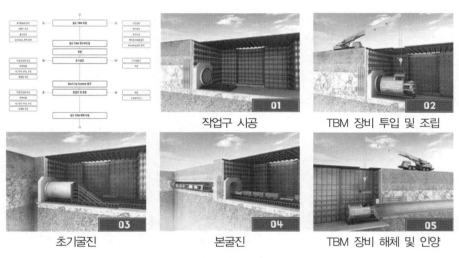

작업구 시공   TBM 장비 투입 및 조립

초기굴진   본굴진   TBM 장비 해체 및 인양

[그림 3.21] TBM 시공 단계

TBM은 굴진 중에 다양한 굴진 데이터(커터헤드/챔버 데이터, 굴진 정보, 굴착토의 정보 등)에 대한 자료를 실시간으로 확인 모니터링하여야 하며, 최근 다양한 첨단 기술이 적극적으로 반영되어 TBM 운전이 자동화되고 있다.

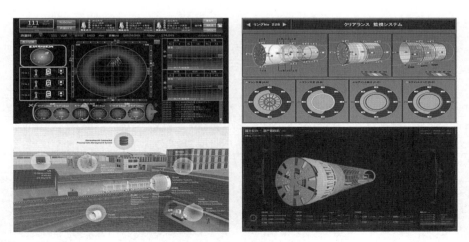

[그림 3.22] TBM 시공 자동화

6. TBM 굴진율(Advance Rate)과 급속 굴진

6.1 굴진율과 링조립 시간

TBM에서 굴진속도는 매우 중요한 시공성 평가지표이다. 일굴진율(Advance Rate, AR)은 각 작업일 동안 굴착된 터널의 길이로 정의되며 m/day로 표시된다. AR은 터널 프로젝트 공기 및 공사비 추정의 핵심 요소이며, 설계 중 예측된 굴진율 값을 시공 중 확인하여 지반에 적합한 최적 TBM 운영에 반영하여야 한다.

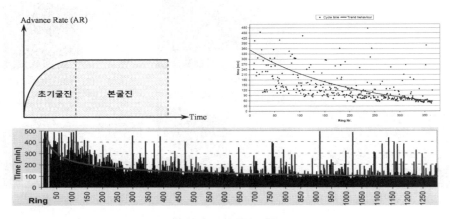

[그림 3.23] TBM 굴진율과 링조립 시간

일반적으로 하나의 링을 완성하는 것을 링조립 시간과 TBM 장비의 가동시간과 다운타임 등이 굴진율에 영향을 주는 요소이며, 가장 중요한 것은 지반조건 및 지반상태에 적합한 TBM 장비를 선정하여 운영하는 것이다.

[표 3.4] 주요 TBM 터널과 굴진율

프로젝트	TBM 장비	굴진율
West Gate Tunnel	직경 15.6m 무게 4000톤 길이 90m / EPB Shield	평균 9m/주
M30 Motorway Tunnel	직경 15.2m 무게 4000톤 / EPB Shield	최대 188m/주
Eşme-Salihli Tunnel	직경 13.77m / Crossover XRE TBM	최대 28.5m/일
Brenner Base Tunnel	직경 7.9m 무게 1800톤 길이 200m / Gripper TBM	최대 61m/일
Folio Line Project	직경 9.9m / Hard Rock / Double Shield TBM	평균 13~15 m/일
Waterview Connection	직경 14.4m 무게 2800톤 / EPB Shield	최대 452/월

6.2 급속 굴진

TBM 굴진율은 지반 특성과 장비 특성 그리고 현장여건에 따라 달라지는 경우가 많다. 일반적으로 초기 굴진 시 낮은 값에서 시작하여 작업자가 기계 및 성능을 파악하여 적응함에 따라 점차 증가하여 안정상태의 정상속도에 도달하게 된다. 최근에는 TBM 장비의 제작 및 운영기술이 발달함에 따라 굴진율이 점차적으로 증가하고 있으며, 세계적으로 Gripper TBM의 경우 월평균 468m, EPB 쉴드 TBM의 경우 월 303m의 굴진율 실적이 보고되었다.

최고	일	주	월	월평균
	직경 14m급 이상			
기록	29.8m	153m	468m	303m
제작자	H사	R사	R사	H사
TBM	EPB	Gripper	Gripper	EPB
모델	S-764	471-316	471-316	S-764
프로젝트	Waterview	Niagara	Niagara	Waterview
국가	뉴질랜드	캐나다	캐나다	뉴질랜드

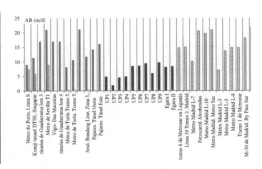

[그림 3.24] TBM 터널 굴진자료 비교

최근 TBM 장비의 성능이 증가함에 따라 TBM 굴진성능도 점점 향상되고 있다. 일반적으로 TBM 터널은 고가의 TBM 장비를 투입하게 되므로 굴진율을 증가시키고 급속 굴진을 가능하게 하여 공사기간을 단축하게 함으로써 총공사비를 절감하도록 해야 한다. [그림 3.25]에서 보는 바와 같이 스페인 M30 도로 프로젝트의 EPB 쉴드 TBM의 경우 주 굴진거리가 180m를 넘는 기록도 있으며, 스위스 Brenner Base 터널의 Gripper TBM의 경우 일 굴진거리가 61m인 기록도 보고되었다.

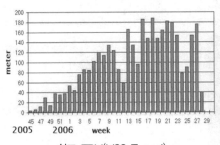

쉴드 TBM(M30 Tunnel)   Gripper TBM(Brenner Base Tunnel)

[그림 3.25] TBM 터널 급속 굴진자료 사례

7. 막장 안정성(Face Stability)과 고수압

TBM 터널에서 굴착전 지반의 상태는 안정된 원지반의 상태로 토압과 수압이 균형을 이루고 있으나 TBM 터널 굴착이 이루어진 후는 막장과 터널 벽체로부터 토압과 수압이 내부로 작용한다. 쉴드 TBM은 챔버내의 채워진 이토/슬러리 압력(Face pressure)으로 막장의 토압과 수압을 지지하게 된다. 막장 안정은 토압 및 수압과 챔버 내의 압력을 조절하여 균형을 유지함으로써 지반교란을 최소화할 수 있고 이러한 균형이 깨지면 지반침하나 융기, 지반함몰 등이 발생하게 된다.

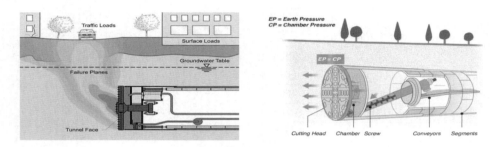

[그림 3.26] 쉴드 TBM에서의 막장 안정성

EPB 쉴드 TBM에서 막장면(Face)의 지지압력은 굴진속도와 스크류 컨베이어의 회전수에 의해 제어되며 추진력에 의해 챔버 내에서 가압된 굴착토의 토압이 굴진면 전체에 작용해 막장의 안전성(Face stability)을 확보하게 된다.

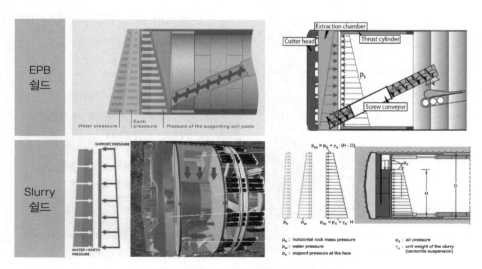

[그림 3.27] 막장압 작용과 막장압 계산

쉴드 TBM 터널 시공에 있어 막장압 관리는 막장면 붕괴, 지반침하 등을 방지하여 막장 안정성을 유지하는 데 중요한 역할을 담당한다. 특히 챔버 내부의 굴착토로 막장압을 조절하는 EPB 쉴드 TBM의 경우 슬러리 쉴드 TBM에 비해 막장압의 관리가 어려우므로 굴진 중 막장압에 대한 관리가 매우 중요하다.

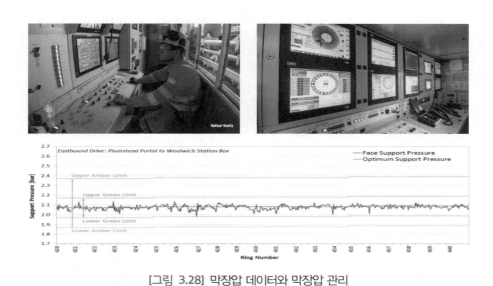

[그림 3.28] 막장압 데이터와 막장압 관리

해·하저 지반을 안전하게 굴착하기 위해서는 고수압 막장면에 대응할 수 있는 쉴드 TBM 공법을 적용을 반드시 적용해야 한다. 특히 해저터널의 고수압 위험구간에 적용될 수 있는 슬러리 쉴드 TBM 굴진에 대한 다양한 기술이 요구된다. 현재 10bar 이상의 고수압 조건에서 다수의 쉴드 TBM 터널 적용사례가 있으며, 17bar 이상의 고수압 조건에서도 적용 사례가 보고되었다.

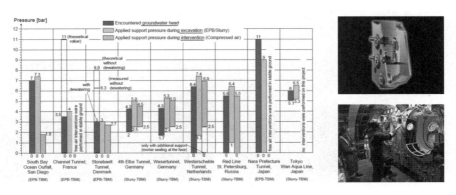

[그림 3.29] TBM 터널과 고수압 굴진

8. TBM 부대 설비와 첨단화

8.1 TBM 부대 설비

TBM은 본체, 후속 설비, 부대 시설로 구성되고 본체는 커터, 커터헤드, 추진시스템, 클램핑 시스템, 이렉터(Erector) 등이 있고 후속설비에는 벨트컨베이어, 광차가 있다. 부대시설은 버력처리장, 오탁수 정화시설, 환기시설, 수전설비, 급수설비, 배수설비 등으로 구성된다. 특히 슬러리 쉴드 TBM에서는 벤토나이트와 굴착토가 혼합된 슬러리를 처리/분리하는 설비가 매우 중요하다.

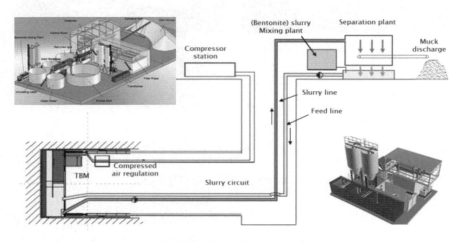

[그림 3.30] Slurry TBM 부대 설비

TBM 터널 작업장 계획은 TBM 장비의 조립, 해체, 발진, U-Turn, 지반조건 및 주변 여건 등을 고려하여 수립해야 하며, 버력반출, 지보재 반입, 가시설 설치 등의 작업이 소정의 공정에 따라 원활히 진행될 수 있도록 수립해야 한다. 특히 도심지 TBM 터널의 경우 작업장 부지에 제한이 크다는 점에 유의해야 한다.

[그림 3.31] TBM 터널 작업장 계획

8.2 특수 장비

TBM 터널 시공 시 다양한 특수장비가 사용된다. 이렉터는 TBM 후방설비 내에 위치하여 후방설비 내로 운반된 세그먼트 라이닝을 굴착된 터널 벽면에 부착하여 세그먼트를 조립하는 기계장치를 말한다. 또한 광차(Muck car)는 전방 커터헤드부에서 분쇄된 버력을 후방설비인 벨트컨베이어에서 버력처리용 횡갱(수직갱)까지 운반하는 차량을 말한다.

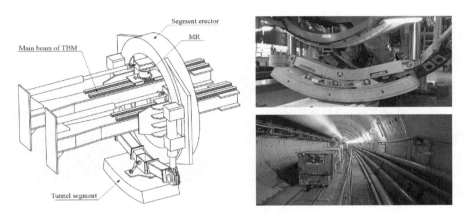

[그림 3.32] Segment Erector와 Muck Car

TBM 터널에서의 라이닝은 조각(segment)으로 PC 제작되며, 터널이 대단면화함에 따라 각 세그먼트의 무게도 증가하게 되어 운반 및 핸들링하기가 어렵게 된다. 따라서 세그먼트 라이닝의 효율적인 운반을 제공하기 위하여 MSV(Multi Service Vehicles)가 이용된다. 또한 TBM 터널 공사 중 비상사고에 대비하기 위한 비상대피 챔버(refuge chamber)는 비상상황에서 작업자들이 모여서 구출을 기다릴 수 있는 안전한 'go-to' 영역을 제공하도록 한다. 또한 비상대피 챔버는 터널링 장비에 대한 안전 요구사항 및 시공 중 대피 챔버 제공을 위한 지침을 준수하여야 한다.

[그림 3.33] MSV(Multi Service Vehicles)와 Refuge Chamber

9. 세그먼트 라이닝과 고성능화

세그먼트 라이닝(Segment lining)은 현장타설 콘크리트 라이닝과 달리 공장이나 야드에서 미리 제작된 세그먼트를 터널 내에 조립 설치해 완성하는 라이닝의 형태를 총칭한다. 세그먼트 라이닝은 쉴드 TBM 터널에서 공사 중의 안정성을 확보하고 영구적인 터널 라이닝으로 사용되는 중요한 구조체이다. 더욱이 세그먼트 라이닝은 쉴드 터널의 공사비에서 가장 큰 비중을 차지하기 때문에, 세그먼트의 경제성 향상을 위한 기술적인 개선 노력들이 이루어지고 있다.

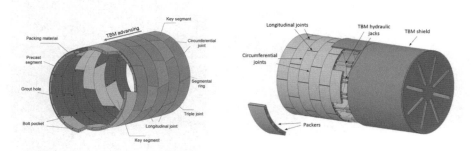

[그림 3.34] 세그먼트 라이닝

세그먼트 폭이 넓으면 링 설치당 생산량이 증가하고 터널 길이당 접합부의 수가 감소하지만 TBM 운반/적재에서 공간을 더 많이 요구하고 터널의 곡선 구간에서는 문제가 많다. 현장에 가까운 세그먼트 제조 공장을 보유한 프로젝트는 운송비가 적고 품질 관리가 우수하다. 몰드에 대한 3D 스캐닝 및 검증은 시공 단계에서의 지연을 방지하기 위한 필수적인 단계이다.

[그림 3.35] 세그먼트 라이닝의 제작

세그먼트 라이닝 단면 설계는 일반적으로 빔-스프링 모델을 사용하여 이루어지며, 산정되는 단면력은 모델구성요소인 작용하중, 지반반력계수, 세그먼트 조인트 위치 및 강성 등의 영향을 받는다. 각각의 링은 복잡한 구조적 반응을 나타내는 다수의 접합 구조(Jointed Structure)로 정의된 일정한 수의 세그먼트들로 구성되며, 이러한 구성에 의한 세그먼트 터널 라이닝의 3차원 거동과 인접한 링들 사이에 상호작용 메커니즘을 명확히 하여 세그먼트 설계 최적화에 반영하여야 한다.

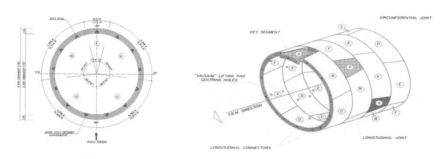

[그림 3.36] 세그먼트 라이닝의 설계 및 시공

세그먼트에 철근 대신 강섬유를 보강하면 콘크리트 구조물의 균열억제, 사용성 개선 등과 같은 2차적인 성능의 개선뿐만 아니라 휨 및 전단 성능과 같은 1차적인 구조성능의 개선에도 이바지할 수 있고, 또한 기존의 철근보강 세그먼트에 비해 높은 경제성을 확보할 수 있다. 또한 터키 Euro 터널의 내진구간에서는 별도의 내진용 강재 세그먼트 라이닝을 반영하기도 하였다.

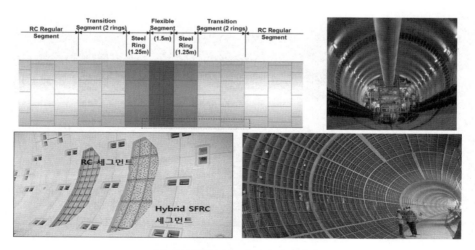

[그림 3.37] 특수 세그먼트 라이닝

10. TBM 스마트 기술과 디지털화

TBM은 일반적으로 규격화된 건설기계와 달리 지반상태 등 현장 조건에 따라 맞춤형으로 설계 및 제작을 해야 하는 고가의 건설기계다. TBM은 각종 센서와 디지털 기기를 탑재해 운영정보를 실시간으로 취득할 수 있도록 해야 한다. 최근 TBM 터널에서는 스마트 건설기술인 무인 현장관리에 활용 가능한 원격드론, 무인지상차량(UGV) 등도 터널현장에 투입해 AI 기반의 안전관리 및 라이다(LiDAR) 기반의 측량 업무 무인화를 실현하고 있다.

[그림 3.38] TBM 장비의 스마트 기술

국내에서는 TBM 커터헤드 설계자동화 시스템과 TBM 장비 운전·제어 시스템기술을 개발하였다. TBM 장비 운전·제어 시스템은 커터헤드 회전속도, 굴진방향 등을 자동 제어하고 운전하는 TBM 운용의 핵심 기술이다.

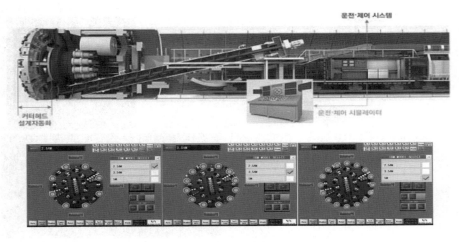

[그림 3.39] TBM 장비 운전 제어 시스템(한국건설기술연구원)

최근 TBM 스마트 기술은 TADAS(TBM Advanced Driving Assistance System)를 활용해 굴착 데이터와 지반정보를 실시간으로 분석하고 최적의 운전 방법 제시하여 TBM 운전에 활용하고 있다. TBM 터널 시공정보를 포함한 전체 현장의 현황정보는 BIM 기반 디지털 시스템과 중앙 통합운영 시스템, 본사-현장 통합 운영 시스템, 디지털화된 현장들의 정보가 실시간으로 TBM 굴진 작업을 원격 지원·관리할 수 있다. 또한 터널 내부에서도 스마트글래스를 활용해 실시간으로 본사·사무실과 원격 화상 회의를 수행하고, 홀로렌즈와 연계한 AR 기반의 품질관리업무에 활용하고 있다.

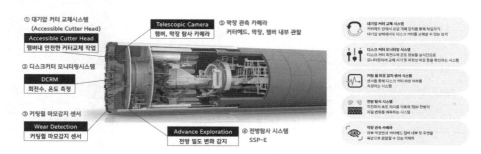

[그림 3.40] TBM 스마트 기술 적용(한강 하저 TBM 터널, 현대건설)

TBM 장비는 건설기술과 기계를 운용하는 기술들이 결합돼 상당히 융합적인 분야로서 BIM 기반으로 설계자와 시공자가 플랫폼 단위로 데이터를 공유하고, 공사 후 유지관리에도 활용하고 있다. TBM 데이터베이스(DB) 통합관리 시스템과 자동운전 시스템 간 연계, 스마트운용시스템과 TBM 제어시스템을 연결하는 에지컴퓨터 기술 개발 등을 진행했다. TBM 스마트 운용시스템을 완성하고 현장에서 운전제어시스템과 에지컴퓨터 연결 시험을 진행하고 있다. 이와 같이 TBM 터널에서는 첨단화된 TBM 장비에 다양한 스마트 기술이 적용되고 디지털 기술이 응용되어 TBM 터널 설계 및 시공의 자동화 및 디지털화를 달성하고 있다.

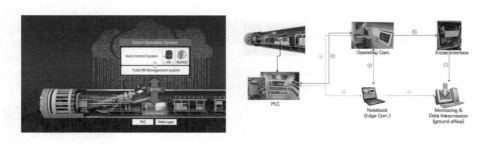

[그림 3.41] TBM 터널에서의 디지털 기술 응용

요약 Summary
TBM 터널의 기술 특성과 트렌드

Keyword	특징	비고
오픈 TBM vs. 쉴드 TBM	• Hard Rock에서는 오픈 TBM 적용 • Soft Ground에서는 쉴드 TBM 적용 • 오픈과 쉴드의 장점의 복합화	
EPB 쉴드 vs. 슬러리 쉴드	• 토사지반 조건에 EPB/슬러리 선정 • 슬러리가 막장압 관리에 유리 • 복합지반에 EPB/슬러리 복합모드	
TBM 장비구성과 복합화	• 커터헤드를 포함한 굴진구동부 • 굴착토 처리를 위한 백업시스템 • 다양한 지반에 적용가능한 복합화	
TBM 커터헤드와 대단면화	• 토사용과 암반용 커터헤드로 구분 • 커터교체를 위한 다양한 기능 • 커터헤드 대단면화와 장비 대형화	
TBM 시공프로세스와 자동화	• 굴착 - 추진 - 링 완성 반복 사이클 • 작업구 - 장비투입 및 TBM 굴진 • 시공프로세스의 자동화 추세	
TBM 굴진율과 급속 굴진	• 지반조건에 따라 굴진율 차이 큼 • 시공시의 굴진율 관리 필요 • 장대화에 따른 급속 굴진 중요	
막장 안정성과 고수압	• 쉴드 TBM에서 막장안정성 중요 • 막장압 관리를 통한 굴진 안전관리 • 해하저구간에서의 고수압 대응	
TBM 부대설비와 첨단화	• 상대한 규모의 부대설비 작업장 • 슬러리 TBM - 슬러리 처리설비 중요 • 다양한 종류의 특수장비/설비 필요	
세그먼트 라이닝과 고성능화	• 세그먼트 라이닝은 중요한 구조체 • 세그먼트 라이닝의 설계/시공기술 • 다양한 형태의 라이닝 요구	
TBM 스마트 기술과 디지털화	• TBM 터널에 스마트 건설기술 적용 • TBM 스마트 기술 개발 및 응용 • 디지털화를 통한 TBM 터널관리	
TBM Tunnel : Faster, Larger and Smarter		

TBM 터널의 활성화 방향과 과제

터널에서의 TBM 공법은 영국에서 개발된 이후로 세계적으로 가장 활발하게 적용되는 터널 기술이다. 국내에서는 1990년대 이후 지하철과 같은 일부 특수한 구간에 제한적으로만 적용되어 NATM 공법에 비하여 상대적으로 기술적 노하우가 부족한 상태로 앞으로 상당한 기술적 노력이 필요하다.

TBM 터널은 원형 단면으로서 연약한 지반(soft ground)에서 안전하게 굴착할 수 있는 장점으로 인하여 지속적으로 적용되고 발전하여 왔으며, 암반에서는 Gripper TBM을, 토사지반에서는 Shield TBM으로 확대 발전되어 대부분의 지반에서 적용 가능하게 되었다. 또한 터널 프로젝트 특성과 지반 특성에 따라 적정한 TBM 공법을 선정 가능하여 메인 터널공법으로 자리 잡게 되었다.

하지만 TBM 터널은 단면이 원형이라는 이유로, 단면이 커지게 되면 사공간이 발생하게 되어 대단면 터널에서의 적용상의 한계(직경 14~15m) 가지며, 고가의 거대한 TBM 장비와 장비 설치를 위한 대규모 작업사이트가 요구되기 때문에 공사비 측면에서 상당한 부담을 갖는다는 단점을 가지고 있다.

최근 터널공사에서 NATM 공법에서의 발파 민원과 안전 이슈에 대한 대안으로서 TBM 공법에 대한 기술적 검토와 적용 확대방안에 대한 연구가 활발히 진행고 있으며, TBM 공법의 기술적 측면과 공사비 측면에서의 정책적 제도적 뒷받침을 만들고자 하고 있다. 또한 TBM 장비의 국산화 방안까지도 논의되고 있지만 국내 터널공사에서의 TBM 활성화는 아직 풀어야 할 숙제가 많다.

TBM 공법의 10가지 키워드를 생각해보면 TBM 공법은 센싱으로 제어되는 TBM 운용에 따라 암반/지반 조건에 능동적으로 대응할 수 있고, 첨단 TBM 운용기술이 적용되어 안전한 터널굴착이 가능하게 됨에 따라 보다 선진화된 터널 공법이라 할 수 있다. 특히 도심지 터널공사에서 NATM 공법에 비해 안전 및 민원문제에 보다 적극적으로 대응할 수 있다는 점에서 향후 주요 도심지 터널공사에서는 TBM 공법이 보다 적극적으로 적용되어야 할 것으로 판단된다.

따라서 도심지 구간에서의 터널 프로젝트를 계획하는 경우 TBM 공법의 특징과 장단점을 충분히 고려하고, 지반조건과 현장 상태를 잘 반영하도록 하여 최적 터널 공법을 선정하여야 할 것이다. 또한 국내 암반/지반특성에 적합한 TBM 설계 및 시공·운영기술을 확보하여야 할 것이다.

제4강

대심도 지하와
도심지 대심도 터널

LECTURE 04 대심도 지하와 도심지 대심도 터널
Urban Deep Tunnel and Deep Underground

대심도 터널(Deep Tunnel)은 기존의 일반 심도에 건설된 지하인 프라 하부를 개발하기 위하여 도입된 개념인 대심도 지하(Deep Underground)에 만들어 지는 터널을 의미한다. 현재는 도심지를 통과하는 대부분의 지하프로젝트가 대심도 터널 로 계획되고 있으며, 대심도 터널은 도심지 터널공사에서 적용되는 가장 핵심적이고 뜨거 운 이슈가 되었다. [표 4.1]에는 대심도 터널 기술의 특성과 기술 트렌드를 핵심 키워드로 정리하였다. 본 장에서는 10가지 핵심 키워드를 중심으로 대심도 터널 기술의 주요 특징 과 변화 트렌드에 대하여 기술하였다.

[표 4.1] 대심도 터널의 핵심 키워드

	키워드	As-is	To-be
1	대심도 지하	일반 심도(30m 이내)	대심도(40m 이하)
2	대심도 터널	천층 터널(30m 이내)	대심도 터널(40m 이하)
3	대심도 지하개발	기존 지하인프라	신설 지하인프라(대심도화)
4	대심도 지하특성	암반/지반조건 불량	암반/지반조건 양호
5	대심도 터널 안전성	안전 영향 큼	안전 영향 적음
6	대심도 터널 환경성	환경 영향 큼	환경 영향 적음
7	대심도 지하 도로터널	사례 적음	사례 증가(대심도화)
8	대심도 지하 철도터널	사례 적음	사례 증가(대심도화)
9	대심도 지하 유틸리티터널	사례 적음	사례 증가(대심도화)
10	대심도 지하공간 개발	사례 적음	사례 증가(대심도화)

1. 대심도 지하(Deep Underground)

1.1 대심도 지하란?

대심도란 일반적으로 토지소유자에 의해 통상적으로 이용되지 않는 지하공간으로써, 용지보상 및 재산권 설정을 하지 않아도 되는 깊이(한계심도 이하 깊이)를 의미한다. 즉 토지소유자가 이용하지 않거나 활용하지 못하는 지하 깊숙한 곳으로 지하시설물을 설치해도 토지이용에 지장이 없는 곳을 한계심도라 하는데, 일본에서는 한계심도 개념을 포함하여 '대심도'라는 용어를 사용한다. 일본에서 지하공간의 소유권과 이용권에 관련된 한계심도를 기반으로 대심도의 정의를 내린 주된 목적은 통상 이용되지 않는 깊은 심도의 지하공간을 공익사업을 위해 개발할 때 토지소유자의 동의나 보상없이 개발·이용할 수 있는 논거를 마련하기 위한 것으로 판단할 수 있다.

국내는 통상적으로 지하철 건설의 하한선인 지하 40m 이상의 지하공간을 의미하는 말로 '대심도'라는 용어를 사용하고 있으나 대심도에 대한 명확한 정의는 마련되어 있지 않다. 서울시는 '서울특별시 도시철도의 건설을 위한 지하부분 토지사용에 따른 보상기준에 대한 조례'에서 토지소유자의 통상적 이용행위가 예상되지 않으며 지하시설물 설치로 인해 일반적인 토지이용에 지장이 없는 것으로 판단되는 깊이를 '한계심도'라 정의하고 고층시가지는 40m, 중층시가지는 35m, 농지·임지는 20m깊이로 들어가면 한계심도로 규정하여 이를 초과하여 개발하는 겨우 초과분에 대해 최소한의 보상을 하도록 규정하고 있다.

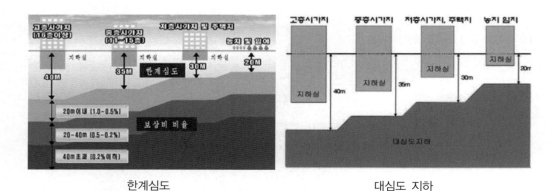

한계심도   대심도 지하

[그림 4.1] 한계심도와 대심도 지하

1.2 일본에서의 대심도 지하

일본에서의 '대심도 지하'란 2001년에 시행된 「대심도 지하의 공공적 사용에 관한 특별 조치법」(통칭 대심도법)에 의한 지하이용의 신개념이다. 대심도법서 대심도 지하의 정의는 다음 ① 또는 ② 중 어느 하나 깊은 쪽 깊이의 지하이다.

① 지하실 건설을 위한 이용이 통상적으로 이루어지지 않는 깊이(지하 40m 이상)
② 건축물 기초 설치를 위한 이용이 통상적으로 이루어지지 않는 깊이(지지지반 상면에서 10m 이상)

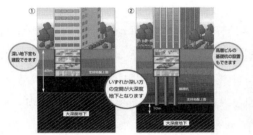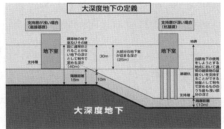

[그림 4.2] 일본의 대심도 지하의 정의

대심도 개념은 1980년대 버블 경기를 정점으로 지가 급등시에 고안된 것으로, 통상 이용되지 않는 심도의 지하공간을 공공용으로 이용할 수 있도록 하고, 도시 형성에 필수적인 도심지 터널이나 공동구 등의 건설을 촉진시키기 위해 법제화되었다. 환기 및 재해시 안전성 확보 등 기술적인 문제와 건설비용 문제도 있어 대심도 지하를 사용한 사업은 2000년대 후반부터 구체화되었다. 대심도법의 대상이 되는 지역에 있어서의 공공 사용의 경우는 원칙적으로 보상이 불필요하나 기존 물건이 있거나 실제로 손실이 발생한 경우에는 보상을 하기도 한다.

도쿄 대심도 지하 개발   도쿄 대심도 터널

[그림 4.3] 일본의 대심도 지하와 대심도 터널

2. 대심도 터널(Deep Tunnel)

2.1 대심도 터널이란?

대심도 터널은 대심도 지하에 설치되는 터널을 말한다. 일반적으로 대심도 지하개발은 지상개발이 상당히 진행되어 개발공간이 부족하고, 지하에 다양한 지하시설물이 설치되어 있어 보다 깊은 심도에서의 지하개발이 요구되는 도심지 구간에서 이슈가 되기 때문에 대심도 터널은 도심지 대심도 터널 또는 대심도 도심지 터널을 의미하게 된다. 대심도 터널이라고는 하지만 특별한 터널공법이 요구되는 것은 아니며 일반적으로 적용되는 NATM 공법 또는 TBM 공법으로 시공이 가능하지만, 터널공법 선정 시 도심지 구간이라는 특수성을 충분히 고려하여야 한다.

일본의 경우 특별히 단단한 암반이 아니라면 통상의 쉴드(Shield)터널 공법으로 시공할 수 있으며, 대심도 터널시공시 지상의 빌딩과 건축물에 대한 영향에 대해서는 2001년 6월에 국토교통성이 기술지침·해설을 정리하여 가이드라인 제시한 바 있다. 지하 40m 이하에 대심도 터널을 계획하고 대심도 지하공간과 도로 및 지하철 등과 같은 지하교통인프라에 대한 입체적 범위를 고려하고 있다. 또한 도쿄 지하철 오에도선과 도쿄 지하철 난보쿠선 등과 같은 도심지 지하철에서 최대 지하심도가 40m가 넘은 대심도 터널이 시공되어 운영되고 있다.

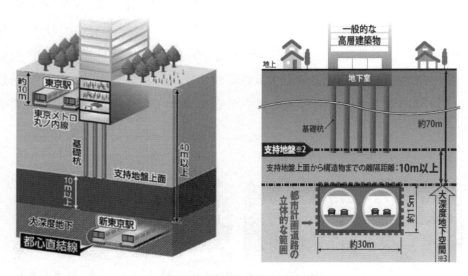

[그림 4.4] 일본의 대심도 터널 개념

2.2 해외의 대심도 터널

싱가포르에서는 도심지 공간부족문제를 해결하기 위하여 지하공간개발을 중점적으로 검토하여 2019년 지하공간개발에 대한 마스터플랜을 수립하였고, 지하개발시의 토지소유권 문제를 해소하기 위하여 관련법을 개정하여 지하 30m 이하에서의 지하소유권을 제한하도록 하여 대심도 지하개발을 적극적으로 장려하고 있다. 특히 지하개발시 지하심도별 지하시설물에 대한 계획(Vertical planning of underground space)을 제시하여 지하공간개발을 관리하도록 하고 있다.

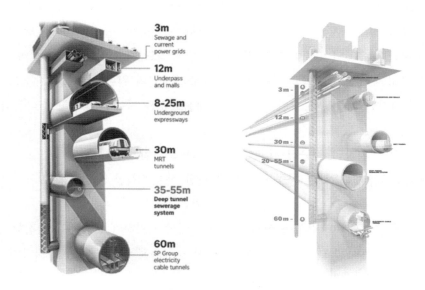

[그림 4.5] 싱가포르 대심도 터널 계획

일본에서는 대심도 지하에 대심도 터널을 개발하려는 다양한 계획이 수립되고 대심도 터널과 대심도 지하개발을 적극적으로 활성화하고 있다.

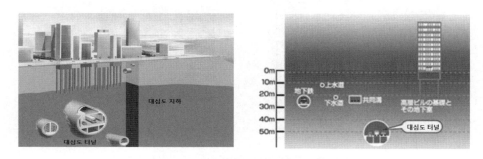

[그림 4.6] 일본의 대심도 터널 계획

3. 대심도법과 대심도 지하개발(Underground Development)

3.1 일본의 대심도법

대도시에서는 하수도 정비에 의한 도시의 위생 환경의 향상이 이루어지고, 수도, 전기, 가스라고 하는 라이프 라인의 지하화, 도시의 활동을 지원하는 지하철이나 지하가 정비되는 등 지하 이용에 의한 생활 편리성의 향상이 도모되어 왔다. 최근에는 이와 더불어 수해나 지진에 대한 안전대책, 지상의 자연환경이나 경관보전대책으로서의 지하이용 등 안전하고 쾌적한 생활공간의 재생을 위해서 지하공간의 활용이 진행되고 있다.

대심도법이 국회에서 제정된 것은 2000년 5월 26일, 시행된 것은 2001년 4월 1일부터였다. 제정에 앞서 1995년 11월 총리부에 '임시 대심도 지하이용조사회'가 설치되었다. 대심도 법의 목적은 공공의 이익이 되는 사업에 의한 대심도 지하의 사용에 관하여 그 요건, 절차 등에 관하여 특별한 조치를 강구함으로써 해당 사업의 원활한 수행과 대심도 지하의 적정하고 합리적인 이용을 도모하는 것이다. 대심도법을 간단히 정리하면 다음과 같다.

- 법 : '대심도 지하의 공공적 사용에 관한 특별조치법'
- 시행령 : '대심도 지하의 공공적 사용에 관한 특별조치법 시행령'

대심도법에서는 사전에 보상을 실시하지 않고 대심도 지하에 사용권을 설정할 수 있도록 하였으며, 보상이 필요하다고 생각하는 토지 소유자로부터의 청구를 기다려 보상을 실시한다.

 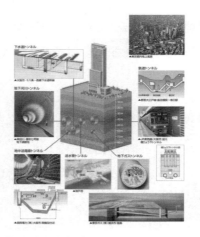

[그림 4.7] 일본의 대심도법과 새로운 도시공간의 대심도 지하

3.2 해외 대심도 지하개발

홍콩은 1980년대부터 토지 공급을 보완하기 위해 지하공간을 개발해 왔으며, 지하 암반 캐번 계획과 개발에서 진전을 이루었으며, 잠재적인 장소와 용도를 식별하기 위한 지하암반 캐번 마스터플랜을 작성했다.

싱가포르에서는 지하공간 개발에 있어 더 적극적이고 전략적으로 추진하였으며 대심도 지하공간개발은 명확하고 투명한 계획 및 개발 프레임워크를 제공하기 위한 입법 개정과 선택된 구역의 지하지도 작성으로 나타난다. 또한 지하 소유권의 범위를 규정하여 지상토지 소유자는 30m 깊이까지만 지하공간을 사용할 수 있다.

헬싱키에서 지하개발마스터플랜(UMP)은 대규모 지하공간 시설의 공간 할당을 통제함으로써 질서 있고 조정된 계획과 개발에 기여했다. 지하 소유권의 범위를 규정하여 실제로 토지 소유자는 6m 깊이까지 지하공간을 사용할 수 있다.

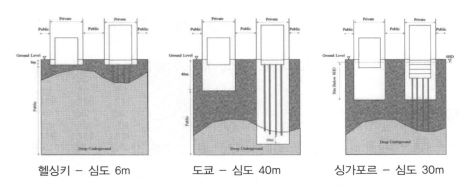

| 헬싱키 – 심도 6m | 도쿄 – 심도 40m | 싱가포르 – 심도 30m |

[그림 4.8] 대심도 지하의 소유권(Ownership)

싱가포르에서는 2019년 지하공간개발 마스터 플랜을 수립하고 대심도 지하공간을 활용한 다양한 대심도 터널 프로젝트를 계획 또는 시공 중에 있다.

[그림 4.9] 싱가포르의 지하개발과 대심도 터널

4. 대심도 지하의 특성

4.1 대심도 지하이용에 따른 비용

대심도 지하이용에 의해 지상이나 얕은 지하이용에 비해 수직구 굴착, 터널공사 비용은 일부 증가하지만 노선을 직선화함으로써 건설비용을 절감할 수 있을 것으로 검토되었다. 대심도 지하이용에 의한 노선의 직선화와 이에 따른 대심도 지하 공사비용이 천부심도 공사비용의 0.91로 약 9%를 절감되는 것으로 분석되었다.

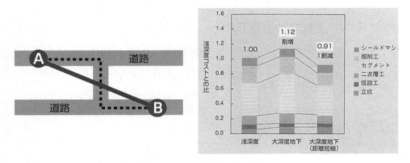

[그림 4.10] 대심도 지하이용에 있어서의 건설비

4.2 지진에 대한 안전성

일반적으로 지진시의 흔들림은 지하 심도가 깊어질수록 작아지는 경향이 있다. 대심도 지하공간에서의 흔들림은 지상의 몇 분의 1 이하로 알려져 있어 지진에 대한 안전성이 높은 공간이라고 할 수 있다. 일본 국토기술정책총합연구소에서 수행한 대심도 지하의 지진 안전성을 분석한 결과로 대심도 지하(지하 51m)의 가속도가 천부심도(지하 20m)에 비해 상당히 감소하는 것을 확인할 수 있다.

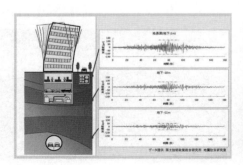

[그림 4.11] 대심도 터널의 지진 안전성

4.3 대심도 지하의 지하수에 미치는 영향

대심도 지하의 피압지하수는 거의 유동하지 않기 때문에 대심도 지하에 구조물을 만들었다고 해도 지하수의 흐름을 막는 등의 영향을 미치는 경우는 거의 없다고 생각되지만 사업 실시에 있어서는 신중하게 대응할 필요가 있다. 또한 대심도 터널 굴착 시 지하수의 수질보전, 지하수의 유동장애의 방지, 지하수위·수압저하에 의한 지반침하의 방지의 환경영향을 최소화할 수 있다.

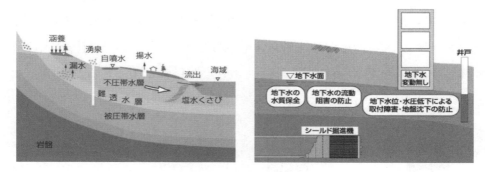

[그림 4.12] 대심도 지하와 지하수 영향

4.4 대심도 지하이용의 장점

대심도 지하 사용법에는 다음과 같은 장점이 있다.

- 대심도 지하는 통상 사전 보상 없이 사용권 설정이 가능하므로 그동안 사업화가 어려웠던 도시지역 사업 실현, 사업기간 단축, 계획적 사업 실시가 가능하다. 상하수도, 전기, 가스, 전기통신과 같은 생활 밀착형 라이프라인과 지하철, 지하하천 등 공공이익 사업을 원활하게 수행할 수 있게 된다.
- 도로 아래 등에 시공하는 제약이 없어져 선형이 합리화됨으로써 비용 절감을 도모할 수 있다. 또한 합리적인 루트 설정이 가능해져 사업기간 단축, 공사비 절감에도 기여할 것으로 전망된다.
- 대심도 지하는 지표나 얕은 지하에 비해 안전하며 소음·진동 감소, 경관 보전에도 도움이 된다. 특히 지진의 영향을 잘 받지 않으므로 라이프라인 등의 안전성 향상에 기여할 수 있다.
- 대심도 지하의 무질서한 개발을 막을 수 있다.

5. 대심도 터널 안전성(Safety Effect of Deep Tunnel)

5.1 대심도화에 따른 암반 특성평가

터널이 대심도화 될수록 고려해야 할 사항 중 첫 번째는 바로 안전성과 직결되는 지반 또는 암반 조건이다. 일반적으로 암반 조건은 지표면으로부터 심도 20~30m 위치에서 암반이 조기 출현하고, 더 깊은 심도로 갈수록 양호한 암반이 출현하는 특성을 보인다. 이에 따라 터널이 대심도화(40m 이상)함에 따라 암반상태가 양호하게 되며, 이는 터널자체의 안전성 확보뿐만 아니라 터널 굴착에 의한 주변 영향도 적어져 안전성 측면에서 매우 유리하다는 것을 의미한다. 서울시 지층 단면을 추정한 결과, 서울지역에서 대심도 터널이 위치하는 지층은 연암 이상의 양호한 암반이며 이는 대심도 터널 건설이 안전성 측면에서 일반 심도의 터널 건설보다 유리한 조건을 나타냄을 확인할 수 있다.

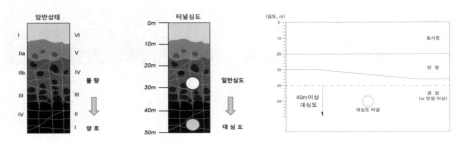

[그림 4.13] 대심도화에 따른 암반 특성 변화

일반 심도와 대심도 터널에서 지질 및 암반상태가 안전성에 미치는 영향을 비교 평가하여 [표 4.2]에 정리하여 나타내었다. 표에서 보는 바와 같이 대심도화할수록 암반상태가 양호해지며 안전성에 유리하다는 것을 알 수 있다.

[표 4.2] 터널의 대심도화에 따른 안전성에 미치는 영향

구분	일반 심도	대심도	대심도화의 영향
토피고(심도)	20-30m	40m 이하	안전성에 유리
암석 강도	약함(Weak)	강함(Hard)	안전성에 유리
절리 상태	매우 발달	거의 발달하지 않음	안전성에 유리
풍화 정도	매우 풍화~풍화	풍화 없음 또는 신선	안전성에 유리
지하수 영향	많음	많지 않음	안전성에 유리
암반 구분	풍화암~연암	보통암~경암	안전성에 유리
암반 등급	불량(Poor)	양호(Good)	안전성에 유리

5.2 대심도화에 따른 안정성 평가

대심도 터널에 대한 해석결과, 지반 안전성에 대한 영향은 대심도 조건보다 일반 심도 조건인 경우가 크게 나타났다. 일반 심도와 대심도의 지반침하량을 비교했을 때 일반 심도에서의 지반침하량이 더욱 크다는 점을 확인할 수 있었다. 또한 일반 심도와 대심도의 등변위량을 비교했을 때 동일변위조건에서 일반 심도에서의 영향면적이 훨씬 커지는 것을 확인할 수 있었으며. 연직변위와 굴착영향범위 내 침하량을 비교 검토한 결과 유사한 경향을 나타내었음을 확인할 수 있었다.

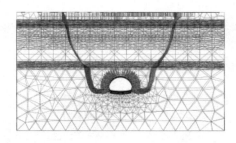
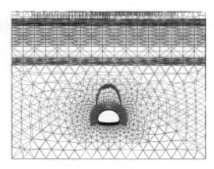

일반 심도 터널   대심도 터널

[그림 4.14] 일반 심도와 대심도 터널굴착에 따른 등변위량 비교

일반 심도 터널   대심도 터널

[그림 4.15] 일반 심도와 대심도 터널굴착에 따른 3D 변위 비교

따라서 도심지 터널 시공 시 일반 심도 대비 대심도 터널이 지반에 미치는 영향이 적게 나타나 지반 안전성이 더욱 증가하는 것을 알 수 있다. 이는 대심도 도심지 터널이 일반 심도 터널보다 안전성 측면에서 매우 유리하다는 것을 보여준다.

6. 대심도 터널 환경성(Environment Effect of Deep Tunnel)

6.1 발파진동 및 소음 환경문제

설계 단계와 시공 중에 대심도 도심지 터널굴착을 위한 발파 시에는 주변 보안물건에 대해 안전할 뿐만 아니라 환경분쟁조정위원회에서 중재하고 있는 분쟁해소 사례 등 조건을 만족하며 굴착할 수 있는 공법 적용이 필수적이라 할 수 있다.

터널을 굴착하기 위해서 수행되는 발파(drill and blasting)는 1자유면 발파이기 때문에 심발부 발파가 선행되어야 하며, 암반상태에 따라 발파당 굴진장을 다양하게 달리할 수 있다. 터널발파는 암반상태에 따라 장약량을 달리하는 발파패턴을 적용하고, 주변에 보안물건(건물 및 축사 등)에 따라 장약량을 조절하고 조절발파(controlled blasting)를 실시하여야 한다.

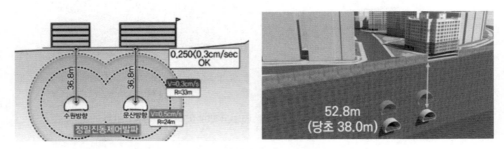

[그림 4.16] 도심지 터널에서의 발파 진동 문제와 대심도 터널

발파굴착은 필연적으로 진동과 소음을 발생하게 되고, 이에 따라 민원 및 환경 문제 등이 발생하는 경우가 많으므로 이에 대한 적절한 대책(진동제어발파 및 미진동/무진동 공법 적용)을 반영하여야 한다. 터널이 대심도화함에 따라 터널과 보안물건이 거리가 증가하여 상대적으로 발파진동에 안전하다고 할 수 있다.

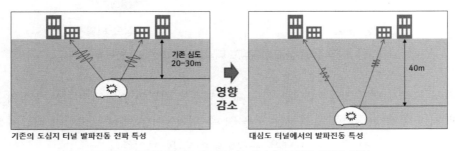

[그림 4.17] 일반 심도와 대심도 터널에서의 발파진동 특성

6.2 대심도 터널의 환경성 평가

도심지 터널의 대심도화에 따른 발파진동의 영향을 평가한 결과, 일반 심도인 30m보다 터널심도가 깊어질수록 발파진동은 현저히 감소됨을 확인할 수 있다. 지표를 기준으로 했을 때, 터널심도가 60m인 경우에 일반 심도인 30m의 발파진동 수준에 비해 35% 이하로 저감되는 것으로 분석되었다.

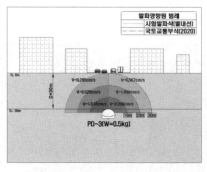

일반 심도 터널(심도 30m)　　　　　대심도 터널(심도 50m)

[그림 4.18] 일반 심도와 대심도 터널의 발파 영향권 검토 비교

발파진동 영향 평가결과, 예측된 발파진동의 평가결과는 터널심도가 증가함에 따라 지표에서의 발파 진동이 감소함을 확인할 수 있다.

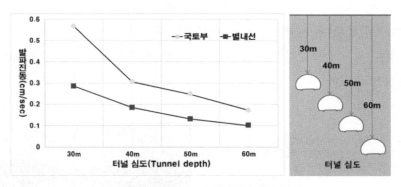

[그림 4.19] 대심도 터널의 발파 진동 분석

이상의 발파진동 평가로부터 도심지 터널이 대심도화함에 따라 발파진동에 의한 영향은 더욱 감소하는 것으로 나타났다. 이는 지상의 보안물건과의 거리가 증가함에 따라 나타나는 것으로 대심도 도심지 터널이 일반 심도 터널에 비해 환경성 영향이 감소하는 것임을 확인할 수 있다.

7. 대심도 지하도로 터널(Deep Underground Tunnel Roadway)

7.1 국내 대심도 지하도로 사례

국내 대심도 지하도로 프로젝트의 대표적인 예가 만덕 센텀 및 사상~해운대 지하도로이다. 사상~해운대 고속도로는 부산 서부의 남해고속도로 제2지선과 동부의 동해고속도로(부산~울산)를 연결하는 22.8km 대심도 지하도로다. 현재 공사 중인 만덕~센텀(9.62km) 구간에 이어 부산에서 두 번째 대심도 도로이다.

[그림 4.20] 사상−해운대 지하고속도로 사례

7.2 호주 대심도 지하도로 사례

호주 대심도 지하도로 프로젝트의 대표적인 예가 NorthConnex 및 WestConnex 지하도로이다. WestConnex 지하도로는 호주 시드니에 위치한 총 길이 33km의 지하 고속도로이다. 2023년 현재, 부분적으로 완공되었으며, 부분적으로 여전히 공사 중이다. 이 고속도로 계획은 시드니 도심지역과 이너웨스트 교외 지역을 관통하는 약 26km의 새로운 터널을 건설하고 있다.

[그림 4.21] 호주 NorthConnex/WestConnex 지하도로 프로젝트

7.3 일본 대심도 지하도로 사례

대심도 지하도로 프로젝트의 한 예가 도쿄 외곽순환도로이다. 본 공사는 도심에서 약 16km를 환상으로 연락하는 전체 길이 약 85km의 고규격 간선도로로 수도권 정체 완화, 환경 개선 및 원활한 교통 네트워크 실현에 중요한 도로이다. 도쿄외곽순환도로는 수도권에서의 고속도로 계획 3순환 9방사 중 하나이며, 수도고속중앙순환선, 수도권중앙연락자동차도와 합쳐 수도권 3순환도로로 통칭되는 도쿄 도심외곽의 환상도로(Tokyo Ring Road)이다.

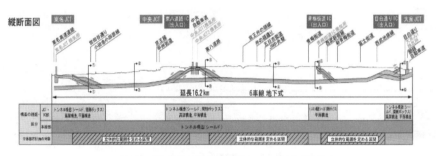

[그림 4.22] 대심도 지하도로(도쿄 외곽순환도로)

본 프로젝트는 3개의 JCT와 3개의 출입구로 구성되어 있다. 또한 지하도로구간은 지하 40m 이하의 대심도 터널로 계획하였으며, 일본 최대 직경 16.1m의 대단면 쉴드 TBM이 적용되었다. 또한 본 터널공사는 도심지 구간의 대심도 지하에 건설되는 대구경 터널 공사로서 안전성 확보가 가장 중요한 이슈이다.

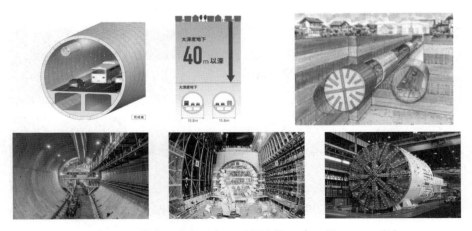

[그림 4.23] 대심도 지하도로(도쿄 외곽순환도로) – 쉴드 TBM 터널

8. 대심도 지하철도 터널(Deep Underground Tunnel Railway)

8.1 국내 대심도 지하철도 사례

국내 대표적인 도심지 지하철도 사례가 수도권 광역급행철도 사업(GTX-Great Train eXpress)이다. 본 프로젝트는 수도권외곽에서 서울 도심 주요거점을 방사형으로 교차, 30분대 연결하는 것을 목표로 진행 중이며, 대부분의 구간이 지하터널과 지하 정거장으로 계획되었다.

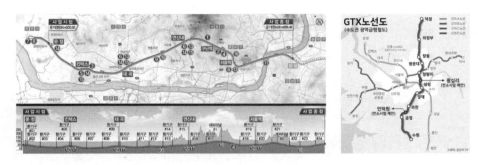

[그림 4.24] 수도권 광역급행철도 GTX-A 프로젝트

8.2 영국 대심도 지하철도 사례

영국 런던의 Crossrail 프로젝트는 그레이트 런던(Great London)에서 추진 중인 도심지 철도사업으로 GTX사업의 롤모델이다. 총 연장 118km로 런던 도심을 지나는 구간 42km는 대심도 터널로 계획되었다. 2009년 Crossrail 1(엘리자베스선)이 착공되었으며, Crossrail 2와 Crossrail 3이 진행 중에 있다.

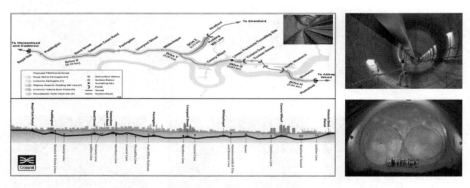

[그림 4.25] 런던 Crossrail 지하철도

8.3 일본 대심도 지하철도 사례

대심도 지하철도 프로젝트의 한 예가 리니어 중앙 신칸센이다. 본 공사는 시속 500km로 달릴 수 있는 초전도 자기부상식(리니어 방식)을 채택해 도쿄-신오사카 간을 최고 속도로 40분 만에 연결하는 신칸센으로 JR 동해가 건설하고 도쿄-나고야 간은 2027년, 도쿄-신오사카 간은 최소 2037년에 개통할 전망이다. 본 프로젝트는 대부분의 구간을 대심도 터널로 계획한 프로젝트이다.

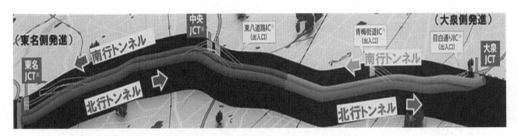

[그림 4.26] 일본 대심도 지하철도 - 리니어 중앙신칸센

리니어 중앙 신칸센은 대부분의 노선이 대심도 지하의 직경 14m의 대심도 터널로 계획되었으며, 수직구를 이용하여 쉴드 머신을 설치한 후 쉴드 TBM 터널공사를 시작하였다. 2021년 10월 쉴드 머진 발진작업에 착수, 지상에 미치는 영향과 공정을 검증하기 위해 약 300m 구간을 시험 굴진하였으며, 도심지 터널공사에서 발생한 함몰사고 등에 따른 대응으로 검증 결과를 주민들에게 공개하고 대심도 공사에 대한 불안 해소를 도모하였다.

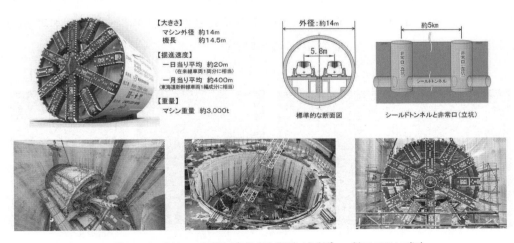

[그림 4.27] 대심도 지하철도(리니어 중앙 신칸센) - 쉴드 TBM 터널

9. 대심도 지하 유틸리티 터널(Deep Underground Utility Tunnel)

9.1 국내 대심도 지하 유틸리티 터널 사례

대심도 지하 유틸리티 터널의 한 예가 신월 빗물저류배수시설 공사이다. 본 공사는 국내 최초 터널형 지하 저류배수시설로, 지하 50m에 직경 10m의 대심도 터널을 파 설치한 빗물저장시설이다. 양천구 신월1동에서 양천구 목동빗물펌프장까지 저류배수터널(연장 3.6km)과 유도터널(연장1.1km)이 2개소, 수직구 6개소가 설치됐다. 2013년 5월 첫 삽을 뜨기 시작해 만 7년 만인 2020년 5월 공사를 끝냈다.

[그림 4.28] 신월 빗물 지하저류터널 프로젝트

9.2 싱가포르 대심도 지하 유틸리티 터널 사례

싱가포르 지하 케이블 터널 프로젝트는 싱가포르 차세대 전력망을 지하에 구축하는 대심도 터널사업이다. 총 연장 35km로 남북(NS)과 동서(EW)를 가로지르는 총 6개 공구로 전 구간이 지하 60m 이하의 대심도 터널과 수직구로 계획되었으며, 도심지 안전과 민원으로 고려하여 전 구간에 TBM 터널이 적용되었다.

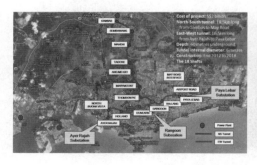

[그림 4.29] 싱가포르 Cable Tunnel 프로젝트

9.3 일본 대심도 지하 유틸리티 터널 사례

대심도 지하 유틸리티 터널의 한 예가 도쿄 수도권 외곽 방수로 공사이다. 본 공사는 수도권에서 수해를 경감하는 것을 목적으로 한 치수시설(조정지)로서 사이타마현 가스카베시의 가미카네자키지에서 오부치에 걸친 연장 약 6.3km로 국도 16호 직하부 약 50m 지점에 설치된 세계 최대급의 지하 방수로이다. 본 시스템은 구성은 먼저 각 하천에서 홍수를 수용하는 유입시설과 수직구, 홍수를 흘리는 지하하천인 터널, 그리고 지하공간에서 물의 기세를 약화시켜 원활한 흐름을 확보하는 조압수조, 지하에서 홍수를 배수하는 배수기장 등으로 구성되어 있다.

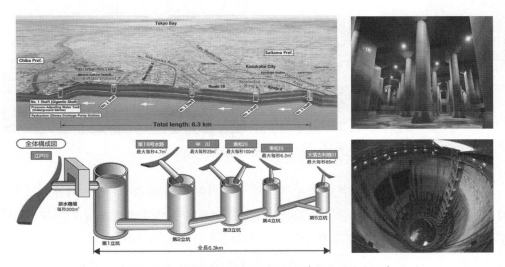

[그림 4.30] 대심도 지하 유틸리티 터널(도쿄 외곽방수로)

본 터널공사에는 슬러리 쉴드 TBM 공법(터널 내공 10.6m)을 적용하였으며, 지하 50m에서 시공이 이루어졌다. 또한 내수압을 받는 터널의 특성을 고려하여 내수압 대응의 가능하고 유수에 대응할 수 있는 세그먼트를 적용하였다.

[그림 4.31] 대심도 지하 유틸리티 터널(도쿄 외곽방수로) – 쉴드 TBM

10. 대심도 지하공간(Deep Underground Space)

10.1 국내 대심도 지하공간 개발 사례

국내 대표적인 도심지 지하공간개발 사업은 영동대로 지하공간 복합개발 건설사업이다. 본 사업은 삼성역에서 봉은사역까지 지하 5층, 시설면적 17만m²의 규모로 통합역사(GTX, 위례신사선), 버스환승정류장, 공공 및 상업시설이 들어서는 국내 지하공간 개발 역사상 최대 규모로 진행되는 광역복합환승센터이다.

[그림 4.32] 영동대로 지하공간 개발 사례

본 사업은 영동대로 삼성역 사거리와 코엑스 사거리 사이 600m 구간 지하에 폭 63m, 깊이 53m 규모로 조성되는 대심지 지하공간을 건설하는 것으로 총 4개 공구를 구분되어 공사가 진행 중에 있다. 또한 5개 철도교통 환승공간과 공공상업공간, 기존도로 지하화, 지상 녹지광장이 들어서는 동시에 GBC 개발 사업과 맞물리는 초대형 지하공간개발사업으로 서울시는 2027년 말 완공을 목표로 하고 있다. 교통환승센터와 GBC 개발과 함께 이 맞물려 관련지역 개발이 시너지 효과를 나타낼 것으로 기대하고 있다.

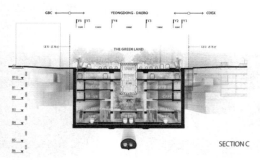

[그림 4.33] 영동대로 지하공간 개발 계획

10.2 해외 대심도 지하공간 개발 사례

도시가 성장함에 따라 천층 지하의 많은 용도는 시간이 지남에 따라 변화되어 왔으며, 이러한 용도에는 건물 기초와 지하실 및 광범위한 케이블 네트워크가 포함된다. 유틸리티 및 운송 서비스를 담당하는 지하터널은 일반적으로 개별 프로젝트 선택으로 취급되지만, 이러한 시설에 대한 설계결정은 향후 필요에 따라 지하공간을 사용할 수 있는 능력에 영향을 미친다.

핀란드 헬싱키에서는 지하 공간을 활용해 데이터 저장센터를 찾는 프로젝트가 진행 중이다. 인터넷과 '클라우드' 컴퓨팅의 사용이 증가함에 따라 스토리지 센터의 필요성도 커지고 있습니다. 이 센터를 지하에 배치하면 냉각에 필요한 에너지가 절약되고 회수된 에너지가 겨울 동안 1,000개의 주택을 데울 수 있다.

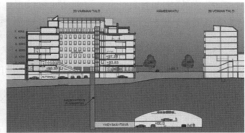

[그림 4.34] 대심도 지하공간개발 사례 – 대규모 지하주차장(헬싱키)

말레이시아 쿠알라룸푸르에는 비가 많이 오는 동안 도시가 홍수를 막기 위해 큰 빗물 하수도로 계획되었던 것이 이제는 주요 홍수 사건 때를 제외하고 교통 혼잡을 완화하기 위해 이용할 수 있는 노선의 일부를 따라 도로 터널을 포함한다. 지하공간의 지속가능한 개발은 단순히 지하공간을 이용하는 것이 아니라, 기능을 결합하고 사회를 위해 가치를 창출하기 위해 사용하는 것을 요구한다.

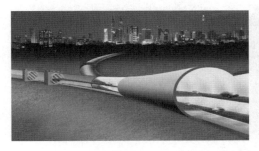

[그림 4.35] 대심도 터널 지하인프라 사례 – SMART 터널(말레이시아)

11. 대심도 도심지 터널건설에 따른 영향 평가

11.1 대심도 도심지 터널건설에 따른 영향 분석

도심지 터널은 건설 목적, 위치 및 기능 등을 고려할 때 일반적인 터널과는 다른 특성을 갖는다. 즉 도심지 터널은 중·장거리 이상의 연장이 필요하고 경제성을 고려하여 한계심도 이하(대심도)에 건설될 수 있으므로 안전성이 중요하다. 이는 터널 구조물 자체의 안정성뿐만 아니라 터널 굴착으로 인한 주변 지반의 침하 및 지하수위 변화를 포함하는 것으로 40~50m 정도의 대심도 구간에서의 지질 및 지반특성으로 인한 지반 리스크가 크기 때문에 더욱 중요하다. 또한 기존의 철도, 전기, 가스, 전기통신, 상하수도 등 지하구조물 또는 매설물 등에 대한 조사 및 영향검토가 필수적이며, 지상에 존재하는 건물과 주요 구조물에 대한 손상평가가 반드시 수행되어야 한다.

[그림 4.36]에는 도심지 터널에서 발생 가능한 여러 가지 위험요소를 나타내었다. 그림에서 보는 바와 같이 위험요소는 터널변형뿐만 아니라 지표침하, 지하수위 저하, 도로함몰, 건물 및 지장물 손상 그리고 주변공사 영향 등이 있다. 또한 대심도 도심지 터널건설 영향평가를 위하여 특성을 터널 거동, 지반 거동 및 주변 영향으로 구분하여 발생 가능한 위험요소와 이에 따른 영향 결과를 정리하여 [표 4.3]에 나타내었다.

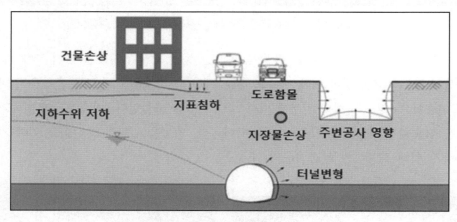

[그림 4.36] 터널 굴착에 따른 지반거동 유형

[표 4.3] 대심도 도심지 터널 건설에 따른 영향

특성		주요 위험 내용	영향 결과
터널 거동	터널 안정성	터널굴착에 따른 안정성 문제	• 터널 낙반/붕괴/붕락 • 지반 함몰(싱크홀)
	터널 변형/손상	터널굴착에 따른 변형 및 손상 발생	
지반 거동	지표 침하	터널굴착에 따른 지표침하 발생	• 도로 함몰/지표 침하 • 건물 손상/지장물 손상
	지중 변위	터널굴착에 따른 지중변위 발생	
지하수 거동	지하수위 변화	터널굴착에 따른 지하수위 변화	• 주변 지하수위 저하 • 주변 지하수 고갈
	지하수 유입	터널굴착에 따른 지하수 유입	
주변 영향	진동 소음	터널 굴착 및 운영 중 진동소음 발생	• 사람/인체에 영향 • 주변 환경오염 • 구조물 손상(균열 등)
	비산 먼지	터널 굴착 중 비산먼지 발생	
	대기 오염	터널 운영 중 대기오염 발생	

11.2 대심도 도심지 터널건설에 따른 영향요소 평가

터널을 굴착함에 따라 시공 중 및 운영 중에는 지반침하, 지하수위 저하, 주변 건물 및 지장물의 손상 그리고 발파진동소음, 대기오염 등 주변에 다양한 영향(Impact)을 미치게 되며, 도심지 터널공사의 경우, 영향에 따른 피해로 인하여 상당한 수준의 민원이 발생할 가능성이 매우 높다.

본 절에서는 대심도 도심지 터널공사에서 발생 가능한 영향요소를 [그림 4.37]에서 보는 바와 같이 안전에 위해가 되는 안전성 영향(Safety Impact)과 환경에 위해가 되는 환경성 영향(Environment Impact)으로 구분하였다. 또한 대심도 도심지 터널 건설에 따른 안전성 및 환경성에 미치는 제반 영향을 합리적으로 평가함으로써 주변 민원을 최소화하여 안전한 터널공사를 수행하도록 하고자 하였다.

그리고 [표 4.4]에 나타난 바와 같이 대심도 도심지 터널에서 건설에 따른 안전성 영향요소 및 환경성 영향요소에 대하여 주요 위험요소에 대한 리스크를 평가하였다. 이를 바탕으로 대심도 도심지 터널에서 가장 중점적으로 평가하여 할 영향요소를 안전성 요소에서는 지반침하(지반 안전성), 환경성 요소에서는 발파진동영향을 선정하여 제시하였다.

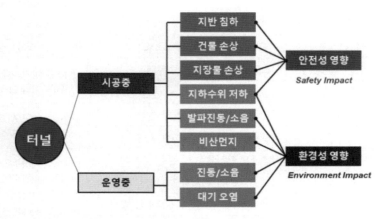

[그림 4.37] 대심도 도심지 터널공사에서 발생 가능한 영향

[표 4.4] 터널 건설에 따른 안전성 및 환경성 영향 요소

영향 요소(Impact Factor)		주요 위험 내용(Hazard)	리스크(Risk)		
안전성 영향	지반 침하	• 터널 시공 중 주변 지반침하	H	M	L
	건물 손상	• 터널변형과 지반침하로 인한 주변 건물 손상	H	M	L
	지장물 손상	• 터널변형과 지반침하로 인한 주변 지장물 손상	H	M	L
	지하수위 저하	• 터널 시공 중 주변 지하수위 저하	H	M	L
환경성 영향	발파진동 및 소음	• 시공 중 발파에 의한 진동 및 소음 발생	H	M	L
	비산먼지	• 시공 중 굴착에 의한 비산 먼지 발생	H	M	L
	운영 중 진동소음	• 운영 중 진동 및 소음 발생	H	M	L
	대기 오염	• 운영 중 대기 오염 발생	H	M	L

11.3 대심도 도심지 터널건설 영향평가 방안

1) 대심도 도심지 터널건설에 따른 영향평가 체계

도심지 터널의 경우 「지하안전관리에 관한 특별법」에 근거하여 의무적으로 터널 지하 안전영향평가를 수행하여야 한다. 이에 대한 평가절차 및 방법은 국토교통부 기준(도심 지터널 지하안전영향평가, 2020)에 정리되어 있어 이를 참고하여 도심지 터널에 대한 지하안전영향평가를 수행하면 된다.

대심도 도심지 터널 영향평가는 대심도 도심지 터널에 대한 공학적인 특징을 반영하여 건설 영향 평가 프로세스를 보다 합리적으로 정립하고자 한다. 특히 대심도 도심지 터널의 건설에 대한 영향요소를 크게 안전성 영향요소와 환경성 영향요소로 구분하고, 관련 영향요소를 중심으로 프로세스를 구성하였다.

[그림 4.38]은 기존의 일반 심도에 적용되는 터널지하안전영향 평가를 기반으로 하여 대심도 터널 특성을 반영한 영향 평가 체계를 보여준다. 그림에서 보는 바와 같이 대심도 도심지 터널굴착에 따른 영향요소를 안전성 영향에 지반침하와 건물손상도 그리고 환경성 영향에 지하수위 및 발파진동으로 구분하고, 각각의 영향 평가에 대한 평가 방안을 정립하였다. 또한 각각의 영향요소에 대한 계측관리방안과 민원대책 등을 포함하였다.

본 영향평가는 대심도 도심지 터널의 계획·설계뿐만 아니라 시공 시에도 활용할 수 있으며 기술적으로 발주처 및 엔지니어에게 도움이 되고, 사회·환경적으로는 관련 민원들에게 이해시킬 수 있도록 구성되어 있다.

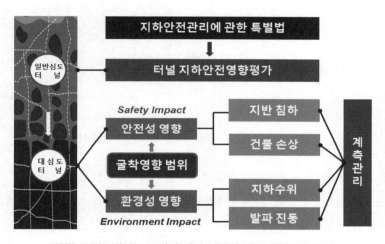

[그림 4.38] 대심도 도심지 터널 건설에 따른 영향평가 체계

대심도 도심지 터널 건설영향 평가 프로세스를 [그림 4.39]에 나타내었다. 그림에서 보는 바와 같이 프로세스를 4단계로 구분하고 총 8과정으로 평가를 수행하도록 구성하였으며, 각각의 특징을 설명하면 다음과 같다.

[그림 4.39] 대심도 도심지 터널건설 영향평가 프로세스

■ 1단계 : 터널 특성 – 대심도 도심지 터널

대심도 도심지 터널에 대한 특성, 주요 여건 및 현황을 공학적으로 분석하고 주요 영향평가요소와 평가방법을 검토하고 분석한다.

■ 2단계 : 대상 산정 – 굴착영향 범위 산정

대심도 도심지 터널 특성을 반영하여 터널 굴착에 따른 적정한 굴착영향범위를 산정하고 중점 검토대상을 파악하고 구분한다.

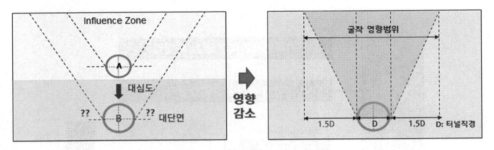

[그림 4.40] 대심도 도심지 터널 굴착영향 범위 산정

■ 3단계 : 영향 평가 – 안전성 영향요소 및 환경성 영향 요소

대심도 도심지 터널 건설에 대한 4가지 영향요소에 대하여 각각의 평가프로세스에 따라 정밀해석을 실시하고 평가한다.

• 3-1 지반침하 : 대심도 도심지 터널 굴착에 따른 지반침하 영향 해석 및 평가
• 3-2 지하수위 : 대심도 도심지 터널 굴착에 따른 지하수 영향 해석 및 평가
• 3-3 발파진동 : 대심도 도심지 터널 굴착에 따른 발파진동 영향 분석 및 평가
• 3-4 건물손상도 : 대심도 터널 굴착에 따른 주변 건물에 대한 손상도 평가

[그림 4.41] 대심도 터널 지반안전성 평가

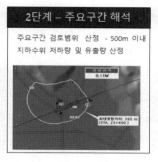

[그림 4.42] 대심도 터널 지하수위 평가

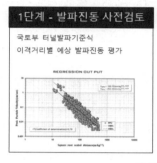

[그림 4.43] 대심도 터널 발파진동 영향 평가

■ 4단계 : 관리 대책 – 계측 관리방안

대심도 도심지 터널 건설영향 평가요소에 대한 계측계획과 계측관리방안을 수립하고,
주요 예상 민원에 관리 방안 등을 종합적으로 검토하고 이에 대한 대책을 수립하여 반
영한다.

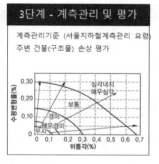

[그림 4.44] 대심도 터널 계측 관리 방안

2) 대심도 도심지 터널건설 영향평가 시 유의사항

본 절에서는 대심도 도심지 터널건설에 따른 영향요소를 안전성 영향요소와 환경성 영향요소로 구분하고 이 중에서 대표적으로 지반침하, 지하수위, 발파진동 및 건물손상도를 중심으로 평가방법을 정립하고 또한 대심도 터널 특성을 반영하여 굴착영향범위를 실제적으로 산정하고, 이를 고려한 계측관리방안을 포함하여 전체적인 대심도 도심지 터널건설 영향평가 프로세스를 수립하였다. 본 영향평가는 대심도 도심지 터널공사의 계획, 설계 및 시공단계에서 적용 가능한 지침으로 활용될 수 있으며, 본 영향평가 적용 시 여러 가지 제한적인 사항이 있음을 인지하여야 한다. 이를 바탕으로 유의사항을 정리하면 다음과 같다.

(1) 법적인 사항

도심지 터널공사는 「지하안전관리에 관한 특별법」에 따라 지하안전영향평가를 의무적으로 수행해야 하므로 대심도 도심지 터널공사의 경우에도 마찬가지로 지하안전영향평가가 반드시 필요하다. 따라서 대심도 도심지 터널공사에서는 지하안전영향평가보고서가 우선하며, 본 영향평가는 대심도 도심지 터널에서의 특징을 고려한 지침으로서 참고할 수 있을 것이다.

(2) 엔지니어링 고려사항

도심지 터널공사는 지하 40m로 대심도화됨에 따라 이에 대한 제반 공학적 특성을 고려해야 한다. 본 영향평가는 대심도 터널 건설에 따른 영향요소를 안정성 영향요소와 환경성 영향요소로 구분하고 각각의 영향평가에 대한 검토방법과 절차를 제시한 것이다. 그러나 지반특성, 공사여건 및 주변 환경 등 대심도 도심지 터널공사 각각의 특성이 상이하므로 본 영향평가 이외에 다른 평가방법과 추가적인 영향평가를 책임기술자의 판단 아래 수행할 수 있다.

(3) 민원 고려사항

도심지 터널공사는 안전, 환경 등에 대한 다양한 형태의 민원이 발생하고 있다. 본 영향평가는 발주처의 입장에서 민원에 효율적으로 대응하기 위한 기본적인 지침으로 민원인들에 보다 공학적이고 객관적인 자료를 제시하고자 하는 것이다. 하지만 민원인의 입장에서 개별적인 특별요소에 대한 평가를 요구하는 경우, 발주처와 협의하여 추가적인 영향평가를 수행할 수 있다.

(4) 기타 고려사항

영향평가는 현재의 기술수준과 범위 안에서 만들어진 것으로서 향후 터널 기술발전과 대심도 도심지 터널 현장 적용을 통하여 문제점을 반영하여 꾸준히 보완 개선되어야 한다. 이를 위해서는 학회 등의 기술전문가 집단의 기술서비스를 바탕으로 발주처, 엔지니어 및 민원인들과의 소통과 협력의 노력이 필요하다.

11.4 대심도 도심지 터널건설 영향평가

1) 대심도화에 따른 암반 특성평가

도심지 터널이 대심도화될수록 고려해야 할 사항 중 첫 번째는 바로 안전성과 직결되는 지반 또는 암반 조건이다. 일반적으로 암반 조건은 지표면으로부터 심도 20~30m 위치에서 암반이 조기 출현하고, 더 깊은 심도로 갈수록 양호한 암반이 출현하는 특성을 보인다. 이에 따라 터널이 대심도화(40m 이상)함에 따라 암반상태가 양호하게 되며, 이는 터널 자체의 안전성 확보뿐만 아니라 터널 굴착에 의한 주변 영향도 적어져 안전성 측면에서 매우 유리하다는 것을 의미한다.

2) 대심도화에 따른 안전성 영향평가

도심지 터널의 대심도화에 따른 안전성에 미치는 영향을 분석하기 위하여 터널 심도에 따른 지반 침하 발생 경향을 수치해석을 통하여 검토하였다. 수치해석은 일반 심도인 터널 심도 30m인 경우와 대심도인 터널 심도 50m인 경우로 구분하여 수행하였으며, 횡방향 및 종방향의 지반침하 발생 경향을 종합적으로 검토하기 위하여 3차원 수치해석을 적용하였다.

두 조건 모두 터널의 굴착단면적과 보강방법은 동일하며, 일반적으로 터널의 심도가 깊어질수록 지반조건이 양호해짐을 고려하여 일반 심도는 연암지반, 대심도는 경암지반에 터널이 위치하도록 모델링하여 검토하였다[그림 4.45].

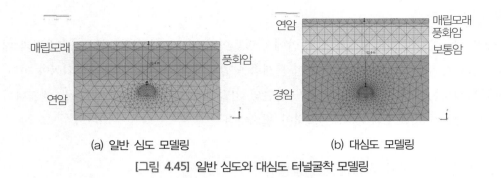

(a) 일반 심도 모델링   (b) 대심도 모델링

[그림 4.45] 일반 심도와 대심도 터널굴착 모델링

그림에서 나타난 바와 같이 대심도 도심지 터널에 대한 해석결과, 지반 안전성에 대한 영향은 대심도 조건보다 일반 심도 조건인 경우가 크게 나타났다. [그림 4.46]에서 보는 바와 같이 일반 심도와 대심도의 지반침하량을 비교했을 때 일반 심도에서의 지반침하량이 더욱 크다는 점을 확인할 수 있었다. 또한 [그림 4.47]에서 보는 바와 같이, 일반 심도와 대심도의 등변위량을 비교했을 때 동일변위조건에서 일반 심도에서의 영향면적이 훨씬 커지는 것을 확인할 수 있었으며, 연직변위와 굴착영향범위 내 침하량을 비교 검토한 결과 유사한 경향을 나타내었음을 확인할 수 있었다.

따라서 도심지 터널 시공 시 일반 심도 대비 대심도 터널이 지반에 미치는 영향이 적게 나타나 지반 안전성이 더욱 증가하는 것을 알 수 있다. 이는 대심도 도심지 터널이 일반 심도 터널보다 안전성 측면에서 매우 유리하다는 것을 보여준다.

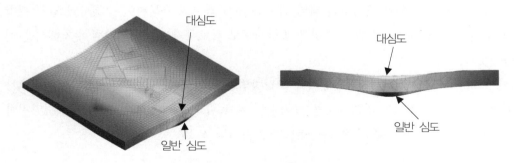

[그림 4.46] 일반 심도와 대심도 터널굴착에 따른 지반침하 비교

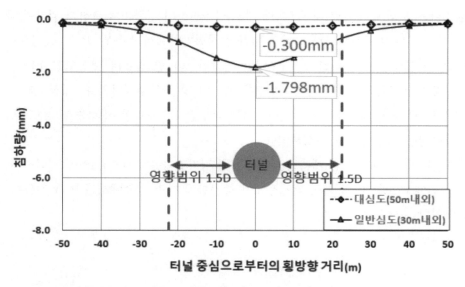

[그림 4.47] 대심도 도심지 터널굴착에 따른 굴착영향 범위 내 침하량 비교

3) 대심도화에 따른 환경성 영향평가

국내 도심지 터널의 경우에는 지질 및 지반 특성상 터널공사를 시행할 때 암반굴착이 필수적이며 일반적으로 암반구간 터널굴착은 발파에 의한 굴착이 주로 적용되고 있다. 최근 들어 터널공사는 도심지의 교통문제 해결을 위해 대심도에 지하도로계획(만덕~센텀 지하도로, 동부간선도로, 제물포터널 등)과 지하철(하남선, 별내선 등)의 설계 및 시공 많이 이뤄지고 있으며, 대심도 도심지 터널 특성상 근접되어 있는 주변 민가, 상가 및 지하 지장물(상수도, 하수도, 기존지하철) 등 보안물건에 대한 발파진동 및 소음이 허용기준을 만족하는 경우에도 관련 민원이 발생하고 증가하는 추세이다.

따라서 설계 단계와 시공 중에 대심도 도심지 터널굴착을 위한 발파 시에는 주변 보안물건에 대해 안전할 뿐만 아니라 환경분쟁조정위원회에서 중재하고 있는 분쟁해소 사례 등 조건을 만족하며 굴착할 수 있는 공법 적용이 필수적이라 할 수 있다.

터널 굴착 시 발파로 인한 민원 및 주변 지장물의 피해발생이 예상되는 경우에는 발파진동을 억제할 수 있는 대안공법을 적용하여야 하며, 발파진동 억제방법은 발파공법 변경, 제어발파 등 보조적인 방법을 병용하여 발파를 수행하는 방법과 폭약을 사용하지 않는 미진동 또는 무진동 굴착공법 등과 같은 비발파공법이 적용될 수 있다.

발파공법 결정 시에는 굴착효율이 좋으며 안전시공이 가능한 공법의 적용이 바람직하다. 이에 본 절에서는 터널굴착 시 반영되는 진동소음 기준치에 대한 기준을 소개하고 대심도 도심지 터널현장에서 발파진동에 대한 환경성 영향평가 방안을 검토하였다.

본 절에는 도심지 터널의 대심도화에 따른 발파진동의 영향을 검토하기 위하여 국토교통부에서 제시한 발파진동식과 도심지 지하철 시험발파에서 적용된 발파진동식으로부터 발파진동을 평가하였다. 터널 심도는 일반 심도인 30m인 경우와 대심도인 40m, 50m, 60m인 경우를 포함하여 총 4가지 CASE에 대하여 평가를 수행하였다. 대심도화에 따른 발파진동의 변화양상을 파악하기 위하여 발파패턴은 PD-3W의 장약량 0.5kg으로 고정하여 발파진동 영향평가를 수행하였다.

발파진동 영향 평가결과, 예측된 발파진동의 평가결과는 [그림 4.48]에 정리하여 나타냈다. 그림에서 보는 바와 같이 터널심도가 증가함에 따라 지표에서의 발파 진동이 감소함을 확인할 수 있다.

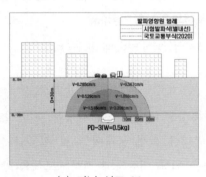

(a) 터널 심도 30m

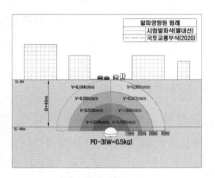

(b) 터널 심도 40m

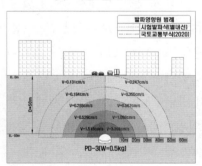

(c) 터널 심도 50m

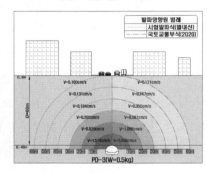

(d) 터널 심도 60m

[그림 4.48] 터널 심도에 따른 발파 진동 영향 평가

이상의 발파진동 평가로부터 도심지 터널이 대심도화 함에 따라 발파진동에 의한 영향은 더욱 감소하는 것으로 나타났다. 이는 지상의 보안물건과의 거리가 증가함에 따라 나타나는 것으로 대심도 도심지 터널이 일반 심도 터널에 비해 환경성 영향이 감소하는 것임을 확인할 수 있다.

도심지 터널의 대심도화에 따른 발파진동의 영향을 평가한 결과, [그림 4.48]에서 보는 바와 같이 일반 심도인 30m보다 터널심도가 깊어질수록 발파진동은 현저히 감소됨을 확인 할 수 있다. 지표를 기준으로 했을 때, 터널심도가 60m인 경우에 일반 심도인 30m의 발파진동 수준에 비해 보다 35% 이하로 저감되는 것으로 분석되었다.

전술한 발파진동 평가로부터 도심지 터널이 대심도화함에 따라 발파진동에 의한 영향은 더욱 감소하는 것으로 나타났다. 이 사실은 지상의 보안물건과의 거리가 증가함에 기인하는 것으로 대심도 도심지 터널이 일반 심도 터널에 비해 환경성 영향이 감소하는 것임을 확인할 수 있다.

도심지 터널공사에서 발파진동 및 소음 문제는 아무리 관리해도 지나치지 않기 때문에 발파진동을 최대한 저감할 수 있는 터널 굴착공법을 설계단계에서 부터 검토하고, 이를 터널 시공 중에 적극적으로 관리하는 노력이 요구되며, 또한 발파진동 및 소음에 대한 계측치를 주변 민원들에게 적극적으로 공개하여 상호 이해와 협력의 구축하는 노력도 병행되어야 할 것이다.

11.5 대심도 도심지 터널건설 영향 대책방안

대심도 도심지 터널건설 영향 평가는 터널공사에서 안전성을 확보하고 민원을 최소화하기 위한 가장 중요한 과정으로 프로젝트 전 과정에 걸쳐 철저하게 수행되어야 한다. 이를 위한 대심도 도심지 터널건설 영향에 대한 대책방안을 정리하면 다음과 같다.

1) 엄격한 계측관리

터널건설에 따른 영향평가 과정은 분석을 통한 예측과정이므로, 시공 중에 이를 반드시 확인하고 평가하는 과정이 필수적이다. 특히 지반취약구간 등과 같이 문제가 예상되는 구간에는 보다 세부적인 계측계획을 수립하고 시공 중에 엄격한 계측관리를 실시하여야 한다.

2) 철저한 리스크 안전관리

지반조사의 한계로 인한 지반불확실성을 포함하고 있는 터널공사 특성상 필연적으로 시공 중 다양한 리스크를 만나게 된다. 따라서 설계단계에서부터 지질 및 지반리스크에 대한 분석과 평가를 수행하도록 하고, 시공 중에 철저한 리스크 안전관리를 시행하여야 한다.

3) 선진 터널건설시스템으로의 전환

도심지 터널에서 발파굴착의 적용으로 인한 민원 발생은 기술적인 문제가 아니라 사회 환경적 문제임을 인식하여야 한다. 선진국에서와 같이 보다 근본적인 대책으로서 발파공법을 대체할 수 있는 기계화 시공(TBM 및 로드헤더)등을 적극적으로 도입 검토하여야 한다. 대심도 도심지 터널건설에 따른 영향과 대책을 정리하여 [그림 4.49]에 나타내었다.

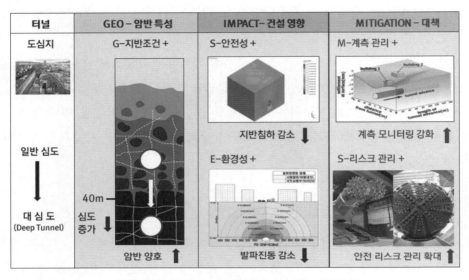

[그림 4.49] 대심도 도심지 터널건설 영향 대책방안

11.6 결언

최근 도심지에서의 대심도 터널공사가 꾸준히 증가함에 따라, 대심도 도심지 터널 건설에 따른 영향에 대한 보다 객관적이고 공학적인 평가방안이 필요한 시점이라 할 수 있다. 2018년 「지하안전관리에 관한 특별법」이 만들어지고, 이에 따라 도심지 터널공사에 대하여 지하안전영향평가가 수행되고 있지만, 지하 굴착공사에 비하여 상대적으로 공사구간이 길고 도심지 통과가 많은 터널공사의 특성을 고려한 효과적인 지하안전영향평가가 이루어지지 못한 실정이다. 이러한 이유로 도심지 터널공사에서 터널 굴착에 의한 영향 평가를 보다 효율적으로 수행할 수 있는 방법이나 가이드라인에 대한 필요성이 제기되었다.

또한, 현재 계획되거나 시공되고 있는 대부분의 터널공사가 지하 40m 이하의 대심도에 건설됨에 따라 대심도화에 따른 암반특성, 심도 증가에 따른 지반침하 특성과 발파진동 전파 특성 등을 정확하게 반영해야 한다.

본 장에서는 대심도 도심지 터널 건설에 따른 안전성 및 환경성에 미치는 제반 영향을 합리적으로 평가함으로써 주변 민원을 최소화하고 안전한 터널공사의 수행을 돕고자 한다. 이를 위하여 대심도 도심지 터널 건설에 따른 영향을 안정성 영향(Safety Impact)과 환경성 영향(Environment Impact)으로 구분하고 각각의 영향평가에 대한 평가방법과 절차를 제시하였다. 이러한 연구결과를 통하여 다음의 사항을 제안하고자 하였다.

1) 대심도 특성을 고려한 굴착영향범위의 산정

터널 굴착은 역학적으로 지중 및 지표에 영향을 미치게 되며, 그 범위를 굴착영향범위라고 한다. 도심지 터널이 대심도화 함에 따라 기존의 방법을 따를 경우에는 굴착영향범위가 지나치게 넓어져 안전영향평가 영역이 과도하게 확대되는 문제를 야기한다.

대심도 특성을 고려한 굴착영향범위를 산정하기 위하여 터널심도(토피고)별 다양한 수치해석을 통하여 합리적인 굴착영향범위를 검토하여 대심도 도심지 터널건설 에 따른 영향범위를 터널좌우로 1.5D(D=터널직경)로 제시하였으며 단층파쇄대 구간과 같은 지반 취약구간에서는 굴착영향범위를 보다 확대할 수 있도록 제안하였다.

2) 대심도 도심지 터널에서의 영향요소 선정

터널을 굴착함에 따라 시공 중 및 운영 중에는 지반침하, 지하수위 저하, 주변 건물 및 지장물의 손상 그리고 발파진동 및 소음, 대기오염 등 주변에 다양한 영향(impact)을 미치게 되며, 도심지 터널공사의 경우, 터널굴착 영향에 따른 피해로 인하여 상당한 수준의 민원이 발생할 가능성이 매우 높다.

대심도 도심지 터널공사에서 발생 가능한 영향요소를 안전에 위해가 되는 안전성 영향요소와 환경에 위해가 되는 환경성 영향요소로 구분하고, 대심도 도심지 터널특성을 고려하여 지반침하와 발파진동 영향요소를 중점적으로 검토하였다.

3) 대심도 도심지 터널에서의 지반침하 안전성 영향평가

터널 굴착은 터널 자체의 안정성뿐만 아니라 주변의 안전성에 미치는 영향이 크며, 그 영향요소로는 지반침하, 지하수위 저하, 주변 건물 및 지장물의 손상 등이 있다. 이 중 터널 굴착에 의한 지반침하는 지상의 도로 및 건물에 직접적인 영향을 미치게 되므로 이에 대한 지반침하에 대한 안전성 평가는 매우 중요하다.

대심도 도심지 터널에 따른 지반침하 영향을 터널심도(토피고)에 따른 다양한 수치해석을 통하여 평가하였다. 수치해석결과 터널심도(토피고)가 증가함에 따라 지반침하의 안전성은 증가함을 확인하였다.

4) 대심도 도심지 터널에서의 발파진동 환경성 영향평가

터널굴착은 공사 중 발파에 의한 진동과 소음, 먼지 발생 등의 주변 환경에 영향을 미치게 되고, 이와 같은 환경피해는 주변 주민의 직접적인 민원의 원인이 되고 있으며, 특히 발파진동은 인체에 미치는 영향뿐만 아니라 보안물건의 안전에 미치는 영향이 크므로 이에 대한 관리가 필수적이다.

본 절에서는 대심도 도심지 터널 굴착에 따른 발파진동 영향을 터널심도(토피고)에 따른 발파영향 검토와 발파 동하중 해석을 통하여 평가하였다. 발파진동 환경성 영향평가결과 터널심도(토피고)가 증가함에 따라 발파진동의 영향은 상당히 감소함을 확인하였다.

5) 대심도 도심지 터널의 영향평가 가이드라인 제시

가이드라인은 대심도 도심지 터널 건설에 따른 안전성 및 환경성에 미치는 제반 영향을 합리적으로 평가함으로써 주변 민원을 최소화하고 안전한 터널공사를 위해 만들어졌으며, 본 가이드라인은 대심도 도심지 터널공사의 계획, 설계 및 시공단계에서 하나의 지침으로서 활용될 수 있다. 다만 본 가이드라인을 적용시에 여러 가지 제한이 있음을 인지하여야 하고 법적인 고려사항, 엔지니어링 고려사항, 민원 고려 사항 등을 종합적으로 판단하여 적용할 수 있음을 유의하여야 할 것이다.

6) 대심도 도심지 터널의 건설방향 제안

도심지 터널이 대심도화 함에 따라 안전성은 증가하고, 발파진동과 같은 환경적 영향은 감소하는 것으로 평가되었다. 하지만 대심도 도심지 터널에서의 안전 및 환경문제에 의한 민원 발생은 피할 수 없는 문제임을 받아들이고, 대심도 도심지 터널공사 시스템에 근본적인 변화가 필요하다는 것을 인식해야 한다. 민원을 최소화하고, 안전한 터널공사를 수행하기 위해서는 도심지 터널공사에 발파공법뿐만 아니라 TBM과 로드헤더와 같은 기계굴착공법의 적극적인 도입과 선진국에서의 운영되고 있는 선진국의 글로벌 터널공사 건설시스템 그리고 지반의 불확실성이 큰 터널공사의 특성을 반영한 터널 안전 리스크 관리 시스템 등에 대한 전반적인 검토가 필요할 것으로 판단된다.

이상으로 대심도 도심지 터널공사 건설 영향과 안전성 평가에 대하여 살펴보았다. 현재 도심지 터널공사는 지상 보상권 문제 등을 최소화하기 위하여 기존 일반 심도 30m 하부인 지하 40m 이하인 대심도 구간에 계획 또는 건설되고 있다. 따라서 이러한 대심도 터널이 가지는 특성을 반영한 안전 영향평가 방법이 요구되는 것이 사실이다. 대심도 하는 단어에 대하여 단지 터널 기술자들의 관점에서 벗어나 발주처 및 일반 민원인들의 관점에서 접근하여 대심도 가지는 공학적 특성뿐만 아니라 환경영향 및 사회민원 영향에 대한 통합적이고 적극적인 대응이 필요함을 확인할 수 있다.

대심도 도심지 터널에 대한 안전성 평가는 기존의 터널 지하안전영향평가와 함께 대심도가 가지는 특성을 중점적으로 고려하기 위하여 안전성 영향과 환경성 영향에 대한 평가 방법과 프로세스 그리고 가이드를 제공하고자 하는 것이다.

최근 여러 번의 도심지 터널프로젝트에 대한 지하안전영향가가 수행되어 왔지만, 대심도라는 특성을 보다 효율적으로 반영하고자 하는 노력이 부족한 것이 사실이다. 발주자 및 일반 민원인 모두 영향 평가결과에 만족하지 못한 상태로 단순한 하나의 검토과정으로 수행되어왔다.

대심도 터널에 대한 영향평가는 기존의 지하안전영향평가라는 틀 속에서 대심도라는 터널 특성을 반영하는 것이 매우 중요하며, 평가과정에서의 제반 문제점에 대한 개선을 통하여 대심도 터널이 가지는 안전성과 환경성 영향이 매우 우수하다는 점을 정확히 인식하여야만 한다.

요약 Summary
대심도 지하터널의 기술 특성과 트렌드

Keyword	특징	비고
대심도 지하	• 대심도 지하 - 지하 40m 이하 • 대심도 지하공간 개발 활성화 • 일본의 대심도 지하와 지하개발	
대심도 터널	• 대심도 터널-대심도 지하에 설치 • 싱가포르 지하 Vertical Planning • 일본 대심도 터널 개발계획	
대심도 지하개발	• 일본의 대심도법과 지하심도 40m • 헬싱키의 지하개발심도 6m • 싱가포르의 지하개발심도 30m	
대심도 지하특성	• 대심도 지하이용에 따른 비용 절감 • 대심도 지하의 지진 안전성 양호 • 대심도 지하의 지하수 영향 적음	
대심도 터널 안전성	• 도심지 터널 안전문제 이슈 • 대심도 터널 지표침하 적게 발생 • 대심도 터널 안전 영향 적음	
대심도 터널 환경성	• 도심지 터널 발파환경문제 이슈 • 대심도 터널 발파진동영향 적음 • 대심도 터널 환경영향 적음	
대심도 지하 도로터널	• 사상~해운대 지하도로사업 등 • 호주 WestConnex 지하도로 등 • 일본 도쿄 외곽순환 지하도로 등	
대심도 지하 철도터널	• 수도권 급행철도 GTX-A프로젝트 • 영국 런던 Crossrail 프로젝트 등 • 일본 리니어 중앙신칸센 등	
대심도 지하 유틸리티터널	• 신월 빗물배수 지하저류시설 • 일본 도쿄 빗물저류 지하시설 등 • 싱가포르 케이블 터널 등	
대심도 지하공간 개발	• 영동대로 지하공간 개발 • 일본 도쿄 등 지하공간 개발 • 싱가포르, 핀란드 등 지하공간 개발	

Deep Underground Tunnel : The Deeper We go, The Safer We Have

대심도 지하와 대심도 터널

현재 도심지 터널공사는 지상보상권 문제 등을 최소화하기 위하여 기존 일반 심도 30m 하부인 지하 40m 이하인 대심도 지하에 계획 또는 건설되고 있다. 따라서 이러한 대심도 터널이 가지는 특성을 반영한 도심지 지하인프라 개발과 대심도 터널 평가 방법이 요구되고 있다. '대심도'라는 단어에 대하여 터널 기술자들의 관점에서 벗어나 발주처 및 일반 민원인들의 관점에서 접근하여 대심도 가지는 공학적 특성뿐만 아니라 환경영향 및 사회민원 영향에 대한 통합적이고 적극적인 대응이 필요함을 확인할 수 있다.

최근 도심지 대심도 터널프로젝트에 대한 지하안전영향가가 수행되어 왔지만, 대심도라는 특성을 보다 효율적으로 반영하고자 하는 노력이 부족한 것이 사실이다. 대심도 터널에 대한 공학적 대책은 대심도라는 터널 특성을 반영하는 것이 매우 중요하며, 구축과정에서의 제반 문제점에 대한 개선을 통하여 대심도 터널이 가지는 안전성과 환경성 영향이 우수하다는 점을 정확히 인식하여야만 한다.

대심도 터널링(Deep Tunnelling)은 도심지 지하터널프로젝트에서 핵심 키워드가 되었다. 하지만 대심도가 가지는 많은 장점에도 불구하고 아직도 이에 대한 제대로 된 공학적 설명과 평가에 대한 준비가 부족하였다고 생각한다. 한마디로 요약하면 대심도화됨에 따라 터널은 더욱 안전해지고 지상에 미치는 제반 영향은 더욱 줄어든다는 것이다. 이를 한마디로 표현하면 다음과 같다.

[그림 4.50] The Deeper We go, The Safer We have

도심지 터널과
로드헤더 기계굴착

LECTURE 05 도심지 터널과 로드헤더 기계굴착
Roadheader Excavation in Urban Tunnelling

암반공학 분야에서 암반 굴착(Rock excavation)은 가장 중요한 분야로 오래전부터 단단한 암석(암반)을 효율적이고 경제적으로 굴착하고자 하는 노력은 지속적으로 계속되었다. 그 중요한 축이 바로 화약을 이용한 발파 굴착(Drill and blasting)으로서 굴착속도와 효율을 급격히 발전시키는 데 있어 가장 혁신적이며 핵심적인 기술이라고 할 수 있다. 또 하나의 축이 바로 기계를 이용한 기계굴착(Mechanical excavation)으로 전단면 커터헤더를 이용하는 TBM 공법과 로드헤더 장비를 이용하는 굴착공법으로 구분되어 발전되었다. 시대가 변화하고 발전함에 따라 건설 패러다임도 급격하게 변하고 있다. 암반 굴착의 핵심인 발파공법은 진동과 소음에 대한 민원과 안전문제로 인하여 특히 도심지 터널공사에서는 그 사용이 제한받고 있는 실정으로, 이에 대안으로서 TBM 공법이 검토되고 있다. 하지만 TBM 공법은 많은 장점이 있음에도 불구하고 발주처 예산과 도심지 공사에서의 제약성 그리고 기술적 경험의 부족으로 인하여 도심지 터널공사에 적용상에 어려움을 겪고 있다.

이러한 이유로 해서 도심지 터널공사에서 발파민원을 최소화하고, 적정한 공사비를 감당할 수 있으며, 안전을 확보할 수 있는 굴착공법에 대한 기술적 검토와 고민이 시작되었으며, 호주, 캐나다 등과 같은 선진국에서의 적용사례와 기계공학의 발전에 따른 장비의 고성능화와 대형화가 진행됨에 따라 국내 터널공사에서의 로드헤더를 이용한 기계굴착의 적용성이 면밀하게 검토되었으며, 이는 도심지 지하철 및 고속철도 프로젝트의 터널 설계에서 로드헤더 기계굴착이 주요한 대안공법으로 제시되고 있다. 하지만 경암반(Hard rock)이 우세한 국내 암석(암반)의 특성을 고려할 때, 로드헤더 기계굴착 적용에 대한 국내 터널 기술자의 생각은 '과연 로드헤더가 성공할 수 있을까?' 하는 회의가 있는 것이 사실이다. 국내에서 로드헤더에 대한 기술적 경험과 적용 실적이 없는 상황에서 적정한 로드헤더장비의 선정과 굴착설계 반영 그리고 시공상 장비운영에 대한 체계적인 검토와 연구가 반드시 요구된다 할 수 있다.

따라서 도심지 터널공사에서 기계굴착의 적용을 고민하는 설계나 시공을 담당하는 터널 기술자들에게 실무적으로 도움이 될 만한 가이드가 필요할 것으로 판단되어, 로드헤더 기계굴착에 대한 기술적 이해와 특성에 대해 종합적으로 정리하고자 관련 기술의 분야별 전문가를 중심으로 본 가이드를 집필하게 되었다.

1. 도심지 터널과 기계굴착

도심지 과밀화로 인한 토지자원의 수급문제와 도시자원의 고갈 등의 문제에 대비하여 도시공간의 효율적인 이용과 개발을 위한 대체공간의 확보가 필요한 실정이며, 최근 대심도 지하공간을 이용하는 방안이 활발히 제시되고 있다. 또한 다양한 경험과 노력을 바탕으로 고도화된 설계 및 시공 기술을 토대로 이를 실현하고자 하는 기술적 노력이 증가하고 있으며, 이와 더불어 도심지 내 원활하고 신속한 물류이동을 위하여 도심지와 외곽을 연결하는 철도 등의 개발이 최근 활발히 진행 중이거나 계획되고 있으며, 도심지 터널은 교통인프라를 위한 공간으로도 그 중요성이 부각되고 있다.

본 절에서는 도심지 터널공사의 주요 특성과 현재 개발 중인 도심지 터널공사에서 나타난 주요 이슈 사항을 중심으로 도심지 터널공사의 문제점을 살펴보았다. 또한 기존의 발파 굴착공법의 문제점을 해결하기 위한 대안으로 제시되고 있는 TBM 공법과 로드헤더(Roadheader) 기계 굴착 공법에 대한 장단점을 분석하고 도심지 터널공사에 적용 가능성을 고찰하였다. 특히 국내 암반 특성과 도심지 터널 특성을 고려하여 향후 로드헤더 기계굴착 공법의 공학적 특성을 검토하였다.

[그림 5.1] 도심지 터널사업의 개념

1.1 도심지 터널 현황과 주요 이슈

최근 도심 교통문제를 해결하기 위하여 새로운 교통 인프라 개발사업이 활성화되고 있으며, 특히 기존 도심구간 및 지하철 하부를 통과하는 도심지 터널로 계획되고 있다. 대표적인 사업으로 수도권 광역철도사업(GTX-A, B, C), 신안산선 도시철도사업, 인덕원~동탄 도시철도사업, 월곶~판교 도시철도 사업 등과 같은 지하철도와 서부간선 도로 지하화 사업, 동부 간선 지하화 사업, 경인 고속도로 지하화 사업과 같은 지하도로 등이 있다. 이와 같은 대규모 도로 및 철도사업은 사업특성상 대부분의 구간이 지하 40m 이하의 대심도 터널로 계획됨에 따라 도심지 대심도 터널에 대한 다양한 기술적인 문제를 해결하여야 한다.

서부간선 지하도로 사업   신안산선 도시철도 사업

[그림 5.2] 현재 진행 중인 대표적인 도심지 터널 프로젝트

도심지 터널사업은 기존 도심지 하부를 통과하는 특성에 따라 안전에 대한 문제(싱크홀 및 지반침하)와 환경에 대한 문제(발파진동 및 소음) 등에 다양한 민원이 발생하고 있다. 이러한 경우 기존의 터널공법을 적용하는 계획으로는 민원을 해결하지 못하여 계획단계에서부터 상당한 어려움을 겪게 되므로 이에 대한 기술적 대책을 수립하여야만 한다.

 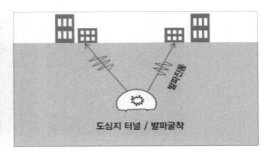

안전 이슈 - 지반침하(싱크홀)   환경 이슈 - 발파진동

[그림 5.3] 도심지 터널공사에서의 주요 이슈

1.2 도심지 터널굴착공법과 문제점

도심지 터널은 도심지 구간을 통과하는 터널로서 상대적으로 안전성이 취약하고 환경성에 민감하며, 시공성 확보가 매우 어려운 특징을 가진다. 최근 도심지 터널프로젝트에서 안전 및 환경에 대한 다양한 민원이 급증함에 따라, 이를 고려한 최적의 터널공법과 굴착방법을 선정하는 것이 매우 중요하다. 다음 [표 5.1]에는 도심지 터널에 적용 가능한 터널공법으로서 발파굴착, 로드헤더 기계굴착, TBM 공법의 장단점을 비교분석하고, 각 공법의 주요 이슈에 대하여 정리하여 나타내었다.

[표 5.1] 도심지 터널에서의 터널굴착공법의 비교

터널공법		NATM		TBM
굴착공법		발파 굴착(Drill and Blast)	기계식 굴착(Mechanical Excavation)	
			Roadheader	Shield Machines/ Hard rock TBMs
개요		발파를 이용하여 막장면을 굴착한 후 숏크리트와 록볼트를 이용하여 지보를 설치하는 방법	로드헤더 등을 이용하여 막장면을 굴착한 후 숏크리트와 록볼트를 이용하여 지보를 설치하는 공법	TBM 장비를 이용하여 전단면(원형)으로 굴착하면서 세그먼트 또는 숏크리트 라이닝을 설치하는 공법
도심지 터널	특징	• 안정성 취약 : 빌딩 하부통과, 지장물과의 간섭, 기존 구조물과의 근접 시공 • 환경성 민감 : 주민과 생활 시설물에 진동, 소음, 먼지, 지하수위 등 • 시공성 불량 : 공사부지 협소, 자재 및 장비 운반의 한계 등		
	장점	• 시공성 우수(Multi face) • 기술경험 풍부 • 지질/지반 대응성 우수 • 상대적으로 공사비 저렴	• 진동 소음문제 적음 • 굴착면 양호 • 이완영역 최소 • 단면 적용성/이동성 우수	• 진동 소음문제 적음 • 굴착에 의한 주변영향 적음 • 터널 안정성 우수 • 굴진속도 빠름
	단점	• 발파진동 및 소음 문제 • 발파불가구간 공사비 증가 • 도심지구간 제한성 큼 • 대규모 민원 발생	• 시공성(굴진율) 검증 필요 • 국내 기술경험 부족 • 경암반에서 낮은 효율성 • 공사비 자료 부족	• 대규모 공사장 요구 • 국내 기술경험 부족 • 복합지반에서 낮은 적용성 • 상대적으로 공사비 고가
	이슈	• 발파민원 문제에 대한 기술적/사회환경적 대응 대책	• 국내 지질 및 암반특성에 대한 적합성/적용성 검증	• 공사비 문제해결을 위한 발주방법 및 시스템 개선
비고				

1.3 도심지 터널에서의 기계굴착 적용

최근 도심지 터널공사에서 이슈가 되고 있는 발파진동에 대한 문제를 해결하기 위하여 여러 가지 기계굴착공법에 대한 적용이 검토되고 있다. 도심지 터널에 적정한 터널공법의 선정은 안전하고 합리적인 공사를 위한 가장 중요한 요소로서, 일반적으로 해당 구간의 지질 및 암반특성과 지하수위와 같은 지반 조건과 터널 단면, 연장 및 심도 등의 터널 특성을 종합적으로 고려하여야 한다.

다음 [그림 5.4]에는 도심지 터널에 적용 가능한 기계굴착공법으로서 부분단면 굴착이 가능한 로드헤더, 굴삭기와 전단면 굴착용인 오픈 TBM, 쉴드 TBM 공법을 구분하고, 암반 특성에 따른 굴착공법의 적용 가능한 범위를 개념적으로 도시하여 나타내었다.

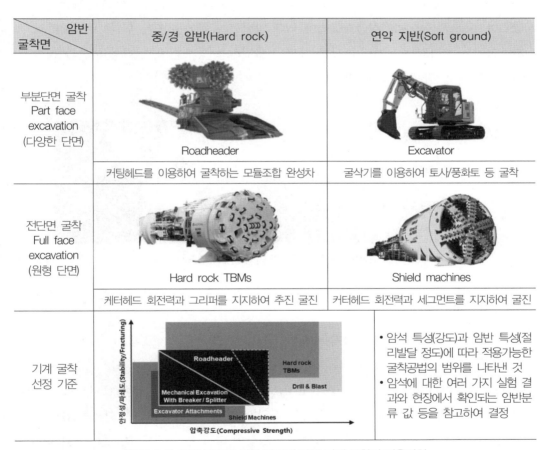

굴착면 \ 암반	중/경 암반(Hard rock)	연약 지반(Soft ground)
부분단면 굴착 Part face excavation (다양한 단면)	Roadheader	Excavator
	커팅헤드를 이용하여 굴착하는 모듈조합 완성차	굴삭기를 이용하여 토사/풍화토 등 굴착
전단면 굴착 Full face excavation (원형 단면)	Hard rock TBMs	Shield machines
	케터헤드 회전력과 그리퍼를 지지하여 추진 굴진	커터헤드 회전력과 세그먼트를 지지하여 굴진
기계 굴착 선정 기준	(그래프: 안정성/파쇄도(Stability/Fracturing) 대 압축강도(Compressive Strength), Roadheader, Hard rock TBMs, Drill & Blast, Mechanical Excavation With Breaker/Splitter, Excavator Attachments, Shield Machines)	• 암석 특성(강도)과 암반 특성(절리발달 정도)에 따라 적용가능한 굴착공법의 범위를 나타낸 것 • 암석에 대한 여러 가지 실험 결과와 현장에서 확인되는 암반분류 값 등을 참고하여 결정

[그림 5.4] 암반 조건과 굴착 단면에 따른 기계 굴착의 적용범위

2. 기계굴착 가이드 - 실험 및 방법론

로드헤더를 이용한 굴착공법은 기존 발파공법과 대비하여 소음, 진동 저감 등의 장점을 가지며, 굴착단면이 원형으로 제한되는 TBM 공법과 비교하여 다양한 터널형상 및 굴착단면에 대응할 수 있다. 이러한 장점을 기반으로 국내외에서 도심지 터널 및 지하공간 개발 공사에서 로드헤더의 적용이 늘어날 것으로 전망되고 있다. 로드헤더를 이용한 암반 굴착공법에서는 대상 암반의 역학적인 특성뿐만 아니라 로드헤더의 기계적인 특성을 모두 이해할 필요가 있다.

따라서 본 절에서는 로드헤더의 정의, 종류, 발전 현황에 대해 소개하였고 최근 국내외 로드헤더 시장의 변화 및 연구개발 트렌드에 대해서 기술하였다. 또한 로드헤더의 부품 및 구성을 상세히 소개하고 로드헤더의 설계 시 고려할 점에 대해서 자세하게 수록하였으며, 로드헤더의 기계식굴착공법에 의해 암반이 굴착되는 기본 원리, 로드헤더의 기계굴착에서 고려되는 설계변수, 로드헤더의 굴진성능 평가를 위한 각종 이론과 시험법, 예측모델 등을 자세히 소개하였다.

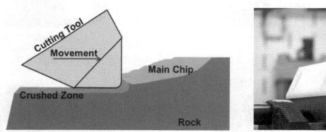

[그림 5.5] 암반 커팅 프로세스와 암석 마모시험(Pittino 등, 2015)

2.1 로드헤더 소개

로드헤더는 암석과 광물을 굴착하기 위한 건설 및 광산용 장비로서 (1) 전기 유압 동력부(Eelectro-hydraulic power train), (2) 커팅헤드(Cutting head), (3) 붐(Telescopic boom), (4) 버력이송장치(Loading-conveyor system) (5) 이동 하부체(Undercarriage), 5가지 모듈/기능을 갖추고 있는 완성차로 정의할 수 있다. 커팅헤드의 회전과 압입에 따라 암석을 굴착하는 로드헤더는 커팅헤드의 형상에 따라 두 가지로 분류할 수 있으며 회전축과 붐의 축이 일치하는 콘타입과 회전축과 붐의 축이 직교하는 드럼타입으로 나뉜다.

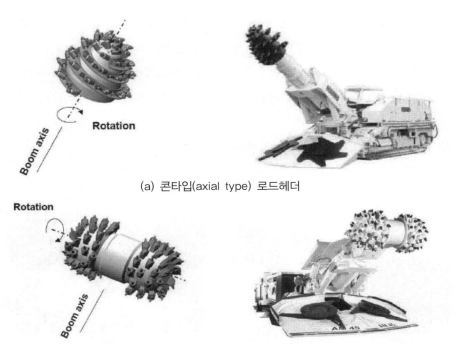

(a) 콘타입(axial type) 로드헤더

(b) 드럼타입(transverse type) 로드헤더(Sandvik, 2020)

[그림 5.6] 커팅헤드의 형상 및 구동방식에 따른 로드헤더 분류

로드헤더의 커팅헤드 형태에 따라 장단점을 가질 뿐만 아니라 암반을 굴착하는 썸핑(Sumoing) 작업과 쉬어링(Shearing) 작업의 형태가 달라지기도 한다. 또한 로드헤더에 의한 터널공사 시에는 로드헤더를 구성하는 각 요소 부품들에 대한 이해가 필수적이며, 대상 암반에 적합한 장비를 선정하는 것이 매우 중요하다. 따라서 로드헤더를 구성하는 구성요소들과 그것들의 기능에 대하여 이해하고, 로드헤더의 형식에 따른 장단점 그리고 시공상 유의할 점에 대하여 주의 깊게 살펴볼 필요가 있다.

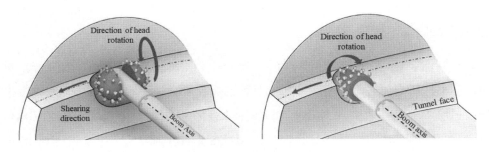

[그림 5.7] 드럼타입과 콘타입 로드헤더의 작동방법

로드헤더와 굴진성능 및 작업효율을 증대시키기 위하여 꾸준한 연구가 수행 중에 있다. 과거에 수행되었던 연구개발 주제로는 커팅헤드에 픽을 배열하고 사양을 설계하는 커팅헤드의 설계에서부터 픽의 수명과 관련한 금속재료의 내구성능, 픽의 암석절삭을 보조하기 위한 워터젯 공법, 토크를 절감하기 위한 실험적 접근방법을 포함하고 있다. 현재 활발하게 연구되고 있는 주제로는 분진제어 및 집진 이슈, 기존의 굴착공법의 대안으로 연구되고 있는 언더커팅, 4차 산업혁명과 맞물려 로드헤더의 지능화, 자동화와 밀접한 관련을 갖고 있는 자동제어 및 모니터링에 대한 기술이 대표적이다.

(a) 언더커팅   (b) 워터젯 보조 굴착

(c) 토크 절감   (d) 분진 저감

[그림 5.8] 과거 및 현재의 로드헤더 관련 연구 주제

2.2 로드헤더 사양 및 성능

로드헤더는 기계설계적인 관점에서 로드헤더는 커팅모듈(1~3), 배출모듈(4~5), 하부체(6~7), 동력모듈(8~9), 작업제어(10~11)로 분류할 수 있다. 커팅모듈은 커팅헤드와 픽커터, 커팅모터, 감속기로 구성되며, 버력배출모듈은 버력로더, 컨베이어벨트, 스테이지로더로 이루어져 있다. 또한 이동하부체, 동력시스템 또한 세부 부품으로 구성이 되어 있으며, 암반을 굴착하는 데 가장 중요한 부분 중 하나인 작업제어모듈은 텔레스코픽 붐의 회전 및 자세를 제어하는 역할을 한다.

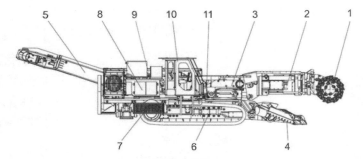

[그림 5.9] 로드헤더 구성요소의 기계적 분류

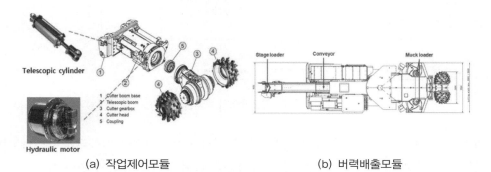

(a) 작업제어모듈   (b) 버력배출모듈

[그림 5.10] 로드헤더의 구성모듈

한편 로드헤더는 대상 암반의 강도에 따라 동력성능과 등급을 구분하는 것이 일반적이며, 로드헤더의 형태와 크기가 달라진다. 소형 로드헤더는 주로 풍화암과 연암을 대상으로 면고르기 용도로 사용되며, 중형장비는 주로 연암-보통암 굴착용과 석탄광 개발용으로 사용된다. 마지막으로 대형 로드헤더는 중경암-경암의 작업이 가능하다.

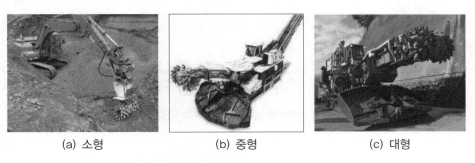

(a) 소형   (b) 중형   (c) 대형

[그림 5.11] 로드헤더의 등급에 따른 분류

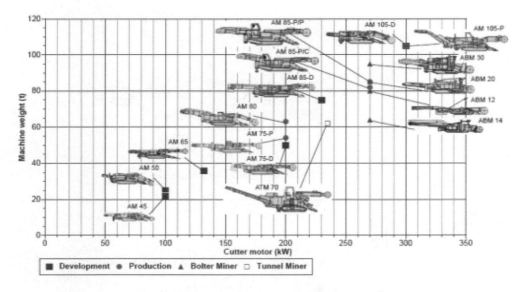

[그림 5.12] 로드헤더의 등급별 용도

또한 로드헤더 커팅헤드에 배열되어 암석을 절삭하는 픽커터는 적용되는 암석에 따라 그 형상과 크기가 달라진다. 경암용은 마모성능을 위해 팁과 보호하기 위한 헤드의 크기가 큰 것이 특징이며, 연암이나 풍화암을 굴착할 때에는 뾰족한 형태의 픽을 사용하는데, 공사비 측면에서 로드헤더뿐만 아니라 대상 암반의 조건에 적합한 픽커터의 선정이 매우 중요하다.

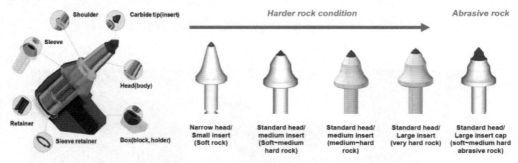

[그림 5.13] 픽의 구성부품 및 암석의 강도에 따른 픽의 형상 변화

2.3 로드헤더 암반굴착 기초

　로드헤더를 이용하여 터널 비롯한 다양한 지하공간을 굴착할 때, 터널 및 지반공학자들이 주어진 암반조건에 적합한 로드헤더를 설계하기 위해서는 주어진 암반조건에 필수적으로 이해하여야 하는 로드헤더에 의한 암반의 절삭원리, 로드헤더와 커팅헤드의 핵심설계변수들에 대하여 설명하였다.

　로드헤더에서 가장 핵심적인 부분 중 하나는 실제로 암반에 맞닿아 굴착을 수행하는 커팅헤드이며 로드헤더가 주어진 암반을 성공적으로 굴착하는지에 대한 여부는 로드헤더의 주요 사양인 토크, 자중, 동력뿐만 아니라 주어진 암반조건에 적합한 커팅헤드의 설계에도 크게 영향을 받는다. 커팅헤드의 설계에는 설치되는 픽의 개수, 배열 형태, 픽의 설치 각도, 1회전당 압입깊이, 커터간격 등이 중요한 변수로 고려된다.

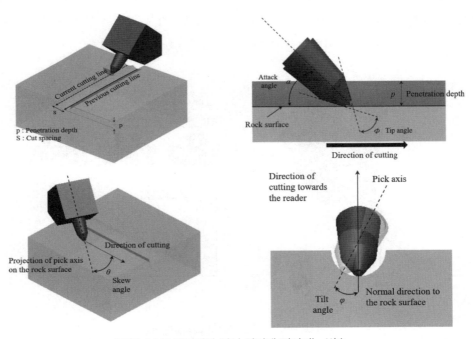

[그림 5.14] 픽커터와 암석 사이에 정의되는 변수

　한편 굴착의 대상이 되는 암석은 대표적인 취성재료로서, 압축응력보다는 인장에 취약한 특성을 갖는다. 따라서 픽커터에 의한 암석의 절삭에서는 암석의 관입에 의해 발생된 암석의 압축응력으로부터 인장응력을 유도시켜 암석을 치핑하는 원리로 암석을 절삭하게 된다.

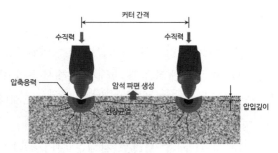

[그림 5.15] 픽커터에 의한 암석의 파쇄 원리

픽커터가 암석을 절삭할 때에는 세 방향의 직교하는 커터작용력이 암석을 파쇄하는 힘의 반력으로 작용한다. 이 커터작용력은 수직력(Normal force), 절삭력(Cutting/driving/drag force), 측력(Side/lateral force)으로 구분할 수 있다. 로드헤더의 암석 굴착효율을 나타내는 지표로는 비에너지가 일반적으로 사용된다. 비에너지는 단위 부피의 암석을 파쇄시키는 데 소요되는 일로써 정의되는 값이며, 비에너지가 최소로 되는 조건에서 운용조건을 결정하여야 높은 굴착효율을 기대할 수 있다.

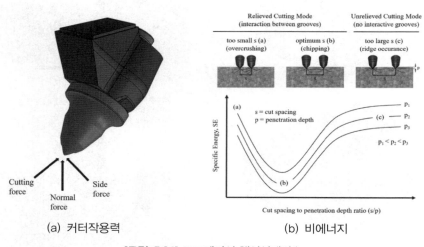

(a) 커터작용력   (b) 비에너지

[그림 5.16] 로드헤더의 핵심설계변수

이러한 로드헤더의 설계를 위한 핵심변수들은 암반 및 암석의 물성에 의존적인 특성을 갖기 때문에 로드헤더에 의한 터널공사에서 커팅헤더를 설계하고 로드헤더의 굴진성능을 예측하기 위해서는 암석과 로드헤더 사이에 정의되는 설계변수들을 주어진 암반조건에 최적화시키는 것이 필수적이다.

2.4 로드헤더 굴진성능 평가

로드헤더의 굴진성능에는 대상 암반조건과 커팅헤드의 절삭조건, 로드헤더의 운용조건 등이 복합적으로 영향을 미친다. 로드헤더의 굴진성능을 예측하기 위한 방법으로 다양한 스케일의 암석절삭시험, 경험적인 예측방법, 현장시험 등을 고려할 수 있다. 암석절삭시험은 그 방식에 따라 선형절삭시험, 회전식절삭시험, 실규모 현장시험으로 구분할 수 있다. 먼저 선형절삭시험은 암석블록을 대상으로 실험실에서 절삭시험을 수행하여 다양한 설계변수 조합에 따른 절삭성능을 평가하는 데 유용한 방법이다. 회전식 절삭시험은 선형절삭시험보다 더 넓은 범위의 커팅헤드에 대한 실험을 수행할 수 있다. 이 실험은 커터의 배열, 커팅헤드의 회전속도, 절삭 깊이에 따른 성능을 검증할 수 있으며, 실험 중 발생하는 진동 및 장비의 밸런스 등과 같은 커팅헤드의 거동을 평가할 수 있다. 현장시험은 로드헤더 전체를 제작하여 현장에서 굴진시험을 수행하는 방법으로 장비의 중량, 토크, 동력과 같은 장비 전체적인 측면에서의 설계요소를 검토할 수 있으며, 설계된 커팅헤드의 성능을 전반적으로 검증할 수 있다.

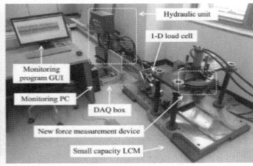

(a) 선형절삭시험

(b) 회전식 절삭시험

[그림 5.17] 로드헤더의 설계변수 획득을 위한 암석절삭시험

로드헤더의 설계에는 장비의 운용 및 굴착 측면에서 커터간격, 압입깊이 등의 절삭조건을 절삭시험을 통하여 도출하는 것도 중요하지만, 암석의 마모도와 픽커터의 수명을 예측하는 것도 매우 중요하다. 픽의 수명을 예측하는 방법으로 암석 마모시험이 대표적으로 활용된다. 통상 암석의 기계굴착에는 세르샤 마모시험, NTNU 시험, LCPC 시험, Gouging 시험, Taber 합경도 마모시험 등이 활용되고 있으며, 현장데이터와 마모시험으로부터 얻어진 상관관계를 통해 픽의 수명을 추정하는 것이 가장 합리적인 방법으로 고려되고 있다.

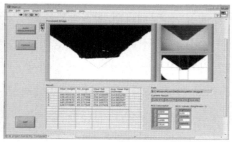

[그림 5.18] 픽커터의 마모성능 측정을 위한 세르샤 마모시험

로드헤더의 굴진성능에는 암석의 역학적 물성, 지질구조학적 특성, 로드헤더의 기계적 특성, 장비의 운용조건이 복합적으로 영향을 미치며, 현재까지 다양한 인자들로부터 로드헤더의 굴진성능 및 커터의 소모개수를 추정하기 위한 다양한 예측식이 고안되어 실무에서 활용되고 있으나 핵심적인 정보에 접근하는 것은 어려운 것이 현실이다. 국내에서도 지속적으로 현장데이터를 수집·분석하여 국내 암반조건에 적합한 예측모델을 개발하기 위한 노력이 필요할 것으로 판단된다.

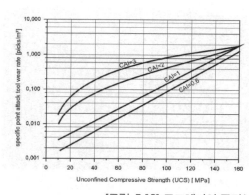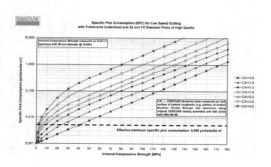

[그림 5.19] 로드헤더의 굴진성능 예측을 위한 경험적 예측모델

3. 기계굴착 장비 설계 및 운영

본 장은 로드헤더 장비설계 및 운영에 관해 설명하는 장으로서 주로 기계공학의 관점에서 로드헤더의 굴착성능에 대해 서술하고 있다. 3.1에 로드헤더와 픽커터를 이용한 기계굴착의 기초이론과 메커니즘을 간략히 언급하고, 3.2에서 커팅헤드의 설계방법을 연구사례와 함께 설명하였다. 3.3에서 로드헤더 장비운영에 대한 기초적인 매뉴얼을 소개하고, 암석강도에 따른 필요토크를 해석하였다. 이후 장비 사양에 따른 굴착가능 강도에 대해 분석하였다.

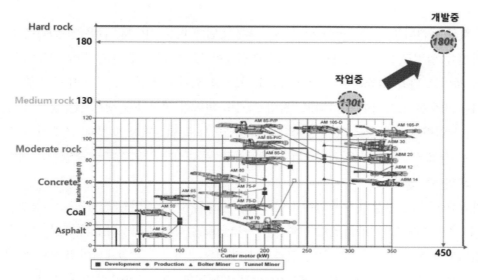

[그림 5.20] 로드헤더 장비사양에 따른 굴착가능 암반등급

3.1 기계굴착 기초

로드헤더는 픽커터는 암반을 압입하는 동시에 회전하여 암반표면을 긁어내거나 칩을 떼어내는 방식으로 암반표면을 절삭한다. 최적 절삭조건을 규명하기 위해서 먼저 2가지 주요 설계인자를 알아야 한다. 첫 번째가 최적 절삭간격이고, 두 번째가 임계압입깊이이다. 커터간격을 증가시키면서 선형절삭시험을 수행하면 비에너지의 값이 점차 감소하다가 다시 증가하기 시작하는 최소점이 발생하는데, 이때의 커터간격을 최적 절삭간격 혹은 최적 s/p 비라고 한다.

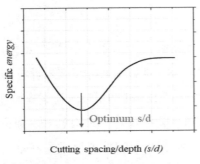

(a) Concept of optimum spacing

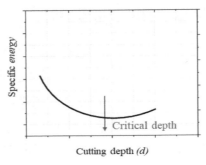

(b) Concept of critical depth

[그림 5.21] 픽커터 운영변수에 따른 비에너지 변화

기본절삭 메커니즘은 전통적인 픽의 배열설계 방법에 따른 것이다. 많은 경우 픽은 한 개의 라인에 일렬로 2~3개의 픽이 일렬로 배열되어 있다. 그래서 기존 절삭 경로(①번 경로)의 사이로 다음 차례의 절삭 경로(②번 경로)를 위치시켜 절삭간격(s)을 유지한다. 개별 픽에 비슷한 절삭력이 인가되고, 칩의 크기도 비교적 일정하게 생산되는 장점이 있다. 하지만 일렬로 배열되어 있어 동시절삭이 발생하므로 회전저항의 최대, 최솟값의 편차가 커져 작업조건에 따라 회전속도가 달라지거나, 순간적으로 멈췄다가 출발하는 맥동 현상을 보일 수 있다.

순차절삭 방식은 가상의 수평선에 1개의 픽만 배열하게 되어 먼저 절삭경로를 형성한 후, 이후 수평선의 픽이 바로 옆의 경로를 순차적으로 절삭하여 절삭작업이 보다 부드럽게 연결되도록 유도한다. 다시 말해, 픽의 동시타격을 방지하게끔 설계되어 절삭력의 최솟값과 최댓값의 편차를 감소시켜 모터에 비교적 일정한 회전저항이 발생하게 해준다. 이를 통해 숙련도와 관계없이 절삭작업이 안정적으로 진행되도록 도와줄 수 있다.

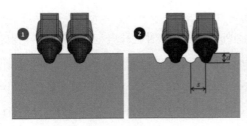
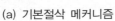
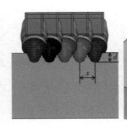

(a) 기본절삭 메커니즘

(b) 순차절삭 메커니즘

[그림 5.22] 픽커터 절삭 메커니즘

3.2 커팅헤드 설계기술

픽의 받음각(Attack angle), 비틀림각(Skew angle), 기울임각(Tilt angle)은 커팅헤드 어태치먼트에 배열 될 경우에 설계되는 자세(Orientation)로서 보다 효율적인 비에너지를 가지기 위한 설계변수이다. 특히 받음각과 비틀림각은 절삭 효율을 선형절삭시험을 통해 암반의 경도에 따라 정해진다. 기울임각은 커팅헤드 어태치먼트의 배열될 경우 간섭을 피하기 위해, 특수한 영역에서 효율적인 배열을 위해 설계에 활용되는 변수이다.

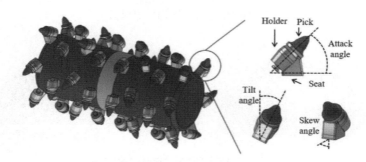

[그림 5.23] 픽의 배열각 변수(Orientation)

3.3 로드헤더 운영 기초

로드헤더 작동방법은 썸핑(Sumping) 작업과 쉬어링(Shearing) 작업의 2가지 공정으로 나뉜다. 썸핑은 암반면에 커팅헤드를 밀어 넣는 헤드 압입공정을 의미한다. 드럼타입의 경우 커팅헤드의 반경에 도달할 때까지 압입하고, 콘타입의 경우 커팅헤드 길이의 90~100%를 압입한다. 이후 쉬어링 작업에서 통해 붐을 좌우, 상하로 회전하며 암반면을 설정된 썸핑깊이만큼 절삭하여 막장 전체를 굴착한다.

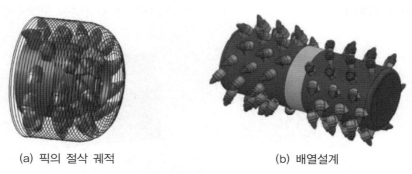

(a) 픽의 절삭 궤적   (b) 배열설계

[그림 5.24] 최적설계기법을 이용한 픽커터 배열설계

쉬어링 작업 1단계 작업이 2단계 이후 쉬어링 작업에 비해 절삭면의 높이(혹은 쉬어링 단차=y_shear) 값이 고정되어 있다. 썸핑이 완료되면 커팅헤드의 절반에 해당하는 부피만큼만 암반면이 오목하게 형성되는데, 여기서 수평방향 어느 방향으로 절삭을 진행하든 쉬어링 접촉면이 반드시 커팅드럼의 직경만큼 접촉하게 된다. 1단계 이후부터는 작업자의 선택에 따라 상하 절삭높이를 선택할 수 있다. 즉, 1단계 쉬어링작업 이후 수직으로 붐을 상향으로 올리면서 절삭할 막장의 수직 단차를 결정해야 한다. 전통적으로 쉬어링 단차는 커팅헤드 반경의 절반 정도 수치(즉, 1/4D)를 선택하는데, 높이를 작게 조정하면서 굴착속도를 높이도록 작업 매뉴얼이 조정되고 있다.

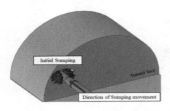 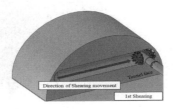

[그림 5.25] 썸핑 작업과 쉬어링 작업 개념도

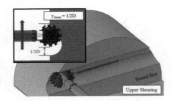 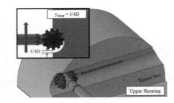

[그림 5.26] 쉬어링 작업 1단계 이후 수직단차 개념도

로드헤더 암반굴착 시 커팅헤드에 작용하는 작업부하, 즉 회전절삭에 필요한 토크 값을 예측하는 방법을 소개하였다. 장비와 암반에 대한 많은 경우의 수를 고려할 수는 없으므로 특정 로드헤더 모델과 작업 대상 암반터널의 강도를 설정한 후 모델링을 진행하였다. 아래 그림과 같이 썸핑 1가지, 쉬어링 3가지에 대해 커팅헤드와 접촉면을 모델링하였다.

(a) 썸핑   (b) 쉬어링

[그림 5.27] 로드헤더 굴착공정에 따른 모델링

그래프 상단의 상수함수(녹색선)로 MT720모델의 최대 가용 토크 수준(140kN-m)을 표현하여(SANDVIK, 2006), 암석강도에 따른 작업가능 범위를 비교, 조사하였다. 중경암 작업 시 썸핑의 최대토크는 130~180kN-m까지 상승하여 썸핑작업 마지막 구간에서 토크가 부족할 수 있음을 보여준다.

따라서 썸핑작업의 썸핑 깊이를 커팅드럼의 반경보다 20% 정도 작게 설정해서 필요토크를 최대출력(140kN-m)보다 낮게 유지하는 것이 터널굴착 시 유리할 수 있다. 마지막 경암 작업 시 커팅드럼의 필요토크는 350kN-m를 상회하였고, 1차 쉬어링에서도 200kN-m까지 상승하여 1회전당 압입깊이를 4mm로 설정하면, 당초 설정된 썸핑 깊이에 도달할 수 없을 것으로 분석되었다.

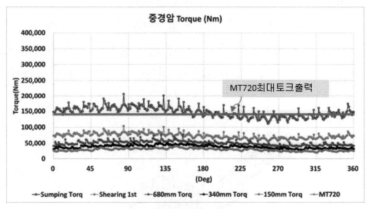

(a) 중경암 토크

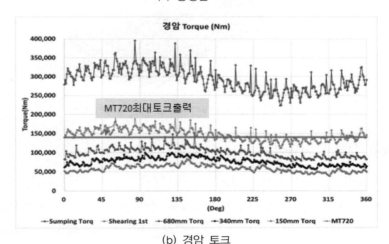

(b) 경암 토크

[그림 5.28] 암석강도별 필요토크 예상치

4. 로드헤더를 이용한 터널 굴착설계

고성능 대형기계 굴착장비인 로드헤더(Roadheader)는 최근 터널굴착에 활용빈도가 크게 증가하면서 관심도가 매우 높아졌다. 특히, 로드헤더를 이용한 굴착공법은 기존의 발파공법에 비하여 여러 가지 장점이 많아 도심지 굴착에 새로운 트렌드로 자리매김하였으며 선진국에서는 이미 도심지 터널현장에 투입하여 안전성 및 시공성 등을 입증한 바 있다.

특히, 로드헤더를 이용한 터널굴착은 기존의 발파굴착 공법에 비해 진동과 소음이 매우 적고, 주야간 작업이 가능하기 때문에 공기단축에도 유리한 것으로 알려져 있어 향후 국내 터널굴착 공사에 적용 가능성과 시장확대 전망은 매우 밝다고 할 수 있다.

최근 철도와 지하철의 기술형 입찰에도 적용한 사례가 지속적으로 늘고 있어 전반적인 굴착설계 과정 및 절차 등의 정립필요성이 점점 높아지고 있다. 따라서 본 절에서는 암반 특성에 따른 로드헤더의 굴착성능과 각종 지표들의 산출방법 등을 자세히 소개하고, 로드헤더 장비운영에서 유의할 점과 각종 리스크 대처방안 등에 대해 상세히 수록하였다.

[그림 5.29] 고성능 로드헤더(MT720, SANDVIK)

4.1 로드헤더 적합 암반특성

화성암과 변성암은 한반도 지표면 가운데 2/3를 덮고 있는 대표 암종이다. 지질도상의 북동방향 구조선을 따라 많은 화성암이 분포하며 오랜 세월 침식을 받아 지표 밖으로 드러나면서 편마암으로 변성되었다. 이러한 편마암과 화강암은 국토의 70%를 넘을 정도로 광역적으로 넓게 발달되어 있는데, 석영함유량에 따라 강도의 차이를 나타내게 되며 이는 기계굴착의 난이도를 결정짓는 중요 인자이다.

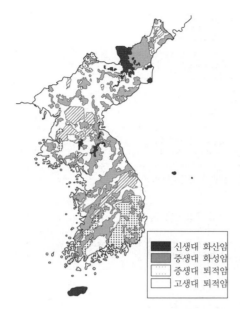

국내 편마암(Gneiss)의 강도특성	
[UCS범위, MPa] 풍화암 : 25.8(L)~75.1(U) 연 암 : 31.2(L)~100.8(U) 보통암 : 45.5(L)~98.6(U) 경 암 : 64.0(L)~107.7(U)	

국내 화강암(Granite)의 강도특성	
[UCS범위, MPa] 풍화암 : 47.6(L)~74.6(U) 연 암 : 33.5(L)~85.0(U) 보통암 : 62.9(L)~81.6(U) 경 암 : 94.6(L)~189.7(U)	

※ 석영함유량 소(L), 석영함유량 대(U)

신생대 화산암
중생대 화성암
중생대 퇴적암
고생대 퇴적암

[그림 5.30] 국내 주요 암종과 강도특성

일반적으로, 기계굴착에 유리한 암종은 이암, 셰일, 사암, 석회암 등과 같이 일축압축강도(UCS)가 크지 않은 퇴적암 계열의 암석으로 알려져 있다. 퇴적암도 석영의 함량, 장석의 함량에 따라 공학적 특성이 달라지듯이 주된 성분이 무엇인지에 따라 터널 굴착공사의 난이도가 좌우되기도 한다. 로드헤더 역시 일축압축강도가 작고 석영함유량이 적은 암석일수록 굴착작업성이 유리해진다.

특히 로드헤더의 국가별 시공사례와 각종 문헌자료를 분석한 결과, 대부분의 암석과 강도에서 굴착이 가능하나 원활한 작업성능을 확보하고 경제적인 굴착을 위해서 100MPa 이하의 일축압축강도에서 적합하다는 주장이 설득력을 얻고 있다. 이는 국내 분포하는 화강암의 계통의 경암(100MPa 이상)을 제외하고 모든 암종에 대해 로드헤더의 적용을 검토해볼 수 있다는 의미로 해석할 수 있다.

4.2 로드헤더 굴착설계(공법설계)

로드헤더 설계는 핵심 부품과 관련된 '장비설계'와 이를 운용하는 '굴착설계' 파트로 나뉘며, 굴착설계에 앞서 로드헤더에 장착되는 각종 부품들에 대한 정보를 수집하고 실험·검증해야 하는 절차가 선행되어야 한다. 굴착설계(공법설계)는 완성형 로드헤더로 이용하는 방향으로 초점을 맞추면 전반적인 굴착설계(공법설계)의 흐름은 아래와 같이 단순화할 수 있다.

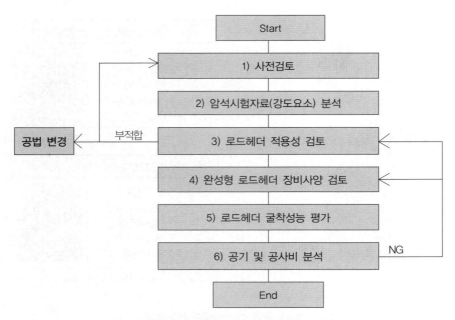

[그림 5.31] 로드헤더 굴착설계 절차(한국암반공학회, 2020)

첫째, 사전검토라 함은 계획을 위한 조사성과에 기초하여, 입지조건 및 선형조건 등을 검토하는 것을 말하며 터널의 기능 및 굴착공사의 안전을 확보함과 동시에 건설비뿐만 아니라 장래의 유지관리를 포함한 경제성 있는 구조물을 계획하기 위함이다. 둘째, 로드헤더를 적용하기 위해서는 각종 암석시험자료가 필요한데, 이 중 중요하게 사용되는 것은 암석의 일축압축강도와 석영함유량 및 세르샤 마모지수 등이다. 터널이 통과하는 심도의 일축압축강도를 파악하면 굴착난이도를 평가하는 데 도움이 되며 석영함유량은 픽(Pick) 커터의 소모량을 알아내는 데 필요하다. 그리고 셋째, 로드헤더의 적용성 검토는 지반조건을 토대로 기계화굴착 가능성 여부를 사전에 검토하는 내용으로서 굴착난이도 평가와 각종지표를 활용한 평점을 산출해 로드헤더의 적용성을 판단하는 절차이다. 넷째, 완성형 로드헤더 장비사양 검토는 커팅헤드 절삭방식에 따른 장비의 특징은 무엇인지, 그리고 장비중량과 모터의 용량은 어느 정도까지 필요한지, 암석강도에 따라 커터헤드의 모델은 어떤 종류가 유리한지 등을 검토하는 절차이다. 로드헤더는 국내에서 개조, 양산하기 어려운 대형장비이고 국내 도입초기라는 특수성을 감안하면 완성형 로드헤더의 스펙과 제원을 바탕으로 굴착설계를 수행하는 것이 합리적일 수 있다.

[표 5.2] 로드헤더 장비제원 비교(SANDVIK사)

Axial Type(MT-520)	Transverse Type(MT-720)
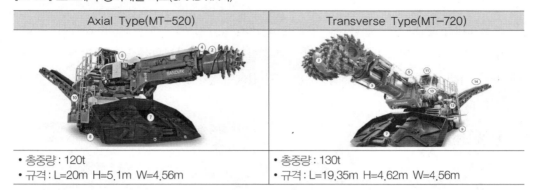	
• 총중량 : 120t • 규격 : L=20m H=5.1m W=4.56m	• 총중량 : 130t • 규격 : L=19.35m H=4.62m W=4.56m

다섯째, 로드헤더의 굴착성능을 평가하기 위한 지표는 순굴착효율(NCR, Net Cutting Rate)이 대표적이며 대부분의 경험적 예측방법들은 암석의 일축압축강도(Uniaxial Compressive Strength)를 가장 중요하게 활용하고 있다. 픽커터 소모량(SPC, Specific Pick Consumption)의 추정 역시 중요한 부분이며 암석의 일축압축강도와 석영함유량을 고려하여 산정하는 것이 합리적이며, 이를 바탕으로 싸이클 타임 및 단가분석 등을 수행하여 공기와 공사비 등을 예측할 수 있다.

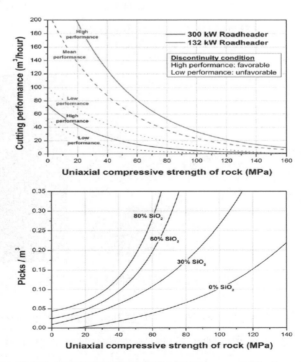

[그림 5.32] 로드헤더의 순굴착효율 및 픽소모량 예측(Thuro and Plinninger, 1998; 1999)

4.3 장비반입, 환기 및 진동

로드헤더는 중형 굴삭기보다 4~5배 정도 규모가 크기 때문에 터널 내에 쉽게 진입할 수 없다. 터널의 단면크기를 고려하여 장비분할과 현장반입계획을 검토해야 하며, 상황에 따라 장비 투입을 위한 수직구 계획도 수립해야 한다.

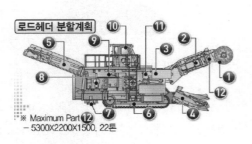

(a) 로드헤더 분할계획(검단선 1공구 사례) (b) 수직구를 통한 진입계획(월곶~판교 사례)

[그림 5.33] 로드헤더 장비 현장반입 방법

로드헤더는 암석을 고속의 Pick 커터로 분쇄하기 때문에 분진과 먼지가 많이 발생하며 이를 터널 작업장 내에서 적절히 환기시키지 못하면 근로자의 건강을 위협하게 된다. 따라서 분진이나 먼지를 인위적으로 흡입하여 배출하는 시설을 설치하여야 하며 로드헤더 운영 특성상 이동식 집진설비 등이 유용하게 활용된다.

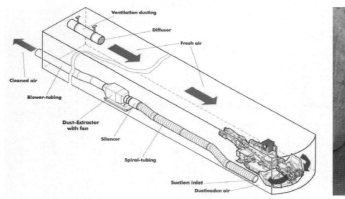

[그림 5.34] 로드헤더 집진설비(SANDVIK, 2014)

아울러, 로드헤더 굴착으로 인한 진동치의 크기는 발파공법보다 작다는 사실은 익히 잘 알려져 있으나 그 크기를 알아내기 위해서는 계측을 통한 다양한 사례축적과 데이터의 회기분석 등이 필요하다.

4.4 로드헤더 주요 리스크 및 대처방안

로드헤더를 이용해 터널을 굴착하면서 마주치는 리스크는 매우 다양하다. 장비고장, 픽의 과도한 소모, 예상보다 높은 강도의 암석출현 등 시공 전 예측했던 분석내용과 다를 경우에 나타난다. 실제로 각국의 시공사례들을 들여다보면 시공 중에 나타난 각종 문제점과 리스크 등을 확인할 수 있다. 이러한 리스크는 지반리스크, 환경리스크, 시공리스크 등 3개의 범주로 분류할 수 있는데, 각각의 리스크에 대해 발생빈도, 중요도에 따라 대응 가능한 대책을 수립하고 발생 시 즉시 조치할 수 있도록 하여야 한다.

주요 Risk Register		Risk 분석 및 평가 (국제 터널협회 ITA 기준)					
		Frequency	Consequence				
			Disastrous	Severe	Serious	Considerable	Insignificant
지반 Risk (G)	G1 극경암 조우	Very Likely	Unacceptable	Unacceptable	Unacceptable	Unwanted	Unacceptable
	G2 복합지반 출현	Likely	Unacceptable	Unacceptable	Unwanted	Unwanted	Negligible E1
	G3 취약지반 통과	Occasional	Unacceptable	Unwanted	Unwanted	Acceptable G3	Negligible E2
환경 Risk (E)	E1 분진과다 발생	Unlikely	Unwanted	Unwanted	Acceptable	Acceptable G1, G2, C1, C2	Negligible E3, C3
	E2 유출수 혼탁	Very Unlikely	Unwanted	Acceptable	Acceptable	Negligible	Negligible
	E3 장비 소음진동						
시공 Risk (C)	C1 픽과다 손상						
	C2 로드헤더 고장						
	C3 부분 과다굴착	● E1~E3, C3는 경미한 수준의 대책필요, G1~G3, C1~C2는 적극적 대책방안 수립으로 대응가능					

[그림 5.35] 주요 리스크 항목 및 정성적 평가(ITA, 2006)

이러한 리스크 중 가장 적극적인 대책이 필요한 수준은 G1~G2 및 C1~C2 등이며, 단계별 대응책에 따라 현장에서 유연하게 대처하는 것이 중요하다.

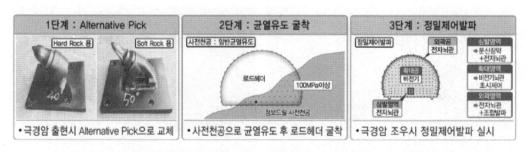

[그림 5.36] 지반리스크(G1) 단계별 대처방안(동탄~인덕원 ○공구 사례)

환경리스크는 살수장치와 이동식 집진기를 이용하면 상당 부분 감소시킬 수 있는 것으로 알려져 있다. 또한 시공리스크는 오토컷(Auto cut) 시스템을 이용할 경우 여굴량에 대한 위험을 최소화할 수 있다. 이 밖에 고장에 대비한 예비부품 확보 및 신속한 교체가 가능한 정비센터망 확충에도 노력을 기울여야 할 것으로 판단된다.

5. 도심지 터널에서의 로드헤더 기계굴착 적용사례

지속적인 기계적 발달로 기존에 효율성이 낮았던 암반에서도 시공이 가능한 고성능 로드헤더가 개발되었으며 2010년대 후반에는 도심지 터널에서 국내 굴착설계 적용사례가 증가하고 있다.특히, 도심지 터널 경쟁설계(T/K, 기술제안 및 민자경쟁)에서는 경제성과 안정성, 민원 최소화 효과 등 발파 굴착과의 비교우위가 집중적으로 부각되면서 반영이 증가하고 있는 추세이며, 최근 로드헤더를 적용한 국내 로드헤더 설계적용사례를 중심으로 현황, 지반조건, 로드헤더의 선정사유와 현장 장비 운영을 위한 고려사항 등의 내용을 정리하여 수록하였다.

국내 설계사례에서 적용된 일축압축강도 위주의 장비 적용성 평가에서 벗어나 비교적 굴착 효율이 높은 퇴적암 계열 이외의 화성암이나 변성암 조건에서도 적용 가능한 장비 적용성 평가방식을 소개하여 실제 현장에서 보다 합리적으로 적용을 검토할 수 있도록 하였다.

해외 적용사례에서는 호주 시드니와 멜버른, 캐나다 오타와, 미국 뉴욕 등과 같은 도심지 지하터널 프로젝트에서 적용된 로드헤더 기계굴착공법의 내용과 특징을 고찰함으로써, 실제 적용사례로부터 도심지 지하터널공사에서의 로드헤더 기계굴착의 적용성과 문제점 등을 분석하였다. 이를 통하여 향후 국내 터널공사에서의 로드헤더 적용 가능성을 전망하였다.

[그림 5.37] 해외 터널현장에서의 로드헤더 적용

5.1 국내 터널프로젝트에서의 로드헤더 설계사례

아직까지 국내 로드헤더 시공 사례가 없는 점을 고려하여 설계사례를 중심으로 사업의 특성, 현장의 여건을 고려한 적용 사유와 그에 따른 개선사항 등을 정리하였다. 앞에서 언급한 바와 같이 설계사례는 모두 경쟁설계에 해당한다.

[표 5.3] 국내 고성능 로드헤더 설계사례

구분	발주처	굴착 단면적	비고
서울~세종 고속도로 O공구	한국도로공사	116.88m^2	NATM 공법 선정
동탄~인덕원 O공구	철도시설공단	69.82m^2	실시설계 완료 및 장비 도입
검단 연장선 O공구	인천지하철	69.86m^2	장비 도입 및 시공 중
월곶~판교 O공구	철도시설공단	90.42m^2	실시설계 완료 및 장비 도입
위례신사선	서울시	47.65m^2	실시설계 완료 및 장비 도입

국내 설계사례의 특징으로는 모두 도심지를 통과하여 발파 굴착 적용 시 민원의 우려가 높다는 점이다. 따라서 시공성을 확보하면서도 민원을 최소화하기 위한 굴착공법 선정이 불가피하였으며 각 사업 대부분이 여러 제어발파 공법과 무진동 암파쇄 공법에 비해 고가의 장비임에도 경제성을 확보할 수 있는 충분한 연장에서 로드헤더를 적용한 것으로 나타났다.

로드헤더 적용성은 모두 터널 통과구간의 일축압축강도를 기준으로 평가하였다. 일축압축강도의 분포는 100MPa 이하 구간이 대부분이었으나 100MPa을 초과하는 구간도 일부 분포하여 시공성 저하를 예상하였다. 다만 리스크 관리를 위해 1단계 암반균열 후 굴착과 2단계 제어발파 및 필요시 무진동 굴착을 반영하였다.

[그림 5.38] 인덕원~동탄 O공구 평면도

[표 5.4] 일축압축강도 분포 및 Risk 대처방안

서울~세종 고속도로 도심구간 일축압축강도		검단 연장선 O공구 굴진율 저하 시 대책
RMR	**q_u(MPa)**	
I등급 ≥80	≥ 114	
II등급 61~80	86~113	
III등급 41~60	58~84	
IV등급 21~40	30~56	
V등급 ≤20	≤ 28	
II등급에서 최대 113MPa		강도 100MPa 초과 시 단계별 굴진율 저하대책

암반 굴착 시 불가피하게 발생하는 갱내 분진 및 미세먼지는 작업효율 저하는 물론 민원의 원인이 되므로 적극적인 저감 대책을 수립하였다. 굴착 단계 분진 저감을 위한 커터헤드 노즐에서의 연속적 살수(스프레이) 시스템, 막장 후방에서의 미분무 살수차, 이후 이동식 집진기 설치의 단계별 처리대책이 적용되었다. 장비 고장에 따른 공기 지연 최소화를 위해 주요 부품 현장 보관, 공사 초기 장비사의 Supervisor 상주, 주기적인 장비사 점검, 장비사와 Hot-Line 구축 등의 대책을 반영하고 있다.

[표 5.5] 공사 중 분진 저감 대책

1단계 : 스프레이시스템	2단계 : 미분무 살수차	3단계 : 이동식 집진기

로드헤더는 초기에는 퇴적암 계열의 암반조건에서 주로 적용되었으나 최근 장비의 발전과 함께 적용범위가 보다 강한 암반과 다양한 암종으로 확대되고 있다. 이러한 발전 과정에서 퇴적암 계열 이외의 화성암이나 변성암 조건에서도 적용할 수 있는 장비 적용성 평가방식이 장비업체에 의해 제안되고 있어 기존의 국내 설계사례에서 적용된 일반적인 일축압축강도 위주의 장비 적용성 평가에서 벗어나 실제 현장에서 보다 유용하게 사용할 수 있도록 이를 간략하게 소개하였다.

일축압축강도(UCS)는 암석에 대한 평가로 암반을 대상으로 하는 터널 굴착에서 장비 적용성 평가에 한계가 있어 암반 굴착에 영향을 미치는 중요 매개변수를 분류하여 현장 암반을 대상으로 장비 적용성 재평가를 위한 지수(RMCR, Rock Mass Cuttability Rating)를 산정하고 이전의 현장 자료 분석에서 도출한 상관성 그래프를 활용하여 NCR(Net Cutting Rate)를 재산정하고 있다. RMCR 산정에 사용되는 4개 매개변수와 장비 적용성과의 연관성은 다음의 [표 5.6]과 같다.

[표 5.6] 매개변수별 장비 적용성과의 연관성

매개변수	관련 평가 항목		장비 적용성과의 연관성
Strength of intact rock	일축압축강도	UCS	암석 굴착 효율(피크 소모 정도)
Intensity of discontinuities	블록 크기	BS	굴착 중 암반의 Scale effect
Conditions of discontinuities	절리 상태	JC	절리 조건에 따른 굴착 저항성
Orientation of discontinuities	주절리 방향	JO	주절리 방향에 따른 굴착 용이성

RMCR(Rock Mass Cuttability Rating)은 각 매개변수의 합으로 구하며 세계 여러 나라 현장에서 평가된 실제 굴착 효율을 근거로 도출된 결과와 비교하여 NCR(Net Cutting Rate)를 재산정한다. RMCR 30 이상에서는 UCS를 기반으로 한 이론적 굴착 효율과 의미 있는 차이를 보이지 않지만 30 미만에서는 상당한 차이를 보이며 특히 낮은 굴착속도에서 효율이 크게 증가한다.

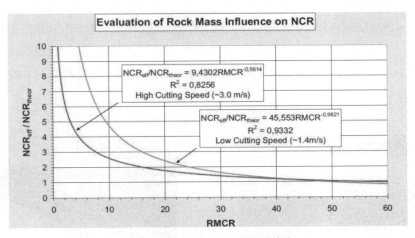

[그림 5.39] RMCR과 NCR 상관성

5.2 해외 터널프로젝트에서의 로드헤더 적용사례

국내에서의 로드헤더 기계굴착의 적용성을 검토하기 위하여 먼저 해외 터널프로젝트에서 로드헤더를 굴착시공에 적용한 사례를 정리하였다. [표 5.7]에서 보는 바와 같이 많은 국가에서 로드헤더를 적용하고 있으며, 다양한 암종과 암석 강도 조건에서 굴착율과 굴진율을 나타내며, 일반적으로 암석강도가 100MPa 이하인 경우가 많음을 볼 수 있다.

[표 5.7] 해외 터널프로젝트에서의 로드헤더 적용 조건

터널명	국가	일축압축강도(MPa)	암종	굴착율(m³/hr)
Premadio II	이탈리아	27~129	편마암	83.8
Airport Link Brisbane	호주	30~99	응회암	34~90
Markovec Tunnel	슬로베니아	55~126	이암/사암 교호	35~45
Durango	멕시코	20~100	-	50
Anei-Kawa Tunnel	일본	<143	화강암	-
Bibao Metro Line 3	스페인	50~70	석회암/사암	36-38
WestConnex Tunnel	호주	20~50	시드니 사암	-
NorthConnex Tunne	호주	20~50	시드니 사암	-
East side Access	미국	80~95(평균 74)	편암/Pegmatite	17.39(최대 52.17)
Pozzano	이탈리아	90~100	-	-
St.Lucia Tunnel	이탈리아	90~200	흑운모편마암	4m/day
Montreal Metro Line 2	캐나다	<90	석회암/셰일	39
Bileca Water Tunnel	보스니아	최대 173(평균 84)		10.53(최대 26.32)

현재 해외에서는 도심지 구간에서의 터널굴착은 기계화시공을 점차적으로 확대 적용하고 있으며, 굴착방법으로 TBM과 로드헤더 기계굴착을 조합하여 운영하고 있음을 확인하였다. 특히 호주의 경우 시드니 메트로 멜버른 메트로와 같은 도시철도 프로젝트와 WestConnex 및 NorthConnex 지하도로 프로젝트에 로드헤더 기계굴착을 광범위하게 적용하고 있음을 볼 수 있다.

[그림 5.40] Melbourne Metro 로드헤더 적용

[그림 5.41] WestConnex 지하도로 로드헤더 적용

해외 도심지 터널프로젝트에서의 로드헤더 기계굴착 적용사례를 정리하여 다음 [표 5.8]에 나타내었다. 지하도로 및 도심지 지하철에 고성능의 로드헤더가 적극적으로 도입 운용되고 있으며, 지하도로 터널의 경우 공기단축과 진동문제에 대한 대책으로서, 도심지 메트로의 경우 본선터널은 TBM 공법을 적용하고, 단면이 크고 복잡한 지하 정거장 구간에 로드헤더 기계굴착공법을 적용함을 알 수 있다. 또한 굴착효율과 굴진율 등은 암반 조건과 시공 여건에 따라 차이가 큼을 볼 수 있다.

[표 5.8] 해외 도심지 터널 프로젝트에서의 로드헤더 적용사례

터널 개요 및 특징	로드헤더 적용 특성	현장 전경
WestConnex Tunnel/호주 시드니 • 지하도로(3차선/4차선) 터널 • 평평한 아치형 단면 • 암종 – 시드니 사암	• 총 35대 로드헤더 운용 • 공기단축을 위한 멀티막장 운영 • 대단면으로 TBM 적용 불가 • 정밀시공 – VMT System 적용	
NortheConnex Tunnel/호주 시드니 • 고속도로(2/3차선) 병렬터널 • 연장 9km(시드니 최장터널) • 단면 : 폭 14m × 높이 8m	• 총 19대 로드헤더 도입 운용 • 굴착공기 32개월 • 25~30m/주(시드니 사암) • 심도 90m(시드니 최장심도)	
Melbourn Metro/호주 멜버른 • 단선 병렬터널 – 도시철도 • 본선터널 9km • 총 5개 정거장	• 총 7대 로드헤더 도입 운용 • 지하정거장 구간에 로드헤더 적용 • 본선터널구간 TBM 6대 적용 • 심도 30~40m	
Sydney Metro/호주 시드니 • 호주 최대 공공인프라 공사 • 단선 병렬터널 – 도시철도 • 13개 역/36km	• 총 10대 로드헤더 도입 운용 • 지하정거장 터널 – 130t 로드헤더 • 24시간/일 – 7일/주 작업 • 복잡한 지하공동 단면 굴착	
Metro Bilbao Line 3/스페인 빌바오 • 단선 병렬터널 – 도시철도 • 굴착단면적 62m² • 7개 정거장/40.61km	• 로드헤더 MT520 도입 운용 • 암석강도 60MPa • 3638m³/hour • 암종 – Marls/석회암/사암	
Montreal Metro Lune 2/몬트리올 • Line 2 연장선/단선병렬 터널 • 본선터널(5.2km) • 암종 – 석회암/셰일	• 로드헤더 ATM 105-IC 도입 운용 • Lot C04 구간(상하반 분할굴착) • 굴진율 평균 8.6m/일(10시간/일) • 39m³/hour – Overbreak 8cm	
Ottawa LRT/캐나다 오타와 • Confederation 라인/단선 병렬 • 본선터널(2.5km) • 3개의 지하정거장	• 3대의 로드헤더 MT720-135tone • 지하정거장 터널 – SEM 공법 • 24시간 운영 • 암종 – 석회암	

도심지 터널에서의 로드헤더 적용과 전망

지금까지 국내에서의 로드헤더 기계굴착 설계사례와 해외에서의 로드헤더 기계굴착 적용사례를 살펴본 바와 같이, 도심지 터널공사에서의 안전문제와 환경 이슈에 효율적으로 대처하기 위해서는 로드헤더 기계굴착의 도입과 운영이 반드시 필요하다 할 수 있다. 특히 로드헤더 기계굴착은 기존의 발파 굴착에 비하여 많은 장점을 가지고 있으며, TBM 공법이 가지고 있는 기술적 한계를 해결할 수 있다는 점에서 도심지 터널에서의 로드헤더 기계굴착은 적용성이 매우 높다고 할 수 있다.

[표 5.9] 도심지 터널에서의 로드헤더 기계굴착의 적용성 평가

구분		굴착공법별 적용성		
		기계 굴착	발파 굴착	TBM
단면 적용성	Flexibility in shape and size	높음	높음	매우 낮음
굴착 적용성	Possibility of multiple step	높음	높음	매우 낮음
장비 이동성	Mobilization of excavation equipment	빠름	보통	낮음
여굴 과굴착	Excavation profile and overbreak	낮음	높음	매우 낮음
암반 안정성	Impact on stability of rock	거의 없음	상당함	거의 없음
진동 영향	Vibration problem	거의 없음	매우 심각	거의 없음

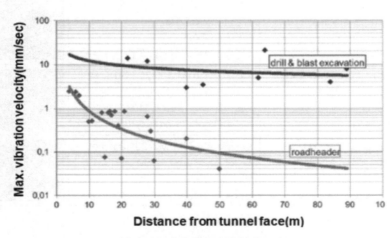

[그림 5.42] 발파와 로드헤더 진동 비교

향후 도심지 지하개발과 지하 인프라구축은 계속적으로 증가할 것으로 예상됨에 따라, 도심지 대심도 터널공사에서 보다 강화된 안전기준과 보다 민감한 환경이슈에 효율적으로 대처하기 위해서는 기존의 터널굴착공법을 적극적으로 개선하고, 새로운 터널굴착기술을 선제적으로 도입하여야 한다. 이러한 관점에서 도심지 터널공사에서의 로드헤더 기계굴착은 안전문제와 환경이슈를 해결할 수 있는 하나의 솔루션, 그리고 하나의 기술적 대안으로서 제시할 수 있을 것이다.

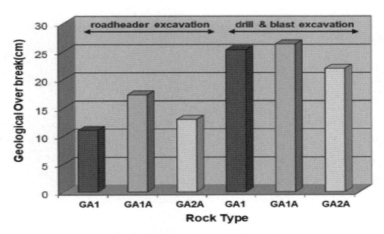

[그림 5.43] 발파와 로드헤더 과굴착 비교

제6강

터널 페이스 매핑과 지오 리스크

LECTURE 06 터널 페이스 매핑과 지오 리스크
Tunnel Face Mapping and Geo-Risk

　　　　　　　　NATM 공법을 적용한 터널공사는 굴착(excavation)과 지보(support)를 반복적으로 수행하면서 일정한 방향으로 단계적으로 굴진(advance)을 수행하게 된다. 이때 매 굴진 시 만나게 되는 면을 막장, 막장면 또는 굴진면(rock face)이라고 한다. [그림 6.1]에서 보는 바와 같이 터널 굴진 시 만나는 막장면 상태를 확인하고 관찰하고 평가하는 작업을 막장 관찰(Face Mapping)이라고 하며, 막장면(굴진면) 관찰, 막장 관찰조사, 막장 지질조사 등으로 불린다. 본 장에서는 일반적으로 불리는 막장관찰(페이스 매핑)을 응용지질 및 암반공학 측면을 고려하여 터널 페이스 매핑(Tunnel Face Mapping)이라고 명명하였다. 터널 페이스 매핑은 모든 암반굴착과정에서 노출되는 굴착면에 대한 지질 상태 및 암반 특성을 관찰하고 조사하는 모든 과정(process)과 평가(evaluation)로 정의하고, 이에 대한 구체적인 수행 방법과 절차 및 기술적 사항과 공학적 의미에 대하여 기술하고자 한다.

(a) 터널 막장면(굴진면) Tunnel Face

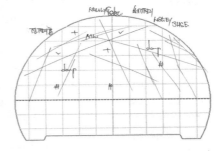

(b) 터널 막장면 관찰조사(Face Mapping)

[그림 6.1] 터널공사에서의 페이스 매핑

1. NATM 터널 설계와 특성

1.1 NATM 터널공사의 특징

일반적으로 터널은 긴 선형의 종방향 구조물로서, 종방향으로 다양한 지질 및 암반조건을 조우할 수 있는 가능성이 매우 크다. 따라서 터널 시공 중에 설계단계에서 예측 평가한 지질 및 암반조건을 확인하는 과정이 필수적이라 할 수 있다. 이를 터널 막장면에서 수행되는 페이스 매핑(face mapping)을 포함한 암반 분류(rock mass classification) 결과를 바탕으로 한 암판정이라고 한다.

따라서 시공 중 수행되는 페이스 매핑과 암반분류는 지질 및 암반에 적합한 지보를 시공하고 필요한 경우 추가적으로 보조/보강공법의 적용여부를 결정하는 기본적인 과정으로서 터널의 안정성을 확보하도록 하는 필수적인 프로세스이다. 또한 시공된 지보 및 보강에 의한 터널의 안정성을 확인하는 작업이 반드시 요구되며, 이를 계측 모니터링이라고 한다.

NATM 터널에서 이러한 시공방법을 관찰적 접근법(observational approach or method)이라고 하고 설계 중 제한된 지반조사의 한계에 의한 지반 불확실성(uncertainty)을 시공 중에 확인하여 적정한 시공을 수행하고 계측을 통하여 이를 검증하는 방법으로 대부분의 지반구조물 및 지하구조물에서 가장 유효한 방법으로 검증되어 왔다.

[그림 6.2]는 터널 굴착에 대한 일반적인 개념을 도시한 것이다. 지질 및 암반상태에 따라 전단면(full face) 또는 분할단면(partial face)으로 단계적으로 굴착하게 되는데, 이때 최전방에서 만나게 되는 면을 터널 막장면(tunnel face)이라고 부르며, 터널 굴착방향으로의 지질 및 암반상태를 눈으로 직접 확인할 수 있게 된다.

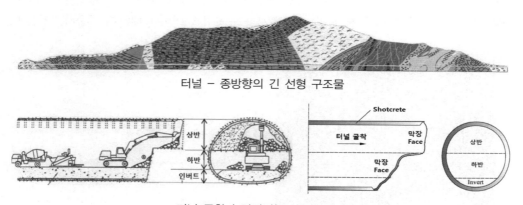

터널 – 종방향의 긴 선형 구조물

터널 굴착과 막장면(Tunnel Face)

[그림 6.2] NATM 터널 공사의 특징

1.2 NATM 터널의 설계개념 - 예비설계와 확정설계

NATM 터널공사에서 터널 페이스 매핑의 중요성 인식하기 위해서는 NATM 터널의 설계개념을 이해하는 것이 매우 중요하다. 앞서 설명한 바와 같이 터널의 종방향의 긴 선형구조물로서 종방향의 지질 및 암반특성을 파악하는 것이 현실적으로 한계가 있다. 이는 지반조사를 완벽하게 수행해야만 가능한 것이지만, 지반조사방법, 조사시간 및 조사비용 등의 한계로 인한 것으로 이를 해결하기 위한 다양한 기술적 방법에 대한 연구가 진행되고 있다.

[그림 6.3]에 NATM 터널의 설계개념을 정리하여 나타내었다. 설계단계에서 확정설계를 하기 위해서는 완벽한 지반조사가 수행되어야 하지만 터널과 같은 지하구조물에서는 전 구간에 대한 지질 및 지반상태를 안다는 것은 불가능하다. 따라서 한정된 지반조사결과(암반등급)를 바탕으로 표준지보패턴 개념의 예비설계(preliminary design)를 수행하고, 시공 중에 확인된 지질 및 암반상태를 바탕으로 적정 지보를 변경하여 확정설계(final design for construction)를 수행하여 최종적으로 지보 및 보강공을 시공하는 것이다.

이와 같이 NATM 터널의 설계개념은 설계단계에서의 예비설계와 시공단계에서의 확정설계로 구분되고, 설계단계에서 예비설계의 내용을 터널 현장에서 확인된 지질 및 암반상태를 바탕으로 시공단계에서 설계변경(change of field)이 가능하다는 점이다. 이는 설계단계에서의 지반 불확실성에 의한 지오 리스크(geo-Risk)를 시공단계에서 확인된 지질 및 암반상태로부터 지반리스크를 줄여, 보다 안전한 터널시공을 달성하고자 하는 것이다.

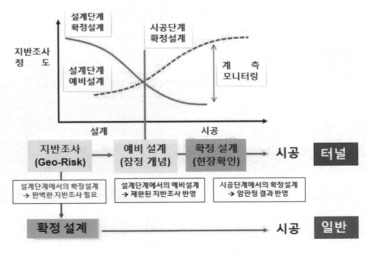

[그림 6.3] NATM 터널의 설계개념

1.3 설계단계에서의 1차 암반분류(지반조사)와 예비설계

NATM 터널 설계단계에서 우선적으로 하는 것은 암반분류(국내의 경우 RMR 및 Q-System 적용)에 의한 암반등급에 따른 표준지보패턴과 단층대, 갱구부와 같은 특수한 경우를 대비한 예비지보패턴을 고려하여 설계를 수행하게 된다. [그림 6.4]에는 표준지보 패턴의 예가 나타나 있으며, 암반상태가 나쁠수록 지보량이 증가하고, 분할굴착을 적용되며, 보조공법 등이 적용되어 터널 안정성을 확보하도록 하고 있다.

또한 물리탐사 및 시추조사 등과 같은 지반조사결과를 바탕으로 [그림 6.5]에서 보는 바와 같이 터널 전 구간에 걸쳐 암반등급을 구분하고, 표준지보패턴 적용구간을 선정하여 터널 설계를 수행하게 된다. 이와 같이 설계단계에서 1차적으로 암반분류를 실시하고, 이에 따라 터널 전 전간에 대한 굴착 및 지보설계를 수행하게 되는데 이를 예비설계 또는 잠정설계라고 한다.

구 분		본 선					
		P-1	P-2	P-3	P-4	P-5	P-5-1
표준단면							
암반등급		I	II	III	IV	V	파쇄대/이상대
RMR		100~81	80~61	60~41	40~21	200하	–
Q		400이상	40~10	10~4	4~1	1미만	–
굴착공법		전단면굴착	전단면굴착	전단면굴착	상하분할굴착	상하분할굴착	링컷굴착
굴진장(상반/하반)(m)		3.5(2회굴진후지보)	3.5	2.0	1.5/3.0	1.2/1.2	1.0/1.0
숏크리트두께(cm)		5(일반)	5(강섬유)	8(강섬유)	12(강섬유)	16(강섬유)	20(강섬유)
록볼트	길이(종/횡)(m)	3.0(Rnadom)	4.0(3.5/2.0)	4.0(2.0/2.0)	4.0(1.5/1.5)	4.0(1.2/1.5)	4.0(1.0/1.2)
강지보재	규격(간격)	–	–	–	LG-50X20X30(1.5)	LG-70X20X30(1.2)	H-100X100X6X8(1.0)
보조공법		–	–	–	필요시 훠폴링	훠폴링	강관보강그라우팅

[그림 6.4] NATM 터널의 표준지보패턴 설계

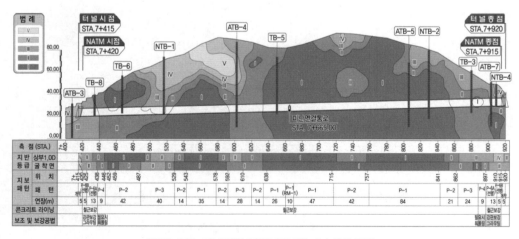

[그림 6.5] 터널구간 암반분류 및 지보패턴 적용

1.4 시공단계에서의 2차 암반분류(암판정)와 확정설계

시공단계에서 암판정은 터널 막장면 관찰을 통하여 막장면의 상태가 설계시에 조사된 지반조건과 일치하는 지를 확인하고 막장 전방의 지질변화를 고려하여 지보 패턴의 적정성 및 변경 여부를 판단하여 터널의 안정성 확보를 위한 조치사항을 제시하는 것을 말한다. [그림 6.6]에서 보는 비와 같이 이러한 과정은 설계를 확정하고 시공한다는 의미에서 확정설계(final design for construction)라고 한다. 또한 [그림 6.7]에 나타난 바와 같이 시공단계에서 수행되는 페이스 매핑은 2차 암반분류로 암판정 절차를 통해 설계변경을 진행하게 된다.

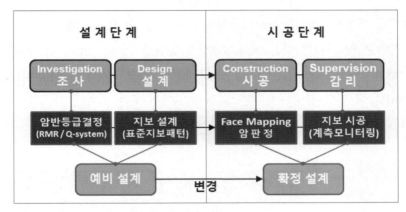

[그림 6.6] NATM 터널 설계 및 시공단계

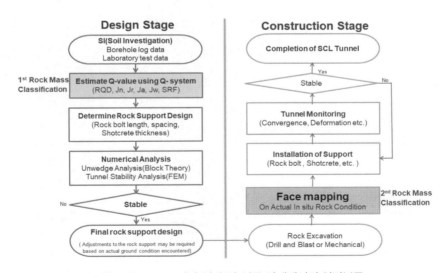

[그림 6.7] NATM 터널 설계 및 시공 단계에서의 암반분류

2. 터널 페이스 매핑과 암판정

2.1 페이스 매핑과 암반분류

페이스 매핑은 터널 막장의 지질 및 암반상태를 파악하고 그에 따른 적절한 지보패턴을 확정하는 중요한 과정으로, 시공 중 지질 및 암반상태를 정확하고 적절하게 평가하는 것은 터널공사의 시공성뿐만 아니라 안정성에도 큰 영향을 미친다. 페이스 매핑은 단순한 막장면의 지질 및 암반상태를 기록하는 작업일 뿐만 아니라(협의의 페이스 매핑) 설계단계에서 제시한 암반분류방법에 의한 암반등급을 분류하고 평가하는 것(광의의 페이스 매핑)을 포함한다.

암반분류는 암반을 공학적으로 평가하기 위하여 몇 가지 분류요소로 구분하고, 각각의 분류요소를 정량적으로 평가(rating)하여 그 각각의 합 또는 곱으로 만들어지는 값을 바탕으로 암반을 몇 가지로 구분(ranking)하여 암반등급(rock mass class)을 평가하는 과정을 말한다. 암반분류방법은 대표적으로 RMR(Rock Mass Rating)과 Q-System (Rock Quality)이 있으며 국내에서는 [그림 6.8]에서 보는 비와 같이 RMR 분류방법이 주로 쓰이고 있다.

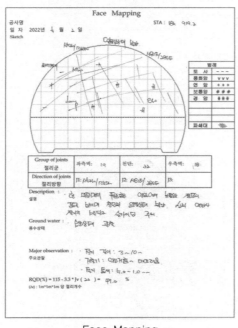

Face Mapping

암반 분류평가 시트(RMR)

[그림 6.8] 시공 중 페이스 매핑과 암반분류

2.2 암판정 절차와 현장 설계변경

암판정은 시공단계에서 막장의 지질 및 암반상태를 확인하는 절차로서 터널 지보패턴의 변경 여부를 결정하는 중요한 의사결정과정이다. 따라서 암판정은 가능한 주관적인 요소를 최소화하고 객관적으로 그리고 공학적으로 수행되어야 하며, 이를 위하여 각 발주처별로 터널 시방서 등에 암판정 요령과 절차 등을 상세히 제시하고 있다.

암판정은 그 결과에 따라 지보패턴 및 보강 여부를 결정하게 되고, 이에 따라 공사비의 증가 또는 감소 등에 상당한 영향을 미치게 되므로 발주자 및 시공자 그리고 감리자가 참여하도록 하여 합리적인 암판정 결과에 근거한 현장설계변경(field change of design)이 진행되도록 해야 한다. 하지만 반복적인 굴착 사이클이 진행되는 터널공사의 특성상 즉각적인 의사결정이 요구되는 경우가 많으므로 이에 대한 관리와 운영이 중요하다 할 수 있다.

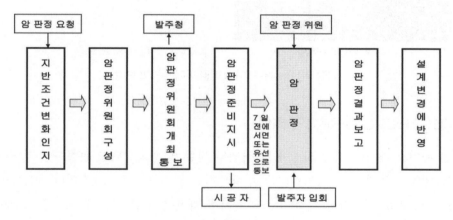

[그림 6.9] 암판정 절차

터널 암판정 보고서

터널 명 (Title of Tunnel)	위치 (Location)	굴착 패턴(Elevation Pattern)		비고(Remark)
		설계굴착패턴 (Designed Excavation Pattern)	변경굴착패턴 (Changed Excavation Pattern)	

[그림 6.10] 터널 암판정 보고서

3. 왜 터널 페이스 매핑이 중요한가?

3.1 지보 및 보강 결정

지오 페이스 패팅은 터널 시공 중 막장면의 지질 및 암반상태를 평가하여 가장 적합한 굴착 및 지보패턴을 결정하고 필요시 보강여부를 결정하는 중요한 프로세스이다. 이는 설계지보패턴을 시공지보패턴으로 변경하는 공학적 의사결정과정이다.

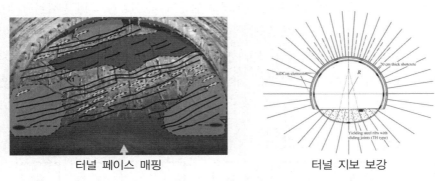

터널 페이스 매핑   터널 지보 보강

[그림 6.11] 터널 페이스 매핑과 터널 지보 보강

3.2 지오 리스크(Geo-Risk)의 확인

터널 페이스 매핑은 터널 시공 중 막장면의 지질 및 암반상태를 관찰하여 파쇄대, 단층대 및 연약대 등과 같은 지오 리스크를 확인하는 필수적인 프로세스이다. 이는 확인된 (identified) 지오 리스크에 대한 리스크 콘트롤 대책을 수립하는 리스크 관리과정이다.

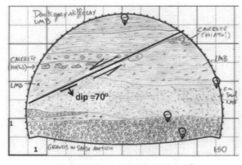
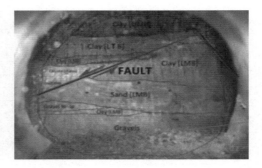

터널 페이스 매핑에서의 단층   터널 페이스 매핑(사진)에서의 단층

[그림 6.12] 터널 막장면에서의 지질 리스크 확인

3.3 전방 막장상태 예측

터널 페이스 매핑은 터널 시공 중 막장면의 지질 및 암반상태를 관찰하여 다음 막장에서의 지질 및 암반상태를 예측하고 핵심적인 프로세스이다. 이는 매 막장면의 관찰조사결과로부터 이를 연속적으로 연결하고 앞으로 굴착하게 될 막장 전방에 대한 지질 및 암반상태의 변화를 예측하고 평가하는 터널 전방지질에 대한 예측과정이다.

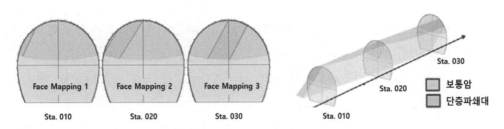

[그림 6.13] 페이스 매핑결과에 의한 전방 막장 예측 및 평가

3.4 터널 전체적인 지질특성 파악

터널 페이스 매핑은 터널 시공 중 막장면의 지질 및 암반상태를 관찰하여 터널 주변 및 터널 전체구간에 대한 지질 및 암반상태를 파악하고 확인하는 체계적인 프로세스이다. 이는 매 막장면의 관찰조사결과를 일관성 있게 연장하고 터널 종방향으로의 지질 및 암반상태의 특성을 평가하는 터널구간에 대한 전체적인 지질에 대한 확인과정이다.

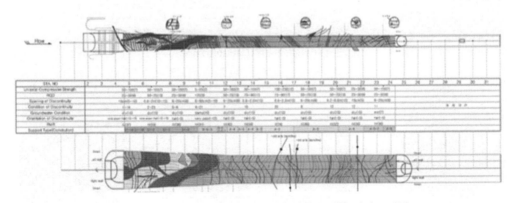

[그림 6.14] 터널 페이스 매핑에 의한 터널 종방향 지질도 작성

4. 터널 페이스 매핑의 Keyword

4.1 지질 및 암반에 대한 이해

터널 페이스 매핑은 대상 암반에 대한 지질적 특성과 공학적 특성을 파악하는 절차라 할 수 있다. 따라서 터널 페이스 매핑에서 가장 중요한 것은 지질 및 암반에 대한 기본적인 지식과 경험을 가져야 한다는 것이다. 특히 토목을 기반으로 한 터널 기술자들에게 있어 가장 필요한 부분이며, 반드시 갖추어야 할 항목이다.

지질에 대한 이해는 암석의 종류의 특성 그리고 이들의 형성과정과 구조를 파악하는 것이다. 대상 암반이 어떤 종류의 암석인지, 현장에 어떤 지질구조(단층 등)가 있는지 등을 파악하는 것으로 지질조사보고서 또는 지반조사보고서 등을 참고하도록 한다.

암반은 암석(rock)과 불연속면(discontinuity or joint)의 집합체로서, 토목공사의 대상은 암석이 아니라 암반이라는 점을 이해하여야 한다. 암반의 거동은 암석 특성뿐만 아니라 불연속면의 특성에 좌우되므로 암반내 불연속면의 특성(간격 등)을 잘 파악하여야 한다.

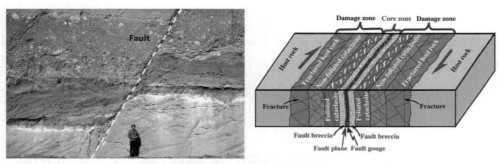

단층(Fault)과 단층대(Fault zone)

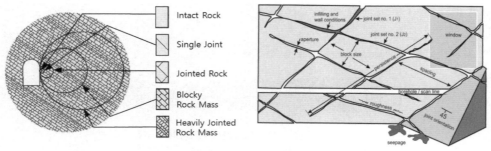

불연속면(Discontinuity or Joint)과 암반(Rock Mass)

[그림 6.15] 지질 및 암반의 이해

4.2 암반 불연속면에 대한 기하학적 이해

암반내에는 지질특성에 따라 형성되는 수많은 불연속면이 존재한다. 대표적으로 암반 성인에 의한 절리(joint), 층리(bedding), 편리(schistosity) 등과 지질구조에 의한 단층 (fault), 부정합(unconformity) 등이 있다. 터널 기술자들은 암반내에 갈라진 분리면으로 이해하면 된다.

암반 불연속면에 대한 분석에서 가장 중요한 것은 방향(orientation)과 절리군(joint set)을 파악하는 것이다. 불연속면은 일정한 방향성과 규칙성을 가지는 경우가 많으므로 평사투영해석(stereo projection)을 통하여 3차원적 형상을 2차원 평면 내에 표현하여 처리하는 방법을 이용한다. 이는 불연속면의 주향(방향)과 경사를 점(pole) 등으로 표현하는 것으로 터널(천장, 벽, 막장)과의 기하학적 관계를 파악하는 가장 중요한 해석방법이다.

또한 암반 불연속면의 절리군의 개수와 방향성에 의해서 암반블록(block)을 형성하게 되는데, 터널 막장면과 천정에서의 암반블록의 형성은 터널의 안정성(낙반)과 관계되는 중요한 요소이므로 불연속면 방향과 터널 막장면과의 기하학적 특성을 파악하여야 한다.

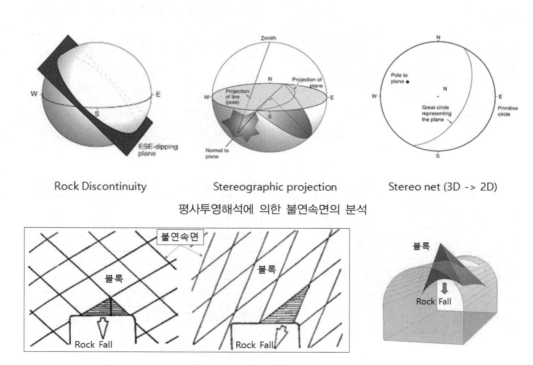

Rock Discontinuity Stereographic projection Stereo net (3D -> 2D)

평사투영해석에 의한 불연속면의 분석

터널에서의 불연속면에 의한 기하구조 형성

[그림 6.16] 불연속면의 기하학적 이해

4.3 암반분류의 공학적 의미 파악

암반분류(rock mass classification)은 암반 특성을 양호한 암반과 불량한 암반 등으로 구분하는 것으로 암석의 특성(강도)과 암반 내 존재하는 불연속면의 특성(간격 등)으로부터 분류요소를 선정하여 이를 점수화(rating)하여 암반을 평가한다. 암반분류는 평가요소의 가충치에 대한 합과 곱으로 암반을 몇 개의 그룹으로 분류, 암반을 등급화(Rock class)하는 것으로 현재 RMR 분류법과 Q-System 분류법이 가장 많이 쓰이고 있다.

RMR(Rock Mass Rating) 분류법은 5가지 평가항목(암석강도, RQD, 절리간격, 절리상태, 지하수)에 따라 암반을 매우양호, 양호, 보통, 불량, 매우 불량의 5등급으로 구분하는 것으로 각각의 평가요소의 평점의 합을 계산하여 비교적 쉽게 RMR 값을 구할 수 있다.

Q-System(Rock Mass Quality) 분류법은 6가지 평가항목(RQD, 절리군의 수, 절리 거칠기, 절리 변질 정도, 지하수, 응력조건)에 따라 암반을 A, B, C, D, E, F, G의 7등급으로 구분하는 것으로 암반등급에 따라 정량적 지보 차트를 제공하고 있다.

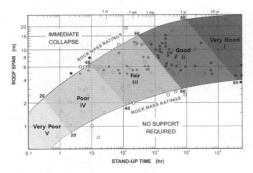

RMR 분류법과 지보가이드

RMR	100-81	80-61	60-41	40-21	<20
Class	I	II	III	IV	V
Rock quality	Very good	Good	Fair	Poor	Very poor

Q-System 분류법과 지보 차트

	Rock quality class	Q-value
A	Exceptionally good	400 - 1,000
	Extremely good	100 - 400
	Very good	40 - 100
B	Good	10 - 40
C	Fair	4 - 10
D	Poor	1 - 4
E	Very poor	0.1 - 1
F	Extremely poor	0.01 - 0.1
G	Exceptionally poor	0.001 - 0.01

[그림 6.17] 터널에서의 암반분류와 지보 가이드

4.4 지질 리스크의 변화 파악

지질 리스크(geo-risk)란 지질 및 암반에 의해 발생 가능한 위험요소(hazard)를 의미한다. 터널공사의 지질 리스크는 대상 지질 및 암반특성에 따라 다양하게 발생할 수 있으므로, 공사구간의 지질 및 암반특성을 우선적으로 파악하는 것이 중요하다.

터널공사 중 발생가능한 대표적인 지질 리스크는 단층대(fault zone), 파쇄대(fractured zone), 연약대(weakness zone) 등이 있다. 일반적으로 시추조사 및 물리탐사결과로부터 이를 사전에 파악하는 것은 한계가 있으므로, 시공 중 확인되는 터널막장에 대한 지질조사로부터 지질 리스크를 확인하는 과정이 반드시 요구된다.

또한 지오 리스크에는 지형적 요인으로 갱구부, 계곡부, 저토피 구간, 공학적 요인으로 암질불량, 파쇄대, 용수/출수, 과지압 등이 있으며, 지질적 요인으로 석회암 공동, 미고결층, 심한 풍화층, 암질변화구간, 암종 경계부 등이 있다. 지질 리스크는 지반 불확실성(uncertainty)으로 인하여 예상하지 못하는 경우가 많으므로 시공 중에 이를 파악하는 것이 중요하다.

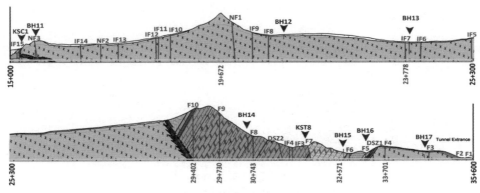

터널 전 구간에 파악되는 암종변화에 단층

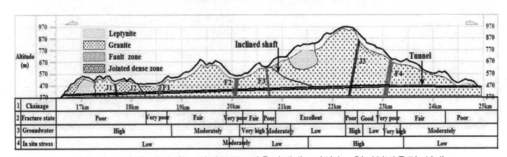

터널 전 구간에 파악되는 암반등급, 단층파쇄대, 지하수, 현지암반응력 상태

[그림 6.18] 터널공사에서의 지질 리스크

5. 터널 페이스 매핑을 잘하는 법

5.1 정확한 매핑 - 보이는 면을 그리고 기록하자

　지하토목공사에서 페이스 매핑이란 보이는 또는 노출된 암반면(rock face)을 보이는 데로 그리고 기록하는 것(mapping)을 말한다. NATM 공법을 적용하는 터널공사에서는 일정한 길이를 한 번에 굴착하고 지보를 설치하는 과정을 반복하게 되는데, 이때 노출되는 굴착방향의 굴착면을 막장면 또는 막장(tunnel face)이라고 하며, 페이스 매핑은 막장면에서 관찰되는 지질상태, 암반특성, 절리특성 및 지하수 상태 등을 기록하고, 관찰된 자료를 바탕으로 암반분류 및 암반평가 등과 같은 공학적인 평가 작업을 수행하게 된다.

　페이스 매핑을 잘하기 위해서는 야장(필드노트)에 막장면을 정확히 있는 그대로 그리고, 확인된 지질 및 암반 특성을 기술하게 된다. 또한 절리 간격(joint space) 및 방향(joint orientation/주향과 경사) 등을 측정하여 기록하게 된다. 하지만 커다란 막장면을 작은 야장에 축소하여 그리는 것은 쉽지 않기 때문에 사진 등을 찍어 그 위에 그리는 것도 하나의 방법이다. 또한 반드시 사진 또는 동영상을 찍어서 객관적인 기록을 남기도록 하여야 한다. 페이스 매핑은 가장 기본적인 작업이지만, 경험과 숙련도에 따라 편차가 가장 큰 작업이기도 하다.

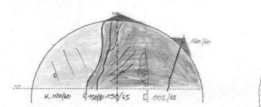

개략적인 막장 스케치

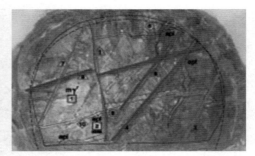

막장사진을 이용한 Mapping

[그림 6.19] 터널 막장면의 기록과 표기

5.2 취약한 경사방향 - 불연속면(절리)의 불리한 방향을 파악하자

암반 불연속면은 일정한 간격과 방향성을 보이는 그룹을 형성하는데, 이를 절리군 (joint set)이라고 한다. 절리군의 개수에 따라 블록성(blocky) 암반과 층상(stratified) 암반으로 구분되며 지질 성인에 따라 달라지게 된다. 예를 들어 퇴적암에서의 층리구조나 편암에서의 편리/엽리 구조는 전형적인 층상암반이다.

이와 같이 블록성 암반 또는 층상암반에서의 가장 중요한 요인은 터널 굴착방향과 만나게 되는 절리의 방향성이다. 그림에서 보는 바와 같이 막장면에 불리한 방향은 막장면 방향으로 형성되는 절리방향으로 이를 불리 경사(against dip)라고 한다. 이는 상대적으로 막장면으로의 슬라이딩이 발생하기 쉽기 때문에 굴착 시 주의해야만 한다. 대부분의 터널막장 사고는 절리의 against dip으로 인한 것이다.

터널굴착 시 굴착방향과 절리방향과 경사의 상대적인 기하학적 관계를 파악하는 것이 중요하다. 굳이 평사투영해석과 같은 방법을 수행하지 않아도 막장면에서 보이는 절리의 경사가 불리한 방향인지(unfavorable or against dip) 아니면 양호한 방향인지(favorable or with dip)를 판단하는 것이 가능하다. RMR 암반분류에서는 터널의 안정성에 절리의 방향이 미치는 영향이 크기 때문에 절리군의 주향과 경사에 따라서 일정한 값을 보정 (adjustment)하도록 제시하고 있지만 실무적으로는 잘 활용되지 않는다.

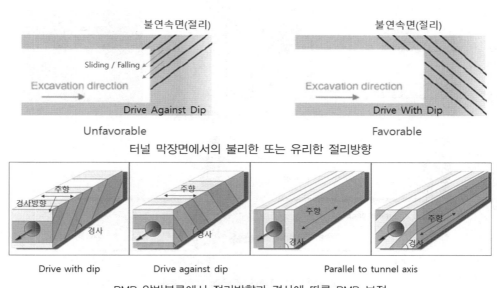

터널 막장면에서의 불리한 또는 유리한 절리방향

RMR 암반분류에서 절리방향과 경사에 따른 RMR 보정

[그림 6.20] 터널 막장면의 불연속면의 취약성

5.3 암적인 존재 - 단층파쇄대를 식별하자

단층(fault)은 습곡, 융기, 침강 등의 지각변동에 의해 심하게 움직여 암반중에 내부응력에 의한 파단면이 형성되어 생기는, 상대적인 변위(shear displacement)가 발생한 끊어진 면을 으로서 단층대(fault zone)을 형성하는 경우가 많다. 파쇄대(fractured zone)는 단층, 절리 등의 불연속면이 발달한 곳에서 단층면을 따라 물리적, 화학적, 풍화작용으로 암석이 파쇄되어 지하수로 풍화된 일정한 크기의 대(zone)를 형성한 것으로 주변암반에 비하여 강도가 현저히 떨어지는 구간을 말한다. 따라서 단층파쇄대는 단층으로 인해 형성된 파쇄대로서 단층암(faulted rock)과 단층가우지(fault gouge)를 포함하고 있다.

터널공사에서 가장 위험한 리스크는 단층파쇄대라고 할 수 있다. 단층파쇄대는 상대적으로 매우 연약한 파쇄대이며, 터널굴착에 따라 단층파쇄대를 따라 지하수 등이 유입되어 단층파쇄대의 열화와 변질을 진행시키고, 특히 점토로 구성된 단층가우지는 매우 미끄러운 슬라이딩면을 형성할 수 있는 가능성이 크기 때문이다. 따라서 터널 굴착중 단층 또는 단층파쇄대의 유무(지반조사보고서에 명기된 것 포함)를 파악하고 특성을 식별하는 것이 매우 중요하다. 특히 점토(단층가우지) 같은 것이 확인되는 경우 즉각적인 조치와 대책을 수립해야 한다.

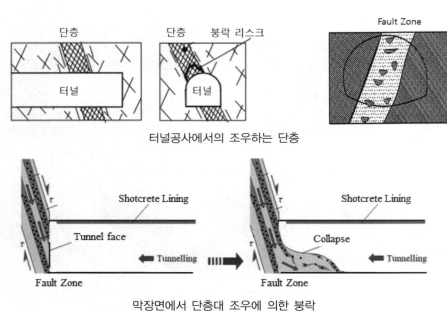

터널공사에서의 조우하는 단층

막장면에서 단층대 조우에 의한 붕락

[그림 6.21] 터널공사에서 대표적인 지오 리스크 – 단층

5.4 급격한 차이 - 상대적 암질변화구간에 주의하자

터널은 종방향의 긴 구조물로서 다양한 지질 및 암반상태를 조우하게 된다. 일반적으로 갱구부의 풍화대를 지나 터널중앙부로 갈수록 암반상태는 경암반(hard rock mass)으로 변하게 되며, 암반등급은 크게 차이가 나지 않는 경우가 대부분이다. 하지만 갑작스럽게 급격하게 암질이 불량하게 되어 연암반(soft rock mass)으로 되는 변하는 경우가 발생하게 되는데, 이를 암질변화구간이라고 한다. 암질변화구간은 단층파쇄대구간을 통과하거나 암종(rock type)이 달라지는 암종경계부를 통과하는 경우에 나타나는 경우가 많다.

페이스 매핑은 이러한 암질변화구간을 파악할 수 있는 가장 기본적인 절차라 할 수 있으며, 막장 전방에 암질상태를 확인하기 위한 방법으로 막장전방시추와 TSP 탐사 등이 있지만 막장전방시추가 가장 확실한 방법임을 명심해야 한다.

특히 화산암지질에서 많이 볼 수 있는 복합암반(composited rock mass)의 경우 연암반에서 경암반 그리고 경암반에서 연암반이 수시로 변하는 수평변화뿐만 아니라 심도별로도 변하는 수직변화(상부 경암반에서 하부 연암반으로)도 나타나므로 터널굴착중 지질변화에 대한 평가를 면밀히 수행해야만 한다.

암질변화구간 - 경암반에서 연암반으로

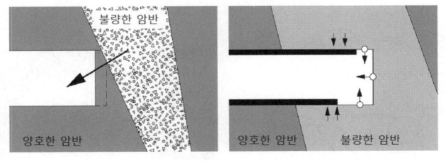

암질변화구간 - 양호한 암반에서 불량한 암반으로

[그림 6.22] 막장면에서의 급격한 암질 변화

5.5 다량의 용수 - 물이 많이 나오는 구간은 반드시 확인하자

터널을 굴착하게 됨에 따라 터널내로 주변 지하수가 흘러나오는 현상은 매우 당연한 현상으로 이를 용수(water inflow)라고 한다. NATM 터널은 굴착 중에 용수를 허용하고, 터널 막장이나 벽면에서 흘러나오는 용수상태는 암반상태에 영향을 주게 되므로, 암반 평가시 용수상태(또는 용수량)에 따라 암질상태를 평가하도록 하게 된다.

터널 굴착중 용수가 급격하게 증가하는 경우는 주변에 대수층이 있거나 상대적으로 연약한 단층파쇄대를 따라 흘러나오는 경우가 많기 때문에 용수가 많이 발생하는 구간에서는 특히 페이스 매핑 결과를 반드시 확인하여야 한다. 또한 지형적으로는 주변 하천에 근접하거나 계곡부 하부를 통과하는 경우에는 다량의 용수발생가능성이 매우 크다고 할수 있다.

특히 용수가 발생하는 구간에 단층파쇄대가 확인되는 경우에는 단층파쇄대구간에 지하수의 유입과 지하수 유동에 따라 단층암 또는 단층 가우지의 특성을 변화시켜 굴착당시에는 비교적 안정했던 막장면이 일정한 시간이 경과함에 따라 불안정한 상태로 변하여 막장 붕락 등이 발생하는 경우가 많으므로 특히 유의해야 한다.

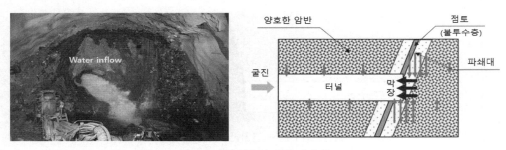

막장면에서의 용수와 단층파쇄대

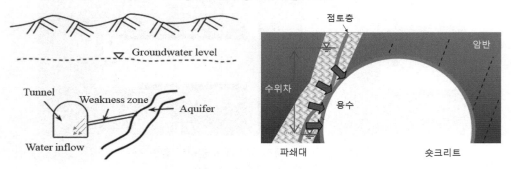

터널 벽면에서의 용수와 단층파쇄대

[그림 6.23] 터널구간에서의 용수 상태

5.6 나쁜 것들 - 안 좋은 조건은 같이 나타난다

터널을 굴착하게 됨에 따라 터널굴착에 불리한 여러 가지 다양한 지질 및 암반조건 등을 조우하게 된다. 일반적으로 공학적으로는 암질불량구간, 파쇄대, 연약대 등이 가장 취약하지만, 이를 더욱 열화 또는 변질되게 만드는 용수가 발생하는 구간, 즉 불량구간에 용수가 발생하는 구간이 가장 안 좋은 경우가 된다. 여기에 파쇄대의 경사방향이 터널굴진방향과 Against Dip으로 만나게 되면 최악의 조건이 형성되게 되며, 막장면 붕락이 발생할 가능성이 매우 크게 된다. 다시 말하면 터널굴착이 불리한 조건들이 복합적으로 발생하게 되어 지질 조건 + 지하수 조건 + 기하 조건이 동시에 형성되어 가장 큰 리스크를 형성하게 된다. 일반적으로 터널 굴착공사 중에는 이러한 불리한 조건이 동시에 발생하는 경우가 많다.

또한 집중 강우나 우수 등이 많은 경우에는 지상까지 연결된 단층패쇄대를 따라 우수와 지하수 등이 단층파쇄대를 따라 유입되면서 단층파쇄대의 열화 변질을 촉진시켜 장기적인 터널 변형을 일으켜 터널 안정성에 심각한 영향을 줄 수 있으므로 유의해야 한다.

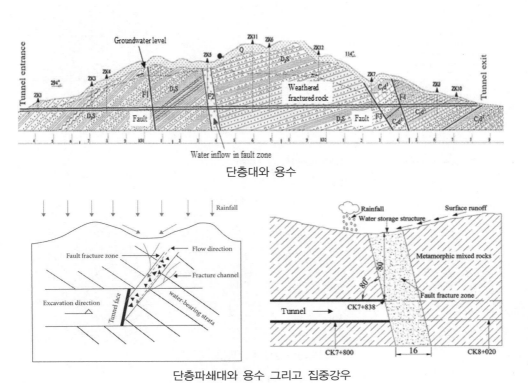

단층대와 용수

단층파쇄대와 용수 그리고 집중강우

[그림 6.24] 터널구간에서의 복합 불량조건

5.7 막장면의 거동 - 계측 결과와 비교하자

터널을 굴착하게 됨에 따라 주변 암반은 느슨해지게 되며 일정한 거동을 일으키게 된다. 이는 터널 계측결과로 나타나게 되며, 계측모니터링은 터널 거동특성과 안정성을 평가하는 가장 중요한 과정이 된다. 이를 위하여 다양한 계측항목과 계측빈도 등에 대한 터널 계측관리기준을 제공하여 터널시공관리를 하도록 하고 있다.

막장면의 지질 및 암질 특성은 거동과 매우 밀접한 상관성을 가지게 된다. 이는 터널 단면방향 거동뿐만 아니라 터널 종방향 거동에서도 나타나게 된다. 따라서 페이스 매핑 결과는 반드시 해당 구간(또는 인접구간)의 계측결과와 비교 검토하여야 하며, 천단침하를 포함한 내공변위의 방향성은 터널 막장면의 지질방향성과 유사한 특성을 보이게 된다. 따라서 터널 계측시 각 측점의 3차원 계측(X, Y, Z 방향)이 반드시 수행되어야 한다. 또한 터널 계측결과는 굴착조건에 따라 달라지므로 경시 변화(시간경과에 따른 거동)와 거리 변화(측점과 막장면으로 이격거리에 따른 거동) 등에 대한 평가가 수행되어야 한다.

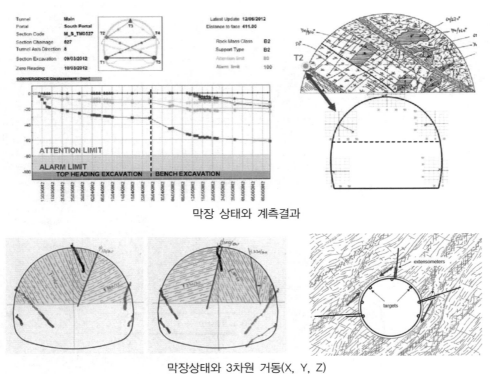

막장 상태와 계측결과

막장상태와 3차원 거동(X, Y, Z)

[그림 6.25] 터널 막장 상태와 계측결과와 비교

5.8 전체적인 변화 - 모든 매핑 기록을 종합적으로 파악하자

터널 페이스 매핑은 굴착 중에 확인된 하나의 단면을 확인하는 과정이다. NATM 터널은 굴착과 지보를 사이클로 되며 반복되는 공정이므로 매 막장마다 페이스 매핑을 수행하여야 하며, 하루에도 2번이상의 페이스 매핑 데이터가 쌓이게 된다. 따라서 터널 기술자들은 한 단면의 페이스 매핑자료를 기초로 하여 터널 종방향으로의 지질 및 암반상태의 전체적인 변화를 종합적으로 파악할 수 있도록 해야 한다. 이는 설계단계에서의 지질조사 결과와 함께 시공단계에서의 페이스 매핑결과를 계속적으로 비교, 변경 및 업그레이드하여 터널구간에 대한 지질 및 암반특성을 전체적으로 그리고 종합적으로 분석하여야 한다.

또한 페이스 매핑 결과는 반드시 정량적인 데이터로 기록되고 데이터베이스로 저장되어야 한다. 많은 페이스 매핑 결과는 조사자의 주관과 경험에 의존할 수밖에 없으므로, 이의 편차를 최소화하기 위하여 막장조사쉬트를 표준화하고, 막장사진과 관련 동영상 등으로 기록되어야 한다. 또한 각 막장면의 결과는 종방향으로 연결되어 종방향의 변화특성과 막장전방예측 등에 활용되도록 하여야 한다.

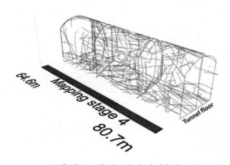

페이스 매핑 결과의 연결

페이스 매핑의 자료화

사진을 이용한 디지털 페이스 매핑

표준화된 막장관찰쉬트

[그림 6.26] 터널 페이스 매핑 결과 DB화 및 표준화

6. 터널공사에서의 지오 리스크 관리

6.1 지오 리스크 확인프로세스

터널 페이스 매핑은 조사·계단계에서 지질 및 암반특성을 완전하게 파악할 수 없는 지반조사의 한계성을 시공단계에서 직접 확인하고 보완하기 위한 과정이다. 이는 모든 지하공사에서 지반 불확실성(uncertainty)으로 인한 지오 리스크(geo-risk)를 페이스 매핑 절차를 통하여 줄이고자 하는 기술적 노력이라 할 수 있다.

하지만 터널공사에서의 페이스 매핑 결과에 따라 당초 예상했던 공사비 및 공기에 미치는 영향이 매우 크기 때문에 페이스 매핑 절차는 객관성과 전문성 그리고 합리성을 가져야만 하므로 이해당자인 조사/설계자, 시공자, 감리자 및 감독과의 협의나 소통이 매우 중요하게 된다. 페이스 매핑에서의 객관성은 정량적인 공인된 평가도구를 통하여 확보되며, 전문성은 터널전문기술에 근거한 경험있는 기술자가 수행을 통하여 확보되며, 합리성은 이해당자자간 합리적인 의사결정 절차 과정을 수행하고 이를 확인하는 절차를 통하여 확보하도록 하여야 한다. 객관성과 전문성 그리고 합리성은 터널 페이스 매핑 수행체계에서 있어 중요한 요소이다. 또한 터널 페이스 매핑은 시공 중 예상했거나 예상하지 못했던 지오 리스크를 직접 확인하게 됨으로서 시공 중에 터널 안정성 및 시공성을 확보하기 위한 다양한 리스크 관리 및 컨트롤 대책을 수립하여 시공 중 합리적인 공사관리를 수행하게 된다.

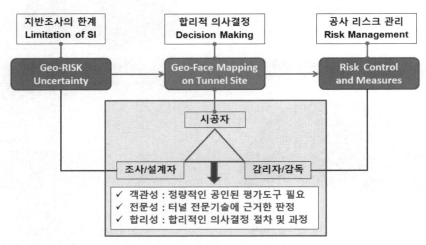

[그림 6.27] NATM 터널에서의 터널 페이스 매핑의 추진 체계

6.2 지오 리스크 관리 및 대처방안

터널 페이스 매핑은 NATM 터널의 기본적인 철학의 중심에 있다. 이는 설계단계에서의 지반조사의 한계를 해결하기 위하여 시공단계에서 직접 확인된 막장면의 암반상태 및 암반평가(암질) 결과에 따라 적절한 지보를 선정하고 시공함으로써 능동적이고 관찰적인 방법(observational method)이라는 NATM 공법의 원리를 실현하는 방법인 것이다.

하지만 터널공사에서의 페이스 매핑은 여러 가지 이유에 의해 터널현장에서 적극적으로 시행되고 있지 못하고 있다. 이는 지질 및 암반분야라고 하는 기술적 특수성뿐만 아니라 설계자, 시공자, 감리자 및 발주자와의 역할과 책임의 한계, 주관과 경험에 의존하는 평가절차 및 방법 등 실제 터널현장에서 많은 문제점을 가지고 있다.

최근 터널공사의 기술이 발전함에도 불구하고 많은 터널 사고 등이 꾸준히 발생함에 따라 터널 페이스 매핑을 보다 효율적이고 객관적으로 운영할 수 있는 시스템에 대한 니즈가 많다. 이를 위해서는 먼저 터널 페이스 매핑 방법을 간소화하고 및 표준화하는 작업이 필요하며, 경험이 있는 자격이 있는(accredited and qualified) 터널 기술자가 직접 수행하도록 하며, 암판정 평가결과를 체계적으로 시공프로세스에 적용하도록 하며, 확인된 지오 리스크에 대한 리스크 대처방안을 수립하고 반영하도록 해야 한다. 이는 터널현장에서 직접 확인된 문제를 경험있는 기술자의 의사결정을 통하여 문제를 해결하고 관리하는 선진적인 터널공사관리 시스템을 구축하는 것이다.

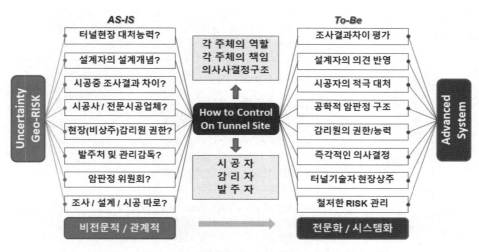

[그림 6.28] NATM 터널에서의 터널 페이스 매핑의 개선 방향

6.3 터널 페이스 매핑 문제점 및 해결 과제

지오 페이핑 매핑은 터널공사에서 수행되는 가장 기본적인 프로세스임에도 불구하고 터널 페이스 매핑이 가지는 지질 및 암반 분야라는 기술적 특수성 때문으로 실제 터널현장에서 잘 안 되는 문제가 많은 것이 현실이다. 이러한 문제를 해결하기 위하여 많은 기술적 개선노력이 진행되어왔고, 여러 가지 기술시스템이 연구 개발되어 왔지만, 실제 터널 현장에서 이를 활용하는 사례는 많지 않다는 점이다. 결국 중요한 점은 어떤 시스템을 만드는 것이 중요한 것이 아니라 어떻게 현장에서 운영하게 만들게 해야 한다는 점이다.

이러한 문제점을 해결하기 위한 중요한 핵심은 터널공사에서 터널 페이스 매핑의 중요성을 인식하고 터널 페이스 매핑을 현장전문기술자 중심의 체계로의 전환이 시급히 요구된다 할 수 있다. 또한 터널 페이스 매핑에서 요구되는 주요 핵심 키워드를 '전문화, 정량화, 객관화, 온라인화 및 디지털화'로 선정하고 각각에 대한 문제점 및 해결과제 등을 정리하여 [표 6.1]에 나타내었다.

[표 6.1] 터널 페이스 매핑의 문제점

키워드		문제점
전문화 Expert	더 확실하게 More Specialized	• 토목현장에서의 지질 및 암반분야의 전문성 부족 • 지질 및 암반전문가의 터널 현장에 비상주 • Face Mapping 담당자에 대한 실무교육 필요
정량화 Quantitative	더 정확하게 More Qualitative	• 각 막장에서 측정되는 많은 데이터에 대한 정리 부족 • 터널 전 구간에 대한 자료 축적 및 변화 확인 안 함 • Face Mapping Sheet의 각 기관별 상이
객관화 Objective	더 확실하게 More Objective	• Face Mapping 담당기술자의 기술적 주관성 문제 • 기술적 경험의 제한 및 한계성으로 인한 평가오류 • 시공자-감리자 간의 상호 기술적 소통 및 책임 부족
온라인화 On-Line	더 빠르게 The Faster	• 매 막장에서의 막장관찰자료의 전송이 제대로 안 됨 • 수기에 의한 Face Mapping Sheet상 입력 방법 • 개인 기기와 현장사무실의 온라인화 안 됨
디지털화 Digital	더 스마트하게 The Smarter	• 사진/측량을 이용한 Face Mapping의 정량화 안 됨 • 기기에 의한 암반분류 및 암판정 결과 인정 안 됨 • 터널 BIM과의 디지털 자료와 연동방법 없음

[표 6.2] 터널 페이스 매핑의 해결 과제

■ 전문화	More Specialized

- 응용지질 및 암반공학에 대한 기술적 이해
- 자격이 있는(qualified) 터널전문기술자의 양성
  - ☞ 터널현장에 상주토록 하여 주도적 의사결정
- Face Mapping 담당기술자에 대한 실무교육 강화
  - ☞ Face Mapping 작성방법 및 암반분류 평가

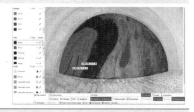

■ 정량화	More Quantitative

- 각 막장에서 측정되는 많은 데이터에 대한 수치화
- 터널 전 구간에 대한 자료 축적 및 변화 확인
  - ☞ 터널 종방향으로의 변화의 지속적 관찰
- Face Mapping Sheet의 표준화 필요
  - ☞ RMR 또는 Q-System 등 암반분류와 동시수행

■ 객관화	More Objective

- Face Mapping 담당기술자의 기술적 주관성 문제
- 기술적 경험의 제한 및 한계성으로 인한 평가오류
  - ☞ 국내 터널현장에서의 Face Mapping 자료 공유
- 시공자 - 감리자 간의 상호 기술적 소통 및 책임
  - ☞ 시공 중 암판정에 대한 리스크 공유 및 분담

■ 온라인화	The Faster

- 매 막장에서의 즉각적인 막장관찰자료 전송방안
- Face Mapping Sheet상 입력방법의 전산화
  - ☞ 현장기술자 사용성 확보를 위한 간편성 확보
- 개인 기기와 현장사무실의 온라인 시스템화
  - ☞ Face Mapping 자료의 개방형(Explicit)데이터

■ 디지털화	The Smarter

- 사진 또는 측량을 이용한 Face Mapping의 자동화
- 기기에 의한 암반분류 및 암판정 결과 인정 여부
  - 디지털 매핑자료의 참고자료 및 D/B화
- 터널 BIM과의 디지털 자료와 연동방법
  - 굴착/지보 등의 시공 자료의 통합 정보화

7. 터널 페이스 매핑의 특성과 전망

터널공사에서 페이스 매핑을 이해하는 것은 터널공사를 이해하는 것이다. NATM 터널 뿐만 아니라 TBM 터널에서도 막장상태의 지질 및 암반특성을 파악하고 평가하는 것은 가장 중요한 공사프로세스이기 때문이다. 터널공사에서의 지오 이스 매핑의 특성을 정리 하고 전망해보면 다음과 같이 요약할 수 있다.

7.1 터널 페이스 매핑의 특성

1) 기본에 충실한 공사 프로세스

터널 페이스 매핑은 터널공사에서 수행되는 가장 기본적이고도 중요한 프로세스이다. 이는 암반상태에 따라 지보를 변경하여 적극적으로 시공하고자 하는 NATM 터널의 철학 이기 때문이다. 그동안 많은 터널현장에서 기본적인 프로세스를 간과하거나 소홀히 하여 여러 가지 사고를 일으킨 것은 사실이기 때문에, 터널 현장마다 적절한 자격을 가진 터널 엔지니어를 투입하여 터널막장에서의 지질조사와 암판정 결과에 근거한 최적의 지보를 선정하는 확정설계과정을 거쳐 합리적인 NATM 시공을 달성해야 한다.

2) 경험에 기반한 의사결정 프로세스

지질 및 암반상태는 매우 다양한 특성과 문제가 많은 리스크를 포함하고 있다. 이는 터널현장마다 지질 및 암반특성이 다르며, 단층 및 용수 등의 상태를 사전에 예측하기가 쉽지 않기 때문이다. 실제로 터널 페이스 매핑은 보다 많은 경험이 필요한 작업이지만 실제로 터널현장에서는 초급기술자들에게 맡겨 놓은 경우가 많은 것이 현실이다. 따라서 터널공사에 대한 다양한 경험을 갖춘 터널엔지니어를 투입하여 터널 막장조사 및 암판정 이 보다 기술적이며 체계적으로 수행되어야 한다.

3) 지질·암반·토목의 통합 프로세스

터널 페이스 매핑은 지질 및 암반공학적 요소 그리고 토목공학적 요소가 복합적으로 작용하는 통합프로세스이다. 이는 터널현장에서 토목기술자들이 이해하고 수행하기 접근 하기 어려운 작업으로 터널 페이스 매핑을 수행하는 조사자와 시공을 담당하는 엔지니어 들과의 소통을 통하여 시공성과 안전성을 확보할 수 있는 리스크 대응방안이 만들어져야 한다.

7.2 터널 페이스 매핑의 전망

터널공사에서의 페이스 매핑은 NATM 터널이전부터 재래식 터널에서 수행되어왔던 가장 기본적인 작업이다. 하지만 수행과정에서 주관적 경험적 수작업의 문제점을 개선하기 위하여 다양한 새로운 기술들이 개발되어 현장에 시험 적용되어 왔지만, 범용적으로 적용되고 있지 못한 실정이다. 제4차 산업혁명의 시대에 있어 앞으로 터널 페이스 매핑은 요구되거나 보완되어야 할 기술쟁점을 전망해 보면 다음과 같이 정리할 수 있다.

1) 스마트 기술(Smart Technology)과 어떻게 결합할 것인가?

터널 막장면 조사(측정)에서의 고정밀 사진측량기술, 자동 고해상 3D 측량기술, AI 기술 등과 같은 스마트 기술을 어떻게 결합할 것인가 하는 점이다. 터널 막장면이 가지는 지질적 복잡성과 암반공학적 기하특성 그리고 조사수행의 난이성 등으로 첨단 스마트 기술이라 할지라도 터널 현장에서 적용하기는 쉽지 않기 때문이다. 따라서 스마트 기술을 터널 막장에서 운용가능한 현장적용성이 가장 중요한 해결과제이다.

2) 디지털 매핑(Digital Mapping)의 한계를 어떻게 개선할 것인가?

터널 디지털 매핑은 다양한 프로세스 기술을 이용하여 막장면의 암종 구분, 절리 특성 및 단층 분석 등을 수행함으로써 널막장에 대한 데이터를 객관화하는 정량화하는 장점이 있지만, 실제로 현장에서 지질 및 암반특성을 정확하게 또는 완벽하게 구현하는 것은 매우 어렵다고 할 수 있다. 이는 디지털 매핑 결과는 기술자의 경험을 바탕으로 한 공학적 판단에 보조적인 또는 참고자료일 수밖에 없다는 한계를 가진다는 것을 의미한다. 따라서 디지털 매핑 결과를 터널공사 의사결정과정에 반영 가능한 활용성이 가장 핵심적인 숙제이다.

3) 터널 BIM과 어떻게 연계할 것인가?

앞으로 터널공사는 설계과정과 시공과정이 3D로 구현되고 정보화되는 터널 BIM이 실현될 것이다. 특히 터널공사는 지하정보를 포함하는 Geo-BIM과 연계되어 시공 중 확인되는 지질데이타 및 실제 시공되는 지보 및 보강 데이터가 공정(공기)과 연동하여 구현되어야 한다. 따라서 터널 BIM에 터널 페이스 매핑 정보가 포함되도록 하여 터널 전 구간에 대한 모든 지질 및 암반 정보를 3차원적으로 가시화할 수 있도록 하는 것이 가장 필요한 사항이다.

8. 암반 타입과 지오 리스크(Rock Mass Type and Geo-Risk)

암반 거동특성을 결정하기 위해서는 먼저, 불연속면의 특성을 결정하고, 적절한 응력 조건과 지하수 조건을 정의해야 한다. 모든 관련 특성 및 영향 요인을 검토 후 지하구조물의 각 구간에 대한 암반 거동을 평가하며, 예상 암반 거동은 일반 유형으로 분류되고 결정된다.

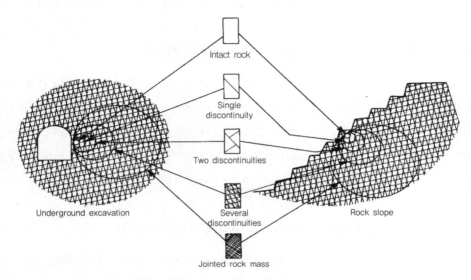

[그림 6.29] 암석, 불연속면 그리고 암반(Hoek과 Brown, 1989)

암석 특성, 불연속면 상태 및 지질작용 등을 고려하여 [표 6.3]에 나타난 바와 같이 총 3개의 범주에 10개의 암반으로 구분하였다. 각각의 범주에 해당하는 특징을 설명하면 다음과 같다.

- Category I : Hard Rock Mass 주로 불연속면 의해 블록 또는 층상형태의 절리암반 (jointed rock mass)로 암반의 거동은 불연속면의 거동(discontinuum)에 의해 지배)된다. 먼저 절리가 거의 없어 신선한 암석과 유사한 괴상 암반, 여러 개의 절리군에 의해 형성된 암반블록의 블록성 암반과 퇴적암의 층리와 변성암의 벽개, 편리의 층구조로 형성된 층상 암반으로 구분하였다.

- Category II : Soft Rock Mass 주로 연약 암반(Weak rock)에서의 파쇄 및 풍화로 인해 연약해진 암반으로 토사와 같은 연속체 거동(continuum)을 보인다. 크게 파쇄 암반, 풍화 암반 그리고 미고결 암반으로 구분하였다.

• **Category III** : Special Rock Mass 특수한 지질 및 지질작용에 의해 구성된 암반으로서 지하수, 현지암반응력, 암석 및 광물특성 등에 의하여 지질리스크를 가지는 경우이다. 석회암지대에서의 용해성 암반, 대심도 암반에서의 과지압 암반, 팽창성 점토를 포함한 팽창성 암반 그리고 화산암에서의 복합 암반으로 구분하였다.

[표 6.3] 암반 타입과 Geo-Risk

구분		암반			Geo-Risk
		암석	불연속면	지질작용	
Category I	Massive rock mass 과상 암반	화성암	랜덤 절리	마그마 냉각	Partial Falling
	Blocky rock mass 블록성 암반	화성암 변성암	절리 절리군(3개 이상)	마그마 냉각 변성작용	Rock falling (key block)
	Stratified rock mass 층상 암반	화성암	sheet절리	마그마 냉각	Sliding/Failure Anisotropy Slaking
		사암/셰일 등	층리	퇴적작용	
		천매암/편암 등	엽리/편리	변성작용	
Category II	Crushed rock mass 파쇄 암반	셰일 편암	절단대 단층(파쇄)대	지각운동	Gouge Groundwater Large deformation
	Weathered rock mass 풍화 암반	화강암 편암	절리 층리	지하수	Weak Core stone
	Uncemented rock mass 미고결 암반	미고결 퇴적암	층리	제3기 지층	Weak (Soil) Collapse
Category III	Soluble rock mass 용해성 암반	석회암	층리 절리	용식작용 (공동형성)	Cavity Sinkhole
	Overstressed rock mass 과지압 암반	심성암	대심도	현지암반응력 지각운동	Squeezing/slabbing Rock burst
		변성암	단층/습곡		
	Swelling rock mass 팽창성 암반	이암/셰일	층리	팽창성 광물	Swelling (capacity/pressure)
	복합 암반 Complex rock mass	화산암	절리 층리	화산활동 (클링거/송이)	Overhang Contrast(Hard/Soft)

암석, 불연속면 및 지질특성을 고려하여 분류한 총 10개의 암반으로 분류하고, 각각에 대한 암반특성을 기술하여 [표 6.4]에 나타내었으며 각각의 암반에 대한 지질특성, 공학적 특성 그리고 Geo-Risk와 대책에 대하여 기술하였다.

[표 6.4] 암반 타입에 따른 특성

암반 타입			암반 특성	비고
Category I	괴상 암반 Massive rock mass		매우 넓은 절리간격을 가지며 절리나 균열을 부분적으로 포함한 괴상의 암반으로, 블록은 부분적으로 형성되어 있고 잘 맞물려 있어 매우 안정한 상태를 유지하는 경우가 많다.	
	블록성 암반 Blocky rock mass		다수의 절리군에 의한 블록을 형성하고, 불교란 상태로 완전 분리된 암석으로 구성된다. 블록은 불완전하게 맞물려 있거나 부분적으로 교란되어 있기도 하다. 블록의 크기가 안정성을 좌우하게 된다.	
	층상 암반 Stratified rock mass		층리, 편리, 벽개, 층구조에 의한 매우 얇은 층상으로 층경계에서의 저항력이 거의 없는 층으로 형성되며, 층 내에 수직절리가 다수 존재한다. 급속한 풍화와 열화가 진행되기 쉽다.	
Category II	파쇄 암반 Crushed rock mass		완전히 파쇄되어, 암편은 모래입자처럼 작고, 재결합이 거의 없는 암반으로, 강하게 파쇄된 균열과 부스러진 이완 구조를 형성한다. 단층파쇄와 전단대와 연관되어 형성된다.	
	풍화 암반 Weathered rock mass		지표에 노출되어 풍화가 오랫동안 지속되어, 조직은 느슨해지고 강도가 약해지는 암반으로, 광물입자 간 결합력이 약해지고, 지하수와 불연속면을 따라 풍화가 차별적으로 진행된다.	
	미고결 암반 Uncemented rock mass		속성작용이 중단되어 충분한 고결작용을 받지 않아 미고결 또는 반고결 상태의 연약한 암반으로, 암석과 퇴적물의 특성을 동시에 보이며 풍화변질이 쉽게 진행되는 특성을 보인다.	
Category III	용해성 암반 Soluble rock mass		석회암과 같은 용해성 암석으로 구성된 암반으로 용식작용으로 형성된 석회공동 및 싱크홀 등의 용식구조와 차별풍화에 의한 불규칙한 기반암선이 발달하는 특징을 보인다.	
	과지압 암반 Overstressed rock mass		대심도에서 높은 암반응력 상태이거나 또는 암반강도가 지압에 비하여 상대적으로 작은 암반으로 굴착 시 취성파괴(스폴링)와 스퀴징과 같은 지질 리스크가 발생하기 쉽다.	
	팽창성 암반 Swelling rock mass		점토광물 중 높은 팽창성을 가진 팽창성 광물(montmorillonite)을 포함한 암반으로 물과 작용하여 급격히 팽창하여 팽창압을 일으켜 구조물에 심각한 손상을 준다.	
	복합성 암반 Complex rock mass		매우 근접하여 전혀 다른 암반구조가 불규칙적으로 형성된 암반으로 차별풍화가 발생하기 쉬우며, 암반특성에 판단하기가 어려워 지질리스크가 상대적으로 크다.	

8.1 괴상 암반(Massive Rock Mass)과 지오 리스크

매우 넓은 절리간격을 가지며 절리나 균열을 부분적으로 포함한 암반을 괴상상 (Massive rock mass) 라고 하며, 암석 강도는 매우 강하고(very strong), 풍화에 대한 저항성이 크다. 또한 암반 블록은 부분적으로 형성되어 있고 잘 맞물려 있어 매우 안정한 상태를 유지하는 경우가 많다.

Massive Rock Mountain   괴상 암반(포천)

[그림 6.30] 괴상 암반 (Massive Rock Mass)

암반 등급으로는 매우 양호한(very good) 암반에 해당하며, 터널링의 경우에 무지보 상태에서의 자립상태를 오랫동안 유지할 수 있기 때문에, 무지보로 굴착이 가능하다. 하지만 괴상 암반에서 TBM이나 로드헤더와 같은 기계식 굴착을 적용하는 경우에는 굴진성능에 대한 평가를 반드시 수행하여 디스크 마모 및 손상, 굴진율 저하 등에 대한 리스크를 확인하여야 한다.

Hard Rock TBM Trouble   디스크 커터 손상

[그림 6.31] 괴상 암반(Massive Rock Mass)

8.2 블록성 암반(Blocky Rok Mass)과 지오 리스크

암반에는 풍화, 응력 등의 영향에 의하여 수많은 불연속면이 존재한다. 이 불연속면의 위치, 심도에 따라 다양한 분포를 지니는데, 절리들의 상호관계에 따라 암반은 블록을 이루게 되며, 따라서 블록들도 마찬가지로 매우 다양한 양상과 분포를 이룬다. 대부분의 암반은 아주 작은 크기에서부터 매우 큰 규모의 불연속면을 포함하고 있는데, 특히 두 개의 주 절리군이 교차하는 경우의 암반을 블록성 암반(blocky rock mass)이라 하였다.

블록성 암반과 절리군   절리세트와 블록성 암반

[그림 6.32] 블록성 암반 (Blocky Rock Mass)

주로 천장과 측벽에서의 쐐기파괴와 관련된다. 쐐기는 절리 등과 같은 불연속면의 교차에 의해 형성되며, 굴착에 의해 자유면이 만들어지면 주변암반으로부터 구속력이 제거되어 낙석이 일어나거나 슬라이딩이 발생하게 된다. 만약 이완된 쐐기를 적절히 지보하지 않으면 터널의 안정성은 급격히 악화된다.

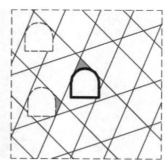

터널 천장부 쐐기 파괴   보강 대책

[그림 6.33] 블록성 암반에서의 터널링 리스크

8.3 층상 암반(Stratified Rock Mass)과 지오 리스크

한 방향으로 발달한 불연속면이 일정한 간격을 가지며, 연장성이 발달한 경우의 암반을 말하며, 암반의 거동은 이 불연속면에 의해 크게 지배되는 암반을 말한다. 일반적으로 화성암 생성과정에서 하중제거로 인해 형성된 판상절리(sheeting joint), 퇴적환경에서 만들어진 층리(bedding plane) 그리고 이질암의 변성작용에서 형성된 벽개(cleavage), 엽리(foliation), 편리(schistosity) 등이 대표적인 판상(planar)의 불연속면이며, 층리와 엽리구조에서는 이 불연속면을 가로지르는 많은 균열과 절리가 발달하여 일정한 형태의 블록을 형성하고 있는 경우가 많다.

전형적인 층상 암반 퇴적 지층

[그림 6.34] 층상 암반(Stratified Rock Mass)

또한 이와 같은 불연속면은 전단강도가 현저히 낮거나 불연속 사이에 점토 등이 협재되어 있는 경우가 많아 미끄러짐이 쉽게 발생하고, 우기나 집중강우에 의한 영향을 쉽게 받기 때문에 사면 등과 같은 암반구조물의 연약대로 작용하여 많은 지질재해의 원인이 되고 있다.

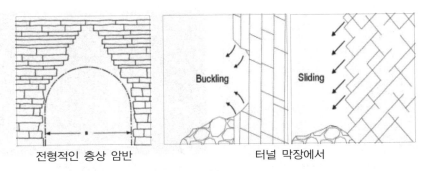

전형적인 층상 암반 터널 막장에서

[그림 6.35] 층상 암반에서의 터널링 리스크

8.4 풍화 암반(Weathered Rock Mass)과 지오 리스크

지표에 노출되면서부터 모든 암석은 풍화작용의 영향을 받는다. 암반에서 분리된 것들을 풍화물이라 하며, 이들 풍화물들로 구성되어 있는 지반은 대개 암반에 비해 매우 연약하다. 암반구조물을 설계·시공 시, 지반에 이들 풍화물, 즉 암반에서 분리된 흙이나 암편들이 쌓여 있을 때 이 지반은 구조물의 기초로서는 연약하여 이 부분을 걷어 내거나 혹은 지반을 보강하는 과정을 반드시 거쳐야 한다. 특히 풍화작용의 영향으로 인해 경암이 연암으로, 연암이 풍화암으로, 풍화암이 풍화토 등으로 변화되면서 조직은 느슨해지고, 강도는 약해지는 과정을 겪게 된다.

전형적인 풍화단면   풍화 등급 구분

[그림 6.36] 풍화 암반 (Weathered Rock Mass)

터널에서 풍화토층과 풍화암층이 두텁게 분포하고 있으며, 불연속면을 따라 열수에 의한 변질작용의 영향으로 불규칙 풍화를 보이며, 대규모 핵석이 쉽게 관찰되었다. 특히 풍화토층구간에서 터널 용수가 발생하는 경우에는 풍화토층이 급격히 열화되어 전단강도가 저하되므로 터널 안정성에 심각한 영향을 미칠 수 있다.

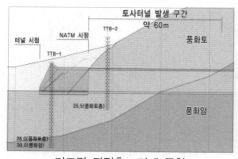

미고결 퇴적층 - 기계 굴착   터널 천장부 붕락

[그림 6.37] 풍화 암반에서의 터널링 리스크

8.5 파쇄 암반(Crushed Rock Mass)과 지오 리스크

광역지질작용에 의해 암석이 완전히 파쇄되어 암편은 각상 또는 원형의 입자로 부서지고, 재결합이 없는 상태의 암반을 말한다. 파쇄 암반은 매우 취약하고 연약한 상태로 분해암(disintegrated rock), 완전 교란암(very disturbed rock) 등으로 표현되기도 하며, 공학적으로 연약대(weakness zone), 전단대(shear zone), 단층대(fault zone), 파쇄대(fractured zone) 등과 관련된다. 일반적으로 파쇄암반(crushed rock)은 암반 중 가장 취약한 상태로 공학적으로 가장 큰 지질리스크를 갖는다.

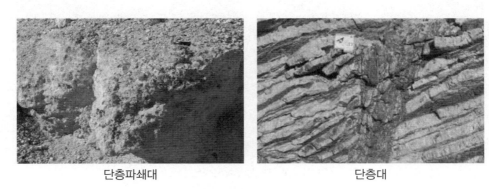

단층파쇄대   단층대

[그림 6.38] 파쇄 암반(Crushed Rock Mass)

터널이나 사면 굴착 중에 조우하는 이러한 파쇄암반에서는 과다변형, 붕괴 및 붕락 등이 쉽게 발생하는 경우가 많으므로 굴착 중 이에 대한 적절한 대책이 요구된다. 또한 파쇄암반은 장기적인 소성변형을 일으키는 경우가 있어 시공 중뿐만 아니라 시공 이후의 유지관리 상태에서도 많은 공학적인 문제점을 야기하므로 파쇄암반에 대한 특성을 분석하여 설계 및 시공에 반영하여야 한다.

단층 파쇄대 통과 구간   터널 붕락

[그림 6.39] 미고결 암반에서의 터널 리스크

8.6 미고결 암반(Uncemented Rock Mass)과 지오 리스크

미고결 또는 반고결 상태의 퇴적층과 현무암 또는 안산암 등의 강한 암석이 혼재되어 나타나므로, 충분한 지질에 대한 이해가 없을 경우, 건설 과정에서 많은 어려움을 초래한다. 연약한 충적층 내에 단단한 거력이 존재하는 등 지층 자체의 불균질성뿐 아니라, 단단한 현무암 아래 미고결의 충적층이 존재하는 등 수직적으로 심대한 불균질성이 나타날 수 있는 지질 조건을 가지고 있다.

미고결 암반(이암)   미고결 퇴적층(전곡리)

[그림 6.40] 미고결 암반(Uncemented Rock Mass)

본 지층의 가장 큰 특성은 공간적 불균질성에 있다. 즉 지반의 상위에 단단한 물질이 존재하고 그 하부에 연약한 물질이 놓이는 경우로 충적층 상부에 화산암 분출하는 경우와 연약한 기질에 단단한 역을 포함한 경우이다. 따라서 신생대 지층의 경우, 지반조사 시 주의를 기울이지 않으면 지반 상태에 대해 오판할 가능성이 높다. 또한 상세하게 구분된 지질단위의 분포 및 수리·역학적 특성에 대한 지질공학적 특성화가 수리·역학적 구조물 해석에 활용되어야 한다.

미고결 퇴적층 - 기계 굴착   터널 천장부 붕락

[그림 6.41] 미고결 암반에서의 터널링 리스크

8.7 용해성 암반(Soluble Rock Mass)과 지오 리스크

석회암 등 용해성 암석으로 구성된 암반은 용식 작용에 의해 형성된 석회공동 및 싱크홀(sinkhole) 등 다양한 용식 구조와 차별풍화에 의한 불규칙한 기반암선 등이 발달한다. 석회동굴 등 대규모 용식 지형들은 터널, 댐, 교량 등 각종 암반구조물의 파괴 또는 손상 요인을 제공하거나, 지하수 오염과 고갈 등 지질재해 유발요인으로 작용하는 등 지질재해의 원인을 제공하기도 한다. 이러한 석회공동 등 용식지형에 의한 재해는 석회 용식 과정의 진화와 관련되어 있다. 석회암 등 용해성 암석의 화학적 풍화에 의한 용식의 진전과 석회암 내 불균질성 및 지하수 유동에 의한 지하의 차별 용식은 하부의 석회공동 또는 동굴의 발달 및 그 붕괴 과정을 거치면서 각종 재해를 유발한다.

석회암 공동(영월)　　　　　　　　　石회암 노두(제천)

[그림 6.42] 용해성 암반 (Soluble Rock Mass)

석회암에서의 터널 안정문제는 터널 굴착에 의한 상부 지반의 침하(함몰)문제와 터널 주변 공동의 영향에 의한 터널 안전성 문제로 구분할 수 있으며, 석회암 공동을 통한 지하수 과다유출이 있을 수 있다.

[그림 6.43] 용해성 암반에서의 터널 리스크

8.8 과지압 암반(Overstressed Rock Mass)과 지오 리스크

단순히 암반 내 지압의 크기가 큰 경우를 의미하는 것은 아니며 굴착된 터널 주변의 암반이 지압 수준에 비하여 상대적으로 강도가 작을 경우이거나, 암반이 충분히 강한 경우일지라도 이러한 암반의 파괴를 유발할 정도로 충분히 큰 지압이 작용하는 경우 문제를 야기한다.

[그림 6.44] 대심도 과지압 암반(Overstressed Rock Mass)

이와 관련한 과지압 현상은 크게 Spalling(취성 파괴), Popping(찢어지는 파열음), Squeezing(팽창) 등이 있다. 과지압 암반에서 지보에 의해 변형을 구속하지 않으면 붕락에 이르게 된다. 만약 변형이 순간적으로 소리를 내면서 발생하면 이런 현상을 Rock burst라고 한다. 만약 변형이 점차적으로 천천히 발생한다면 Squeezing이라고 한다.

[표 6.5] 과지압 대심도 암반에서의 Geo-Risk

구분	ROCK BURST	SPALLING	SQUEEZING
개요도			Squeezing behavior / collapse of the reaction zone beneath the grippers
발생 원인	암반에 축적된 에너지가 터널 굴착으로 방출되며 파괴	터널 굴착 후 암반이 판상/조각상으로 떨어지는 현상	토피가 높고 암반강도가 약한 경우(파쇄대 등)
암반 상태	Dynamic Load Low Confinement elastic 암반 폭렬 및 seismic event	Static Load High Confinement elastic → plastic 암반 탈락	Static Load High Confinement elastic → plastic 터널 내로 과다변위 발생
대책	지보재량 증가 굴진장 축소	지보재량 증가 숏크리트 조기타설	과굴착, 파일롯트 굴착 등 가축성지보재, 인버트 설치

8.9 팽창성 암반(Swelling Rock Mass)과 지오 리스크

점토광물 중 팽창성 광물(특히 smectite계 광물)을 포함하는 암반은 물과 작용하면 팽창된다. 이러한 암반을 팽창성 암반이라 하며 주로 점토광물로 구성된 이암과 셰일 그리고 단층 가우지와 같은 단층물질에서 나타난다. 팽창성은 팽창압을 일으켜 암반구조물에 심각한 영향을 미치게 된다. 지하구조물 굴착 후 시간의존성 변형거동에 의한 내공변위발생은 팽창성 효과로 인한 경우가 많으며, 변위량은 팽창압과 물의 유입과 관계된다.

팽창성 암반

팽창성 암석

[그림 6.45] 팽창성 암반(Swelling Rock Mass)

팽창성 암반에서 터널 굴착하게 되는 경우에는 팽창압에 의해 터널에 변형이 발생하거나 구조적 손상이 발생하게 된다. 이는 주로 터널 굴착방법, 라이닝의 강성 그리고 지반특성에 따라 달라지게 된다. 일반적으로 팽창성 암반에서의 터널링은 바닥부에 히빙을 일으키거나 인버트에 압력으로 작용하게 되어 터널변상이나 인버트의 파괴를 유발하게 되는 경우가 많다.

인버트 히빙

인버트 파괴

[그림 6.46] 팽창성 암반에서의 터널 리스크

8.10 복합성 암반(Complex Rock Mass)과 지오 리스크

복합성 암반은 하나의 지질단위에서 연암반과 경암반이 교호하거나 혼재되어 나타나는 복합 구조(Composite structure)를 가지는 암반을 말한다. 일반적으로 화산암 지대에서 연암반의 특성을 나타내는 미고결 또는 반고결 상태의 화산쇄설물 퇴적층과 현무암 또는 안산암 등의 경암반이 혼재되어 나타나거나, 서로 다른 공학적 특성을 가진 화산쇄설암이 순차적으로 퇴적되면서 연암반과 경암반이 교호하면서 나타나는 응회암 지대에서 볼 수 있다.

복합 암반(한탄강 전곡리)

복합 암반(포항)

[그림 6.47] 복합성 암반(Complex Rock Mass)

복합성 암반은 지층 자체의 불균질성뿐만 아니라, 단단한 암반하부에 연약한 층이 존재하는 수직적 불균질성이 나타날 수 있는 지질 조건을 가지고 있으므로, 지반조사시에 지층 조건이나 지반조건에 대한 잘못된 해석을 가져올 수 있으며, 특히 이러한 복합 특성은 하부 연약암반에 의한 암반구조물의 불안정성을 가져와 커다란 피해를 가져올 수 있다.

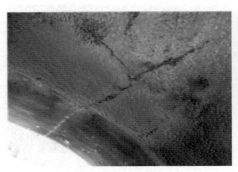
숏크리트 균열발생

측벽부 압성토 실시

[그림 6.48] 복합성 암반에서의 터널링 리스크

암반 타입 vs. 암반 분류

암반 타입(G-RMT)은 암반을 지질작용이라는 지질학 특성과 불연속면(discontinuity)이라는 공학적 특성을 바탕으로 한 암반 분류이다. 이는 앞서 설명한 바와 1946년 암반 분류의 개념을 도입한 Terzaghi 이후, 암반공학의 대가인 Bieniawski(RMR 개발자), Barton(Q시스템 개발자), Hoek(GSI 개발자), Palstorm(RMi 개발자) 등에 의해 수정되고 발전하여 왔으며, 이를 바탕으로 지하공동의 굴착 및 암반사면 굴착 시 발생할 수 있는 다양한 형태의 파괴 또는 위험요소와 관련되어 설명할 수 있는 중요한 암반공학적 기본개념이다.

암반 타입(G-RMT)은 지금까지 우리가 많이 사용하고 있는 암반 분류방법인 RMR과 Q시스템과는 다른 개념임을 알아야 한다. RMR이나 Q시스템은 여러 가지 분류요소를 정량적으로 평가하여 암반을 공학적으로 구분하는 공학적인 정량적 분류체계로서, 이는 터널 및 암반사면의 설계에 중요한 요소로서 널리 적용되고 있다.

하지만 정량적인 암반 분류 이전에 암반의 지질 및 암반공학적 특성을 정확히 이해하기 위해서는 전반적인 암반 타입(Rock Mass Type)에 대한 평가와 이를 바탕으로 한 암반거동(Rock Mass Behavior) 특성을 이해하는 것이 중요하다고 생각된다. 암반은 암석이라는 재료 특성과 불연속면이라는 기하하적 특성으로 만들어지는 공학적 대상으로서, 여기에 암반 응력과 지하수 등의 요소를 포함되어 암반구조물에 대한 공공학적 접근이 수행되는 것이다. 암반 특성에 따라 중력이 지배하는 거동을 보이며, 때로는 지하수가 지배하는 거동과 응력이 지배하는 거동을 나타내는 것이다.

지질 및 암반공학적 경험을 바탕으로 암반을 10가지 암반 타입(G-RMT)으로 구분하여 보았다. 10가지의 암반 타입(G-RMT)은 국내에서 볼 수 있는 암반을 총망라한 것이라 생각한다. 한국의 지질은 다른 어떤 나라보다 매우 다양하고 복합적인 특성을 보인다. 지질학적 관점에서 화성암에서 퇴적암 그리고 변성암을 볼 수 있고, 다양한 지질구조 및 작용을 확인할 수 있다. 또한 한 지역에서도 다양한 암종이 복합적으로 나타나는 경우가 많은 것이 사실이다. 또한 암석강도가 강한 경암반(Hard & Strong rock mass)부터 미고결 암반 및 파쇄암반 등의 연암반(Weak & Soft rock mass) 등을 볼 수 있고, 흔하지는 않지만 석회암지대에서의 용해성 암반, 단층파쇄대에서의 스퀴징 암반, 이암에서의 팽창성 암반, 대심도에서의 과지압 암반 등 특수 지질암반(Special & Geological rock mass) 등도 경험할 수 있다.

이러한 다양한 암반은 암반 특성에 따라 다른 형태의 파괴 또는 위험요소를 나타나게 된다. 따라서 지질 및 암반 특성을 이해하지 않고서는 암반 문제를 해결할 수 없다는 점을 명심해야 한다. 이러한 관점에서 지반기술자들은 지질 및 암반공학적 이해 또는 지질 및 암반기술자들과의 코웍을 강력히 추천하는 바이다.

[표 6.6] 암반 분류 vs. 암반 타입

	암반 분류			암반 타입			
명칭	RMR			G-RMT			
	Rock Mass Rating			Geological Rock Mass Type			
분류	5가지 암반 등급			10가지 암반 타입			
	암반 등급	RMR	평가	I	경암반 (H) Hard & Strong Rock Mass	괴상 암반	I-H-M
	I	81 이상	Very Good			블록성 암반	I-H-B
						층상 암반	I-H-S
	II	61~80	Good	II	연암반 (W) Weak & Soft Rock Mass	파쇄 암반	II-W-C
	III	41~60	Medium			풍화 암반	II-W-W
						미고결 암반	II-W-U
	IV	21~40	Poor	II	특수지질 암반 (S) Special & Geological Rock Mass	용해성 암반	III-S-L
						과지압 암반	III-S-O
	V	20 이하	Very Poor			팽창성 암반	III-S-S
						복합성 암반	III-S-C
평가	분류요소 평점 합산에 의한 평가(Rating)			지질/암반 특성에 의한 평가(Description)			
특징	공학적 분류(Classification)			지질/암반 구분(Type)			
	정량적 분류(Quantitative)			정성적 분류(Qualitative)			
	지질정보 없음(No Geological Information)			지질정보 있음(Geological Information)			
적용	지보 산정/지보패턴 결정(Support)			지오 리스크 파악(Geo-Risk)			

최근 GTX-A 프로젝트와 같은 도심지 대심도 터널공사가 증가함에 따라 터널공사에서의 지질조사 및 암판정에 대한 관심 또한 증가하고 있다. 또한 NATM 터널공사에서의 안전문제가 중요한 이슈로 대두됨에 따라 터널공사에서의 보다 안전한 공사관리에 대한 관심 증가하고 있다.

터널공사에서의 암판정은 가장 기본적인 공사프로세스로서 토목과 지질 그리고 지반과 암반이 만나는 통합의 공간이라고 할 수 있다. 토목을 전공하는 엔지니어도 지질을 알아야 하고, 지반을 전공하는 엔지니어도 암반을 이해하여야 하는 소통의 장이라고 생각된다. 이러한 관점에서 터널공사에서 요구되는 기본적인 지질 및 암반지식을 바탕으로 암반 타입(G-RMT)과 지오 리스크를 쉽게 이해하고 암판정을 잘 수행할 수 있도록 핵심 내용을 알기 쉽게 정리하여 보았다. 각 현장에서 토목/터널 기술자들이 지질 및 암반에 대한 기본 지식을 이해하도록 하여 암판정과 설계변경이라는 터널공사의 독특한 공사수행방식을 합리적으로 수행하도록 하여야 하며, 터널공사 중 발생 가능한 지오 리스크에 대하여 보다 정확히 대응하도록 하여야 한다.

새롭게 제안하는 암반 타입(G-RMT)은 기존의 터널공사에서 수행되는 암판정과정에서의 암반분류의 제한성과 문제점을 개선하고자 만들어졌다. 제시된 암반 타입이 실제 터널공사에서 유용하게 사용 또는 적용되기를 바란다. 항상 말해왔지만 터널공사는 지질, 암반 및 토목이 만나는 장이므로 지질 및 암반에 대한 보다 쉬운 평가를 위한 하나의 기술적 틀이 되었으면 하는 바람이다.

[표 6.7] 암반 타입(G-RMT) (김영근, 2023)

암반 타입 (G-RMT, Geological Rock Mass Type)					약어
카테고리		암반 타입			약어
암반 카테고리 (I) G-RMT I	경암반 (H) Hard & Strong Rock Mass	①	괴상 암반	Massive rock mass	I-H-M
		②	블록성 암반	Blocky rock mass	I-H-B
		③	층상 암반	Stratified rock mass	I-H-S
암반 카테고리 (II) G-RMT II	연암반 (W) Weak & Soft Rock Mass	④	파쇄 암반	Crushed rock mass	II-W-C
		⑤	풍화 암반	Weathered rock mass	II-W-W
		⑥	미고결 암반	Uncemented rock mass	II-W-U
암반 카테고리 (III) G-RMT III	특수지질 암반 (S) Special & Geological Rock Mass	⑦	용해성 암반	Limestone Soluble rock mass	III-S-L
		⑧	과지압 암반	Overstressed rock mass	III-S-O
		⑨	팽창성 암반	Swelling rock mass	III-S-S
		⑩	복합성 암반	Complex rock mass	III-S-C

제7강

터널 붕락사고와 교훈

LECTURE 07 터널 붕락사고와 교훈
Tunnel Collapse Accident and Lesson Learned

터널(Tunnel)은 종방향으로 긴 선형 구조물로서 지반 불확실성으로 인한 지질 및 지반 리스크가 상대적으로 크기 때문에 공사 중 사고발생의 위험성이 높고, 실제로 많은 터널 붕락 및 붕괴 사고가 발생한 것이 사실이다. 실제 터널공학의 발전은 이러한 사고로부터 문제점을 분석하고, 그 해결책을 찾아가는 과정이라 할 수 있다. 지난 수십 년 동안의 터널 사고현장으로 얻은 교훈이 현재 터널의 역사를 만들어 낸 것이다.

터널 분야는 아직도 해결해야 할 문제가 많고, 여전히 터널공사현장에서 발생하는 다양한 크고 작은 사고들을 목격하면서 전문가로서 무엇을 할 것인지 깊이 고민하지 않을 수 없다. 특히 열심히 일하는 엔지니어들에게 실무적인 도움을 주고자 터널 전문가로서 알고 있는 지식과 현장에서 배우고 경험한 것들을 중심으로 주요 터널붕괴사례 등을 정리하였다. 특히 터널 분야는 상대적으로 리스크가 큰 지오 리스크(Geo-Risk)를 다루기 때문에 여러 가지 사고(Accident)가 발생해왔지만, 이에 대한 정확한 원인 규명이나 발생 메커니즘에 대한 분석이 충분하지 못했다. 이는 사고의 원인에 따라 부과될 책임소재에 대한 문제가 더욱더 크게 발생하기 때문이라 생각되며, 특히 국내의 경우 사고에 대한 여러 가지 자료에 대한 공개를 엄격히 제한하고 있는 현실이다.

따라서 본 장에서는 국내외에서 발생한 터널붕락 사고 사례 분석을 통해 터널사고 발생원인 분석과 메커니즘, 주요 리스크와 이에 대한 대책 및 사고현장에 대한 응급 복구 및 보강대책 등을 중심으로 기술하고자 한다. 다시 말하면 터널공사에서 발생 가능한 지오 리스크와 이로 인한 터널 붕락 및 붕괴 특성을 면밀히 검토하여, 터널사고로부터 얻을 수 있었던 교훈과 사고 이후 개선되거나 달라진 공사체계와 시스템 등을 기술할 것이다.

1. 지하터널공사에서의 붕락사고 원인 및 특징

1.1 지하터널공사에서의 사고와 결과

대부분의 터널사고와 관련된 문제는 지하 구조물을 건설하는 동안 발생하며, 지반 조건의 불확실성과 관련이 있다. 따라서 터널공사에서 리스크 분석 시스템을 개발하고 발생을 방지하는 것이 필수적이다. 리스크는 사고 발생가능성(probability)과 사고 발생으로 인한 결과(consequence) 두 가지 요인의 조합으로 복잡한 특성을 가진다. 리스크 분석은 의사결정(decision-making)이 일정 수준의 불확실성에 기초해야 한다는 사실을 보여준다(Einstein, 2002; Caldeira, 2002). 리스크 분석은 [그림 7.1]과 같이 의사결정 사이클의 일부이다. 불확실성(uncertainty)은 지반 공학에서 중요한 특성으로 지질 요인의 공간적 변동성과 시간, 지반 변수의 측정과 평가에 의한 오류, 모델링과 하중의 불확실성 그리고 누락과 같은 여러 가지 다른 범주가 설정될 수 있다.

최근 지속가능한 개발의 필요성 때문에 지하공간의 이용이 증가하고 있다. 지하공사에서 사고가 발생하는 것은 다른 구조물처럼 특이한 일이 아니지만, 그럼에도 불구하고 관련된 법적 사회학적 문제를 고려할 때, 사고의 확산은 흔하지 않으며, 관련된 위험과 그 원인의 확산을 최소화하는 경향이 있다.

비교적 최근까지 지하 프로젝트를 평가할 때 리스크 평가와 리스크 분석은 특별한 연관성을 갖지 않았지만, 최근 미국과 스위스의 주요 교통인프라 프로젝트에서 상업용 및 연구용 소프트웨어를 이용하여 리스크 분석을 성공적으로 수행하고 있다. 미국 MIT가 개발한 DAT(Decision Aids for Tunnelling)은 확률적 모델링을 통해 지질 불확실성과 시공 불확실성이 공사비와 공사기간에 미치는 영향을 분석할 수 있는 프로그램이다(Einstein 등, 1999; Sousa 등, 2004).

지반공학적 리스크의 식별은 위험(hazard)을 초래할 수 있는 모든 원인을 평가하는 것을 목적으로 한다. 따라서 본 장에서는 주로 NATM

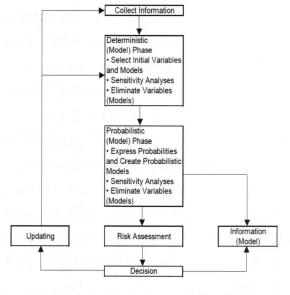

[그림 7.1] 리스크 평가와 의사결정 사이클 (Einstein)

공법과 TBM 공법을 적용한 지하구조물의 사고원인에 대한 검토를 진행하고자 한다. 또한 지상 또는 지중의 기존 인프라 구조의 손상, 굴착중 터널 자체의 붕괴 및 붕락 등의 손상을 참조하였다.

지하구조물 사고에 대한 연구는 구조물의 시공에 의해 발생하는 불안정 현상과 메커니즘을 이해하는 데 매우 중요한 도구이며, 그 결과 향후 프로젝트에 가장 적합한 시공 방법을 선택할 수 있다. 지하공사에서의 사고발생이 다른 구조물처럼 이례적인 것은 아니더라도 사고의 확산이나 원인에 대한 설명을 최소화하려는 경향이 있으며 이러한 사실은 설계자와 시공자에 의한 이전의 오류의 반복으로 이어질 수 있다. 따라서 지하 공사에서 보고된 실패 횟수는 상대적으로 감소하고 있다.

1994년 10월 21일 영국 Heathro Express Ray Link의 일부로 건설되고 있는 3개의 병렬 터널 붕괴사고가 발생함에 따라, 영국 HSC(Health and Safety Commission)는 NATM 터널의 사용에 대한 영향을 연구하기 위한 조사를 수행했다. 이 조사를 통하여 히드로 공항에서 발생한 터널 붕괴의 원인을 파악하고 안전관리에 대한 보고서를 발행하였다(HSE, 1996; ICE, 1996).

영국 보건안전위원회가 NATM 터널에 대한 상세 조사를 통하여 얻은 주요 결론은 다음과 같다(HSE, 1996).

- NATM 터널 굴착에 따른 대형 사고가 전 세계에서 발생하고 있다. 그럼에도 불구하고, 안전(safety)에 관한 가장 중요한 측면이 기술적으로 충분히 검토된 것이 아니다.
- 도심지 NATM 터널에서 발생한 붕괴는 작업자뿐만 아니라 지상 인프라와 환경에 심각한 결과를 초래할 수 있다. 붕괴에 의한 결과를 허용할 수 없는 구조적 해결책이 있기 때문에 대안적인 해결책(alternative solution)을 찾아야 한다.
- 지반조사를 통하여 지하 구조물의 안전과 관련하여 예기치 않은 중대 조건(critical condition)을 발견할 가능성이 없음을 확인해야 한다. 결과적으로, 상세하고 정확한 설계가 필요하게 되고 각 구조 요소는 시공 전에 개략적으로 설계되어야 한다.
- 임시 및 영구 지보 설계를 고려할 수 있는 통합 절차(integrated procedure)가 개발되어야 한다. 설계는 터널 시공에 의해 만들어진 모든 절차를 시공 방법론에 따라 고려해야 한다.
- NATM 공법에 따라 설계된 지보로 굴착되는 터널은 다른 공법을 사용하여 굴착되는 터널만큼 안전하다.

NATM 공법과 관련된 리스크의 상세 분석과 다른 방법과의 비교는 아직 수행되지 않았으나 각각의 다른 방법론은 지하구조물의 위치와 기능에 크게 달라지는 위험요소 (hazard)를 도입하고 있다. TBM 장비를 이용하여 굴착하는 TBM 공법은 다른 공법과 비교하여 상대적으로 굴진속도가 빠르고 막장 전방의 안정성을 확보할 수 있고, 도심지 터널의 경우 지표침하를 정확하게 콘트롤 할 수 있다(Babenderdem, 1999; Barton, 2000; Vlasov 등, 2001).

복합 암반과 천층 도심지 터널에서 안전관리는 달성하기 어렵다. 지질 및 지반조사는 항상 불충분하며 터널과 주변지반에 대한 강도 및 투수 특성을 상세하고 정확하게 제공할 수 없다. 특히 지상에 건물 및 기타 기반시설이 존재하기 때문에 적절한 장소에서 시추공 및 기타 조사 작업을 수행할 수 없으므로 굴착시공 단계에서 운영할 필요가 있으며, 터널 막장전방에 대한 시추가 수행된다. 또한 각 굴착 단계에서 상한과 하한을 설정함으로써 터널 막장면에서 굴착토의 양 등을 최대한 정확하게 제어할 수 있다(Martins 등, 2013).

운영 중인 터널의 경우 화재, 폭발 및 홍수로 인한 구조물 및 장비의 일부 또는 전체 손상이 발생할 수 있으며, 오래된 터널은 보상 및 개선 작업 중 사고가 발생할 수 있다 (Silva, 2001). 또한 산사태, 암반사면 붕괴, 홍수와 같은 자연 재해로 주요 터널사고가 발생하기도 한다(Vlasov 등, 2001).

터널에서의 지속적인 변상과 열화는 오래된 터널과 최근의 터널에서 발생할 수 있으며, 주로 암반과 지보와 관련이 있다. 노후 터널의 경우 당시 시공법으로 인한 주변 공동의 이완과 관련이 있는데, 이는 지하구조물에 특히 피해를 준다. 노후 터널의 변상은 또한 공동(void), 벽돌 조인트 벌어짐, 지하수, 콘크리트의 열화, 그리고 지보에 이완하중 작용 등과 관련이 있다(Freitas 등, 2003). 최근 터널에서 주요 변상은 NATM 공법, TBM 공법 및 개착공법 등과 같은 터널공법과 관련이 있다. 지보는 현상타설 콘크리트, 숏크리트, 볼트, 앵커 및 강재지보 등이 있다. 설계 문제, 배수 불량으로 인한 수압 문제, 계산 및 계획에서의 오류 등에 의해 터널의 변상과 열화의 원인을 설명할 수 있다(HSE, 1996; Matos, 1999; Blasov 등, 2001).

여러 가지 이유로 지난 몇 년간 터널에서의 사고가 크게 증가하고 있다. 이는 주로 터널 건설의 급격한 증가와 관련 리스크가 잘 확인되지 않고 콘트롤되지 않으며 때로는 공법에 대한 지나친 신뢰와 관련이 있다. 터널현장에서 발생한 많은 사고가 실제로 보고되지 않기 때문에 이러한 터널 사고의 주요 원인에 대한 적절한 통계를 정의할 수 없기 때문에, 발생 사고에 대한 개략적인 내용을 중심으로 지하터널공사에서의 사고 현황과 주요 원인을 중심으로 정리하였다.

2. 지하터널공사에서의 사고와 원인 분석

2.1 지하터널공사에서의 사고사례 분석

터널 굴착 중 발생하는 사고는 심각한 결과를 초래할 수 있는 통제할 수 없는 사건이다. 다른 지하공사에 비해 사고 발생 빈도가 상대적으로 높다고 할 수 있다. 앞서 설명한 바와 같이, 영국 안전건위원회(HSE)는 지하구조물에서 발생한 사고를 규명하고 분석하기 위해 광범위한 문헌 조사를 수행했다. 이러한 자료의 예비 분석을 통해 다음과 같은 내용을 확인하였다.

- 도심 지역의 붕괴 건수가 농촌 지역의 붕괴 건수보다 2배 정도 많다.
- 터널 사고사례는 NATM 사용 경험이 적은 국가에만 해당되는 것은 아니다.
- 대부분의 터널 사고사례는 철도 또는 지하철 터널에 관한 것이다.
- 터널 붕괴로 인한 환경 영향은 도심 지역에서 지속적으로 높다.

일본에서는 65개의 터널, 주로 경암반에서 터널 사고사례가 보고되었다(Inokuma 등, 1994). 이 중 15건은 50~500m³의 범위를 가리키며, 3건은 1,000m³ 이상의 지반 손실 (ground loss)이 있었다. 지표에 싱크홀(지반함몰)이 생긴 상황은 두 가지였다. 브라질 상파울루의 터널사고에 대한 자료는 Neto와 Kochen(2002)에 의해 수집되었다. 보고된 사례의 대부분은 토질 문제이었으며, 암반에서의 사고는 감소했다. 이러한 경우에서 도출해야 할 중요한 결론으로 일부 터널사고는 점토층에서 발생했으며, 점토층 내 균열로 인해 지반 강도가 감소했기 때문이다. 이와 같은 터널사고는 NATM이 도심 지역에서 점점 더 어려운 조건에서 적용되고 있다는 점과 설계자와 시공자의 지식 부족과 같은 다양한 요인들에 기인할 수 있다. 터널사고가 증가함에도 불구하고 터널사고에 대한 출판물과 기술 논문 수는 감소했지만 Vlasov 등(2001) 등이 출판한 책을 특별히 참고했다.

[그림 7.2]는 상파울루에서 발생한 사고 사례를 보여주며, [그림 7.3]은 도심지 터널공사에서 발생한 사고들을 보여준다. 또한 [그림 7.4]는 지하터널공사에서 발생할 수 있는 다양한 형태의 붕괴사례를 나타낸 것이다. 터널 사고사례에서 보는 바와 같이 터널사고는 터널 붕괴뿐만 아니라 지상에 있는 도로, 건물 등에 중대한 피해를 줌을 볼 수 있다. 특히 도심지 터널공사에서는 그 영향이 매우 커서 터널사고로 인한 결과가 매우 심각하다는 것을 확인할 수 있다.

[그림 7.2] 상파울로 터널 붕락사고(2000과 2007)

(a) Munich Metro, 1994

(b) Singapore MRT, 2004

(c) Shanghai Metro, 2003

[그림 7.3] 도심지 터널 붕락사고 사례(2000과 2007)

(a) Gotthard Base Tunnel, Faido

(b) Hirschengraben Tunnel, Zurich

(c) Hirschengraben Tunnel, Zurich

(d) Gotthard Base Tunnel, Faido

[그림 7.4] 터널 사고 사례

[표 7.1]은 국제터널협회(ITA)에 보고된 전 세계 터널에서 발생한 사고 사례들을 요약한 것이며, [표 7.2]에는 참고문헌 등에서 보고된 터널 사고사례 등을 정리한 것이다.

[표 7.1] 터널 사고사례(ITA, 2004)

Year	Location	Hazard	Consequence
1994	Great Belt Link, Denmark	Fire	USD 33 M
	Munich Metro, Germany	Collapse	USD 4 M
	Heathrow Express Link, UK	Collapse	USD 141 M
	Metro Taipei, Taiwan	Collapse	USD 12 M
1995	Metro Los Angeles, USA	Collapse	USD 94 M
	Metro Taipei, Taiwan	Collapse	USD 12 M
1999	Hull Yorkshire, UK	Collapse	USD 55 M
	TAV Bologna-Florence, Italy	Collapse	USD 9 M
	Anatolia Motorway, Turkey	Earthquake	USD 115 M
2000	Metro Taegu, Korea	Collapse	USD 24 M
	TAV Bologna-Florence, Italy	Collapse	USD 12 M
2002	Taiwan High Speed Railway, Taiwan	Collapse	USD 30 M
	SOCATOP Paris, France	Collapse	USD 8 M
2003	Shanghai Metro, China	Collapse	USD 60 M
2004	Nicoll Highway, Singapore	Collapse	USD 100 M

[표 7.2] Catalogue of Notable Tunnel Failure(CEDD, 2015) (계속)

Tunnel Failures - List of International Cases

1. Green Park, London, UK, 1964
2. Victoria Line Underground, London, UK, 1965
3. Southend-on-sea Sewage Tunnel, UK, 1966
4. R ø rvikskaret Road Tunnel on Highway 19, Norway, 18 March 1970
5. Orange-fish Tunnel, South Africa, 1970
6. Penmanshiel Tunnel, Scotland, UK, March 1979
7. Munich Underground, Germany, 1980
8. Holmestrand Road Tunnel, Norway, 16 Dec. 1981
9. Gibei Railway Tunnel, Romania, 1985
10. Moda Collector Tunnel, Istanbul Sewerage Scheme, Turkey, 1989
11. Seoul Metro Line 5 - Phase 2, Korea, 17 Nov. 1991
12. Seoul Metro Line 5 - Phase 2, Korea, 27 Nov. 1991
13. Seoul Metro Line 5 - Phase 2, Korea, 11 Feb. 1992
14. Seoul Metro Line 5 - Phase 2, Korea, 7 Jan. 1993
15. Seoul Metro Line 5 - Phase 2, Korea, 1 Feb. 1993
16. Munich Underground, Germany, 27 Sept. 1994
17. Heathrow Express, UK, 21 Oct. 1994
18. Los Angeles Metro, USA, 22 June 1995
19. Motorway Tunnels, Austria, 1993 - 1995
20. Docklands Light Rail, UK, 23 Feb. 1998
21. Athens Metro, Greece, 1991-1998
22. L æ rdal Road Tunnel on European Highway E 16, Norway, 15 June 1999
23. Sewage Tunnel, Hull, UK, 1999
24. Taegu Metro, South Korea, 1 Jan. 2000
25. Wastewater Tunnel, Portsmouth, UK, May 2000
26. Dulles Airport, Washington, USA, Nov. 2000
27. Istanbul Metro, Turkey, Sept. 2001
28. Channel Tunnel Rail Link, UK, Feb. 2003
29. Météor Metro Tunnel, France, 14 Feb. 2003
30. Oslofjord Subsea Tunnel, Norway, 28 Dec. 2003
31. Shanghai Metro, China, 2003
32. Nikkure-yama Tunnel, Japan, 2003
33. Guangzhou Metro Line 3, China, 1 April 2004
34. Singapore MRT, 20 April 2004
35. Kaoshiung Rapid Transit, Taiwan, 29 May 2004
36. Oslo Metro Tunnel, Norway, 17 June 2004
37. Kaoshiung Rapid Transit, Taiwan, 10 Aug. 2004
38. Hsuehshan Tunnel, Taiwan, 1991-2004
39. Barcelona Metro, Spain, 27 Jan. 2005
40. Lausanne M2 Metro, Switzerland, 22 Feb. 2005
41. Lane Cove Tunnel, Australia, 2 Nov. 2005
42. Kaoshiung Rapid Transit, Taiwan, 4 Dec. 2005
43. Nedre Romerike Water Treatment Plant Crude Water Tunnels, Norway, 2005
44. Interstate 90 Connector Tunnel, Boston, Massachusetts, USA, July 2006
45. Hanekleiv Road Tunnel, Norway, 25 Dec. 2006
46. Stormwater Management and Road Tunnel (SMART), Malaysia, 2003 - 2006
47. Sao Paulo Metro Station, Brazil, 15 Jan. 2007

[표 7.2] Catalogue of Notable Tunnel Failure(CEDD, 2015)

Tunnel Failures – List of International Cases
48. Guangzhou Metro Line 5, China, 17 Jan. 2008
49. Langstaff Road Trunk Sewer, Canada, 2 May 2008
50. Circle Line 4 Tunnel, Singapore, 23 May 2008
51. M6 Motorway, Hungary, 24 Jul. 2008
52. Hangzhou Metro Tunnel, China, 15 Nov. 2008
53. Cologne North-South Metro Tram Line, Germany, 3 March 2009
54. Brightwater Tunnel, USA, 8 March 2009
55. Seattle's Beacon Hill Light Rail, USA, July 2009
56. Glendoe Headrace Tunnel, Scotland, UK, Aug. 2009
57. Cairo Metro Tunnel, Egypt, 3 Sept. 2009
58. Headrace tunnel of Gilgel Gibe II Hydro Project, Ethiopia, Oct. 2006 and Jan. 2010
59. Blanka Tunnel, Czech Republic, 20 May 2008, 12 Oct. 2008 and 6 July 2010
60. Shenzhen Express Rail Link, 27 March 2011, 4 May 2011 and 10 May 2011
61. Mizushima Refinery Subsea Tunnel, Japan, 14 Feb. 2012
62. Hengqin Tunnel, Macau, 19 July 2012
63. Sasago Tunnel, Japan, 2 Dec. 2012
64. Ottawa's Light Rail Transit Project, Canada, 20 Feb. 2014
65. Rio's Metro Line 4, Brazil, 11 May 2014

[표 7.3] 터널 사고사례(from Neto and Kochen, 2002) (계속)

Year	Place	Type of Accidents
1973	Paris	Railway tunnel (France), Collapse
1981	São Paulo	Metro tunnel (Brazil), Collapse
1984	Landrüken	Tunnel (Germany), Collapse
	Bochum	Metro tunnel (Germany), Collapse
1985	Richthof	Tunnel (Germany), Collapse
	Kaiserau	Tunnel (Germany), Collapse
	Bochum	Metro tunnel (Germany), Collapse
1986	Krieberg	Tunnel (Germany), Collapse
1987	Munich	Metro tunnel (Germany), 5 Collapse
	Weltkugel	Metro tunnel (Germany), Cave-in
	Karawanken	Tunnel(Austria/Slovenia), Large inflow and deformations
1988	Kehrenberg	Tunnel (Germany), Serious surface settlements
	Michaels	Tunnel (Germany), Collapse(pilot tunnel enlargements)
1989	Karawanken	Tunnel (Germany), Collapse
	São Paulo	Metro tunnel (Germany), Collapse
1991	Kwachon	Metro tunnel (Korea), Collapse
	Seoul	Metro tunnel (Korea), Collapses affecting buildings

[표 7.3] 터널 사고사례(from Neto and Kochen, 2002)

Year	Place	Type of Accidents
1992	Funagata	Tunnel (Japan), Collapse
	Seoul	Metro tunnel (Korea), 2 Collapses
1993	Seoul	Metro tunnel (Korea), 4 Collapses
	Chungho	Taipei tunnel (Taiwan), Collapse
	Tribunal da Justica	Tunnel (Brazil), Collapse
	Toscana	Tunnel (Italy), Collapse and severe deformations
1994	Carvalho Pinto	Tunnel (Brazil), Collapse
	Montemor	Road tunnel (Portugal), 2 Collpase
	Galgenberg	Tunnel (Austria), Collapse
	Munich	Metro tunnel (Germany), Collapse
	Heathrow	Airprot tunnel (London, UK), Collapse
	Storebaelt	Tunnel (Denmark), Fire in TBM
1995	Turkey	Motorway tunnel, Collapse
1996	Turkey	Motorway tunnel, Collapse
	Los Angeles	Tunnel (USA), Collapse
	Athens	Metro tunnel (Greece), Collapse
	Adler	Tunnel (Switzerland), Collapse
	Toulon	Tunnel (France), Collapse
	Eidsvoll	Tunnel (Norway), Collapse
1997	Athens	Metro tunnel (Greece), Collapse
	São Paulo	Metro tunnel (Brazil), Collapse
	Carvalho Pinto	Metro tunnel (Brazil), Collapse
1998	Russia	Tunnel (Russia), Collapse

2.2 NATM 터널에서의 붕괴 메커니즘

NATM 터널의 경우, 보고된 대부분의 사례는 막장면 전방근처에서 발생하는 붕괴를 의미한다. 이는 터널 심도가 매우 깊지 않은 경우에 지표면이 붕괴되어 터널 상부에 구멍이 생겼기 때문이다. 특히 대심도 대형 지하구조물의 경우에도 지표면에 도달할 수 있고, 작업자, 일반 대중, 인프라 시설 및 환경에 대한 재앙적인 결과를 가질 수 있다. 때로는 막장 붕괴가 지반의 불안정 상태에 기인하는 경우가 있는데, 실제로 붕괴의 원인은 현장 조건에 맞지 않는 시공법의 사용이다.

터널 붕괴의 원인을 분석하였고, 일반화된 터널 붕괴 메커니즘은 다음 3개의 카테고리로 분류할 수 있다.

a. 천단부에서의 지반붕괴 [그림 7.5] 및 [그림 7.6]
b. 링 폐합 전후의 라이닝 붕괴 [그림 7.7]
c. 기타 붕괴 위치와 메커니즘

붕괴를 초래한 다양한 유형의 원인은 다음과 같이 정리할 수 있다(HSE, 1996).

1) 굴착막장면 인접부에서의 붕괴

- 굴착면 근처의 불안정한 지반의 붕괴
- 시추공과 같은 인공적인 것을 포함한 불안정한 굴착 막장면의 붕괴
- 과도한 침하 또는 변위로 완성된 라이닝의 부분적인 붕괴
- 종방향으로의 하반 붕괴
- 터널 중앙부쪽으로의 굴착중 하반 붕괴
- 완료된 링의 첫 구간 전방의 상반에서 종방향 캔틸레버의 붕괴
- 링 폐합을 앞두고 너무 일찍 상반을 굴착하여 붕괴
- 상반 임시 인버트의 붕괴
- 상반 엘리펀트 풋 하부의 붕괴
- 부분적으로 완성된 라이닝의 구조 파괴로 인한 붕괴

2) 완성된 숏크리트 라이닝 구간에서의 붕괴

- 과도한 침하 또는 변위발생으로 인한 붕괴
- 예기치 않은 또는 허용되지 않은 하중 조건의 국부적인 과부하로 인한 붕괴
- 표준이하의 자재 또는 중대한 시공 결함으로 인한 붕괴
- 터널 라이닝의 기존부와 신설부 접합부에 대한 작업 중단으로 인한 붕괴
- 숏크리트 라이닝의 단면 보정, 변경 또는 수리 등으로 인한 붕괴

3) 기타 다른 위치 및 메커니즘

- 열악한 지반조건과 관련된 갱구부에서의 붕괴
- 연약한 지반조건과 지하수 문제로 인한 수직구의 붕괴

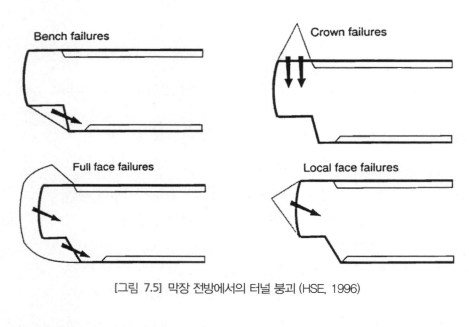

[그림 7.5] 막장 전방에서의 터널 붕괴 (HSE, 1996)

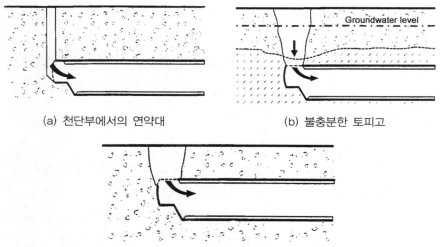

(a) 천단부에서의 연약대   (b) 불충분한 토피고

(c) 불충분한 토피고

[그림 7.6] 특정조건에서의 막장 전방에서의 터널 붕괴 (HSE, 1996)

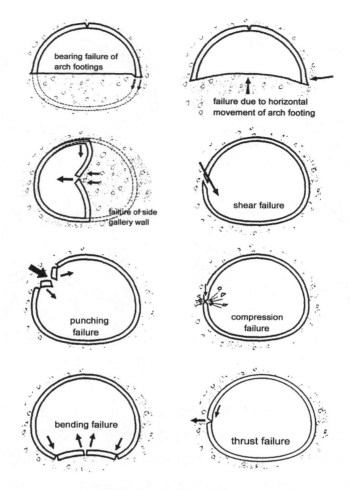

[그림 7.7] 링폐합 전후의 파괴 메커니즘 (HSE, 1996)

3. NATM 터널에서의 사고사례

NATM 터널에서의 사고사례를 분석하였다. [그림 7.8]은 1987년에 발생한 독일 Landrucken 터널 사고를 나타낸 것이다. 그림에서 보는 바와 같이 먼저 바닥부 가인버 트에서 과지압에 의한 전단파괴와 균열이 발생하고, 이어 측벽부에서의 내측으로의 수평 변위가 발생하고 천단부에 균열이 확대되었다. 이후 좌우 측벽부와 인버트가 붕괴되고 천단부가 완전히 파괴되어 터널 전체가 붕괴됨을 볼 수 있다. 이는 과지압(over stressing) 으로 인하여 설치된 지보력이 이를 견디지 못하여 발생하는 것으로, 설계 및 시공상의 오류로 파악되었다.

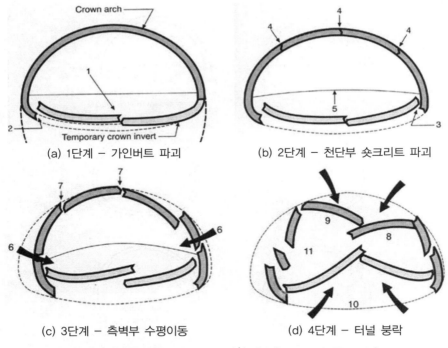

(a) 1단계 - 가인버트 파괴   (b) 2단계 - 천단부 숏크리트 파괴

(c) 3단계 - 측벽부 수평이동   (d) 4단계 - 터널 붕락

[그림 7.8] 독일 Landrucken 터널 사고 (after John 등, 1987)

[그림 7.9]는 1987년 발생한 독일 Krieburg 터널 사고를 나타낸 것이다. 그림에서 보는 바와 같이 측벽선진도갱을 굴착한 후 상반을 굴착하면서 우측 천단부 숏크리트가 파괴되었다. 이는 지하수를 포함한 지반의 이완하중이 작용함에 따라 숏크리트 지보력을 초과하여 발생한 것으로 주지보재 설치 전에 터널 천단부에 충분한 강단보강그라우팅과 같은 지반보강작업이 굴착 전에 수행되지 않았기 때문으로, 설계 및 시공상의 오류로 평가되었다.

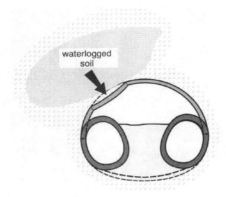

[그림 7.9] 독일 Krieburg 터널 사고 (after Leichnitz and Schlitt, 1987)

[그림 7.10]은 1987년에 발생한 독일 Munich 터널 사고를 나타낸 것이다. 그림에서 보는 바와 같이 지하수위 하부에 지반동결작업을 실시한 후 터널상반굴착 중에 붕괴가 발생하여 지반함몰까지 이르게 되었다. 이는 지반동결이 충분하지 않은 이회토(marl)층이 터널 천단부에 노출되어 발생한 것으로, 지반의 불균질성으로 제대로 확인하지 못한 시공상의 오류로 평가되었다.

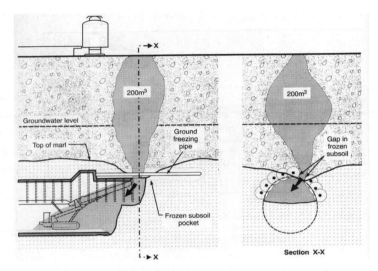

[그림 7.10] 독일 Munich 터널 사고 (after Weber, 1987)

[그림 7.11]은 1978년에 발생한 독일 메트로 터널 사고를 나타낸 것이다. 그림에서 보는 바와 같이 낮은 토피고로 인하여 터널 천단부에 연약토사층이 위치하고 있어 터널굴착에 의한 아치효과가 부족하여 도로함몰까지 이르게 되었다. 이는 터널 굴착전에 충분한 지반보강작업이 이루어지지 않아 발생한 것으로, 낮은 토피고로 인한 지반 특성을 제대로 확인하지 못한 지반조사상의 문제로 평가되었다.

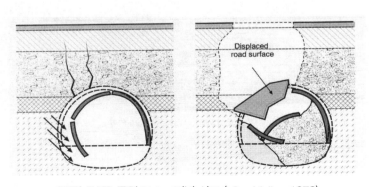

[그림 7.11] 독일 Metro 터널 사고 (after Muller, 1978)

4. TBM 터널에서의 사고사례

　TBM 장비를 이용해 굴착한 터널의 경우, 막장 전면에 가까운 곳에서 붕괴가 일어나면 심각한 파손과 절단장치 파괴로 이어져 추가 접근 작업이 진행돼 상당한 공사비와 공기 지연이 초래될 수 있다. TBM 장비의 현장 수리와 터널 내 해체 및 제거가 매우 어렵다.

　TBM 터널사고 사례가 [그림 7.12]에 설명되어 있으며, 캐나다 몬트리올 인근 45km의 하수관로 터널에서 수행된 긴급 공사작업과 비상 조치 작업을 보여준다. [그림 7.13] [그림 7.14] [그림 7.15]는 TBM 터널에서의 다양한 붕괴 사례를 보여준다.

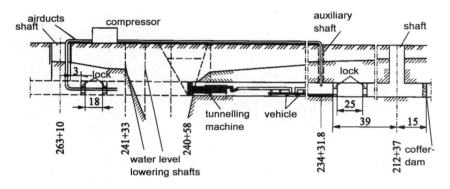

[그림 7.12] 터널 전방 붕괴에 의한 비상 조치 작업(Vlasov 등, 1996)

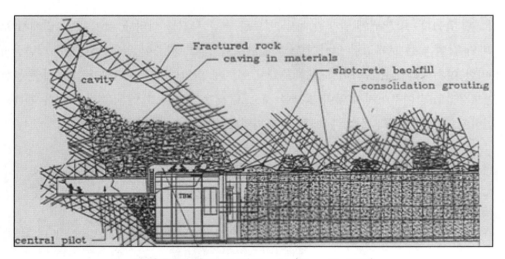

[그림 7.13] 쉴드 TBM의 Tapping(Shen 등, 1996)

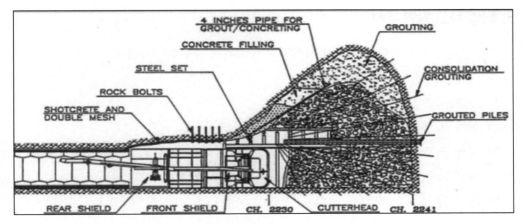

[그림 7.14] TBM의 Withdraw(Grandori 등, 1995)

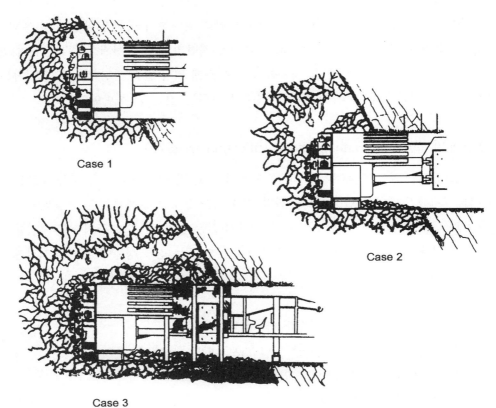

Case 1

Case 2

Case 3

[그림 7.15] 암반용 TBM 터널에서의 붕괴사례 (Barton, 2000)

5. 터널 사고 원인 분석

터널붕괴사고의 원인은 다음의 5개의 카테고리로 구분할 수 있다.

1) 예측할 수 없는 지질
2) 설계 및 시방 오류
3) 계산 또는 해석 오류
4) 시공 오류.
5) 관리 및 컨트롤 오류

1) 예측할 수 없는 지질적인 원인(unpredicted geological causes)

지반조사의 감소로 인해 지반의 특성을 명확히 파악하지 못했기 때문이다. 일반적인 예측할 수 없는 상황(unpredicted situation)은 지반의 변화와 불확실성과 관련이 있다. 따라서 시공 중에도 지반조사를 계속하고, 전문가에 의한 굴착 막장 분석을 실시하는 것이 좋다. 이것은 많은 붕괴사례 가장 자주 보고되는 원인 중 하나이다.

2) 설계 및 시방 오류(planning and specification mistakes)

터널 붕괴는 계획 단계에서 수직구, 지하박스 및 빈 시추공과 같은 지하 구조물을 찾는 데 실패했기 때문에 발생하기도 한다. 다른 원인으로는 부적절한 지반에 터널을 굴착하는 것과 관련이 있다. 지반 특성을 고려하지 않는 굴착 및 지보 조치는 부적절한 지보와 건설 자재의 부적절한 사양 그리고 예상치 못한 또는 긴급 상황에 대한 부적절한 계획 등과 관련이 있다.

- 너무 높은 터널 레벨로 부족한 터널토피고
- 지질특성과 고려하지 않은 굴착 및 지보 대책
- 잘못된 지반분류 시스템으로 인한 부적합한 지보
- 부적합한 건설 자재의 규격
- 단면 또는 레벨 공차의 부적합한 시방
- 라이닝 보수 절차에 대한 부적합한 시방
- 예상치 못한 조치나 응급 조치 계획의 부적절

3) 계산 및 해석 오류(calculation or numerical mistakes)

설계 중 해석과 계측 모니터링과 관련된 계산 오류가 포함되며, 후자는 관찰 데이터의 품질과 관련이 있다. 계산 및 해석상의 다른 오류는 다음과 같다.

- 부적절한 해석 매개변수의 선정
- 지하수의 영향의 과소평가
- 부적절하거나 검증되지 않은 해석 프로그램의 사용
- 터널 모니터링 집계의 수치 오류
- 수치모델링 데이터 프로세스의 실패

4) 시공 오류(construction mistakes)

시공 오류는 광범위하고 특정하기 어렵다. 가장 일반적인 예는 다음과 같다.

- 지정된 두께가 없는 라이닝
- 록 앵커 및 아치의 설치 오류
- 지반동결파이프의 부적절한 설치
- 인버트 콘크리트에 버력 포함
- 부적절한 인버트 단면과 불량한 기시공 라이닝 보수

5) 관리 및 컨트롤 오류(management and control mistakes)

경험 없는 설계자와 시공사, 부적절한 구조 설계의 존재를 나타내는 상황 발생 후 적절한 결론의 결여, 부실한 현장 검사 그리고 부적절한 시공 단계의 채택 등을 포함한다.

- 무능하거나 경험이 부족한 NATM 설계자
- 무능하고 미숙한 현장 관리
- 이전 경험에서 좋은 점과 나쁜 점을 모두 배울 수 없는 관리 무능
- 무능하거나 경험이 부족한 시공자
- 시공에 대한 감독(감리) 부실
- 잘못된 터널 공사단계 허용

요약하자면 터널 사고의 원인은 주로 자연적 또는 기술적 요인으로 구분된다. 자연적인 요인들은 기본적으로 다음과 같은 특징들을 포함한다. 이는 지질 구조와 특성, 이방성, 지하수 상태 및 지진, 카르스트 침식 및 지열을 포함한 지질학적, 물리적 과정이다. 기술적인 요인들은 엔지니어링 활동과 관련이 있다. 예를 들어, 현장 암반응력 상태의 변동과 굴착에 의해 유도된 변형 거동, 지상 인프라 구조물과 지중 구조물과의 상호 작용, 지하수위의 감소와 증가, 시공 기준과 운영 중인 터널에서의 운영 조건의 무시 등이 있다 (Vlasov 등, 2001).

6. 터널 사고 사례 분석

터널 사고 사례 분석은 터널 붕괴사고에 대한 문서화되고 공개적으로 이용 가능한 데이터를 기반으로 하였다. 전 세계적으로 주요 터널 붕괴사고 사례에 대한 포괄적인 목록을 검색했다. 지하터널공사의 주요 위험요소는 다음과 같다.

1) 지질 특성 - 지반공학적 조건

물리적 및 역학적 지반 특성과 평가 영향 및 지하수의 영향

2) 터널 공법 선정 – NATM 및 TBM

지반 조건, 터널 심도, 시공업체의 경험, 기계 사용가능성 등을 기준으로 TBM 공법, NATM 공법(발파 D&B) 및 개착공법(Cut & Cover) 등과 같은 다양한 터널공법의 선택(독립 또는 결합)

3) 터널 설계 접근법 – 지반 정보와 경험

주로 지반조건에 대한 상당한 지식과 경험의 중요성

4) 터널 시공 방법 – 시공 수행 및 시공 기술

프로젝트별로 잘 만들어지고 규정된 시공관리계획의 중요성 – 승인된 설계개념에 따라 적용 가능한 시방서

6.1 지반조건 및 터널 공법별 터널 사고

본 분석의 주요 목표는 이용 가능한 터널 사고 및 그에 따른 손실에 대한 분석 및 평가이다. [그림 7.16]은 터널 사고와 지반조건 그리고 터널공법을 비교한 것이다. 그림에서 보는 바와 같이 토사지반이 사고가 발생하기 쉬우며, TBM 공법에서는 토사지반이, NATM과 발파공법에서는 암반에서 사고가 많이 발생함을 확인하였다.

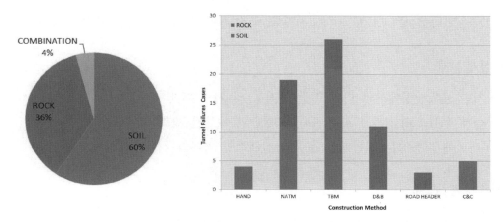

[그림 7.16] 터널 사고 vs. 지반조건 vs. 터널공법(Thomas 등, 2016)

[그림 7.17]은 터널공법별로 발생한 터널사고를 정리한 것이다. 그림에서 보는 바와 같이 TBM 공법이 NATM 공법보다 약간 많지만 기존 전통적인 터널공법이 전체의 2/3 정도를 차지하고 있음을 볼수 있다. [그림 7.18]은 터널사고 유형을 정리한 것이다. 그림에서 보는 바와 같이 가장 자주 발생하는 사고유형은 막장 불안정성임을 알 수 있다.

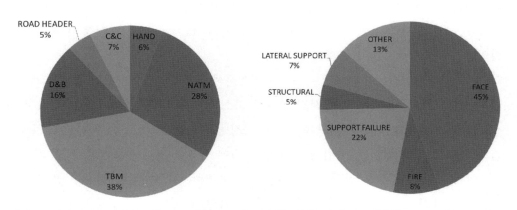

[그림 7.17] 터널 사고 vs. 터널공법(Thomas 등, 2016)   [그림 7.18] 터널 사고 유형 (Thomas 등, 2016)

6.2 터널 사고에 대한 주요 영향 요소

터널 사고에 영향을 주는 요소를 정리하면 다음과 같다.

1) 지질 및 지반 문제

- 지반조사와 관련이 있는 지반정보 부족
- 연약대(weak zone)와 파쇄대(예, 단층)의 확인
- 층상암반에서의 천단부 낮은 지지력 – 천층터널에서 상당한 지표침하 유발

2) 설계 문제

- 지반 불확실성에서의 터널 막장 안정성 및 지보 대책
- 실제적인(realistic) 트리거 수준과 결합된 제안된 계측 모니터링
- 터널에 작용하는 전반적인 응력의 실제적인 평가와 시뮬레이션

3) 시공 기술문제

- 견고한 시공관리 계획
- 승인된 설계와 시공법의 준수
- 주요 프로젝트 인력의 구성 및 자격

본 검토에서는 현존하는, 공개적이고 상업적으로 이용 가능한 기존 터널 사고사례를 분석을 통하여 터널 사고에 영향을 주는 가장 중요한 사고 요인을 분석하였다. 터널 사고는 상당한 보험 관련 재정적 손실과 심각한 프로젝트 지연을 초래할 수 있다. 사고에 따른 공사비 증가 및 공기 지연은 통계 기반에 따라 조사되었으며, 일반적으로 보험 비용(Insurance cost)과 그에 상응하는 공기 지연(Time delay) 사이의 선형 관계를 가짐을 확인할 수 있다.

경험 많은 컨설턴트가 프로젝트 초기에 참여하여 국제터널협회(ITA)와 같은 세계적으로 인정받는 지침을 사용함으로써 사전 예방적 리스크 엔지니어링 관리가 반드시 요구된다.

지금까지 검토한 터널 사례로부터 얻은 가장 중요한 점은 바로 에 제시된 고려사항은 터널 사고가 터널 작업자, 주변 인프라 및 환경에 심각한 결과를 초래할 수 있다는 곳이다. 터널 사고에서 가장 심각하고 상대적으로 빈번한 경우는 전방 막장면 붕괴로 이는 지보의 파괴 및 변형뿐만 아니라 침수, 화재, 폭발 및 기타 긴급 상황과 함께 발생하게

된다. 또한 지하(지중)와 지표 인프라와의 상호작용은 지하터널공사에서의 리스크 안전 분석에서 반드시 고려되어야 하는 사항이다.

터널의 건설, 운영 및 복구 과정에서 우발적인 사건을 최소화하고 예방하여 지하 구조물의 안전성과 내구성을 개선하고 비용을 절감하기 위한 몇 가지 권고안을 수립할 수 있으며, 터널 설계에 대한 리스크 분석은 설계, 시공 및 운영의 모든 단계에서 필수적이라 할 수 있다.

6.3 요점정리

지하터널공사에서의 해외 터널사고사례를 중심으로 터널사고의 발생원인과 그 영향에 대하여 고찰하였다. 터널에서 발생한 다양한 사고 형태와 특성을 검토하고 주요 문제점 분석을 통하여 얻은 요점을 정리하면 다음과 같다.

1) 터널공법과 사고

터널공법은 크게 NATM 공법과 TBM 공법으로 구분되며, NATM 공법과 TBM 공법이 적용된 모든 터널공사에서 터널사고가 꾸준히 발생하고 있다. 최근까지도 NATM 공법과 TBM 공법에서의 사고사례가 보고되고 있으며, 특히 도심지 터널공사에서의 사고가 많이 발생하고 있으며, 상대적으로 그 영향(결과)도 심각한 것으로 확인되었다.

2) 터널사고의 원인

터널사고의 원인은 크게 지질 및 지반 문제, 설계상의 오류와 해석문제 그리고 시공기술 부족과 관리문제로 구분할 수 있다. 지질 및 지반문제는 터널공사의 가장 교유한 문제로 설계단계에서의 충분한 지반조사와 시공단계의 지질 및 암반평가 작업의 중요성을 확인하여 준다. 또한 설계과정에서의 해석오류로 인한 잘못된 지보선정과 시공경험이 부족한 기술자의 터널현장관리는 가장 근본적인 사고원인이라 할 수 있다.

3) 터널사고의 영향

터널사고는 터널 작업자의 피해뿐만 아니라 도심지 터널의 경우 지상인프라에 상당한 손상 그리고 주변 환경에 심각한 영향을 주게 된다. 또한 터널 사고로 인하여 사고수습과 복구로 인한 추가 공사비 증가 및 공기 지연은 매우 심각한 문제로서 일반적으로 터널 사고의 발생원인에 따라 발주자뿐만 아니라 시공자(또는 설계자)의 책임여부와 보험자의 재무적 손실은 가장 중요한 영향요소이다.

4) 터널사고와 리스크 안전관리

해외에서 발간된 터널사고 조사보고서상에 터널사고를 방지하기 위한 가장 주요한 방법이 바로 리스크 분석을 통한 리스크 관리(Risk Management)이다. 이는 국제터널협회(ITA)를 중심으로 정량적 리스크 분석기법에 대한 가이드라인을 만들었으며, 선제적이면서 적극적인 예방(pro-active) 대책으로 터널공사에 적용되어 운용되고 있으며, 설계단계에서부터 운영관리 단계까지 프로젝트 모든 단계에서 운용되도록 하고 있다.

7. 국내외 터널 붕락사고 사례와 교훈

해외에서 발생한 터널붕락 사고사례 분석을 하여 터널사고 발생원인 분석과 메커니즘, 주요 리스크와 이에 대한 대책 그리고 사고현장에 대한 응급 복구 및 보강대책 등을 중심으로 기술하고자 한다. 다시 말하면 터널공사에서 발생 가능한 지오 리스크와 이로 인한 터널 붕락 및 붕괴 특성을 면밀히 검토하여, 터널사고로부터 얻을 수 있었던 여러 가지 교훈과 사고 이후 개선되거나 달라진 공사체계와 시스템 등에 대하여 기술하였다.

[표 7.4] 국내외 터널 주요 붕락사고 사례

구분	내용	공법
1	영국 Heathrow 급행철도 터널 붕락사고와 교훈	NATM 터널
2	싱가포르 MRT Nicoll Highway 사고와 교훈	수직구/개착터널
3	타이완 가오슝 MRT 터널 사고와 교훈	TBM 터널
4	도쿄 대단면 TBM 터널 지반함몰 사고와 교훈	TBM 터널
5	후쿠오카 지하철 대단면 NATM 터널 붕락사고와 교훈	NATM 터널
6	상하이 메트로 TBM 하저터널 붕락사고와 교훈	TBM 터널
7	호주 Forestdfield 공항철도 TBM 터널 사고와 교훈	TBM 터널
8	독일 Rastatt TBM 철도터널 붕락사고와 교훈	NATM 터널
9	캐나다 오타와 LRT 터널 붕락 및 싱크홀 사고와 교훈	NATM 터널
10	브라질 상파울루 메트로 NATM 터널 붕락사고와 교훈	NATM 터널
11	국내 도심지 터널 붕락 및 싱크홀 사고	TBM / NATM

[표 7.5] 국내외 주요 터널 붕락사고 사례: 주요 특징 정리 요약

구분	내용	비고
터널	런던 Heathrow 급행철도 터널 / NATM 공법	
특징	영국 최초의 대규모 NATM 공법 적용현장으로 터널 굴착 중	
원인	지반 보강그라우팅 부실로 터널 붕괴 및 지반침하 발생	
터널	싱가포르 Nicoll Highway MRT 터널 / 개착 공법	
특징	연약지반상의 대규모 수직구 및 가시설 공사 중	
원인	설계 오류 및 시공관리 부실로 가시설 및 도로 완전붕괴	
터널	타이완 가오슝 MRT 터널 / TBM 공법	
특징	TBM 터널 피난연락갱(Cross Passage) NATM 굴착 리스크	
원인	피난연락갱 NATM 굴착중 파이핑(Piping) 발생 후 붕괴	
터널	도쿄 대단면 도로터널 / TBM 공법	
특징	도심지 대심도 구간(40m 이하)에서의 대단면 TBM 터널굴진	
원인	TBM 정지시 지반이완 및 도로까지 연결되는 싱크홀 형성	
터널	후쿠오카 대단면 지하철 터널 / NATM 공법	
특징	정거장 터널구간에서의 대단면 NATM 분할 굴착	
원인	암토피고 부족으로 지반이완 및 토사 유입으로 터널 붕괴	
터널	상하이 메트로 하저터널 / TBM 공법	
특징	하저 연약지반구간 TBM 터널로 굴진 후 피난연락갱 굴진 중	
원인	피난연락갱 NATM 굴착 중 파이핑(Piping) 발생 후 터널 붕괴	
터널	호주 Forestdfield 공항철도 터널 / TBM 공법	
특징	TBM 본선터널 굴진후 피난연락갱 굴진 중	
원인	피난연락갱 NATM 굴착 중 토사 및 지하수 유입과 지반함몰	
터널	독일 Rastatt 철도터널 / TBM 공법	
특징	철도하부 TBM 통과구간에 대한 지반동결공법 적용	
원인	동결지반에 대한 품질관리부실로 철도 및 TBM 장비 함몰	
터널	캐나다 오타와 LRT 터널 / NATM 공법	
특징	대단면 정거장 터널에서 본선터널 굴착 중	
원인	토사층와 암반층 경계부에서의 터널 붕괴 및 지반 함몰	
터널	브라질 상파울루 메트로 터널 / NATM 공법	
특징	대형 수직구에서 정거장 터널 및 본선터널 굴착 중	
원인	지질 리스크로 1차 터널붕괴 및 2차 수직구 붕괴 발생	
터널	국내 도심지 지하철 터널 / NATM 공법 및 TBM 터널	
특징	도심지 지하철 구간 NATM 및 TBM 터널 굴착 중	
원인	지질 및 지반리스크에 의한 붕괴 및 지반함몰(싱크홀) 발생	

7.1 영국 히드로 급행철도 터널 붕락사고와 교훈

히드로 급행철도(Heathrow Express, HEX) 터널 프로젝트는 히드로 공항과 런던 중심부에 있는 패딩턴 역을 연결하는 프로젝트로서, 프로젝트 관리는 처음부터 여러 가지 어려움에 직면했으며, 그중에는 제한된 예산문제, 경직되고 복잡한 조직, 제대로 이해되지 않은 NATM 공법과 관련된 기술적 문제가 있었다. 이러한 결과로 직접적으로 취해진 몇 가지 결정은 전체 프로젝트를 위태롭게 했고 1994년 10월 21일 밤에 터널 붕괴사고가 발생하게 되었다.

[그림 7.19] 영국 히드로 급행철도(HEX) 터널 붕락사고(영국, 1994)

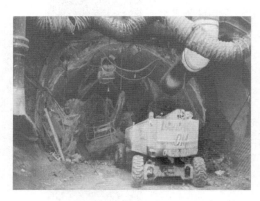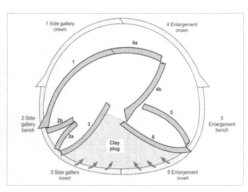

[그림 7.20] 터널 붕락 및 붕락 메커니즘

1) 새로운 기술의 적용과 시행착오

NATM 터널공법은 오스트리아에서 개발되어 광범위하게 적용되었으며, 이후 영국에서 대형 도심지 터널공사인 히드로 공항철도 터널에 처음으로 적용되었다. 이러한 이유로 NATM 공법 도입 초기에 설계 및 시공상 많은 시행착오를 거듭하였고, 특히 런던 점토층

(London Clay)과 같은 연약지반에 대한 기술 노하우와 경험이 부족하여 발주처 및 시공사의 시공상의 잘못이나 관리상의 문제가 발생하여 심각한 붕괴사고를 초래하였다.

2) 터널붕락 사고 원인과 메커니즘

본 터널의 붕락사고의 원인은 런던 점토층의 지반공학적 특성을 고려하지 않은 설계와 NATM 공법의 특성을 이해하지 못한 시공상의 결함으로 발생한 것으로 평가된다. 즉 연약 점토층에서의 수직구와 3개의 터널을 동시에 시공하고, 바닥 인버트(Invert)를 평편하게 하여 링폐합 구조(Ring Closure)를 제대로 형성하지 못하고, 건물 하부구간에서의 무리한 잭그라우팅으로 인한 터널에 심각한 영향을 미쳐 지속적인 터널변형 발생과 숏크리트 라이닝의 손상으로 인하여 터널 붕괴가 발생한 것이다.

3) 터널사고 방지에 대한 해결책

본 터널사고가 발생한 직후 발주처에서는 솔루션팀을 구성하여 터널복구방안을 수립하고 주요 대책을 제시하였다. 기술 솔루션으로 붕괴구간에 코파댐(coffer dam)을 시공하여 복구공사를 수행하도록 하였으며, 조직 솔루션으로는 공사비 위주에서 품질과 안전 가치를 중심으로 공사목표로 조정하도록 개선하였다. 또한 정보 흐름구조를 만들어 공사 담당자와 책임자에 대한 통지와 공사에 대한 이해를 증진하도록 하고, 또한 의사결정과정에 모든 공사담당자들이 참여하고 의사소통을 개선하도록 하였다. 또한 터널공사에서의 안전과 리스크 평가를 시행하도록 하여 리스크 관리를 보수적으로 진행하도록 하였다.

4) 터널붕괴 사고와 교훈

본 터널사고는 그 당시 영국에서 진행되어 왔던 발주자 및 시공자와의 계약관계, 프로젝트 관리방식 및 발주시스템에 대한 제반 문제점을 확인할 수 있는 좋은 계기가 되었다. 특히 영국 HSE 위원회와 영국토목학회(ICE) 및 영국터널학회(BTA)를 중심으로 심도 깊은 논의와 연구를 진행하여 "NATM 터널에서의 안전시공" 및 "지하터널공사에서의 리스크 관리" 등에 보고서를 발간하여 지하터널공사에서의 공사관리 시스템을 혁신적으로 개선시키고 발전하게 되었다.

7.2 싱가포르 MRT 니콜 하이웨이 붕락사고와 교훈

2004년 4월 20일 오후 3시 30분경 [그림 7.21]에서 보는 바와 같이 싱가포르 MRT 공사 중 니콜 하이웨이(Nicoll Highway)가 붕괴되는 사고가 발생했다. 본 사고는 싱가포르의 건설 산업에 깊은 영향을 미쳤다. 이 사고를 통해 깊은 굴착공사를 할 수 있는 자격을 갖춘 지반 기술자를 임명하고 임시공사에 대한 권한 제출을 요구하는 등 많은 규제가 강화되었다. 그 붕괴로 4명이 사망하고 3명이 부상당했다. 프로젝트 몇몇 당사자들이 법정에서 기소되었고, 프로젝트 완료가 지연되었다.

[그림 7.21] 니콜 하이웨이 붕락사고(싱가포르, 2004)

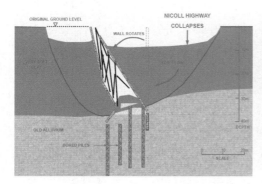

[그림 7.22] 니콜 하이웨이 붕락사고 메커니즘

1) 지반공학에서 해석오류와 설계

연약지반 중에 구축되는 흙막이 가시설 설계에서 연약 점토에 대한 합리적인 지반물성 산정과 평가는 매우 중요한 것으로, 해석상에 잘못된 평가나 오류는 과소설계를 가져오게 되어 결과적으로 붕괴사고에 대한 기본적인 원인을 제공한 사례이다. 특히 지반기술자는 지반설계 시 해석결과에 대한 지나친 과신을 가져서는 안 되고, 지반물성 적용 및 해석프로세스 및 해석결과 분석에 상당한 주의를 가져야 한다.

2) 계측 모니터링과 시공관리의 중요성

본 붕괴사고의 경우 시공 중 다양한 계측데이터로부터 과도한 지반거동, 심각한 벽체 변형 등을 감지할 수 있었으며, 이에 대한 합리적인 역해석 등을 통하여 설계 및 시공상의 문제점을 확인하여 붕괴사고에 방지할 수 있었을 것이다. 하지만 시공자의 공사비 및 공기를 우선시하는 관행과 지반관련 전문가가 현장에 없어 지반공학적 문제에 대한 부실 평가 그리고 자격이 없는 계측담당자에 의해 수행된 계측결과의 무시 등으로부터 붕괴사고까지 이르게 되었다.

3) 사고방지에 대한 해결책

본 붕괴사고가 발생한 직후 발주처에서는 사고조사위원회를 구성하여 입찰, 설계 및 시공에 대한 전 과정에 대한 철저한 조사로 주요 사고 원인을 규명하고, 제발 방지 대책을 제시하였다. 기술적으로 붕괴구간을 되메워 완전 복구하여 고속도로가 가능한 빨리 운행토록하고, MRT을 변경하여 신설하는 방안을 수립하였다. 또한 건설시스템으로는 공사비/공기 위주에서 품질과 안전을 중심으로 공사목표로 조정하고, 관련 제도와 정책을 정비하여 모든 지하공사에서의 안전 리스크 관리를 의무화하고, 설계변경 절차를 엄격히 제한하도록 하였으며, 시공 중 전문가가 현장에 상주하여 공사를 관리하도록 하였다.

4) 붕괴 사고와 교훈

본 붕괴고는 그 당시 싱가포르에서 진행되어 왔던 발주자 및 시공자와의 계약관계, 프로젝트 관리방식 및 발주시스템에 대한 제반 문제점을 확인할 수 있는 확실한 계기가 되었다. 특히 싱가포르 사고조사위원회(COE) 및 육상교통부(LTA) 및 노동부(MOM) 등을 중심으로 심도 깊은 논의와 연구를 진행하여 "건설공사에서의 통합안전관리시스템(Total Safety Management System, TSMS)" 및 "PSR 프로세스(Project Safety Review)", "DfS 제도(Design for Safety)" 등을 제정하여 지하공사에서의 공사관리 시스템을 혁신적으로 개선시키고 발전시키게 되었다.

7.3 타이완 가오슝 MRT 터널 붕락사고와 교훈

2005년 12월 4일 오후 3시 30분경 대만 가오슝 MRT 공사 중 TBM 터널이 붕괴되는 사고가 발생했다. 본 사고는 타이완에서 도심지역에 적용되어 왔던 지하공사(Underground construction)에 깊은 영향을 미쳤다. 본 사고를 통해 지하공사에서 입찰단계에서부터 자격을 갖춘 지반전문기술자가 조사, 설계 및 시공에 관여하도록 하는 등 많은 규제가 강화되었다. 또한 TBM 터널공사에서의 대규모 터널 붕괴사고는 상당한 기술적 문제점을 제기하는 계기가 되었으며, 대규모 복구공사로 인하여 MRT 개통을 지연시키는 막대한 피해를 가져오게 되었다.

[그림 7.23] 가오슝 MRT 터널 붕락사고(타이완, 2004)

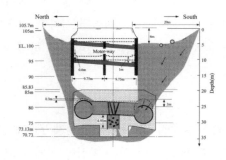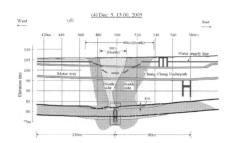

[그림 7.24] 파이핑 파괴로 진행되는 붕락 메커니즘

1) TBM 터널에서의 횡갱(NATM)공사의 문제

일반적으로 도심지 지하철과 같은 터널공사에서는 상하행의 병렬터널을 굴진한 후, 두 개의 터널을 연결하는 방재목적의 피난연결통로(횡갱, cross passage)를 설치하게 된다. 특히 지반이 연약한 경우에는 본선터널은 TBM 공법을 이용하지만, 피난연락갱의 경우 어쩔 수 없이 NATM 공법을 이용하여 굴착을 수행하게 된다. 특히 횡갱굴착공사 시

굴착에 앞서 주변지반의 차수성능을 철저히 확인하여 지하수 유입을 제어하도록 해야 한다. 연약지반상의 NATM 공사는 상당한 리스크를 가지므로 시공 중 엄청난 주의를 기울여 관리해야만 한다.

2) 연약지반의 지반공학적 특성 규명 및 지반기술자 중요성

본 붕괴사고의 경우 피난연락갱 하부 섬프공사 중 갑작스러운 파이핑(piping) 현상으로 발생한 것으로, 연역지반에 대한 그라우팅 품질관리, 즉 횡갱하부에 대한 지반그라우트 개량체에 대한 그라우트 성능 확인이 매우 중요함을 할 수 있다. 또한 공사지역의 지반의 고유한 특성과 공학적 거동 특성을 설계 단계에서 파악하도록 해야 하며, 시공 중에 이를 확인하도록 해야 한다. 이를 위해서는 자격을 갖춘 경험있는 지반 전문가가 설계 및 시공에 관여하도록 해야 한다.

3) 사고원인조사와 복구대책 수립

본 붕괴사고가 발생한 직후 발주처에서는 타이완 건설연구소를 중심으로 사고조사위원회를 구성하여 설계 및 시공에 대한 철저한 조사로 주요 사고 원인을 규명하고, 복구대책을 제시하였다. 주요 복구대책으로는 사고 구간에 대한 다이아프램 월을 설치하고, 연결구간에는 지반동결공법을 적용하여 지반을 보강한 후 붕락구간의 토사와 손상된 세그먼트를 제거하고, 개착공법으로 세그먼트 라이닝을 조립한 후 되메워 최종적으로 복구공사를 무사히 마칠 수 있었다. 또한 사고원인으로부터 도심지 지하철공사에서의 시공 리스크를 관리할 수 있는 지반전문가를 현장에 상주하여 공사를 관리하도록 도심지 지하공사 관리 시스템을 개선하였다.

4) 붕괴 사고와 교훈

본 붕괴사고는 타이완에서 진행되어 왔던 도심지 지하공사에서의 시공관리 문제, TBM 터널공사에서의 횡갱 시공에 대한 제반 문제점을 확인할 수 있는 계기가 되었다. 특히 가오슝 당국 및 사고조사위원회 등을 중심으로 심도 깊은 논의와 검토를 진행하여 본 붕괴사고에서의 사고원인 규명과 재발방지 대책 등을 수립하여 타이페이 도심지 지하공사에서의 공사관리 시스템을 개선시키게 되었다.

7.4 도쿄 대단면 TBM 터널 지반함몰 사고와 교훈

2020년 10월 18일 오전 9시 30분경 도쿄 외곽순환도로 TBM 터널공사 중 지반함몰 (Sinkhole) 사고가 발생하였고, 각종 매스컴에 대대적으로 보도되어 일본에서 굉장한 이슈가 되었다. 본 사고는 일본 도심지역에 적용되어 상대적으로 안전하다고 믿어왔던 대심도 터널공사(Deep Tunnelling)에 대한 안전성뿐만 아니라 도심지 지하터널건설공사에 대한 신뢰성에 상당한 영향을 미쳤다. 도심지 대심도 터널공사에서의 지반함몰사고는 TBM 시공관리기술의 문제점을 제기하는 계기가 되었으며, 지반보강공사와 주변주택에 대한 보상 등으로 인한 민원으로 터널공사에 심각한 지장을 초래하게 되었다.

[그림 7.25] 도쿄외환고속도로 TBM 터널 공사 중 지반함몰 사고(도쿄, 2020)

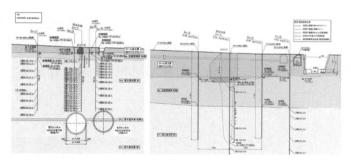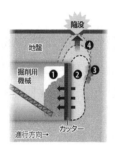

[그림 7.26] 지반 함몰과 붕락 메커니즘

1) 대심도 TBM 터널에서의 지반함몰 및 지반공동 발생 문제

쉴드 TBM 터널공사에서는 지반을 굴진하면서 발생되는 다양한 굴진 데이터로부터 시공관리를 진행하게 되며, 일정구간을 굴진한 후 커터헤드 교환 및 수리를 위한 정지(CHI, Cutterhead Intervention)를 반복하게 된다. 특히 대단면 쉴드 TBM의 경우 굴진데이터 및 배토량 관리에 대한 경험치가 부족하여 과굴착에 대한 이상 여부를 관리하기가 어렵고, 정지구간에서의 장비와 지표면에서의 안정여부(침하 및 함몰 발생)를 지속적으로 확인하도록 해야 한다.

2) TBM 터널공사에서의 굴진관리 및 시공관리의 중요성

본 지반함몰사고는 쉴드 TBM 굴진시 지층특성이 변화하는 구간에서 야간정지후 쉴드장비의 재굴진 중에 과굴착으로 인한 주변지반의 이완과 굴뚝모양으로 확대되어 지표면에 함몰과 공동이 발생한 것으로, 쉴드 TBM 터널시공시에 굴진데이터 관리, 배토량 관리및 TBM 정지구간에서의 안전관리 등에 중요성을 확인할 수 있다. 또한 공사구간에 대한지반의 분포 특성과 거동 특성을 상세히 정확히 파악하도록 해야 하며, TBM 굴진시 이를반영하여 품질관리에 활용하도록 해야 한다.

3) 철저한 사고원인조사와 재발방지대책 수립

본 지반함몰사고가 발생한 직후 국토교통성을 중심으로 사고조사위원회를 구성하여지반조사 및 TBM 시공자료 분석을 통한 주요 사고원인과 발생메커니즘을 규명하고, 지반보강 및 재발방지대책을 제시하였다. 지반보강대책으로는 지반구간과 주변영향 구간에대하여 고압분사교반공법을 적용을 적용하여 지반을 보강하고, 주변 영향구간에 대한 상세조사를 통하여 보상대책구역을 선정하여 보상을 실시하고, TBM 터널공사에서의 재발방지대책 및 안전관리대책을 수립하고 이를 지역 주민들에게 공지하고 공유하도록 함으로써 시스템을 개선하였다.

4) TBM 터널공사 지반함몰 사고와 교훈

본 지반함몰 및 공동발생 사고는 일본에서의 도심지 터널공사에서의 안전관리, TBM 터널공사에서의 굴진 및 배토관리 등 도심지 터널공사에 대한 제반 문제점을 확인할 수있는 계기가 되었다. 특히 국토교통성 사고조사위원회 등을 중심으로 1년 이상의 시간에걸쳐 심도 깊은 논의와 분석을 진행하여 본 사고에서의 사고원인 규명과 재발방지대책등을 수립하였다. 또한 일본 도심지 TBM 터널공사에서의 시공관리 및 안전관리 시스템을 재확인하는 계기가 되었다.

7.5 후쿠오카 지하철 대단면 NATM 터널 붕락사고와 교훈

후쿠오카시 지하철 나나쿠마선 연장공사 현장에서 2016년 11월 8일 5시 15분경 하카타역 앞 교차로 부근 도로 포장면에 균열이 발생하고, 이후 5시 20분경 도로 남쪽이 함몰, 5시 30분경 도로 북쪽이 함몰, 7시 20분경 도로 중앙부가 함몰되기에 이르렀다. 지하철 공사현장에서는 11월 8일 0시 40분경부터 지보공 103기 부근 굴착을 시작했으며 4시 25분경 연속적인 부분 붕락을, 4시 50분경에는 막장천단에서 이상출수를 관측하여 5시 00분경 작업원 9명 전원의 지상 대피가 완료, 5시 10분경 차량 등의 진입금지 조치가 완료된 바 있었다.

[그림 7.27] 후쿠오카 지하철 NATM 터널 붕락사고(일본, 2016)

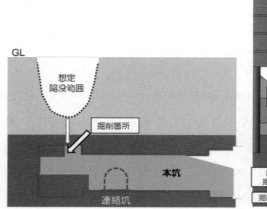 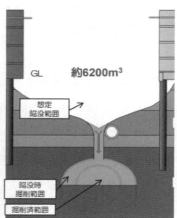

[그림 7.28] 터널붕락 및 도로함몰 사고 개요도

1) 대단면 터널에서의 지질 및 지하수 리스크

본 현장에서는 시공 중에 설계상 예측한 지질 및 지반조건과 다른 지질 및 지하수 조건에 대한 기술적 대책을 수립하여 적극적으로 반영하였으나 대규모 터널붕락사고가 시공 중에 발생하여 도로함몰에 이르게 되었다. 사고원인조사를 통하여 지질 및 지하수에 대한 원인과 설계 시공에 관한 원인을 10가지로 분석하고, 특히 암토피고가 작은 풍화암층과 미고결 대수 모래층에서 선진도갱 굴착에 의한 영향으로 천단부에 유로가 형성되어 급격히 토사와 지하수가 터널내로 유입되면서 붕락이 발생한 것으로 분석되었다.

2) 대단면 NATM 터널에서의 보조공법 시공

본 현장에서는 설계시공적인 요인으로 암토피고를 확보하기 위한 터널단면 변경 및 지반특성을 반영한 분할굴착 변경 및 보조공법 변경 등 보다 안전한 측으로 설계를 변경하여 시공하였으나, 결과적으로는 붕괴사고에 이르게 되었다. 본 현장과 같은 지반불량구간에서는 주지보에 추가적으로 시공되는 보조공법(강관보강그라우팅)의 경우 지보성능확인 등에 대한 품질 및 시공관리가 무엇보다 중요함을 할 수 있다. 따라서 보조공법을 적용하기 위해서는 터널주변 지반의 특성을 파악하고 이에 적합한 보조공법을 선정하고 적용하도록 하여여 하며, 반드시 시험시공을 통하여 그 적정성을 검증하여야만 한다.

3) 사고원인조사와 복구대책 수립

주요 복구방안으로 사고구간에 대한 지상그라우팅에 의한 지반개량을 확실하게 실시하고, 터널내에서는 붕락된 터널구간을 완전히 토사로 채우고 지보벽체를 설치한 후 수발공을 설치하여 지하수위를 제어하도록 하였다. 또한 터널주변 지반을 그라우팅하여 인공지반을 형성한 후 NATM 공법으로 재굴착하여 최종적으로 복구공사를 무사히 마칠 수 있었다.

4) 도심지 대단면 NATM 터널 붕락사고와 교훈

본 붕락사고는 도심지 지하철 공사에서의 지질 리스크 관리문제, NATM 터널공사에서의 보조공법 시공에 대한 제반 문제점을 확인할 수 있는 계기가 되었다. 특히 후쿠오카 당국 및 사고조사위원회 등을 중심으로 심도 깊은 논의와 검토를 진행하여 본 붕괴사고에서의 사고원인 규명과 재발방지 대책 등을 수립하여 일본 도심지 NATM 터널공사에서의 안전시공관리 시스템을 개선시키게 되었다.

7.6 상하이 메트로 TBM 하저터널 붕락사고와 교훈

2003년 상하이 지하철 4호선의 사고는 중국 지하철 역사상 가장 눈에 띄는 사고 중 하나였다. 이는 인공지반 동결공법에 의해 굴착된 피안연결통로의 일차적인 파괴를 포함하고, 이후에 대규모의 물과 토사의 침투, 엄청난 지반침하, 기존 구조물의 급속한 침하, 황푸강을 따라 인접한 제방의 붕괴, 부지의 홍수, 그리고 건물과 지하철의 붕괴를 포함한다. 터널 사고는 모래층 내에서 피난연락갱의 파괴가 직접적인 원인이었다. 처음에는 침투수가 동결지반을 무너뜨리고 나서 물과 토사가 피난연락갱과 터널 내로 쏟아져 들어왔다. 대규모 지반붕괴의 결과로 지표면은 4m정도까지 침하했고 기존 구조물들은 손상되었다.

[그림 7.29] 상하이 메트로 TBM 터널 붕락사고(중국 상하이, 2003)

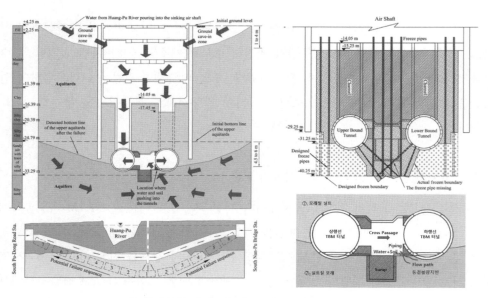

[그림 7.30] 터널붕락 및 도로함몰 사고 개요도

1) 연약지반에서의 동결공법과 리스크

본 현장에서는 연약지반의 하저구간으로 피난연락갱 시공 시 지반개량효과를 증진하기 위여 인공동결공법을 적용하였다. 하지만 설계보다 작은 동결심도와 동결파이프 시공으로 피난연락갱 주변의 지반보강의 상태가 양호하지 않았으며, 특히 하절기에 냉동장치의 이상으로 여러 시간 동결지반의 온도가 상승하는 원인을 제공하게 되었다. 특히 사고가 발생한 지층은 실트질 모래층의 대수층으로 액상화가 발생하기 쉬운 지층으로서 동결지반의 결함으로 쉽게 지하수가 침투된 것으로 분석되었다.

2) TBM 터널에서의 피난연락갱 시공 리스크

본 사고는 TBM 공법으로 시공된 상하행의 본선터널을 연결하는 피난연락갱 구간에서 발생하였다. 특히 연약지반구간에 NATM 공법으로 시공되는 피난연락갱은 시공리스크가 큰 가장 취약한 구간이라 할 수 있다. 일반적으로 피난연락갱 주변 연약지반을 개량하기 위한 지반보강그라우팅 또는 인공동결공법이 시공 전후에 수행되지만, 연약지반의 개량효과를 공학적으로 확인하고 검증이 필수적이라 할 수 있다.

3) 사고원인조사와 복구대책 수립

사고 원인은 피난연락갱 주변지반의 동결상태 불량으로 인한 모래층에서의 파이핑(piping)으로 물과 토가가 터널내로 급격히 유입되고 주변 지반이 유실됨에 따라 세그먼트 라이닝 파괴와 지상도로 함몰과 건물붕괴에 이르게 된 것으로 파악되었다. 복구방안으로는 지하속체 공법과 JSP공법을 적용하여 흙막이 굴착공사 후 손상된 구조물을 제거한후 개착터널을 시공하는 방법이 적용되었다.

4) 하저 TBM 터널 붕락사고와 교훈

본 사고는 TBM 공사의 연약지반에서의 지질 리스크 문제, 피난연락갱 공사에서의 인공동결공법의 품질관리 문제점 등을 확인할 수 있었고, 특히 지하터널공사에서의 설계변경 절 차 및 시공관리방법 등의 건설공사의 관리상의 제반 문제점을 확인할 수 있는 계기가 되었다.

7.7 호주 Forrestfield 공항철도 TBM 터널 사고와 교훈

2018년 9월 22일 토요일 오전 11시 45분경, 피난연락갱(Cross passage) Dundas와 제1터널 라이닝 링인버트 사이의 경계에서 누수(leak)가 발생했다. 누수는 Forrestfiield 역에서 북쪽으로 약 200m 떨어진 피난연락갱 Dundas(CP12) 굴착과정에서 발생했다. 지하수 유입을 막기 위해 즉각적인 노력을 기울였지만, 상당한 수압으로 인해 유입량은 초당 약 50리터로 증가했고 그 결과 200m³ 이상의 모래와 토사가 터널로 유입되었다.

9월 23일 일요일 아침, Dundas 도로에 인접한 지표면에 싱크홀이 형성되었다. Dundas 도로의 일부 구간은 폐쇄되었고, 예방 조치로 두 TBM이 모두 중단되었다. 그날 늦게 전문시공자가 인접한 TBM 터널 주변 인버트에 그라우트를 주입하기 시작했고, 며칠 후 유입량이 크게 감소했으며, 지하수 유입은 10월 3일 수요일에 완전히 멈추게 되었다. 지하수의 압력과 관련 하중으로 인해 피난연락갱 지점 근처에서 약 16개의 터널 링 약 26m 구간이 변형되었다.

[그림 7.31] Forrestfield 공항철도 TBM 터널 붕락사고(호주 Perth, 2018)

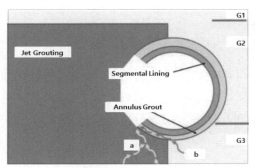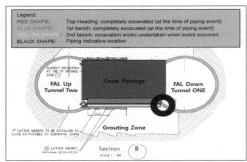

[그림 7.32] 지하수 유입을 일으킨 경우 Flow Path

1) TBM 터널에서의 지반그라우팅 리스크

본 TBM 터널구간의 피난연락갱 시공시 지반개량 효과를 증진하기 위하여 TBM 굴진 전에 제트 그라우팅(jet grouting)을 적용하였으며, TBM 굴진 완료후 피난연락갱 굴착 전에 피난연락갱 주변에 인공지반동결공법(artificial ground freezing)을 적용하였다. 사고가 발생한 구간은 하부에 모래층의 대수층이 분포하고 있어 피난연락갱 굴착시 피난 연락갱 주변 지반 그라우트체의 결함과 갭을 통하여 지하수가 터널 내부로 급격하게 침투 된 것으로 분석되었다.

2) TBM 터널에서의 피난연락갱 시공 리스크

본 사고는 TBM 공법으로 시공된 상하행의 본선터널을 연결하는 피난연락갱 구간에서 발생하였다. 본 현장에서는 피난연락갱 주변 지반을 개량하고 차수성능을 확보하기 위하 여 지반 보강그라우팅과 인공동결공법이 적용되었지만, 라이닝과 지반 그라우트체의 갭, 지반 그라우트체의 결함, 배면 그라우트의 결함 등으로 복합적인 문제가 생기면서 침수 사고로 이어진 것으로 판단된다.

3) 사고원인조사와 복구 방안 수립

사고 원인은 피난연락갱 주변 지반의 갭(gap)과 내부 결함(defect)으로 인한 하부 모 래층에서의 파이핑(piping)으로 물과 토사가 터널 내로 급격히 유입되고 주변 지반이 유 실됨에 따라 지상도로 함몰에 이르게 된 것으로 파악되었다. 복구 방안으로는 터널을 재 시공하지 않고 손상된 라이닝을 보강하는 방안을 채택하였다. 보강공법으로는 손상된 라 이닝을 절삭하여 강재(SGI) 라이닝을 설치하도록 하였으며, 화재 등에 대비하기 위하여 강재(SGI) 표면에 스프레이를 타설하였다.

4) TBM 터널 사고와 교훈

본 사고는 토사지반의 TBM 터널에서 배면 그라우팅 품질관리, 피난연락갱 구간의 지 반그라우팅 품질관리, 피난연락갱 주변 지반에 대한 지반동결공법의 시공관리 그리고 NATM으로 굴착되는 피난연락갱의 시공관리상의 문제점 등을 확인할 수 있었고, 특히 TBM 터널공사에서의 설계변경 절차 및 시공관리방법 등의 건설공사의 관리상의 제반 문 제점을 확인할 수 있는 계기가 되었다.

7.8 독일 Rastatt TBM 철도터널 붕락사고와 교훈

2017년 8월 12일 오전 11시경 터널 공사현장의 센서는 터널 위에 있는 기존 노선의 선로가 침하하고 있음을 나타냈다. 노선을 따라 설치된 신호가 위험으로 나타나 모든 열차는 자동으로 운행이 중단되었다. [그림 7.33]에서 보는 바와 같이 약 6~8m 길이의 선로구간에서 0.5m 정도 함몰되었다. 이 구간의 터널 토피고는 4~5m로 터널의 길이에 걸쳐 지반을 −33°C의 냉각액으로 동결시켜 터널을 안정시킨 상태였다. 터널은 완전히 얼어붙은 재료를 통해 205m의 길이에 걸쳐 작동하도록 시공되었다. 상부 지반 및 궤도 함몰 직후 과다한 지하수 유출로 인해 처음에는 터널에 접근할 수 없었으며, 터널의 붕락이 임박한 것으로 추정되었다.

[그림 7.33] Rastatt 철도 TBM 터널 사고(독일 Rastatt, 2017)

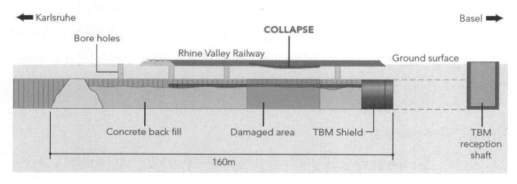

[그림 7.34] 터널 붕괴 및 레일 함몰 현황도

1) TBM 통과구간에서의 지반동결 리스크

본 TBM 터널구간은 기존 철도하부를 저토피로 통과하는 구간으로 TBM 굴진공시 지반개량효과를 증진하기 위하여 TBM 굴진전 기존 철도하부지반에 지반동결공법을 적용하였다. 사고가 발생한 구간은 하부에 모래층의 대수층이 분포하고 있어 세그먼트 라이닝 배면 그라우팅과의 갭을 통하여 지하수가 터널 내부로 급격하게 침투된 것으로 분석되었다.

2) 저토피 철도하부 통과구간에서의 터널 리스크

본 사고는 기존 철도하부를 TBM 공법으로 저토피 터널로 통과하는 구간에서 발생하였다. 특히 기존 열차가 운행되는 구간에 저토피로 통과하는 것은 상대적으로 시공리스크가 큰 취약한 구간이라 할 수 있다. 본 현장에서는 지반을 개량하고 차수성능을 확보하기 위하여 지반동결공법이 적용되었지만, 지속적인 열차하중과 주변 지반 온도상승으로 동결체가 약화되고 폭우로 인한 지하수위 상승으로 라이닝 배면으로 지하수가 유입되고, 터널 주변 지반이 이완되고 이완영역이 급격히 확대되면서 지반함몰이 발생한 것으로 판단된다.

3) 사고원인조사와 복구 방안 수립

사고는 TBM 막장 후방의 세그먼트 라이닝 설치구간에서 발생한 것으로, 지반동결체의 내부 결함(defect)과 라이닝 배면의 갭(gap)으로 인한 모래층에서의 파이핑(piping)으로 지하수와 토사가 터널 내로 급격히 유입되고 주변 지반이 유실됨에 따라 지반 함몰과 궤도 손상에 이르게 된 것으로 파악되었다. 긴급복구로는 손상/붕락구간에 콘크리트로 채우고, 콘크리트 플러그를 설치하여 손상부를 차단하였으며, 상부에 콘크리트 슬라브를 시공하여 기존 철도운행을 재개하도록 조치하였다. 복구 방안으로는 TBM 터널과 TBM 장비를 포기하고 붕락 및 영향구간에 대한 개착박스 터널로 재시공하는 방안을 채택하였다.

4) TBM 터널 사고와 교훈

본 사고는 토사지반에 지반동결공법의 시공관리, TBM 터널에서 배면 그라우팅 품질관리 그리고 동결지반을 슬러리 타입의 TBM 공법으로 굴진되는 시공관리 상의 문제점 등을 확인할 수 있었고, 특히 기존 철도하부 저토피 구간 터널공사에서의 설계변경 절차 및 시공관리방법 등의 건설공사의 관리상의 제반 문제점을 확인할 수 있는 계기가 되었다.

7.9 캐나다 오타와 LRT 터널 붕락 및 싱크홀 사고와 교훈

2016년 6월 8일 오전 10시 30분경 Ottawa 시내 Sussex 드라이브와 교차하는 Lideau 스트리트에 대형 싱크홀이 발생하였다. 이 싱크홀은 Lideau 스트리트의 여러 차선의 도로를 붕괴시켰으며, Lideau 스트리트에 주차된 밴과 근처의 신호등이 싱크홀에 가라앉았다. 또한 싱크홀로 수도관이 파손되고 가스관이 새어 인근 건물 여러 곳이 대피하는 사고도 발생했다. 다행히 부상자는 보고되지 않았지만, 주변의 몇몇 건물들은 물, 전기, 가스가 없는 상태로 남겨졌다. 싱크홀은 국내외 언론에 의해 광범위하게 보도되었다.

싱크홀은 Ottawa LRT의 도심지 터널공사 구간에서 발생했으며, 그 당시 작업자들은 지하 Lideau 지하정거장에서 작업을 수행하고 있었다. 싱크홀의 결과로 터널은 붕괴되었고 싱크홀 발생지점에서 수백 미터 떨어진 곳까지 차단되었으며, 싱크홀로 인해 지하터널 공사 진행이 상당한 영향을 받았다. 싱크홀이 발생했을 당시 지하터널은 거의 완성되었으며, 약 2.5km 길이의 터널 중 50m 정도만 남아 있는 상태였다.

[그림 7.35] Ottawa LRT 터널 싱크홀 사고(캐나다 Ottawa, 2016)

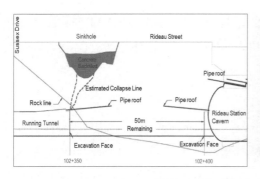 

[그림 7.36] 터널 붕괴 및 레일 함몰 현황도

1) NATM 터널 복합지반에서의 지반 리스크

NATM 터널구간은 석회암층에 발달한 빙적토 계곡(glacial valley)구간으로 조사 및 설계 당시부터 지반 리스크(geo-risk)를 확인하고 이에 대한 대책을 반영하여 파이프 루프(pipe roof) 보강 등을 적용하여 시공하였다. 본 사고가 발생한 구간은 비교적 양호한 석회암에서 연역토사층인 빙적토층으로 변화하는 지질변화구간으로 터널 굴착에 따른 지반이완이 진행됨에 따라 천단부 보강 파이프 사이로 지하수가 터널 내부로 급격하게 침투되고, 상부 토사층이 급격히 약화되고 지반이완이 확대되어 지상도로에 이르러 싱크홀이 발생한 것으로 분석되었다.

2) NATM 터널 사고에서의 지반 리스크의 분담과 책임

본 터널 사고는 사고발생 직후 도로하부에 있는 400mm 상수도관이 파열되어 도로가 완전히 침수되는 상황으로 발전하였다. 이에 상수도관의 커플링에서의 누수가 싱크홀 사고의 주요한 원인이 되었다는 주장과 연약토사구간에서의 터널 시공관리의 부실로 인한 것이라는 주장이 대립되었고, 이는 발주처와 시공자간의 주요 소송쟁점이 되었다. 이후 사고조사위원회의 면밀한 조사와 검토를 통하여 싱크홀 사고원인은 터널 공사와 관련이 있음을 확인하였다.

3) NATM 터널 싱크홀 사고원인조사와 복구 방안 수립

사고 원인은 연약토사층 구간의 본선터널 천단부 파이프 루프보강구간으로 지하수가 급격히 물과 토사가 터널내로 급격히 유입되고 주변 지반이 유실됨에 따라 지상도로 함몰에 이르게 되어 싱크홀이 발생힌 것으로 파악되었다. 복구 방안으로는 싱크홀 구간은 콘크리트 채움을 실시하고, 이후 지상보강 그라우팅으로 터널 붕락구간 및 주변 지반을 보강하는 방안을 채택하였다.

4) NATM 터널 싱크홀 사고와 교훈

본 사고는 복합지반의 암반구간과 토사지반의 경계부 NATM 터널에서 파이프 루프공법의 시공관리, 본선터널과 정거장 터널의 관통부 시공관리, 터널 상부의 상수도관등에 대한 지장물관리 상의 문제점 등을 확인할 수 있었고, 특히 NATM 터널공사에서의 지질리스크 대응 및 시공관리 등 문제점을 확인할 수 있었다.

7.10 브라질 상파울루 메트로 NATM 터널 붕락사고와 교훈

2007년 1월 12일 오후 2시경 브라질 상파울루 메트로 공사 중 터널이 붕괴되어 7명의 사망자가 발생하는 대형사고가 발생하였다. 본 사고는 브라질 상파울루 도심지 터널공사 공사에 적용되어 왔던 NATM 터널공사에 심각한 영향을 미쳤다. 본 사고를 통해 NATM 터널공사에서 굴착 및 보강방법과 지질 및 지반 리스크 관리상에 여러 가지 문제점이 확인되었다. 특히 도심지 구간을 통과하는 NATM 터널에서의 터널 및 수직구 붕괴사고는 조사, 설계 및 시공상의 기술적 문제점을 제기하는 계기가 되었으며, 터널 붕괴사고 원인 및 발생 메커니즘을 규명하기 위하여 사고조사위원회를 구성하여 철저한 조사를 진행하게 되었다.

Pinheiros 정거장 터널사고는 동측 터널에서 굴착 작업이 거의 완료되었을 때, 정거장 터널의 굴착 끝지점에서 수직구 방향으로 벤치 굴착 작업을 수행하는 동안 발생했다. 첫 번째 붕괴 징후는 약 14시 30분에 터널 내부에서 발생했으며, 14시 54분에 터널 붕락은 Capri 거리에 큰 지반함몰 형태로 확대되었다.

[그림 7.37] 상파울루 메트로 NATM 터널 붕락 사고(브라질 상파울루, 2007)

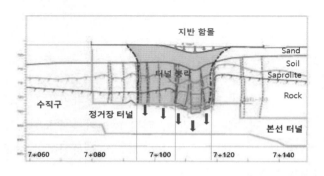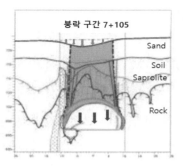

[그림 7.38] 터널 붕괴 및 레일 함몰 현황도

1) NATM 터널 층상/풍화암반에서의 지질 리스크

사고 원인은 엽리와 차별풍화가 발달한 흑운모 편마암구간에서 정거장 터널굴착 중 측벽의 연약층이 파괴되면서 천단부의 암반 능선(rock ridge)이 붕락되면서 지상도로 함몰에 이르게 되고 수직구까지 붕괴된 것으로 파악되었다. 따라서 지질변화구간에서 막장뿐만 아니라 주변 터널의 암반상태를 확인하는 것이 무엇보다 중요하므로 지질상태를 면밀히 관찰하고 이에 대하여 보다 적극적으로 대응하여야만 한다.

2) NATM 터널 사고에서의 계약 방식과 리스크의 책임

본 터널 사고는 지질 및 암반조건이 매우 복잡한 구간에서 발생한 붕락사고로 7명의 사망자가 발생하였고, 주변 도로가 함몰되고 건물이 손상되는 상황으로 발전하였다. 이후 사고조사위원회의 면밀한 조사와 검토를 통하여 설계 및 시공의 총체적인 시스템의 문제점이 확인되었지만 주요 사고원인은 지질 리스크로 결론지었다.

3) NATM 터널 붕락사고 원인조사와 복구 방안 수립

사고 원인은 설계 당시 확인하지 못한 지질특성(차별풍화의 암반능선 구조, 측벽 뒤의 열화된 흑운모층 등)으로 시공 중 측벽의 연약층이 파괴되면서 천단부의 암반 능선(rock ridge)이 붕락되면서 지상도로 함몰에 이르게 되고 수직구까지 붕괴된 것으로 파악되었다. 복구 방안으로는 붕괴구간에 가시설 공법을 적용하여 단계별로 재굴착하고, 개착 박스 구조물 설치하는 방안을 채택하였다.

4) NATM 터널 붕락사고와 교훈

본 사고는 터널 공사에서 지질 리스크 관리가 얼마나 중요한지를 보여주는 대표적인 붕괴사례로, 사고를 예방할 수는 없었지만 사고 발생 이후 적극적인 대처 및 긴급 대책방안 수행 등에 심각한 문제가 확인되었고 사고 이후 부적절한 대응으로 인하여 대형 인명사고로 이어졌다는 점이다. 특히 철저한 조사결과를 바탕으로 사고 발생 시 대응시나리오 등에 대한 긴급구난계획(contingency plan) 등과 같은 안전관리가 대폭 강화되는 계기가 되었으며, 브라질 지하터널공사에서의 안전관리 및 리스크 관리 시스템을 근본적으로 개선시키게 되었다.

7.11 국내 도심지 터널 붕락사고와 교훈

1) 서울시 지하철 TBM 터널 싱크홀 사고

2014년 8월 5일 석촌지하차도에서 폭 2.5m, 깊이 5m, 연장 8m의 싱크홀이 발생했다. 또한 13일에도 석촌지하차도 중심부 도로 밑에 폭 5~8m, 깊이 4~5m, 연장 70m의 공동이 추가로 발견됐다. 14일 지하철 9호선 3단계 건설을 위해 지하차도 하부를 통과하는 실드 터널 공사가 싱크홀 발생 원인으로 추정되었다. 본 사고는 도심지 터널공사의 지하안전영향평가를 의무화하는 계기가 되었다.

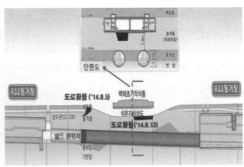

[그림 7.39] 서울시 지하철 TBM 터널 싱크홀 사고(2014, 서울)

2) 인천 도시철도 NATM 터널 붕락 및 싱크홀 사고

2012년 2월 18일 인천도시철도 2호선 201공구 지점에서 40m 검단사거리부근의 6차선도로 한복판이 무너져 내리는 싱크홀 사고가 발생했다. 이번 사고는 지하철 공사 중 대형상수도관 파열로 누수현상이 발생해 지반이 약해져 붕괴된 것으로 추정된다.

[그림 7.40] 인천 도시철도 NATM 터널 붕락 및 싱크홀 사고(2012, 인천)

3) 별내선 지하철 NATM 터널 붕락 및 싱크홀 사고

2020년 8월 26일 구리시 교문동의 한 아파트 인근 도로가 내려앉으며 직경 16m, 깊이 21m 대형 싱크홀이 발생했다. 싱크홀 사고 발생 원인은 별내선 터널 공사로, 본 공사는 2015년에 착수해 후년 12월 완공 예정으로 공사를 진행 중이었으나 별내선 3공구 지하터널(1~3터널) 구간이 포함된 도로에 대형 싱크홀 사고가 발생한 것이다.

[그림 7.41] 별내선 지하철 NATM 터널 붕락 및 싱크홀 사고(2020, 구리)

4) 부산 지하도로 NATM 터널 붕락사고

2023년 2월 25일 0시40분께 부산 동래구 미남교차로 근처 지하 60m 지점에 있는 만덕~센텀 대심도 터널 공사현장 천장에서 토사 750m³가 쏟아졌다. 당시 이로 인한 인명피해는 없었다. 토사유출에 따른 영향 범위가 반경 10m 이내로 분석됐고, 도시철도 3호선 터널과 32m가량 떨어져 있어 영향이 없을 것으로 평가되었다. 이후 상세한 사고 원인 조사를 통하여 보강공사가 진행되었다.

[그림 7.42] 부산 지하도로 NATM 터널 붕락사고(2023, 부산)

터널 붕락사고와 교훈(Lesson Learned)

터널은 종방향으로 긴 선형 구조물로서 지반 불확실성으로 인한 지질 및 지반 리스크가 상대적으로 크기 때문에 공사 중 사고발생의 위험성이 높고, 실제로 많은 터널 붕락 및 붕괴 사고가 발생하여 온 것이 사실이다. 실제 터널공학의 발전은 이러한 사고로부터 문제점을 분석하고, 그 해결책을 찾아가는 과정이라 할 수 있다. 지난 수십 년 동안의 터널 사고현장으로 얻은 교훈이 현재 터널의 역사를 만들어 낸 것이다.

터널 분야는 아직도 해결해야 할 문제가 많고, 여전히 터널공사 현장에서 발생하는 다양한 크고 작은 사고들을 목격하면서 전문가로서 무엇을 할 것인지 깊이 고민하지 않을 수 없게 된다. 특히 열심히 일하는 엔지니어들에게 실무적인 고민들과도 연결되는 실제적인 도움을 주고자 터널 전문가로서 알고 있고, 현장에서 배우고 경험한 것들을 중심으로 기술적 경험과 지식을 공유하는 것이 반드시 필요하다.

특히 터널 분야는 상대적으로 리스크가 큰 지오 리스크(Geo-Risk)를 다루기 때문에 여러 가지 사고(Accident)가 발생하여 왔지만, 이에 대한 정확한 원인 규명이나 발생 메커니즘에 대한 분석이 충분하지 못했다. 이는 사고의 원인에 따라 부과될 책임소재에 대한 문제가 더욱더 크게 발생하기 때문으로 생각되며, 특히 국내의 경우 사고에 대한 여러 가지 자료들에 대한 공개를 엄격히 제한하고 있는 현실이다. 따라서 해외에서 발생한 터널붕락 사고사례를 분석하여 터널사고 발생원인 분석과 메커니즘, 주요 리스크와 이에 대한 대책 그리고 사고현장에 대한 응급 복구 및 보강대책 등을 중심으로 기술적 사항을 검토하였다. 다시 말하면 터널공사에서 발생 가능한 지오 리스크와 이로 인한 터널 붕락 및 붕괴 특성을 면밀히 검토하여, 터널사고로부터 얻을 수 있었던 여러 가지 교훈과 사고 이후 개선되거나 달라진 공사체계와 시스템 등에 대하여 분석하였다.

"사고로부터 배운다"라는 말이 있다. 사고가 발생하는 경우, 사고 원인에 대한 객관적인 분석과 함께 이에 대한 명확한 책임과 이에 대한 대책을 수립하는 것이 가장 기본 것인 절차이지만, 사고 문제점을 확인하고 이러한 사고가 발생하지 않도록 교훈(Lesson Learned)을 정리하여 이를 관련 기술자들에게 공유하고 일반에게 오픈하는 것이 가장 중요한 핵심이라고 생각한다.

국내외 다양한 터널 붕락사고 사례를 검토하면서 몇 가지 핵심 사항을 정리하여 보았다.

이는 터널 사고가 발생한 이후 철저한 조사, 공학적 원인 분석과 리스크 대책 수립을 기반으로 사고조사보고서를 작성하고 공유하여야 한다는 것이다.

☞ 사고 원인에 대한 공학적 분석 – Geo-Forensic Engineering

터널 붕락사고 발생 시 터널 사고와 관련된 설계 및 시공 자료, 시공 중의 지질 및 암반 자료, 모든 계측자료 등을 바탕으로 하여 터널 붕락사고의 발생원인과 메커니즘을 분석하여야 한다. 이는 철저한 사고조사 프로세스로서 모든 사고에 대한 철저한 분석(Geo-Forensic)을 통하여 사고원인을 규명하는 것이 필요하다.

☞ 불가항력과 기술적 오류 – Unexpected Condition and Technical Mistake

터널 붕락사고에서의 가장 큰 쟁점은 이러한 사고가 예상을 할 수 없었던 불가항력적(Unexpected)인 것인지 아니면 설계 및 시공상의 기술적 오류나 잘못으로 인한 것인지 이다. 이는 사고이후의 책임(공기지연 및 공사비 증가)소재에 대한 중요한 이슈로서 객관적이고 체계적인 사고원인 조사를 통해서만 가능하다.

☞ 지오 리스크와 리스크 분담 – Geo-Risk and Risk Sharing

터널공사는 지질/지반/암반중에 건설되는 지하공사로서 불확실한(Uncertain) 요소로 인한 지질/지반/지오 리스크(Geo-Risk)가 많은 특성을 가지고 있다. 터널공사 중 발생하는 지오 리스크에 대한 책임을 누가 질 것인가와 리스크를 어떻게 분담할 것인지에 대한 보다 정확한 공사관리가 수행되어야 한다.

☞ 사고 보고서의 오픈과 공유 – Official Report and Explicit Communication

터널 붕괴사고사례에 대한 분석으로 부터 많은 기술적 문제점을 확인하고, 이를 개선하기 위한 다양한 제도적 법적 노력이 진행되어 왔음을 확인할 수 있었다. 이는 발주처를 중심으로 오픈된 사고조사보고서가 있었기 때문에 가능한 것이다. 따라서 철저한 사고조사뿐만 아니라 사고조사결과에 대한 공식적인 보고서(Official report)를 제3자 또는 일반인에 명확하게(Explicit) 오픈하고 공유하도록 함으로써 사고 사례로 부터 교훈을 얻는 과정이 반드시 필요하다.

제8강

터널 안전과 리스크 관리

LECTURE 08

터널 안전과 리스크 관리
Tunnel Safety and Risk Management in Tunnelling

도심지에서의 교통인프라 개발이 활발해지고, 대심도 지하터널을 이용한 도시의 기반시설 확충으로 인하여 도심지 구간에서 대심도 터널시공이 많이 이루어지고 있다. 이에 따라 대심도 터널시공으로 인한 터널안전 문제와 주변 지반 및 구조물의 안전 확보여부는 중요한 이슈가 되고 있으며, 터널시공에 앞서 대심도 터널공사에 따른 리스크를 분석하고 평가하여 리스크 관리를 반드시 수행하여야 한다. 이 책에서는 대심도 터널과 도심지 터널이라는 특성을 반영하여 터널구간에 대하여 지반조사 자료, 설계도서, 각종 사전 검토자료 및 시공계획 등을 바탕으로 수직구, 본선터널 및 대단면 터널정거장 구간의 지하 안전성에 대한 주요 리스크를 분석하고 평가함으로써 수직구, 본선터널과 대단면 터널정거장 구간에 대한 안전리스크를 정량적으로 관리하고자 하였다. 이 책의 내용이 도심지 대심도 터널공사에서 시공 시 리스크와 안전 문제를 사전에 검토하는 경우 기본적인 기초 참고 자료로 활용될 수 있을 것으로 기대된다.

1. 지하터널공사에서의 리스크

최근 도심지 구간에서의 수도권 급행철도사업과 인덕원~동탄 도시철도 사업 등과 같은 교통인프라 건설이 적극적으로 추진되고 있다. 또한 도시의 각종 기반시설 확충과 국토의 효율적인 활용을 위해 도로, 철도, 지하철, 전력·통신시설 및 수로시설 등 도심지 지하공간(urban underground space, UUS)을 활용한 도심지 대심도 터널(urban deep tunnelling, UDT)이 확대되고 있다. 또한 도심지 대심도 터널공사로 인하여 터널 자체의 안전성 확보뿐만 아니라 주변지반과 구조물 그리고 지상 건물의 안전성 문제가 중요한 관심사항으로서 터널공사 중 발생가능한 리스크를 사전에 파악하여 이에 대한 대책을 수립하여 안전관리를 수행하여야만 한다. 도심지구간에서 대심도 터널시공은 공사 정도가 난해하기 때문에 시공 중 지질 및 지반의 불확실성에 따른 터널 안전문제뿐만 아니라 터널공사 진행에 따른 기존 구조물 및 주변 건물의 안전에 영향을 줄 수 있으므로 적극적인 대책이 수립되지 못할 경우 기존 구조물의 침하, 균열 및 누수 등 구조물의 안정성에 상당한 영향을 미칠 수 있으며, 시공 중 발파 진동과 소음 등과 같은 환경성에 대한 문제도 기존 구조물뿐만 아니라 주변 건물에도 상당한 영향을 줄 수 있다(김영근, 2018).

따라서 도심지 구간에서 대심도 터널시공 시 지질 및 지반 특성 등을 고려한 리스크 평가방법이 적용되어야 하며, 터널시공으로 인한 지반침하 및 구조물 영향이 최소화될 수 있도록 여러 가지 발생가능한 리스크에 대한 저감대책을 수립하고 이를 관리할 수 있도록 터널공사 중 발생할 수 있는 리스크에 대해 사전에 공정별로 충분한 검토가 수행되어야 한다(김영근, 2018).

본 장에서는 대심도 터널과 도심지 터널이라는 특성을 반영하여 터널구간에 대하여 지반조사 자료, 설계 도서, 각종 사전 검토자료 및 시공계획 등을 바탕으로 수직구, 본선터널 및 대단면 터널 정거장 구간의 지하 안전성에 대한 주요 리스크를 분석하고 평가함으로써 수직구, 본선터널과 대단면 터널정거장 구간에 대한 안전을 확보하기 위하여 리스트 안전관리 시스템을 적용하고자 하였다.

2. 터널 리스크 평가와 기준

국제 터널협회(ITA)에서는 1994년도에 터널공사의 리스크 분석 및 평가 기준을 발표하였다(994). 본 기준에서는 각 위험에 대한 발생 빈도와 결과의 범위는 프로젝트의 요건과 규모에 적합하도록 특별히 설정된 분류시스템에 따라 평가되도록 하였다. 주어진 위험의 빈도와 결과 분류에 기초하여 리스크 분류를 제공함으로써, 리스크 수준에 따라 취해야 할 조치를 나타내는 리스크 분류시스템을 확립하였다. 또한 빈도, 결과 및 리스크의 분류는 프로젝트에 대해 정의된 리스크 목표 및 리스크 허용 기준에 따라 확립되도록 하였다. [그림 8.1]에는 리스크 평가 흐름이 나타나 있다.

빈도 분류시스템은 모든 유형의 리스크에 공통적으로 적용되어야 하지만, 반면에 결과 분류시스템은 각 유형의 리스크에 대해 별도로 설정해야 한다. 가급적 분류 시스템은 공통적인 리스크 분류시스템이 모든 유형의 리스크에 사용할 수 있도록 조정해야 한다. 빈도, 결과 및 리스크 수준의 분류 예는 5등급 분류시스템을 사용하였다.

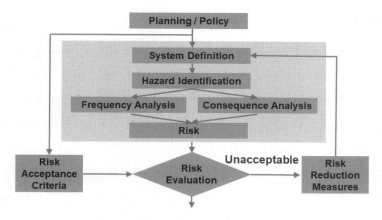

[그림 8.1] 리스크 평가 흐름 (ITA, 2004)

2.1 빈도 분류(Frequency Classification)

빈도 분류에는 공개된 통계 자료 외에도, 프로젝트팀 또는 조직의 직원으로부터 도출된 전문가 판단이 사용될 수 있다. 팀원의 업무를 용이하게 하기 위해서는 빈도 평가(Frequency evaluation)에 대한 지침이 가능한 명확하고 종합적으로 설정되어야 한다. 국제터널협회에서 제안된 빈도 평가방법은 빈도 등급에 대한 자체 지침을 공식화하기 위해 경험 많은 터널엔지니어로 구성된 리스크 평가팀을 갖도록 하는 것이다.

일반적으로 빈도 분류의 실용적인 방법으로 5가지 등급 또는 간격으로 분리하는 것이 추천된다(E.S. Hakan, 2017). 빈도 분류는 사건 수(위험 발생)를 "연간" 또는 "터널 km 당" 단위로 설정할 수 있다. 그러나 전체 공사기간 동안 발생 가능한 사건의 수와 관련된 분류를 사용하는 것이 가장 적절하다고 제안되었다. 이러한 빈도 분류의 예는 [표 8.1]에 나타난 바와 같다.

[표 8.1] 공사단계에서의 발생 빈도와 빈도 등급

Frequency Class	Interval	Central value	Descriptive Frequency Class
5	> 0.3	1	Very likely
4	0.03 to 0.3	0.1	Likely
3	0.003 to 0.03	0.01	Occasional
2	0.0003 to 0.003	0.001	Unlikely
1	< 0.0003	0.0001	Very unlikely

2.2 결과 분류(Consequence Classification)

결과 분류는 5가지 등급으로 분류하는 것이 추천된다. 결과의 유형과 잠재적 심각도의 선정은 프로젝트의 범위와 특성에 따라 달라진다. 다음의 예는 일반적인 실무와 일치하지만, 각각의 프로젝트에 대한 지침과 분류 등급은 특정 리스크 정책을 고려하여 정의해야 한다는 점을 유념해야 한다. 사용된 예는 프로젝트 가치가 약 1,500~2,000억 규모이고, 공사기간이 약 5~7년인 지하터널 프로젝트이다. 업자의 부상 결과 분류와 작업자의 손상에 대한 허용기준은 리스크 평가에 대한 실제적인 기초를 형성하기 위해 리스크 정책에 대해 보정해야 한다. 작업자의 부상에 대한 지침 설명과 함께 결과 분류의 예가 [표 8.2]에 나타나 있다.

[표 8.2] 작업자의 부상

	Disastrous	Severe	Serious	Considerable	Insignificant
No. of fatalities/Injuries	F > 10	$1 < F \leq 10$, SI > 10	1F, $1 < SI \leq 10$	1S, $1 < MI \leq 10$	1MI

F : fatality, SI : serious injury, MI : minor injury

제3자에 대한 부상을 고려하는 경우 작업자의 부상과 비교하여 리스크 허용기준은 일반적으로 감소한다. 결과 분류의 예는 [표 8.3]에 제시되어 있으며, 작업자의 부상에 비해 제3자에 대한 부상 발생 시가 더 엄격하다.

[표 8.3] 제3자의 부상

	Disastrous	Severe	Serious	Considerable	Insignificant
No. of fatalities/Injuries	F > 1 SI > 10	1F, $1 < SI \leq 10$	1S, $1 < MI \leq 10$	1MI	-

F : fatality, SI : serious injury, MI : minor injury

제3자의 재산에 대한 피해 또는 경제적 손실은 발주자에 의한 경제적 손실에 비해 더 엄격한 등급을 가진 별도의 결과 등급에 의해 보상해야 한다. 실제로는 많은 프로젝트 경우에 있어서 대형 토목 엔지니어링 계약의 발주처들은 많은 프로젝트 경우에 직접적인 수혜자가 아닌 제3자에게 합리적인 것 이상의 경제적 피해에 노출되어 있음을 보여준다. [표 8.4]에 제3자에 대한 피해의 결과 분류 예가 제시되어 있다.

[표 8.4] 제3자에 대한 피해와 경제적 손실

	Disastrous	Severe	Serious	Considerable	Insignificant
Loss in Million Euro	> 3	0.3~3	0.03~0.3	0.003~0.03	< 0.003

　　환경에 대한 피해 문제는 일반적으로 프로젝트의 환경관리 시스템 내에서 다른 분야로 다루어진다. 리스크 관점에서 환경적 피해를 분류하는 것은 다소 복잡하지만 잠재적 불변성과 잠재적 피해의 심각도와 관련된 환경 피해를 평가하는 것을 제안한다. [표 8.5]는 환경 피해에 대한 결과 분류의 예를 보여준다.

[표 8.5] 환경에 대한 피해

	Disastrous	Severe	Serious	Considerable	Insignificant
Guideline for proportions of damage	Permanent severe damage	Permanent minor damage	Long-term effects	Temporary severe damage	Temporary minor damage

A definition of "long-term" and "temporary" should be provided in relation to the project duration.

　　공기 지연의 잠재적 결과는 공사 활동이 임계공기에 있는지 여부에 관계없이 초기에 특정 공사 활동의 지연으로 평가될 수 있다. 임계 공기에 대한 예상된 공기지연을 평가하기 위해 공기지연에 대한 별도 평가가 이루어져야 한다. 모든 결과를 포함하는 하나의 리스크 매트릭스를 구성하기 위해서는 5개의 등급으로 구분하도록 보다 현실적인 분류를 정의할 수 있다. [표 8.6]에는 공지지연에 대한 결과 등급의 예가 나타나 있다. 이러한 분류는 지하터널공사의 특성과 규모 등에 따라 조정되도록 권장된다.

[표 8.6] 공기지연

	Disastrous	Severe	Serious	Considerable	Insignificant
Delay(1) (months per hazard)	> 10	1~10	0.1~1	0.01~0.1	< 0.01
Delay(2) (months per hazard)	> 24	6~24	2~6	1/2~2	< 1/2

　　발주자에 대한 경제적 손실 유형은 리스크 발생의 결과로 발주자에 대한 추가 비용과 관련이 있으며, 발주자에 의해 예상되는 추가 비용을 포함한다. 그러나 추가적인 원가를 발주자나 다른 당사자가 부담할 것인지 여부를 쉽게 정할 수 없다면 발주자가 손실을 부

담한다고 가정해야 한다. 발주자(리스크 별로)에게 경제적 손실을 분류하는 제안된 예는 [표 8.7]에 나타나 있다.

[표 8.7] 발주자에 대한 경제적 손실

	Disastrous	Severe	Serious	Considerable	Insignificant
Loss in Million Euro	> 30	3~30	0.3~3	0.03~0.3	< 0.03

일반적으로 대형 지하터널공사의 경우 정치적, 경제적, 환경적으로 민감하고 여론이 프로젝트 개발에 심각한 영향을 미치는 경우가 많기 때문에, 여론에 의한 피해는 평가해야 할 관련 결과 범주가 될 수 있다. 따라서 발주자에 대한 경제적 손실의 일부로 여론에 의한 피해가 고려되어야 한다.

2.3 리스크 분류(Risk Classification)

위에서 설명한 빈도 등급과 결과 등급에 따라 리스크 수준을 평가하여야 한다. 일반적으로 리스크 수준의 결정을 위한 리스크 매트릭스가 사용되며 그 예가 [표 8.8]에 나타나 있다. 지하터널공사에 대한 리스크 관리정책을 고려하여 각 특정 프로젝트에 대해 리스크 분류 시스템을 정의해야 한다. 빈도 등급과 결과 등급의 5단계를 사용함으로써 리스크 분포에 대한 일반적인 평가방법을 유지할 수 있다.

각 위험에 대해 수행해야 할 조치는 관련 리스크가 허용할 수 없는지(Unacceptable), 원치 않는지(Unwanted), 허용할 수 있는지(Acceptable) 또는 무시할 수 있는지(Negligible)로 분류되는지에 따라 달라진다.

- **리스크 등급 – 허용 불가** 리스크 완화 비용에 관계없이 적어도 원치 않는 수준으로 리스크를 감소하여야 하며,
- **리스크 등급 – 원치 않음** 리스크 완화대책을 검토하고 ALARP 원칙하에 리스크 대책을 실행하여야 한다. ALARP(As Low As Reasonably Practical)은 합리적으로 실행 가능한 범위의 대책을 의미한다.
- **리스크 등급 – 허용 가능** 프로젝트 전체에 걸쳐 리스크를 관리하고 리스크 완화에 대한 고려는 필요하지 않고,
- **리스크 등급 – 무시** 리스크에 대하여 더 이상 고려할 필요가 없음을 의미한다.

[표 8.8] 리스크 매트릭스(예)

Frequency	Consequence				
	Disastrous	Severe	Serious	Considerable	Insignificant
Very Likely	Unacceptable	Unacceptable	Unacceptable	Unwanted	Unwanted
Likely	Unacceptable	Unacceptable	Unwanted	Unwanted	Negligible
Occasional	Unacceptable	Unwanted	Unwanted	Acceptable	Negligible
Unlikely	Unwanted	Unwanted	Acceptable	Acceptable	Negligible
Very Unlikely	Unwanted	Acceptable	Acceptable	Negligible	Negligible

리스크 등급에 따른 대책

Unacceptable 허용 불가	리스크 완화 비용에 관계없이 적어도 원치 않는 수준으로 감소
Unwanted 원치 않음	리스크 완화 대책 검토 / ALARP 원칙하에 대책 실행
Acceptable 허용 가능	프로젝트 전체에 걸쳐 리스크 관리 / 리스크 완화에 대한 고려는 필요 없음
Negligible 무시	리스크에 대해 더 이상 고려할 필요가 없음

수행할 조치에 대한 설명에는 리스크 완화 조치를 결정해야 하는 프로젝트 조직의 수준에 대한 정의가 포함될 수 있다. [표 8.8]에 제시된 리스크 매트릭스는 검토된 각 위험요소에 대한 허용가능성에 대한 의사결정의 근거로 만들어진 것이다. 개별 위험요소의 리스크를 통제함으로써, 프로젝트에 관련된 총 리스크는 추정치를 고려하지 않고 통제된다. 발생 빈도를 줄이기 위해 위험요소를 과도하게 세분화하지 않는 것이 이 접근법의 전제조건이다. 리스크 목표를 기초로 리스크 매트릭스를 설정할 때는 다양한 등급애서의 예상된 위험요소의 횟수를 고려해야 한다. 이는 단순한 분류이기 때문에 이러한 지침에서는 다른 결과 그룹에 대해 제안된 가중치 또는 조합을 제시하지 않는다.

2.4 정량적 리스크 평가(Quantitative Risk Assessment)

신뢰성 있는 정량적 리스크 평가치를 제공하기에는 리스크 매트릭스 방법이 너무 개략적이며, 확인된 리스크를 정량화하는 것은 실행 가능한 작업이다.

각 위험요소에 대해 빈도에 대한 수, F와 결과에 대한 수, C를 지정함으로써 리스크를 정량화할 수 있다. 이 위험요소의 리스크는 F×C로 평가되며, 프로젝트의 총 리스크는 모든 위험요소에 대한 합으로 평가된다. 이 단순 접근방식은 각 리스크 유형에 대한 단일 리스크 수치를 제공하여 리스크에 대한 최선의 평가를 보여준다.

이와 같은 단순 접근법의 단점은 리스크 평가치의 불확실성을 설명하지 않는다는 것이다. 불확실성에 대한 설명은 각 결과를 확률 변수로 고려하고, 단일 수치 대신 각 변수에 분포를 할당함으로써 얻을 수 있다. 분포는 가능한 최소 및 최대 수치를 할당하여 얻을 수 있다. 빈도 평가에도 동일한 접근방식을 사용할 수 있지만, 빈도 변화의 결과의 민감도 검사가 더 적절할 수 있도록 이 접근법의 적합성이 논의되어야 한다. 총 리스크는 변수 간의 상관관계를 고려하여 몬테카를로 시뮬레이션을 통해 얻을 수 있다. 이러한 복잡한 접근법의 이점은 다음과 같다.

- 리스크는 단일 수치보다 각 결과(또는 빈도)에 대해 가능한 최솟값과 최댓값을 할당함으로써 더 잘 설명할 수 있다.
- 일반적으로 경험 기록의 통계적 분석보다는 공학적 판단에 기초하여 할당되어야 하는 빈도와 결과의 상당한 불확실성을 고려하여, 단일 수치대신 평가 범위의 사용은 리스크 평가를 수행하는 사람이 수치를 결정하는 것을 더 쉽게 할 것이다.
- 최종적인 리스크 평가치는 단일 수치가 아닌 확률 분포이다. 이것은 리스크에 대한 50%, 75% 및 95% 분위수(fractile)를 표현할 수 있다.

위에서 설명한 정량화 방법은 경제적 손실 및 공기지연 리스크 평가에 가장 적합하지만, 원칙적으로 모든 유형의 리스크와 결과에 사용될 수 있다. 멀티 리스크(Multi-risk)는 불확실성을 포함한 공사비 평가치와 공기 일정을 수립하기 위한 방법이다. 이 방법은 최대 평가치에 그러한 위험요소의 결과를 포함함으로써 발생 빈도가 다소 높은 위험요소에서의 비용과 공기에의 미치는 영향을 다루는 데 사용될 수 있다. 이 방법은 매우 높은 결과를 가지기 때문에 지하 건설 내에서 중요할 수 있는 발생 빈도가 낮은 위험요소에서의 비용과 공기에의 미치는 영향을 다루는 데 사용할 수 없다.

3. 터널 리스크 안전관리(싱가포르 LTA)

본 절에서는 2004년 니콜 하이웨이 MRT 붕괴사고 이후에 모든 지하공사에서의 안전관리를 강화하고, 리스크 관리를 의무화하고 있는 싱가포르에서의 리스크 안전관리에 대한 현황을 검토하였다.

싱가포르 건설에서는 시공자(Contractor)는 리스크 매트릭스를 사용하여 모든 안전에 중요한 활동을 확인하고 각각의 활동에 대한 공법 설명서(method statement)를 준비하고, 공사를 시작하기 전에 엔지니어(Engineer, 감리자)가 승인하도록 해야 한다. 리스크 평가 시 요구되는 위험요소의 발생가능성(Likelihood)과 결과(Consequence)에 대한 평가등급과 설명은 다음 [표 8.9]에 나타나 있다.

[표 8.9] 사고 빈도(발생가능성) Accident Frequency (LTA General Specification)

Likelihood	Rating	Description
Frequent	I	Likely to occur 12 times or more per year
Probable	II	Likely to occur 4 times per year
Occasional	III	Likely to occur once a year
Remote	IV	Likely to occur once in 5 year project period
Improbable	V	Unlikely, but may exceptionally occur

[표 8.10] 사고 심각도(결과) Accident Severity (LTA General Specification)

Likelihood	Rating	Description
Catastrophic	I	• Single or Multiple loss of life from injury or occupational disease, immediately or delayed; and/ or • Loss of whole production for greater than 3 days and/ or • Total loss in excess of $1 million
Critical	II	• Reportable major injury[1], occupational disease[1] or dangerous occurrence; and/ or • Damaged to works or plants causing delays of up to 3 days; and/ or • Total loss in excess of $250,000 but up to $1 million
Marginal	III	• Reportable injury[2], occupational disease[2]; and/ or • Damage to works or plants causing delays of up to 1 day; and/ or • Total loss in excess of $25,000 but up to $250,000
Negligible	IV	• Minor injury[3], no lost time or person involved returns to work during the shift after treatment; and/ or • Damage to works or plants does not cause significant delays; and/ or • Total loss of up to $25,000

Note: If more than one of the descriptions occurs, the severity rating would be increased to the next higher level. Applicable to item numbers 2 and 3 only.

[1] For man-days lost greater than 7 days
[2] For man-days lost greater than 4 to 7 days
[3] For man-days lost greater than 1 to 3 days

[표 8.11] 리스크 매트릭스 Risk Matrix (LTA General Specification)

Risk Category			Accident Severity Category			
			I	II	III	IV
			Catastrophic	Critical	Marginal	Negligible
Accident Frequency Category	I	Frequent	A	A	A	B
	II	Probable	A	A	B	C
	III	Occasional	A	B	C	C
	IV	Remote	B	C	C	D
	V	Improbable	C	C	D	D

[표 8.12] 리스크 인덱스 정의 Definition of Risk Index (LTA General Specification)

Risk Index	Description	Definition
A	Intolerable	Risk shall be reduced by whatever means possible
B	Undesirable	Risk shall only be accepted if further risk reduction is not practicable
C	Tolerable	Risk shall be accepted subject to demonstration that the level of risk is as low as reasonably practicable
D	Acceptable	Risk is acceptable

[표 8.13] 리스크 평가 양식 (Activity-Based Risk Assessment Form)

				ACTIVITY-BASED RISK ASSESSMENT FORM											

ACTIVITY-BASED RISK ASSESSMENT FORM

Company :   Activity/Process :   Location of work :

Conducted By (RA team members) : | Name | Designation | Date   Reviewed By : | Name | Designation | Date   Approved By : | Name | Designation | Date

Last Review Date :   Next Review Date :

S/No	Description of Work Activity	Hazards Identified	Risk	Existing Control Measures	Initial Risk Index			Additional Control Measures	Residual Risk Index			Risk Owner (Action Officer)		
					F	S	R		F	S	R	Name	Designation	Follow-up Period

F : Frequency (I=Frequent, II= Probable, III=Occasional, IV=Remote, V=Improbable)
S : Severity (I=Catastrophic, II=Critical, III=Marginal, IV=Negligible)
R : Risk Index (A=Intolerable, B=Undesirable, C=Tolerable, D=Acceptable)

리스크 관리는 리스크 수준을 제어하여 영향을 완화하기 위한 체계적인 접근법으로 리스크 관리 프로세스는 건설 공사가 항상 불확실성을 수반한다는 것을 의미하는 것으로, 건설공사의 성공적으로 완료되도록 리스크가 체계적으로 허용 가능한 수준으로 감소되도록 하기 위한 절차이다. 리스크 관리는 [그림 8.2]에서 보는 바와 같이 위험요소 식별, 리스크 평가, 리스크 컨트롤 및 리스크 모니터링의 연속적인 주기적 절차이다.

[그림 8.2] 리스크 관리 프로세스

3.1 싱가포르 안전관리 시스템(Safety Management System)

1) PSR(Project Safety Review, 프로젝트 안전검토 프로세스)

PSR의 절차의 목적은 LTA 프로젝트에 대한 시공 설계 및 프로젝트 관리에서의 리스크 식별 및 완화 원칙을 적용하기 위한 것이다. 타당성 단계부터 인수인계 단계까지 체계적인 리스크 관리 접근법을 적용하여, 모든 단계에서 위험요소를 식별하고 가능한 경우 제거해야 한다. 다음의 LTA 프로젝트는 PSR(Safe-to-Build) 프로세스의 적용을 받는다.

- 모든 새로운 RTS(Rapid Transit System) 라인
- 기존 라인에 정거장 추가 건설
- 기존 라인의 확장

(1) Safety Submission(안전 승인)

프로젝트의 모든 단계에서 안전관리에 대한 리포트를 작성하고 이를 LTA에 제출하여 허가를 받아야 각 단계에서의 프로젝트의 승인을 받을 수 있도록 되어 있다. [그림 8.3]에서 보는 바와 같이 안전 제출 승인의 종류는 타당성 조사단계(CFSS)에서부터 기본개념설계(CCSS), 상세설계단계(CDSS), 시공단계(CNSS) 및 인도단계(CHSS)로 구분되며, 각 단계별로 예상되는 소요시간과 절차는 [그림 8.4]에 나타나 있다. 일반적으로 CDSS에 1달, CNSS에 두 달 이상이 소요되므로 설계 및 시공단계에서 이에 대한 대비를 미리 고려하지 않으면 안 된다.

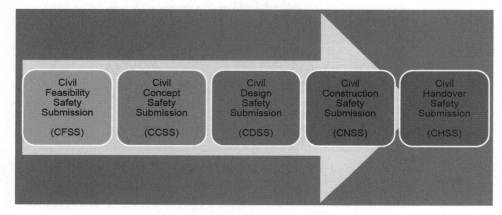

[그림 8.3] 안전 승인 종류(Types of Safety Submission)

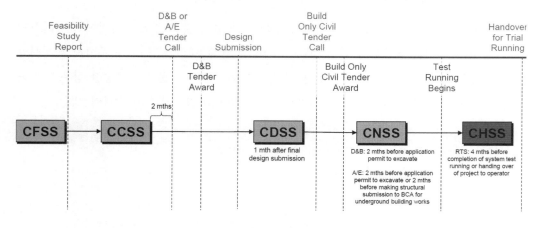

[그림 8.4] 안전 승인 시간표(Timeline for Safety Submission)

2) 역할과 책임(Role and Responsibility)

(1) 리스크 관리자(Risk Management Facilitator, RMF)

- 리스크 워크숍 진행
- 안전 승인 제출 준비
- 리스크 관리에 관리에 대한 외부 RMF와 연계
- 위험요소 식별 및 리스크 평가 방법론 교육
- 토목건설산업 경력 10년 이상(대형 철도 및/또는 도로사업 5년)

(2) 독립 검토자(Independent Reviewer)

- 안전 승인 제출 검토에 있어 PSR 소위원회 지원
- 누락된 위험요소 식별
- 제안된 리스크 제어 조치의 충분성 검토
- 리스크 평가의 합리성

3) AIP 프로세스(Approval-in-Principle)

AIP 프로세스[그림 8.5]는 영국 고속도로국(UK Highways Agency) BD 2/02의 기술 승인제도를 도입하여 만들어졌다. ACP 프로세스는 상세설계를 준비하기 전에 수행되는 추가 설계 점검 레벨로, ACP 문서는 상세 설계에 대한 합의된 기준을 기록한다.

AIP 프로세스에서는 시공 중 더 안전하게 그리고 공용 중 서비스 수준을 높일 수 있고, 건설 및 유지관리에서 경제적인 제안사항에 대하여 더 큰 보장을 부여하는 것으로, 상세 설계 전에 안전관리 및 경제성 측면에서 다시 한번 리뷰하는 프로세스라 할 수 있다.

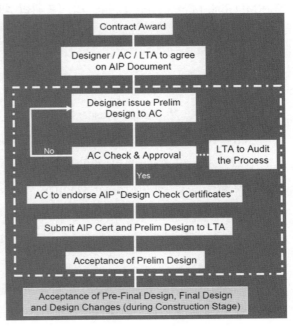

[그림 8.5] AIP 프로세스

4) 설계 승인 및 감독(Design Approval and Supervisory Requirements)

건설공사의 설계승인 및 감독 프로세스는 BCA(Building & Construction Authority)가 규정한다[그림 8.6]. 건설공사의 관련 당사자의 역할은 다음과 같으며, 특히 지하 구조공사의 경우 설계, 검토, 감독에는 특별한 자격을 갖춘 인력이 필요하다.

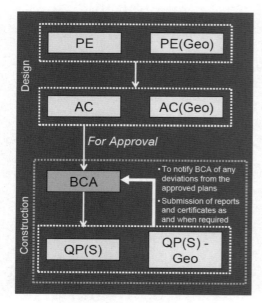

- PE : 설계를 준비하는 전문 엔지니어 (Professional Engineer)
- AC : 설계 검토에 임명된 독립 인증 체커 (Independent Accredited Checker)
- BCA : 설계를 승인하는 정부기관 (Building Construction Authority)
- QP(S): 현장에서 작업을 감독하고 검사하기 위해 임명된 독립된 감리팀

[그림 8.6] 설계 승인 및 감독

5) RMP(Risk Management Plan, 리스크 관리 계획)

시공자는 프로젝트 시작 시에 다음과 같은 항목과 함께 리스크 관리 계획을 제출해야 한다.

- 리스크 평가 계획(Risk Assessment Plan)
- 시공 리스크 등록부(Construction Risk Register)
- 안전, 보건 및 환경 관리 계획(Safety, Health and Environment Control Plan)
- 프로젝트 품질 계획(Project Quality Plan)
- 핵심 공법 설명서(Key Method Statements)
- 검사 및 시험 계획(Inspection and Test Plans)

각 공정에 앞서, 시공자는 특정 공정에 필요한 방법론과 자원을 포함하는 세부 공법 설명서를 제출해야 한다. 공법 설명서에 따라 특정 공정과 관련된 특정 리스크 및 그에 상응하는 리스크 완화 조치를 포함하는 리스크 평가를 제출해야 한다.

6) 리스크 관리 회의(Risk Management Meetings)

프로젝트의 진행에 따라 새로운 리스크를 고려하여 각 활동과 관련된 리스크를 검토하기 위해 정기적인 회의를 개최한다. 프로젝트 기간 중 실시되는 회의의 종류는 다음과 같다.

- 특정 공사 리스크 평가 워크숍 : 주요 업무 활동을 시작하기 전에 실시
- 공동 리스크 등록부 회의 : 월 단위로 실시
- 프로젝트 책임자의 최고 리스크 회의 검토 : 분기별로 실시

7) 전문가 자문단(International Panel of Advisors)

LTA는 리스크 식별, 공사의 공학적 안전성 판단 및 실행 가능한 잠재적 리스크 완화 조치를 권고하는 국제 자문단(회장 1명 및 위원 4명으로 구성)을 운영한다. 자문위원은 다양한 경험을 활용할 수 있도록 배경(컨설턴트, 시공자 또는 학계)과 지리적 위치(싱가포르, 아시아, 북아메리카, 유럽 등)를 바탕으로 선정된다.

4. 터널 리스크 관리 적용사례 – 싱가포르 케이블 터널 프로젝트

싱가포르에서의 프로젝트 안전성 검토(Project Safety Review, PSR)는 터널 사업의 시공 설계 및 사업관리에 리스크 확인 및 완화 원칙을 적용하고 설계단계부터 인계단계까지 체계적인 리스크 관리 접근방법을 수립하는 것을 목적으로 한다. 모든 단계에서 위험 요소를 식별하고 가능한 경우 이를 제거해야 한다[그림 8.7].

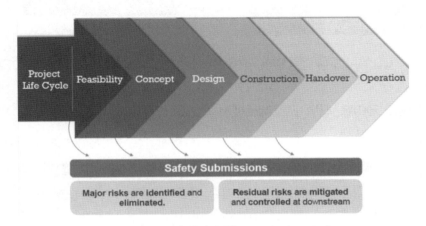

[그림 8.7] PSR과 안전 승인(Safety Submission)

- 설계 안전 승인 보고서(CDSS) 영구 및 임시 공사의 상세 설계와 특정 계약에 따른 제안된 공법 방법론 및 조치가 관련 식별된 위험요소와 새로 식별된 시공 및 유지관리 위험요소를 다루었음을 입증한다.
- 시공 안전 승인 보고서(CNSS) CDSS에서 전달된 잔류 위험요소가 시공 단계에서 완화되었고 시공자가 안전 리스크 관리를 위해 필요한 준비를 하고 있다는 것을 입증한다.

싱가포르에서의 모든 건설공사에서의 안전관리를 철저히 수행하도록 하고 있으며, 이를 체계화한 것이 [그림 8.8]에서 보는 바와 같이 LTA의 종합안전관리시스템(Total Safety Management System)이다. 이 시스템은 주요 리스크를 식별하고 나타내어 원천적으로 리스크를 감소하도록 하며, 모든 공사와 관련된 사람과 일반주민을 보호하고 각 주체로부터의 리스크를 검토하는 과정을 확인하도록 하고 있다.

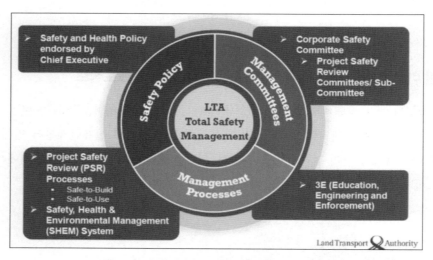

[그림 8.8] Total Safety Management System(LTA)

4.1 싱가포르 케이블 터널 프로젝트에서 리스크 안전관리

싱가포르 Transmission Cable Tunnel 공사는 안정적인 전력공급을 위해 싱가포르 동서(EW) 16.5km 및 남북(NS) 18.5km를 가로지르는 지하 전력구 터널을 건설하는 프로젝트이다. 발주처는 싱가포르에서 전력 및 가스 공급 및 배송 사업을 수행하는 Singapore Power 산하 기관인 SP Power Assets(SPPA)이다.

본 프로젝트는 NS 3구간 EW 3구간의 총 6공구로, 그중 NS2 공구는 North-South line의 중간인 Mandai에서 Ang Mo Kio까지를 잇는 총 연장 5.38km의 터널 구간이다 [그림 8.9]. 본 공사는 그림에서 보는 바와 같이 기존의 Sembawang road 와 Upper Thomson road 하부를 따라 굴착되는 6m 내경의 TBM Tunnel 및 M&E설비가 주된 공종이며, Ang Mo Kio, Mandai 2개소의 환기동 및 수직구, Tagore의 장비동 및 수직구를 각각 포함하고 있다. 각각의 수직구는 TBM 운용 및 반출을 위한 횡갱(Adit tunnel)과 접속갱(Enlargement tunnel)을 포함한다. NS1 공구와 연결되는 Mandai shaft에서 3.15km 굴착 연장을 가지는 TBM 1호기, NS3 공구와 연결되는 Ang Mo Kio shaft에서 2.23km 굴착 연장을 가지는 TBM 2호기를 각각 발진하여 Tagore shaft에서 회수할 계획이다.

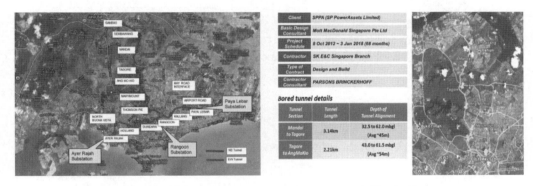

[그림 8.9] 싱가포르 Transmission cable tunnel 프로젝트 노선도

본 프로젝트에서는 과거 시공사례 및 과업구간의 지반조건 등을 고려하여 TBM 장비를 선정하였으며, 토압식(EPB)에 비해 상대적으로 디스크 커터의 마모가 적으며 복합지반에 효과적으로 적용할 수 있고, 굴진 시 고수압에 효과적으로 대응할 수 있는 이수식 (Slurry) 쉴드 TBM을 선정하였다[그림 8.10]. 0.5~4.5RPM의 Cutter Head 회전속도를 가지는 직경 6.88m의 TBM이 굴착에 운용되며, 32개의 Jack을 통해 세그먼트로부터 얻는 TBM 최대 추력(Thrust Force)은 51,200kN이다. [그림 8.10]에서는 본 과업에 적용되는 TBM의 면판설계 상세를 보여주고 있다. Mandai~Tagore 구간에서 출현하는 복합지반 및 단층대 탐사를 위해 Probe-dilling을 실시한 뒤, 필요에 따라서는 효과적인 Intervention 작업을 위해 갱내 그라우팅 장비에 의한 약액주입 공법을 적용하여 굴진면의 안정성을 확보함은 물론, Double Air Lock System으로 장비 주행 정지 없이 Intervention 작업을 진행하여 굴진율 향상을 도모하였다[그림 8.11].

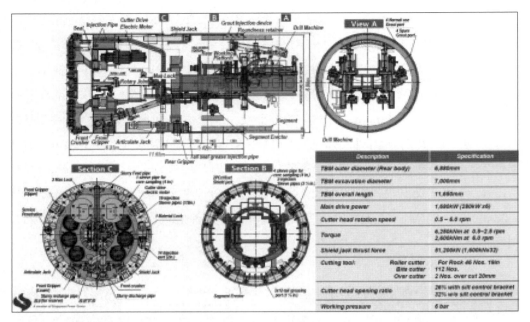

[그림 8.10] 싱가포르 Transmission cable tunnel NS2 – TBM 터널

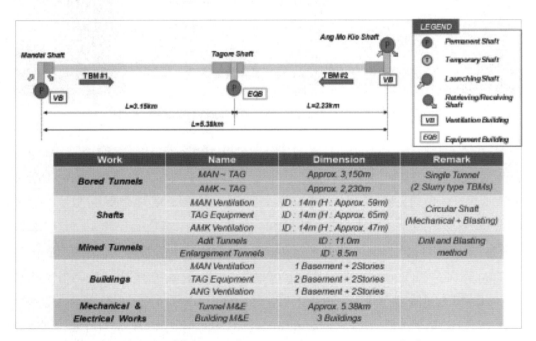

[그림 8.11] 싱가포르 Transmission cable tunnel NS2 – 공사 개요

4.2 리스크 관리 시스템

본 프로젝트에 채택된 리스크 관리 시스템은 발주처인 싱가포르 전력(SPPA)의 일반 시방서 - 부록에 명시된 SPPA의 위험요소 및 리스크 평가 프로세스에 따른다. 리스크 관리 시스템은 다음의 방법론과 과정을 포함한다.

개별 리스크의 평가는 확률, 영향, 원인 및 가능한 완화 조치에 대한 설명에 기초하며, 이러한 정보는 설계자(QPD)에 의해 작성된 설계안전 승인보고서(Civil Design Safety Submission, CDSS) 부록에 수록된 리스크 등록부에 기록된다. 확률 및 영향 평가에 표준 리스크 지수 시스템을 사용한다. [표 8.14]에 제시된 사고 빈도와 [표 8.15]에서 제시한 사고 심각성에 각 위험요소에 관련된 리스크 지수를 할당하여 등급을 결정하고 어떤 리스크를 통제하고 주의를 필요로 하는지 결정한다. 각각의 리스크는 [표 8.16]의 리스크 매트릭스 시스템과 [표 8.17]의 리스크 허용기준에 따라 평가된다. 리스크 등록부 구조와 위험요소 로그의 용어 정의는 계약 일반 시방서 부록 M에 표시되었다.

싱가포르 SPPA의 리스크 평가방법의 특징은 국제터널협회(ITA)에서 제시한 가이드인 5X5 리스크 매트릭스를 사용하지 않고, 본 프로젝트의 특성과 발주자의 경험 등을 고려하여 4X4 리스크 매트릭스를 사용한다는 점으로, 싱가포르의 경우 발주자마다 고유한 리스크 평가방법을 제시하고 있다.

이는 입찰안내서 및 계약 일반시방서안에 분명하게 명기되어 있으므로 입찰단계에서부터 프로젝트에 대한 제반 리스크 요인을 분석하게 하고, 이를 명확하게 평가하는 기준을 제시하여 설계단계 및 시공단계까지 관리하도록 하고 있다.

[표 8.14] 사고 빈도(Accident Frequency)

Likelihood	Rating	Description
Frequent	I	Likely to occur 12 times or more per year
Probable	II	Likely to occur 4 times per year
Occasional	III	Likely to occur once a year
Remote	IV	Likely to occur once in 5 year

[표 8.15] 사고 심각도(Accident Severity)

No	Consequence	Rating	Description(*)
1	Catastrophic	I	• Fatality, fatal diseases or multiple major injuries; or • Loss of whole production for greater than 10 calendar days; or • Total loss in excess of S$3 million.
2	Critical	II	• Serious injuries of life-threatening occupational disease (includes amputations, major fractures, multiple injuries, occupational cancer, acutue poisoning); or • Damaged to works or plants causing delays greater than 3 but up to 10 calendar days; or • Total loss in excess of S$1 million but up to S$3 million.
3	Marginal	III	• Injury requiring medical treatment or ill-health leading to disability (including lacerations, burns, sprains, minor fractures, dermatitis, deafness, work-related upper limb disorders); or • Damage to works or plants causing delays greater than 1 but up to 3 canlendar days; or, • Total loss in excess of S$0.3 million but up to S$1 million.
4	Negligible	IV	• Not likely to cause injury or ill-health, or requiring first-aid only (including minor cuts and bruises, irritation, ill-health with temporary discomfort); or • Damage to works or plants causing delays up to 1 calendar day; or • Total loss of up to S$0.3 million.

Note: (*) If more than one of the descriptions occurs, the severity rating would be increased to the next higher level. Applicable to item numbers 2 and 3 only.

[표 8.16] Risk Index Matrix

			Accident Severity Category			
			I	II	III	IV
			Catastrophic	Critical	Marginal	Negligible
Accident Frequency Category	I	Frequent	A	A	A	B
	II	Probable	A	A	B	C
	III	Occasional	A	B	C	C
	IV	Remote	B	B	C	D

[표 8.17] Risk Acceptance Criteria

A	Intolerable	Risk shall be reduced by whatever means possible
B	Undesirable	Risk shall only be accepted if further reduction is not practicable
C	Tolerable	Risk shall be accepted subject to demonstration that the level of risk is as low as reasonably practicable
D	Acceptable	Risk is acceptable

4.3 TBM 터널링에 대한 리스크 평가 결과

여기에 기술한 리스크 분석 및 평가사례는 TBM 굴진에 대한 사례이다. 참고로 싱가포르의 경우 공사 특성(가시설, TBM, SCL 터널 등)에 따라, 그리고 공정(TBM의 경우 초기 굴진, 메인 굴진, 도달 및 관통 등)에 따라 리스크를 세분하여 분석하여 평가하도록 하는 것이 특징이다. 다시 말하면 프로젝트에 관련된 모든 공사와 공정에 따라 리스크 평가를 기반으로 하는 안전관리가 철저하게 이루어지며 이것이 바로 PSR이다.

1) 위험요소 식별과 리스크 등록부

[표 8.18]은 전형적인 리스크 등록부를 보여준다. 이는 설계자 또는 시공자가 프로젝트 특성과 지질/지반 특성을 고려하여 위험요소를 작성하며, 각각의 위험요소에 대한 발생빈도와 결과 심각도를 고려하여 리스크를 평가한 후 이에 대한 구체적인 리스크 저감대책을 기술하도록 되어 있다. [표 8.19]는 이를 정리한 것으로 TBM 굴진에 따른 주요 위험요소를 보여준다.

[표 8.18] Risk Resister for TBM Drive (CDSS)

[표 8.19] Hazard Identification for TBM Drive (CDSS)

ID	Risk Registers	
B38.1	Tunnel Face Instability in Tunnelling	
B38.2	Excessive Water Ingress and High Water Pressure	Geo-Risk
B38.3	TBM Trouble due to Blocky rock	Geo-Risk
B38.4	TBM Trouble due to High strength rock	Geo-Risk
B38.5	TBM Trouble due to Mixed Face	Geo-Risk
B38.6	TBM Trouble in Weak Zone Associated with Fault	Geo-Risk
B38.7	Groundwater Drawdown Induced Tunnelling	
B38.8	Ground Settlement induced Tunnelling	
B38.9	Building and Utility Damage induced Ground Settlement	
B38.10	Cutter-head Intervention in Unplanned Zone	
B38.11	Segment Lining Crack and Damage	

2) 리스크 저감대책과 조치

[표 8.20]은 TBM 터널굴진에 대한 주요 리스크와 이에 대한 저감대책과 조치를 정리한 것이다. 표에서 보는 바와 같이 총 11개의 리스크로 구분하고 각각의 리스크에 대한 저감대책과 이후 조치가 정리되어 있음을 볼 수 있다. [그림 8.12]에는 각각의 리스크에 대한 상세 대책을 보여주고 있다.

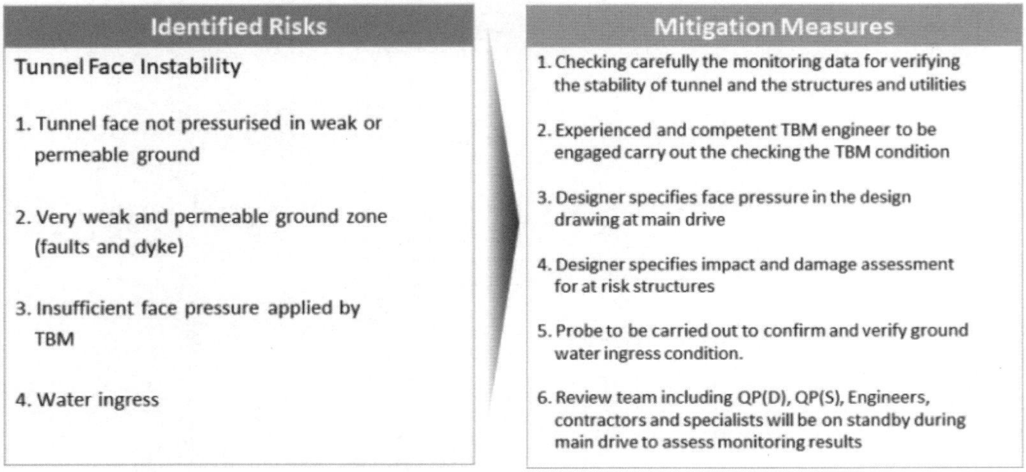

Identified Risks

Tunnel Face Instability

1. Tunnel face not pressurised in weak or permeable ground

2. Very weak and permeable ground zone (faults and dyke)

3. Insufficient face pressure applied by TBM

4. Water ingress

Mitigation Measures

1. Checking carefully the monitoring data for verifying the stability of tunnel and the structures and utilities

2. Experienced and competent TBM engineer to be engaged carry out the checking the TBM condition

3. Designer specifies face pressure in the design drawing at main drive

4. Designer specifies impact and damage assessment for at risk structures

5. Probe to be carried out to confirm and verify ground water ingress condition.

6. Review team including QP(D), QP(S), Engineers, contractors and specialists will be on standby during main drive to assess monitoring results

[그림 8.12] Identified Risks and Mitigation Measures (CDSS)

[표 8.20] Risk Mitigation and Action for TBM Drive (CDSS)

		Risk	Mitigation	Future Action
B38.1		Tunnel Face Instability	Specify face pressure Monitoring and coordination	Probing Drilling Additional SI Ground Grouting (Ground Improvement) Quality Control
B38.2		Excessive Water Ingress and High Water Pressure	Review for actual rock condition Specify parameter	
B38.3		TBM Trouble due to Blocky rock	Review for actual rock condition Specify parameters and committee	
B38.4		TBM Trouble due to high strength rock	Review for actual rock condition Specify parameters and committee	
B38.5		TBM Trouble due to Mixed Face	Specify parameters Monitoring review and committee	
B38.6		TBM Trouble in Weak Zone	Specify actual ground condition Expert TBM engineer	
B38.7		Groundwater Drawdown	Monitoring review Specify parameter and assessment	
B38.8		Ground Settlement	Monitoring careful review Specify parameter and assessment	
B38.9		Building and Utility Damage	Monitoring careful review Specify parameter and assessment	
B3810		Cutter-head Intervention	Monitoring careful review Impact assessment	
B38.11		Segment Lining Crack and Damage	Review the design condition Specify parameters and committee	

이는 설계자 및 시공자 관점에서 설계 및 시공 중에 예상되는 주요 리스크와 이에 대한 대책방안을 평가하는 절차로서, 일반적인 리스크에서부터 특정한 리스크까지 다양한 리스크를 구분하고 식별하여, 이에 대한 기술적인 대책을 설계자와 시공자가 공유하고 각각의 주체가 리스크를 분담하도록 하는 체계적인 의사결정과정으로 CDSS와 CNSS과 독립적인 아닌 유기적인 상호 커뮤니케이션 형태로 운영된다.

3) 리스크 지수 매트릭스

[그림 8.13]은 TBM 터널굴진의 리스크 평가결과를 보여주는 리스크 지수 매트릭스다. 그림에서 보는 바와 같이 처음 식별되고 구분된 각각의 위험요소에 대하여 대책이전의 리스크를 평가결과와 대책이후의 리스크 평가 결과를 나타냄으로써 구체적인 기술적인

대책을 통하여 당초 리스크(initial risk)과 잔류 리스크(residual risk)로 저감되거나 제거되거나 관리되는 리스크로 전환되었음을 보여준다. 여기서 중요한 것은 리스크 저감을 위한 대책을 적용함에 있어 설계자, 시공자 및 발주자의 상호 협의과정이 필수적이라는 것이다. 대부분의 리스크 저감대책은 공사비의 증가를 가져오는 경우가 많기 때문에, 얼마나 합리적인 리스크 허용 수준(as low as reasonably practical, ALARP)으로 낮추느냐가 관건으로 설계자 및 시공자 그리고 발주자의 실제적인 협의와 이해가 가장 중요한 것이다.

이러한 리스크 지수 매트릭스를 사용하는 리스크 평가 관리방법은 현장에서 실무적으로 적용할 수 있는 방법으로 발주자에 대한 이해뿐만 아니라 제3자인 일반주민들에게도 이해의 툴로서 상당한 유용하게 사용됨을 볼 수 있다.

Risk Index Matrix – Before Mitigation

Risk Category			Accident Severity Category			
			Catastrophic	Critical	Marginal	Negligible
			I	II	III	IV
Accident Frequency Category	I	Frequent	A	A	A	B
	II	Probable	A 6	A	B	C
	III	Occasional	A 1	B 4	C	C
	IV	Improbable	B	B	C	D

Risk Index Matrix – After Mitigation

Risk Category			Accident Severity Category			
			Catastrophic	Critical	Marginal	Negligible
			I	II	III	IV
Accident Frequency Category	I	Frequent	A	A	A	B
	II	Probable	A	A	B	C
	III	Occasional	A	B	C	C
	IV	Improbable	B 7	B 4	C	D

[그림 8.13] Risk Index Matrix (CDSS)

4) 싱가포르에서의 리스크 평가와 안전관리

지금까지 기술한 내용으로부터 싱가포르에서의 안전관리의 핵심은 리스크 평가임을 알 수 있다. 다시 말하면 프로젝트의 모든 공정의 각 단계에서의 요구되는 CDSS와 CNSS 보고서에는 반드시 리스크 평가내용을 기술하도록 하게 함으로써, 모든 공사과정에 대한 위험요소를 구분 식별하게 하고, 이를 공학적인 기준하에 기술자가 주체적으로 평가하도록 하여 프로젝트 리스크를 지속적으로 관리하도록 하는 안전관리 시스템이 모든 공사현장에 적용되고 있다. 또한 이러한 프로젝트의 안전관리는 단순히 시공자의 몫이 아니라 프로젝트 기획단계에서부터 유지관리단계에 이르기까지 설계자, 시공자 및 발주자 등의 모든 관련 기술자들이 직접 참여하고 협업하도록 하도록 하고 있다.

5. 도심지 대심도 터널특성을 고려한 터널 리스크 관리 사례

이 장에서는 도심지 대심도 터널을 대상으로 대심도 터널의 안전관리를 보다 효율적으로 수행하고자 터널 리스크를 관리하였다. 이를 위하여 수도권 급행철도(GTX-A)의 대심도 터널공사를 대상으로 리스크를 분석하고 평가하였다.

5.1 리스크 평가 기준

도심지 대심도 터널을 대상으로 리스크 분석 및 평가를 수행하여 터널 공사 중 안전리스크를 보다 체계적으로 수행하기 위하여 국제터널협회 기준을 기본으로 하여 본 터널현장의 특성과 규모를 반영하여 리스크 평가기준을 새롭게 설정하였다.

1) 리스크 분류 기준

본 시스템에 적용한 리스크 발생 가능한 빈도 분류는 [표 8.21]에 나타난 바와 같다. 표에서 보는 바와 같이 도심지 대심지 터널특성을 고려하여 5등급으로 구분하고, 각각에 대한 발생 정도를 표현하였다.

[표 8.21] 빈도(발생 가능성) 분류 Frequency Classification (F)

Frequency (F)		Rating	Description(발생 정도)
Very Likely	Frequent	I	1개월에 1번 이상
Likely	Probable	II	3개월에 1번 이상
Occasional	Occasional	III	6개월에 1번 이상
Unlikely	Remote	IV	1년에 1번 이상
Very Unlikely	Improbable	V	해당 공사기간 중에 1번 정도 예외적으로 발생

본 현장에 적용한 리스크의 결과 분류는 [표 8.22]에 나타난 바와 같다. 표에서 보는 바와 같이 도심지 대심도 터널특성을 고려하여 5등급으로 구분하고, 각각에 대하여 리스크에 의해 영향을 받는 공기 지연과 추가 공사비 영향을 구분하여 표현하였다.

[표 8.22] 심각도 (결과) Consequence Classification (C)

Consequence (C)	Rating	Description	
		공기	공사비
Disastrous	I	1년 이상	25억원 이상
Severe	II	3개월 ~ 1년	10억원 ~ 25억원
Serious	III	1개월 ~ 3개월	1억원 ~ 10억원
Considerable	IV	1주 ~ 1개월	2천만원 ~ 1억원
Insignificant	V	1개월 이하	2천만원 이하

본 현장에 적용한 리스크 분류 매트릭스(Risk Index Matrix)는 [표 8.23]에 나타난 바와 같다. 표에서 보는 바와 같이 리스크 빈도 등급(5등급)과 리스크 결과 등급(5등급)의 곱으로 표현하여 총 25개의 항목이 발생하며, 이를 A, B, C, D의 4개의 리스크 등급으로 구분하였다.

[표 8.23] 리스크 분류 매트릭스(Risk Index Matrix)

Risk Category			Consequence Classification (C)				
			Disastrous	Severe	Serious	Considerable	Insignificant
			I	II	III	IV	V
Frequency Classification (F)	Very Likely	I	A	A	A	B	B
	Likely	II	A	A	B	B	C
	Occasional	III	A	B	B	C	D
	Unlikely	IV	A	B	C	C	D
	Very Unlikely	V	B	C	C	D	D

본 현장에 적용한 리스크 등급의 의미와 이에 대한 대책수립 여부는 [표 8.24]에 나타난 바와 같다. 표에서 보는 바와 같이 A등급이 가장 위험한 등급으로 반드시 리스크 저감 대책을 수립하여 관리하도록 한다.

[표 8.24] 리스크 등급에 따른 대책

리스크 등급			리스크 등급
A	Unacceptable	허용 불가	리스크 완화 비용에 관계없이 적어도 원치 않는 수준으로 감소
B	Unwanted	원치 않음	리스크 완화 대책 검토 대책은 비용이 리스크 감소와 불균형을 이루지 않는 실행(ALARP 원칙)
C	Acceptable	허용 가능	리스크는 프로젝트 전체에 걸쳐 관리 리스크 완화에 대한 고려는 필요하지 않음
D	Negligible	무시	리스크에 대해 더 이상 고려할 필요가 없음

2) 리스크 카테고리 분류

본 터널 현장에서 발생 가능한 리스크를 주요 공정별로 분류하였다. 먼저 공구를 구분하고, 추가적으로 주요 공정을 고려하여 공정별로 터널, 가시설, 수직구, 정거장 구간으로 구분하였다. 이를 정리하여 [표 8.25]에 나타내었다.

[표 8.25] 공구 및 공정 분류

공구	공정			비고
A공구	터널	Tunnel	TU	본선 터널구간으로 연결 터널 등을 포함
	가시설	Temporary Earth Retaining Wall	TW	정거장 구조물 구간의 가시설을 포함
	수직구	Shaft	SH	작업용 수직구와 환기용 수직구를 포함
	정거장	Station	ST	정거장 구간을 포함

본 터널현장에서 발생 가능한 리스크를 분류하기 주요 리스크 카테고리를 분류하였다. 리스크는 지질 및 지반 리스크, 지반침하 리스크. 지하수 저하 리스크, 발파 진동리스크, 구조물 영향 리스크로 구분하고, 이를 공정별로 구분하여 적용하였다. 이를 정리하여 [표 8.26]에 나타내었다.

[표 8.26] 리스크 카테고리 분류

공구	리스크 카테고리			비고
A공구	지질	Geology and Geotechnical	GE	지질 및 지반 관련 리스크를 포함
	침하	Ground Settlement	GS	굴착에 의한 지반침하 관련 리스크를 포함
	지하수	Groundwater Drawdown	GW	굴착에 의한 지하수 리스크를 포함
	발파	Blasting Vibration	BL	발파에 의한 리스크를 포함
	구조물	Structure Damage	ST	구조물 손상 관련 리스크를 포함

본 현장의 대한 리스크 카테고리는 [그림 8.14]에 나타난 바와 같이 공정별 리스크 분류 4개와 위험항목별 리스크 분류 5개를 조합하여 총 20개의 리스크 카테고리로 구성되었다.

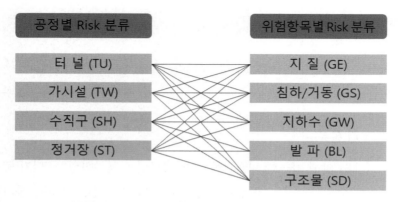

[그림 8.14] 도심지 터널에 대한 리스크 카테고리 분류

3) 리스크 평가 시트

앞서 설명한 리스크 평가 기준을 바탕으로 터널 현장에서 실무적으로 적용할 수 있는 리스크 평가 시트(Risk assessment sheet)를 작성하였다. 본 리스크 평가 시트는 [표 8.27]에 나타난 바와 같이 총 18개의 항목으로 구성되었으며, 각각의 리스크에 대한 원인, 영향, 저감대책 및 실행방안 그리고 관리책임자 등을 명확히 구분하여 리스크가 정량적이면서 체계적으로 관리될 수 있도록 작성되었다.

[표 8.27] 리스크 평가 Sheet 구성

구분	항목		내용
1	리스크 번호	Risk ID	리스크 분류 체계하에 리스크 번호를 부여한다.
2	설계 확인	Design Check	해당리스크가 설계시에 고려되었는지 확인한다.
3	공사	Work Activity	프로젝트에 해당하는 공정과 공사를 구분한다.
4	위험요소	Hazard	리스크를 유발하는 위험(위해)요소를 명확히 정의한다.
5	원인	Hazard Cause	위험(위해)요소에 대한 원인을 규명한다.
6	영향	Impact	위험(위해)요소에 의해 발생하는 영향을 규명한다.
7	초기 리스크 등급	Initial Risk Category, R_i	리스크 평가기준에 의해 초기리스크 등급을 평가한다.
8	저감 대책	Mitigation Measures	현장에서 실행가능한 리스크 저감대책을 고려한다.
9	잔류 리스크 등급	Residual Risk Category, R_r	리스크 평가기준에 의해 잔류리스크 등급을 평가한다.
10	향후 실행	Future Action	향후 실제적인 대책방안 실행여부를 확인한다.
11	리스크 책임자	Risk Owner	해당 리스크에 대한 총괄책임자를 임명한다.
12	실행 책임자	Action Owner	해당 리스크에 대한 실행책임자를 임명한다.
13	기한	Due Date	해당 리스크에 대한 관리 기한을 정의한다.
14	리스크 노출기한	Risk Exposure Period	해당 리스크에 대한 노출 기한을 정의한다.
15	목표 리스크 등급	Target Risk Rating	최종적인 리스크 목표 등급을 확인한다.
16	상태	Status	리스크 관리 상태(Open or Close) 등을 표기한다.
17	중점관리구간	Key Stations	해당 리스크가 발생할 수 있는 구간(위치)를 설정한다.
18	비고	Remark	기타 사항을 언급한다.

본 터널현장 특성을 고려하여 표준화된 리스크 평가 시트를 기본으로 하여 만들어진 최종적인 리스크 평가 시트가 [그림 8.15]에 나타나 있다. 본 리스크 평가 시트는 각각의 리스크를 정량적인 리스크 등급으로 평가하고, 이를 통계적으로 확인할 수 있도록 구성되어 있다. 또한 본 터널현장에서 공정별로 리스크 항목별로 구분된 모든 리스크에 대한 관리를 지속적으로 수행하고 주요 리스크 저감대책을 수립하도록 하였다.

빈도(발생가능성) 분류 Frequency(F) Classification (SK-TSMS)

Frequency(F)		Rating	Description
Very Likely	Frequent	I	1개월에 1번 이상
Likely	Probable	II	3개월에 1번 이상
Occasional	Occasional	III	6개월에 1번 이상
Unlikely	Remote	IV	1년에 1번 이상
Very Unlikely	Improbable	V	해당공사기간 중에 1번 정도 예외적으로 발생

심각도(결과) 분류 Consequence(C) Classification (SK-TSMS)

Consequence(C)	Rating	Description	
		공 기	공사비
Disastrous	I	1년 이상	25억 이상
Severe	II	3개월 - 1년	10억 - 25억
Serious	III	1개월 - 3개월	1억 - 10억
Considerable	IV	1주 - 1개월	2천만 - 1억
Insignificant	V	1주 이하	2천만 이하

리스크 분류 Risk Index Matrix (SK-TSMS)

Risk Category			Consequence Classification(C)				
			Disastrous	Severe	Serious	Considerable	Insignificant
			I	II	III	IV	V
Frequency Classification(F)	Very Likely	I	A	A	A	B	B
	Likely	II	A	A	B	B	C
	Occasional	III	A	B	B	C	D
	Unlikely	IV	A	B	C	C	D
	Very Unlikely	V	B	C	C	D	D

리스크 분류 Risk Category

공 구		공 종		리스크	
3공구	3	터널	TU	지질	GE
4공구	4	가시설	TW	침하	GS
		수직구	SH	지하수	GW
		정거장	ST	발파	BL
				구조	SD

프로젝트명: GTX-A 3공구 / 4공구 | 단계:시공단계 | 작성자 : KTA-EXG(한국터널지하공간학회 전문가 그룹) | REVISION 0 | 날짜 2021/7/26

1	2	3		4	5	6	7			8	9			10	11	12	13	14	15	16	17	18
리스크 번호 Risk ID	설계 확인 Design Check	공사 Work Activity		위험요소 Hazard	원인 Hazard Cause	영향 Impact	초기 리스크 등급 Initial Risk Category R_i			저감 대책 Mitigation Measures	잔류 리스크 등급 Residual Risk Category R_r			향후 실행 Future Actions	리스크 책임자 Risk Owner	실행 책임자 Action Owner	기한 Due Date	리스크 노출기간 Risk Exposure Period	목표 리스크 등급 Target Risk Rating	상태 Status	중점관리구간 Key Station	비고 Remark
		구분	세부공사내용				F	C	R_i		F	C	R_r									
3공구(3) - 터널(TU) - 지질(GE)																						
3-TU-GE-1	설계보고서 P00	굴착		백운암질 단층암 (Faulted Rock) 조우	1) 암반 불연속면의 발달 2) 부석처리 작업 부족	1) 막장 근로자 부상 2) 막장 안정성 저해 3) 작업시간 지체	IV	III	C	1) 막장면 관찰 철저 2) 부석처리 작업 확인 3) 막장면 면정리 철저	IV	IV	C	1) 숏크리트 타설시 낙석 확인	SK에코플랜트	SK에코프랜트 전문업체	2022년7월 (굴착완료시)	70개월	D	Open	STA. 00+000 ~ STA. 00+000	SK-TSMS Check
3-TU-GE-2	설계보고서 P00	굴착		경암질 극경암 조우 (압축강도 200MPa 이상)	1) 암반 불연속면의 발달 2) 부석처리 작업 부족	1) 막장 근로자 부상 2) 막장 안정성 저해 3) 작업시간 지체	IV	IV	C	1) 막장면 관찰 철저 2) 부석처리 작업 확인 3) 막장면 면정리 철저	IV	V	D	1) 숏크리트 타설시 낙석 확인	SK에코플랜트	SK에코프랜트 전문업체	2022년7월 (굴착완료시)	70개월	D	Open	STA. 00+000 ~ STA. 00+000	SK-TSMS Check
3-TU-GE-3	설계보고서 P00	굴착		소규모 단층파쇄대 (1m 이하) 통과	1) 암반 불연속면의 발달 2) 부석처리 작업 부족	1) 막장 근로자 부상 2) 막장 안정성 저해 3) 작업시간 지체	II	IV	B	1) 막장면 관찰 철저 2) 부석처리 작업 확인 3) 막장면 면정리 철저	III	IV	C	1) 숏크리트 타설시 낙석 확인	SK에코플랜트	SK에코프랜트 전문업체	2022년7월 (굴착완료시)	70개월	D	Open	STA. 00+000 ~ STA. 00+000	SK-TSMS Check

[그림 8.15] 리스크 평가 Sheet (TSMS)

4) 리스크 저감 대책

확인된 리스크(Identified risk)에 대한 리스크 저감대책을 수립하여 반영하여야 한다. 리스크 저감대책 이전(Before risk mitigation)의 초기 리스크 등급(intial risk class, R_i)과 리스크 저감대책을 반영한(After risk mitigation) 최종 리스크 등급 (residual risk class, R_r)을 분석하여 이를 종합적으로 평가하도록 하였다. [그림 8.16]에서 보는 바와 같이 리스크 매트릭스상에 리스크 저감대책 전후의 총 리스크를 표현하여 전체적으로 리스크가 저감되고 관리되고 있음을 정량적으로 표현되도록 하였다.

Risk Index Matrix - Before Mitigation

Risk Category			Consequence Classification(C)					Risk Count	
			Disastrous	Severe	Serious	Considerable	Insignificant		
			I	II	III	IV	V	Total 30	
Frequency Classification(F)	Very Likely	I	-	-	-	-	-	Rating	Count
	Likely	II	-	-	1	-	3	A	2
	Occasional	III	1	1	6	8	-	B	13
	Unlikely	IV	1	5	2	1	-	C	15
	Very Unlikely	V	-	1	-	-	-	D	0

Risk Index Matrix - After Mitigation

Risk Category			Consequence Classification(C)					Risk Count	
			Disastrous	Severe	Serious	Considerable	Insignificant		
			I	II	III	IV	V	Total 30	
Frequency Classification(F)	Very Likely	I	-	-	-	-	-	Rating	Count
	Likely	II	-	-	-	-	-	A	0
	Occasional	III	-	-	-	6	8	B	0
	Unlikely	IV	-	-	8	3	4	C	17
	Very Unlikely	V	-	-	-	1	-	D	13

[그림 8.16] Before 도심지 대심도 터널에 대한 리스크 대책(전후)

5.2 도심지 대심도 터널에서의 리스크 평가

1) 도심지 대심도 터널 특성

본 터널현장은 도심지구간에 계획된 대심도 터널로서 총 연장(시점 10km435.00~종점 10km670.00)은 6,235m로 수직구는 총 6개소가 위치하고 있으며, 환기구#08 및 환기구#11, 작업구는 본선터널에 연결되며, 통합환기수직구 #09 및 통합환기수직구 #10, 주출입수직구는 정거장에 연결되는 수직구이다. [그림 8.17 (a)]에는 프로젝트 전체 평면도 및 종단면도가 나타나 있으며, [그림 8.17 (b), (c)]에는 본선 터널 단면과 정거장 터널 단면이 나타나 있다.

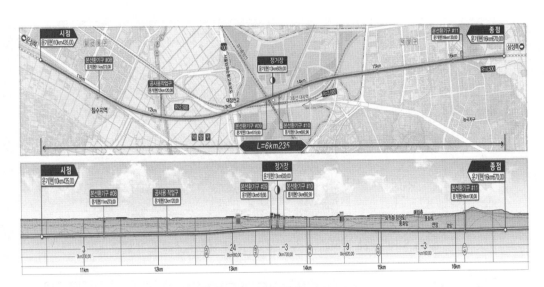

(a) 도심지 대심도 터널프로젝트의 종평면도

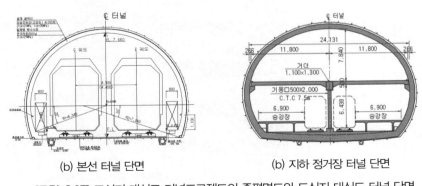

(b) 본선 터널 단면   (b) 지하 정거장 터널 단면

[그림 8.17] 도심지 대심도 터널프로젝트의 종평면도와 도심지 대심도 터널 단면

5.3 리스크 분석 및 평가

본 터널현장에 대하여 앞서 설명한 바 있는 리스크 평가기준을 적용하여 공정별 리스크 카테고리와 위험항목별 카테고리에 대한 리스크 분석을 터널 전문가를 통하여 실시하였다. [그림 8.18]과 [그림 8.19]에 나타난 바와 같이 리스크는 터널공정에서 74개, 가시설 공정에서 39개, 수직구 공정에서 36개, 정거장 공정에서 26개로 분석되어 총 175개의 리스크가 확인되었다. 또한 위험항목별로는 지질 리스크에서 61개, 침하 리스크에서 41개, 지하수 리스크에서 28개, 발파 리스크에서 10개, 구조물 리스크에서 35개의 리스크가 확인되었다.

Category	Risk Category		Disastrous I	Severe II	Serious III	Considerable IV	Insignificant V	Rating	Total Sum 175 / Total 74
터널 (TU)	Very Likely	I			1	- -	-	A	3 / 0
	Likely	II		2	-	2 -	3 -	B	37 / 0
	Occasional	III	1	1	19	23 8	16	C	34 / 41
	Unlikely	IV	1	13	4 9	2 19	13	D	0 / 33
	Very Unlikely	V		1	1 5	4			
가시설 (TW)	Very Likely	I				- -	-	A	3 / 0
	Likely	II		3	4	- -	-	B	22 / 0
	Occasional	III	13	5	-	5 3	-	C	13 / 11
	Unlikely	IV		6	-	2 8	1 11	D	1 / 28
	Very Unlikely	V				3	14		
수직구 (SH)	Very Likely	I				2	-	A	0 / 0
	Likely	II				8	1 2	B	25 / 0
	Occasional	III		2	1	4 2	4	C	11 / 21
	Unlikely	IV		12	5 1	- 16	3	D	0 / 15
	Very Unlikely	V			1	-	8		
정거장 (ST)	Very Likely	I		1	1	-	-	A	2 / 0
	Likely	II		2	-	2	-	B	15 / 0
	Occasional	III	1	10	-	8 10	4	C	9 / 20
	Unlikely	IV		1	-	- 10	2	D	0 / 6
	Very Unlikely	V							

[그림 8.18] 터널, 가시설, 수직구 및 정거장에 대한 리스크 평가 결과

Category	Risk Category		Disastrous I	Severe II	Serious III	Considerable IV	Insignificant V	Rating	Total Sum 175
지질 (GE)	Very Likely	I				1	-	A	3 / 0
	Likely	II	1	4	-	4 -	4 1	B	26 / 0
	Occasional	III	1	2	9	18 13	11	C	31 / 36
	Unlikely	IV	1	6	7 9	1 13	1 11	D	1 / 25
	Very Unlikely	V		1	-	1	2		Total 61
침하/겨동 (GS)	Very Likely	I	1			-	-	A	2 / 0
	Likely	II	1	3	-	1	-	B	25 / 0
	Occasional	III	2	9	-	9 3	3	C	14 / 20
	Unlikely	IV	10	3	-	2 17	10	D	0 / 21
	Very Unlikely	V				6	2		Total 41
지하수 (GW)	Very Likely	I		1		-	-	A	2 / 0
	Likely	II	1		1	5	1	B	20 / 0
	Occasional	III	3	12	-	6 6	2	C	6 / 20
	Unlikely	IV			-	- 13	4	D	0 / 8
	Very Unlikely	V					2		Total 28
발파 (BL)	Very Likely	I			1	1	-	A	1 / 0
	Likely	II			-	2	-	B	3 / 0
	Occasional	III			-	6 1	8	C	6 / 1
	Unlikely	IV						D	0 / 9
	Very Unlikely	V							Total 10
구조물 (SD)	Very Likely	I				-	-	A	0 / 0
	Likely	II		1	-	-	-	B	25 / 0
	Occasional	III	10	5	-	1	-	C	10 / 16
	Unlikely	IV	9	6 1	1 10	-	3	D	0 / 19
	Very Unlikely	V		2	5	8	8		Total 35

[그림 8.19] 지질, 침하, 지하수, 발파 및 구조물 손상에 대한 리스크 평가 결과

이를 종합적으로 분석해 보면 본 현장에서 가장 리스크가 많은 공정은 터널공정이며, 주요 리스크는 지질 리스크임을 알 수 있다. 따라서 본선터널공사에서의 지질 및 지반리스크에 대한 대책을 보다 확실히 수립할 필요가 있음을 확인할 수 있었다.

각 공정에서 확인된 모든 리스크에 대한 리스크 저감대책을 수립하여 시공에 반영하였다. [그림 8.20]에서 보는 바와 같이 각 공정별 위험항목에 대한 리스크 등급은 초기 리스크 등급이 A 또는 B등급인 경우 리스크 저감대책을 면밀히 수립하여 최종 리스크 등급을 C 또는 D등급으로 저감하도록 하였다. 이는 도심지 대심터널 현장에서 리스크 분석을 통하여 정량적인 리스크 특성을 파악할 수 있으며, 공사 중 주요 리스크 관리 방안을 수행하는 데 있어 실무적으로 활용될 수 있음을 확인할 수 있다.

터널 (TU)	항 목	터널-지질 (TU-GE)		터널-침하 (TU-GS)		터널-지하수 (TU-GW)		터널-구조물 (TU-SD)		터널-발파 (TU-BL)	
		Before	After	Before	After	Before	After	Before	After	Before	After
	Total Risk	30		15		9		14		6	
	A	2	0	0	0	0	0	0	0	1	0
	B	13	0	7	0	5	0	11	0	1	0
	C	15	17	8	7	4	5	3	11	4	1
	D	0	13	0	8	0	4	0	4	0	5

가시설 (TW)	항 목	가시설-지질 (TW-GE)		가시설-침하 (TW-GS)		가시설-지하수 (TW-GW)		가시설-구조물 (TW-SD)		가시설-발파 (TW-BL)	
		Before	After	Before	After	Before	After	Before	After	Before	After
	Total Risk	9		9		7		14		-	
	A	1	0	1	0	1	0	0	0	-	-
	B	3	0	3	0	6	0	10	0	-	-
	C	4	3	5	2	0	5	4	1	-	-
	D	1	6	0	7	0	2	0	13	-	-

수직구 (SH)	항 목	수직구-지질 (SH-GE)		수직구-침하 (SH-GS)		수직구-지하수 (SH-GW)		수직구-구조물 (SH-SD)		수직구-발파 (SH-BL)	
		Before	After	Before	After	Before	After	Before	After	Before	After
	Total Risk	11		10		7		6		2	
	A	0	0	0	0	0	0	0	0	0	0
	B	5	0	10	0	5	0	3	0	2	0
	C	6	8	0	5	2	5	3	3	0	0
	D	0	3	0	5	0	2	0	3	0	2

정거장 (ST)	항 목	정거장-지질 (ST-GE)		정거장-침하 (ST-GS)		정거장-지하수 (ST-GW)		정거장-구조물 (ST-SD)		정거장-발파 (ST-BL)	
		Before	After	Before	After	Before	After	Before	After	Before	After
	Total Risk	11		7		5		1		2	
	A	0	0	1	0	1	0	0	0	0	0
	B	5	0	5	0	4	0	1	0	0	0
	C	6	8	1	6	0	5	0	1	2	0
	D	0	3	0	1	0	0	0	0	0	2

[그림 8.20] 리스크 대책 전후의 리스크 평가 결과

5.4 주요 리스크에 대한 리스크 저감 대책

도심지 대심도 터널에 대한 각각의 위험요소를 확인 규명하고 이에 대한 리스크 저감 대책을 수립하여 리스크 등급을 리스크 관리가 가능한 범위로 낮추어야 한다. [표 8.28]에는 주요 위험항목 중 대표적인 위험요소에 대한 리스크 원인을 규명하고, 이에 대한 구체적인 대책이 나타나 있다. 최종적으로 각각의 리스크는 리스크 대책 반영 전과 반영 후의 리스크 등급으로 평가됨을 확인할 수 있다.

[표 8.28] 도심지 대심도 터널에서의 주요 리스크에 대한 대책

위험요소	리스크 확인(Risk identification)		리스크 대책(Mitigation measures)	
지질 백운암질 단층암 (Faulted Rock) 통과	부수 단층 다수 존재 파쇄 작용 발달과 암반 강도 매우 약함 터널 안전성 급격히 저하 터널 보강 공사비 및 공사기간 증가	Before Risk B	막장면 관찰 철저 및 암반/지질 평가 응급 안전 조치 및 터널 보강공사 시행 터널 지보공/보강공 품질 및 안전관리·계측관리를 통한 터널 장기 안정성 확인	After Risk C
정거장 OO정거장 지반 침하위험구간 (STA.13+609)	단층대(F24, F25) 조우 백운암질 단층암 및 지질이상대 출현 암반강도 약함 지반침하 위험구간 내재 3호선 및 경의중앙선 궤도침하 가능성	Before Risk A	선진수평보링 및 막장전방 탐사 수행 추가보강 및 예비 보강패턴 계획 터널보강 및 계측관리 철저 3D-GPR 결과 반영 사전 복구 궤도검측 및 침하계측(자동화) 철저	After Risk C
터널 OO마을(O단지 아파트) 하부 통과구간	지질이상대 출현 가능성 내재 블록성 암반 이탈 가능성 내재 대수층 조우로 세립분 유출가능성 건물 침하 및 부등침하 가능성 내재 발파진동에 의한 민원발생 내재	Before Risk B	선진수평보링 및 막장전방 탐사 수행 랜덤 록볼트 보강 및 막장맵핑 철저 프리그라우팅 및 포스트그라우팅 수행 계측결과 경시분석 철저 실규모 발파 → 진동추정치 수정반영	After Risk C
가시설 하부지반 및 지질 불량구간	굴착 하부지층 : 풍화토(N=18회/30cm) 앵커검토 시 가상지지점 굴착 바닥기준 가상지지점 위치변경 시 안정성 우려 정착장 부족 시 강선 빠짐현상 발생	Before Risk B	설계 매뉴얼에 준한 가상 지지점 결정 (서울시 굴토전문위원회 심의 매뉴얼, 2018) 가상지지점 재산정에 따른 안정성 확보 지하수위 하부 앵커 품질 확보방안 강구 (순서 : 케이싱 천공 → 공내 1차 그라우팅 → 앵커체 삽입 → 케이싱 인발 → 공내 2차 그라우팅 → 양생 → 인장 및 정착)	After Risk D
발파진동 OO마을 통과구 간(STA.14km 840~15km110)	별빛마을 아파트 직하부 통과 확대부 진동영향검토 허용기준 만족 2등급 암반 - 선균열 발파시 진동 증가 선대구경 위치변화 - 발파패턴 변경 기초부 진동전달로 아파트 균열 발생 진동, 소음 민감계층 피해 우려	Before Risk A	선균열발파 제거로 Cut-Off 위험 제거 일률적인 패턴적용으로 결선오류 예방 발파규모 축소로 진동 30% 이상 감소 굴진장 축소로 발파횟수는 증가 허용기준치에 50% 진동수준으로 관리 자동화 계측 → 데이터 실시간 모니터링	After Risk C
인접구조물 주출입구 수직구 굴착에 따른 기 존 구조물 피해	주출입 수직구와 기존역(L=10m) 및 경의중앙선(L=15m) 근접 단층구간 지하수저하 및 부등침하 우려 기존 정거장 구조물 피해 발생 국가 중요시설물 피해 우려 도상침하계 적용(궤도틀림 평가 불가)	Before Risk B	궤도선형검측시스템 반영 현장과 협의 후 단계별 적용 추가보강시공 및 계측 추가/빈도 상향 강관 보강 겹침장 축소 또는 2열 시공 지하수위 계측관리 통한 지표침하 방지 관리기준초과시 Recharge well 적용 검토	After Risk C

1) 지반침하 위험도 분석

도심지 대심도 터널에서 가장 이슈가 되는 지반침하에 대한 위험도를 보다 구체적으로 평가하고, 리스크 인자의 정량적 평가를 통한 리스크 분석을 위하여 각각의 인자를 정규화할 필요가 있다. 지반침하에 주요 영향을 주는 4가지 리스크 인자(지표침하, 지하수 저하, 지반조건 및 구조물 노후)에 각각 25점을 배점하여 위험도점수 총합이 100점이 되도록 설정하였다. 또한 각 인자의 파라미터가 서로 다르므로 각 인자의 상한치 기준을 합리적으로 설정하도록 하였으며, 지반침하 위험도는 각 인자에서 분석된 점수를 25점 만점을 기준으로 배점하여 산정하였으며 각 인자별 위험도 점수 환산식은 [표 8.29]와 같다.

[표 8.29] 위험도 배점기준

구분	지표침하조건	지하수저하조건	지반(토사층)조건	구조물 노후조건
배점	25점	25점	25점	25점
만점기준	25mm	8.0m	1.0D	5점
구분점수	지표침하량(mm)	지하수저하량(m)	터널상부와 이격거리 1.0D 이하 : 1점 1.0~1.5D : 2점 1.5~2.0D : 3점 2.0~2.5D : 4점 2.5D 초과 : 5점	10년 미만 : 1점 10~20년 : 2점 20~30년 : 3점 30~50년 : 4점 50년 이상 : 5점
위험도점수 환산식	(구분점수/만점기준) ×25	(구분점수/만점기준) ×25	(만점기준/구분점수) ×25	(구분점수/만점기준) ×25

일반적으로 터널굴착 시 지반침하 해석시 해석 요건 및 해석 담당자의 성향에 따라 대상지역의 모델링은 달라지게 된다. 또한 수치해석 프로그램 특성에 따라 수치해석모델의 절점좌표는 요소망 구성의 해석프로그램 특성에 따라 서로 달라질 수 있으므로 정규화된 각 인자별 점수를 활용하기 위해서는 기준좌표계를 통일시켜야 한다. 따라서 본 연구에서는 x방향과 y방향을 5m 간격으로 기준좌표계를 설정하였다. 기준좌표계는 수치해석 결과와 절점좌표가 다르므로, [그림 8.21]에서 보는 바와 같이 Surfer를 이용한 수치해석 결괏값의 크리깅을 통해 좌표를 보정하여 기준좌표계의 절점에 해당하는 수치해석 결괏값을 처리하여 정규화된 점수로 구현하였다.

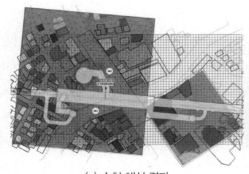 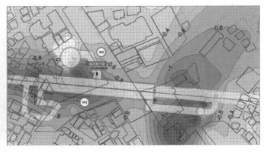

| (a) 수치 해석 결과 | (b) 지반 침하 위험도 분석 |

[그림 8.21] 수치해석을 통한 지반 침하 위험도 분석

주요 검토구간으로는 지반침하 발생으로 인한 가장 큰 위험과 민원 발생이 우려되는 정거장 구간을 선정하여 이에 대한 지표침하해석을 실시하였다. 해석결과는 [그림 8.22]에 나타내었으며, 그림에서 보는 바와 같이 최대침하는 정가장 우측의 공사용 수직구 구간에서 발생하였으며 최대지표침하량은 1.73mm로 분석되었다. 또한 최대지하수위 저하는 정거장 주출입구 구간에서 최대 2.45m가 저하되는 것으로 분석되었다. 이는 정거장 하부 지반조건과 지하수 조건과 밀접한 관련이 있음을 알 수 있다.

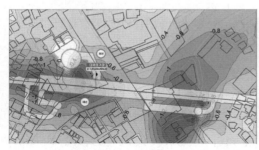 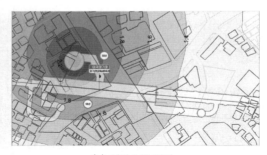

| (a) 지반 침하 | (b) 지하수위 저하 |

[그림 8.22] 지표 침하 및 최대 지하수위 분석결과

또한 시추공 자료를 활용한 크리깅을 통해 솔리드 모델링을 수행하여 검토현장의 암반층 형상을 파악하고 터널상부 1.0D, 1.5D, 2.0D, 2.5D 위치의 지반상태를 확인하여 기준좌표절점에 지반상태의 점수를 부여하였다. 터널 1.0D, 1.5D, 2.0D, 2.5D 상부에서 토사층 분포구간을 분석하면 [그림 8.23]과 같다. 정거장 주변구간에 대한 인접구조물의 노후도는 117개의 인접건물 중 30~50년 수령의 건물은 41개, 50년 이상인 건물은 48개로,

30년 이상의 노후 건물은 76.1%에 해당하는 것으로 분석되었다. 분석결과는 [그림 8.23]에서 보는 바와 같다. 그림에서 진하게 표시된 부분이 건물 노후화가 심한 것이다.

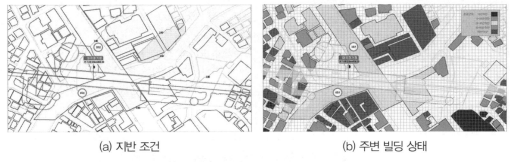

(a) 지반 조건   (b) 주변 빌딩 상태

[그림 8.23] 지반(토사층) 조건 및 구조물노후조건 분석결과

통일된 기준좌표계에 부합하는 지표침하, 지하수, 지반(토사층)조건, 구조물 노후조건 각각 인자의 정규화된 점수를 환산하여 위험도를 정량화할 수 있으며, 상대적으로 위험도가 높은 구간을 선정하여 집중 관리구간으로 설정하였다. [그림 8.24]는 4가지 평가인자를 종합하여 최종적으로 지표침하 위험도를 정량적으로 표시하여 나타낸 것이다.

1. 지표침하
2. 지하수저하
3. 지반(토사층)조건
4. 구조물노후

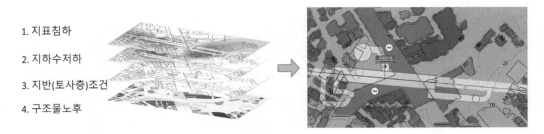

[그림 8.24] 위험도 정량화

분석한 내용을 바탕으로 환산식을 통해 위험도를 종합하면 지반침하위험도를 정량화할 수 있다. 위험도를 종합한 결과를 등고선도로 도식화하면 그림으로 나타낼 수 있다. 본 정거장 구간에 대한 위험 등급별 해당 건물을 구분하여 표시하였으며, 건물 85-7번에서 리스크 점수 39.13점으로 최댓값을 보였다. 이와 같은 지표침하에 대한 위험도 검토 결과를 종합하여 [그림 8.25]에 나타내었다.

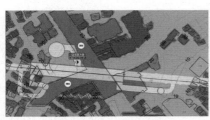

Risk	Buildings and Structures
0~20	15, 17, 23, 62, 75, 108, 115, 581
20~30	19, 22, 23, 34, 38, 39, 40, 41, 58, 62, 70, 71, 73, 74, 75, 81, 83, 107, 108, 111, 116, 117, 291, 293, 294, 296, 299, 556, 566, 570, 571, 583, 584, 585, 586, 587, 588, 589, 598, 599, 602, 603
30~40	31, 35, 36, 42, 51, 54, 55, 57, 65, 66, 67, 82, 84-1, 85-1, 85-3, 85-7, 86, 88, 89, 91, 93, 94, 96, 97, 99, 100, 101, 102, 103, 104, 105, 110, 553
40~50	–
50<	–

Risk classification for risk management

[그림 8.25] 집중관리구간 선정과 위험도 검토결과

도심지 대심도 터널 특성을 반영하여 지반조사 자료, 설계 도서, 각종 사전 검토자료 및 시공계획 등을 바탕으로 수직구, 본선터널 및 대단면 터널 정거장 구간의 주요 리스크를 분석하고 공정별 위험항목별로 리스크를 정량적으로 분석하고 평가하였으며, 각각의 리스크에 대한 저감대책을 수립함으로써 도심지 대심도 터널에 대한 안전 리스크 관리 시스템에 대한 적용성을 확인하고자 하였다. 연구를 수행하여 얻은 주요 연구결과를 요약하면 다음과 같다.

- 도심지 대심도 터널특성을 반영하여 5개의 빈도등급과 5개의 결과등급으로 구성된 리스크 평가기준을 정립하고, 본 터널현장의 특성을 고려하여 리스크 카테고리를 터널, 수직구, 정거장, 가시설 등 4개의 공정과 지질리스크, 침하리스크, 지하수 리스크, 발파 리스크, 인접 구조물 리스크 5개의 위험항목으로 구분하여 총 20개의 리스크 카테고리로 구분하였다.
- 도심지 대심도 터널에 대한 리스크 분석결과 총 175개의 리스크가 확인되었으며, A등급은 8개, B등급은 99개, C등급은 67개, D등급은 1개로 평가되었다. 또한 각각의 리스크에 대한 저감대책을 수립하여 A등급은 0개, B등급은 0개, C등급은 93개, D등급은 82개로 리스크 등급을 낮추어 정량적인 리스크 관리가 반영되도록 하였다.
- 정거장 구간에 대한 지표침하 위험분석을 실시하기 위하여 4개 인자(지표침하 발생, 지하수위 저하, 지층(토사)조건, 건물 노후도)를 선정하고 이를 정량적으로 분석하였으며, 정거장 구간에 대한 위험도 등급을 평가하여 각각의 위험도 등급에 해당하는 건물에 대한 체계적인 안전관리대책을 수립하였다.

■ 도심지 대심도 터널공사에 대한 국제적인 리스크 평가기준을 도입하고, 도심지 대심도 터널특성을 고려한 리스크 분석 및 평가를 정량적으로 실시함으로써 도심지 터널공사에서의 정량적인 리스크 관리와 안전관리 시스템의 적용성을 검증하고 확인하였다.

향후 도심지 대심도 터널공사에 대한 리스크 평가를 지속적으로 수행하여 관련 데이터를 축적하여 국내 터널공사에 적합한 리스크 평가기준을 확립하고, 도심지 대심도 터널공사에서서의 리스크 안전관리를 수행하여 터널공사에서의 안전사고를 최소화하도록 하는데 기여하도록 할 것이다.

6. 도심지 대심도 터널 리스크 안전관리

6.1 PSR 프로세스(프로젝트 안전검토)

PSR(Project Safety Review) 절차의 목적은 대심도 터널 프로젝트에 대한 시공 설계 및 프로젝트 관리에서의 리스크 식별 및 완화 원칙을 적용하기 위한 것이다. 타당성 단계부터 인수인계 단계까지 체계적인 리스크 관리 접근법을 적용하여, 모든 단계에서 위험요소를 식별하고 가능한 경우 제거해야 한다. 다음의 대심도 터널 프로젝트는 PSR 프로세스의 적용을 받는다.

- 대심도 터널 건설
- 대심도 지하 정거장 건설
- 대심도 수직구 건설

1) PSR 위원회(PSR Committee)

PSR 위원회는 대심도 터널 프로젝트에 관련된 모든 당사자를 기본 구성으로 안전 문제에 대한 통합적 의사결정구조를 의미한다. 본 위원회는 설계자, 시공자, 감리자 및 외부 전문가 자문단을 포함하며, 시공자는 현장과 본사 안전관리팀을 포함하도록 한다. PSR 위원회에서는 각각의 모든 단계에서 주요 리스크(Major risks)는 확인되고 제거하도록 하며, 잔류 리스크(Residual risks)는 공사 진행과정에서 완화되고 콘트롤되도록 하여야 한다. 본 위원회는 의사소통구조로서 설계단계에서의 안정성 검토 결과와 시공단계에서의 안정성 검토 내용이 반드시 검토·확인되어야 한다.

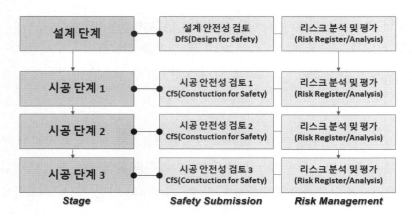

[그림 8.26] 설계 안전성 및 시공 안전성 검토

2) 안전관리 제출 및 승인(Safety Submission)

프로젝트의 모든 단계에서 안전관리에 대한 리포트를 작성하고 이를 본사 안전관리팀에 제출하여 허가를 받아야 각 단계에서의 프로젝트의 승인을 받을 수 있도록 되어 있다. 안전 제출 승인의 종류는 설계단계 및 시공단계로 구분되며, 각 단계별로 예상되는 절차는 [그림 8.27]에 나타나 있다. 일반적으로 설계 안전성 검토와 시공 안전성 검토에 상당한 기간이 소요되므로 설계 및 시공단계에서 이에 대한 대비를 미리 고려하지 않으면 안된다.

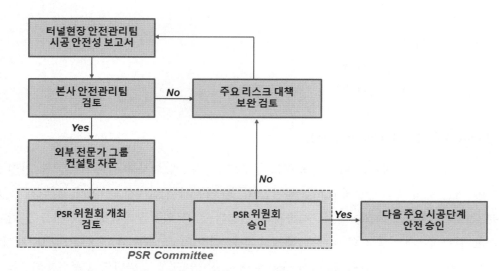

[그림 8.27] PSR 위원회에서의 안전 승인 절차

6.2 리스크 관리 회의 및 전문가 자문단

프로젝트의 진행에 따라 새로운 리스크를 고려하여 각 활동과 관련된 리스크를 검토하기 위해 정기적인 리스트 관리회의(Risk Management Meetings)를 개최한다. 프로젝트 기간 중 실시되는 회의의 종류는 다음과 같다.

- 특정 공사 리스크 평가 워크숍 : 주요 업무 활동을 시작하기 전에 실시
- 공동 리스크 등록부 회의 : 월 단위로 실시
- 프로젝트 책임자의 최고 리스크 회의 검토 : 분기별로 실시

리스크 식별, 공사의 공학적 안전성 판단 및 실행 가능한 잠재적 리스크 완화 조치를 권고하는 외부 전문가 자문단(Professional Panel of Advisors)을 운영한다. 자문위원은 다양한 경험을 활용할 수 있도록 배경(컨설턴트, 시공자 또는 학계)을 바탕으로 선정된다.

6.3 도심지 대심도 터널 통합안전관리 시스템 체계

도심지 대심도 터널공사의 안전관리를 확보하기 위하여 리스크 관리를 기본으로 하여 [그림 8.28]에 나타난 바와 같이 본사. 현장 그리고 기술팀을 중심으로 한 통합 안전관리 시스템(TSMS- Integrated Total Safety Management System)를 운영하도록 하여 상호 소통을 통한 현장에서 발생 가능한 리스크에 대하여 능동적으로 대처하도록 한다.

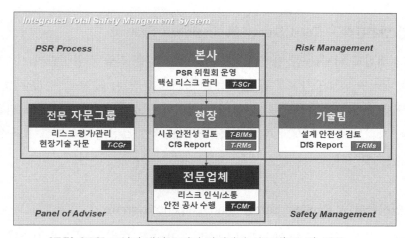

[그림 8.28] 도심지 대심도 터널 안전관리 시스템(TSMS) 체계

7. 도심지 대심도 터널 통합 안전관리 시스템(TSMS)

7.1 TSMS의 주요 특징

이 장에서는 도심지 대심도 터널의 특성과 글로벌 공사관리 특징을 반영하여 대심도 터널 안전관리 시스템(TSMS)을 개발하였다. 본 시스템의 특징을 정리하면 다음과 같다.

■ 정량적 안전관리 - Digital Safety Management System

도심지 대심도 터널 통합 안전관리 시스템(TSMS)은 정량적 안전관리 시스템이다. 본 시스템은 기본적으로 대심도 터널공사에서 발생 가능한 리스크를 정량적 리스크 평가 기법을 적용하여 관리하도록 하는 것이다. 또한 시공 중에 발생하는 시공관리 및 계측관리 등에 대한 모든 자료를 BIM 시스템으로 구현하도록 하여, 공사 중에 발생하는 모든 데이터를 정량적으로 관리하도록 하는 것이다.

■ 통합 안전관리 - Integrated Safety Management System

도삼지 대심도 터널 통합 안전관리 시스템(TSMS)은 통합안전관리 시스템이다. 본 시스템은 기본적으로 설계단계에서부터 발생가능한 리스크를 선정하고, 이를 시공단계에서도 지속적으로 관리하도록 하는 것이다. 이는 대심도 터널공사를 설계자 관점에서의 리스크와 시공단계까지 시공자 관점에서의 리스크를 공유하고, 이를 설계자, 시공자 및 관리자 등이 서로 소통하고 통합적으로 해결하고자 하는 것이다.

■ 전공정 안전관리 - Total Safety Management System

도심지 대심도 터널 통합 안전관리 시스템(TSMS)은 전공정 안전관리 시스템이다. 본 시스템은 대심도 터널공사에서 발생 가능한 리스크를 터널, 수직구, 정거장 등과 같은 주요 공정별로 구분하고, 이를 공사단계별로 관리하는 것이다. 이는 대심도 터널공사에서 각 공정이 가지는 공사 특성과 공학적 특성을 체계적으로 반영하고 이를 효율적으로 관리하고자 하는 것이다.

■ 열린 안전관리 - Explicit Safety Management System

도심지 대심도 터널 통합 안전관리 시스템(TSMS)은 열린 안전관리 시스템이다. 본 시스템은 기본적으로 공사를 담당하는 그리고 관리하는 모든 이해당사자가 참여하도록 하는 것이다. 이는 대심도 터널공사에서 공사를 수행하는 전문업체, 공사를 감리하는 전문 감리원 그리고 시공을 종합적으로 관리하는 시공자 모두가 참여하고, 관련 모든 데이터를 공유하고 소통하도록 하고자 하는 것이다.

7.2 TSMS 정착을 위한 제언

이 장에서 제안한 도심지 대심도 터널 통합 안전관리 시스템(TSMS)이 하나의 통합관리 시스템으로 정착하기 위해서 다음의 사항을 제언하고자 한다.

■ 건설문화로의 정착 – Construction Culture for TSMS

지금까지 원가와 공기 및 공정관리에 중점을 두었던 관리방식에 대한 근본적인 전환이 필요한 시점이다. 안전은 부가적인 또는 의례적인 행위나 절차가 아니고 반드시 수행하고 지켜져야 기본 사고체계의 변환이 건설문화로 자리 잡아야 한다. 철저한 안전관리가 바로 공사의 성패를 좌우하는 주요 핵심임을 인식하여야 한다.

■ 장단기 안전 마스터 플랜 수립 – Safety Master Plan for TSMS

최근 건설공사시 발생하는 안전사고에 대한 사업자 책임이 더욱 강화되고, 「중대재해 처벌법」(2021년 6월 제정, 2022년 1월 단계적 시행)이 시행 중이다. 따라서 본사와 주요 현장을 대상으로 안전관리 인력과 조직 등을 정비하고 안전관리에 대한 장단기 마스터 플랜을 수립하도록 하여 보다 철저한 안전관리 방안이 마련되어야 한다.

■ 보다 적극적 투자 필요 – Active Investment for TSMS

건설공사에서의 리스크 관리, 안전관리, 데이터 관리는 바로 비용과 직결된다. 적정한 투자 없이 관리체계만을 개선하는 것은 그 효과에 한계가 있을 수밖에 없다. 따라서 대심도 터널공사 등과 같은 주요 공사에 대하여 도심지 대심도 터널 통합안전관리 시스템(TSMS)과 같은 새로운 방식의 시스템을 도입하고 이에 대한 적극적 투자가 필요하다 할 수 있다.

디지털 지하와 지하정보 플랫폼

LECTURE 09 디지털 지하와 지하정보 플랫폼
Digital Underground and Information Platform

1. 디지털 지하(Digital Underground)

4차 산업혁명 시대에 건설산업은 새로운 변화와 혁신을 요구받고 있다. 기존의 건설시스템으로는 낮은 생산성과 비효율성 때문에 다른 분야에 비해 경쟁력이 떨어지며, 낡은 산업이라는 인식을 불식시키기 어렵다. 글로벌 선진국에서의 건설 분야에 대한 4차산업 신기술 도입은 상당한 성과를 가져 왔으며, 국내에서도 건설산업의 디지털 전환에 대한 관심이 높아지면서 디지털 기술 적용, BIM 확대, 건설현장 자동화 및 로봇 활용 등 스마트 건설(Smart Construction)로의 디지털 전환(Digital Transformation)을 위해 다양한 기술개발을 위해 노력하고 있다.

또한 현실세계를 구성하는 사물이나 사람 등을 사이버 공간에 재현해 그것들을 조합해 고도의 시뮬레이션을 실시하는 기술인 디지털 트윈(Digital Twin)[1]기술을 건설 분야에 적용하여 설계에서부터 유지관리까지 모든 정보를 3차원 가시화하고 통합 관리함으로써 안전 및 유지관리를 보다 스마트하고 체계적으로 수행하고자 하고 있다.

지하(Underground)의 경우 지질 및 지반정보의 불확실성(Uncertainty)이 상대적으로 크고, 다양한 지하시설물과 지하구조물이 존재하고 있다. 또한 현재 운용되고 있는 지하정보는 정밀도가 매우 낮고 정확도가 떨어져 지하공간 개발 및 활용 시 그리고 안전관리 및 유지관리업무에 심각한 문제를 일으켜 지반, 지하시설물 및 지하구조물을 포함한 지하공간 정보관리에 대한 혁신적인 개선이 무엇보다 요구된다 할 수 있다.

---

1   지표면 아래에 있는 물리적 세계를 정확하고 완전하며 최신의 3D 디지털 표현

현재 지하터널의 경우 설계 및 시공뿐만 아니라 기존의 지하터널에 안전 및 유지관리 업무를 수행하고 있다. 따라서 지하터널에 대한 설계에서부터 유지관리까지 통합 관리와 도로, 지상정보 및 지하정보를 포함한 모든 정보에 대한 관리에 있어 스마트 기술을 적용하여 안전 및 유지관리업무를 디지털화하여야 할 시점이다.

본 장에서는 현재 국내에서 운용되고 있는 지하정보기술과 시스템을 살펴보고, 싱가포르 등의 해외에서 활용되고 있는 지하 디지털 기술과 지하인프라 디지털 시스템을 분석하여, 국가 및 발주처에서 운영가능한 디지털 지하정보 플랫폼(DUIP)에 대한 기본 방향과 구성방안 등을 제안하고자 한다.

2. 국내 지하정보 시스템 구축 현황

2.1 지하공간통합지도 구축(국토교통부)

국토교통부는 지하공간통합지도 구축사업을 수행하였다. 본 사업은 전국 시(市)지자체 지하공간통합지도(지하시설물, 구조물, 지반)를 구축하기 위한 것으로 지하를 개발·이용·관리하기 위하여 필요한 지하정보를 통합한 지도를 만드는 것이다.

지하공간은 [그림 9.1]에서 보는 바와 같이 경제적 이용이 가능한 범위 내에서 지표면의 하부에 자연적 또는 인공적으로 조성된 일정공간으로, 대부분의 지하시설물이 존재하고 활용이 활발히 이루어지는 영역(지하 0~50m 이내)에 존재하는 지하정보를 지하공간정보로 정의한다.

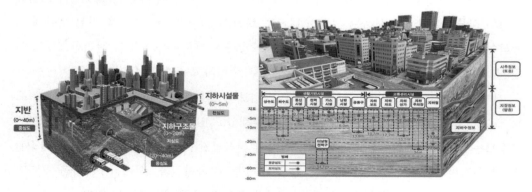

[그림 9.1] 지하공간의 공간적 범위 및 지하정보

종류는 지하시설물로서 지하공간에 인공적으로 매설된 6종의 지하시설물(상수도, 하수도, 통신, 난방, 전력, 가스)과 지하공간에 인공적으로 제작된 6종의 지하구조물(지하철, 공동구, 지하상가, 지하도로, 지하보도, 지하주차장)이 있다. 또한 지반정보는 [표 9.1]에 정리한 바와 같이 지하공간에 자연적으로 형성된 토층 및 암층에 관한 시추, 지질, 관정에 관한 정보를 말한다.

[표 9.1] 지하정보의 종류

구분	지하정보	
지하시설물	상수도, 하수도, 전기, 통신, 가스, 난방, 송유관	6종
지하구조물	지하철, 지하보도, 지하차도, 지하상가, 지하주차장, 공동구	6종
지반	지질, 시추, 관정	3종

본 사업은 지하공간을 구성하는 지하시설물(6종), 지하구조물(6종), 지반(3종) 등 총 15종 지하정보를 3차원 기반으로 통합 구축하는 것으로 [그림 9.2]에 나타난 바와 같은 지하공간통합지도를 제공·분석·연계·활용할 수 있도록 하는 지하정보 활용시스템 및 지하정보 통합관리 시스템을 구축하는 것이다.

[그림 9.2] 지하공간 통합지도

본 사업을 통하여 국토교통부(지하정보 활용 지원센터)에서 가이드라인과 컨설팅을 제공 기존지반과 시설물 안전관리에 활용하고 법 개정에 의한 신규개발 프로세스 안전관리에 활용할 수 있을 것이다.

지하공간 통합지도와 이를 활용한 지하정보통합체계는 지하안전관리업무지원뿐만 아니라, 지하에서 발생할 수 있는 재난·안전사고 요인을 선제적으로 탐지 분석하여 국민을 보호하는 국민 안전과 직결되는 정보를 제공하고 있다. [그림 9.3]은 지하공간 통합지도의 정보구성에서 지상부분과 지하부분을 보여주고 있다.

지하공간 통합지도 지상부분   지하공간 통합지도 지하부분

[그림 9.3] 지하공간 통합지도의 정보인프라 구성

2.2 지하시설물 통합정보시스템

지하시설물 통합정보시스템(Underground Utilities Information System, UUIS)과 서울시와 유관기관에서 관리하는 지하시설물 정보를 통합하여 보여주는 지도시스템으로 도로굴착공사 및 도시안전사고 예방에 활용할 수 있도록 서비스하고 있다. [그림 9.4]에는 서울시에서 운영하는 지하시설물 통합정보시스템을 보여주고 있다. 본 사업은 지하정보 부재로 인해 발생한 아현동 도시가스 폭발(1994년) 등과 같은 안전사고를 예방하고 도로굴착·지하안전영향평가·지하개발사업 등을 지원하고자 구축되었다. 주요 기능은 각 기관별로 개별 관리하는 지하시설물 정보를 통합하여 한 화면에서 조회가 가능하고, 도로 굴착 등 각종 공사 시 지하시설물 정보 자료 제공 및 자료수집할 수 있으며, 지하시설물 관련 현황분석 기능 등을 포함하고 있다. 향후 계획은 지하시설물 관리기관과 지속 협업하여 DB 현행화하고, 국토부와 연계하여 지하구조물 및 송유관 데이터 확보하며, 지하시설물 실제위치(심도 등)와 정보 간 일치하도록 정확도를 개선할 예정이다.

[그림 9.4] 서울시 지하시설물 통합정보시스템

2.3 지하공간 3D가시화기술(UGS 융합연구단)

지하공간에 대한 이해력 향상을 위해 지하공간을 지상공간처럼 가시화하고 지하공간의 위험도를 가시화하는 기술로서 지하매설물 및 노드의 위치 정보와 텍스쳐 정보를 이용하여 지하매설물과 노드를 GIS 기술을 적용하여 2차원 및 3차원으로 가시화한다. 또한 지하매설물의 상태 정보, 센싱 데이터 및 지하공간에 대한 위험도를 가시화하는 기술이다.

본 기술의 구성은 지하매설물 구조 설계 및 데이터 송/수신 인터페이스 기술, 2차원 및 3차원 데이터의 스트리밍 서비스, 비동기 요구 처리 등을 지원하는 지하공간 가시화 데이터 서버 기술, 지하매설물 형상 정보, 지하공간 위험도 정보, 센싱 데이터, 센싱 장치 등을 사용자에게 보여주는 지하공간 가시화 클라이언트 기술을 포함하고 있다. [그림 9.5]는 지하매설물 위험도 가시화 및 지하시설물 3차원 가시화 결과를 보여주고 있다.

지하매설물 위험도 가시화   지하시설물 3차원 가시화

[그림 9.5] 지하공간 3차원 가시화 기술

3. 해외 지하정보 시스템 개발 및 운영현황

3.1 Smart Infra 플랫폼(일본)

Smart Infra 플랫폼은 인프라 사업자 각사의 설비라는 정적 데이터를 디지털 트윈월드에 구축해 사이버 공간에서 공사 계획이나 공사 설계를 실시함으로써 타사 설비에 미치는 영향 등을 확인하고 리얼 공간에서의 실제 공사 실시에 반영시켜 유지관리 업무나 시설 설치 공사에 활용하는 것을 목표로 하고 있다.

[그림 9.6]에 나타난 바와 같이 스마트 Infra 플랫폼에서는 지하시설을 고정밀 3D 위치정보로서 관리함으로써 시설물조회의 효율화, 공사입회에서의 가동절감 등 시설관리업무의 효율화를 도모하기 위함이다. 그러나 지하시설의 대부분은 설계 시의 도면으로 관리되고 있어 위치정보가 부여되지 않는다. 지하시설에 대해 지리공간정보를 부여하기 위해서는 현실세계를 고정밀도로 나타내는 고정밀 3D 공간정보를 정비한 후 지하시설의 매설위치를 특정하고 정확한 3차원 위치좌표를 부여해야 한다. 스마트 인프라 플랫폼은 다음의 3가지를 이용 가능하다.

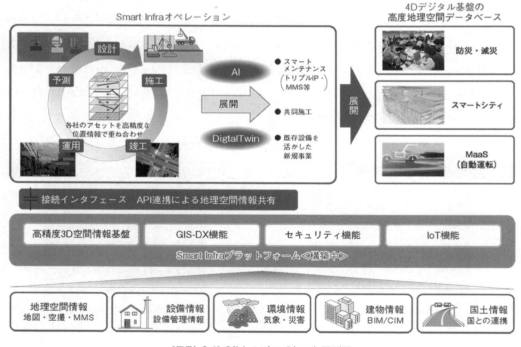

[그림 9.6] 일본 스마트 인프라 플랫폼

1) 공사 범위 내의 지하매설물 유무 자동 판정

공사 시공자의 굴착공사 신청 시에 공사 범위에 각사 매설 설비의 유무를 판정한다. 판정 결과를 오퍼레이터가 확인, 공사 시공자에게 결과를 회신하고 지하시설 위치의 신뢰도에 따라 판정 기준이 변경 가능하며 신뢰도가 높은 지역에서는 전자동 판정이 가능하다.

2) 시공 협의용 지하 매설물 3D 표시

시공 협의시에 지하 공간의 지하시설을 3D 표시한다. 현행은 평면도, 종단도, 횡단도를 사용해 협의를 실시하고 있는 곳 외에 지하공간을 3D 표시함으로써 다양한 각도에서 공사 시 위험 포인트를 확인할 수 있다. 또한 장래적으로는 원격에서의 시공 협의의 실현으로 연결하는 것이 가능할 것이다.

2D 정보 　　　　　　　　　　　　　　 3D 가시화

[그림 9.7] 일본 고정도 3D 지하공간정보 구현

3) 현장 지원용 AR 표시

공사현장에서는 지하시설의 도면을 통해 지하시설에의 영향을 확인하는 등의 업무를 실시하고 있다. 지하시설의 3D 정보를 현장의 영상과 겹쳐 AR(Augmented Reality) 화상으로서 표시해, 위험예지 정밀도를 향상시키는 것이 가능하다. 또한 장래에, 공사현장에 리모트 카메라를 설치해, 현지의 원격 영상과 3D 지하설비를 합성한 AR 화상을 생성하고 원격 실현으로 연결하는 것이 가능하다.

Smart Infra 플랫폼에서는 핵심기능으로서 [그림 9.8]에서 보는 바와 같이 고정밀 3D 공간정보를 구축하고 있으며, 각각의 지하시설 위치정보를 고정밀 3D공간 정보를 바탕으로 보정하여 디지털 트윈월드에 구축하기 때문에 실제와의 오차는 표준편차로 수십 cm이내이다. Smart Infra 플랫폼에서는 디지털 트윈에 설비 위치정보를 가져올 때 원래 데이터의 신뢰도도 함께 확보하고, 그 후의 시뮬레이션 등에서 지하시설 정보를 이용할 때 시뮬레이션 결과의 리스크를 판별할 수 있도록 하고 있다. 또한 지하 시설은 직접 확인할 수 없기 때문에, 지하의 불명확한 위치 정보의 신뢰도 향상 수법으로서 전자파 탐사기술이나 지하 매설관 탐사기술과의 연동이 요구된다.

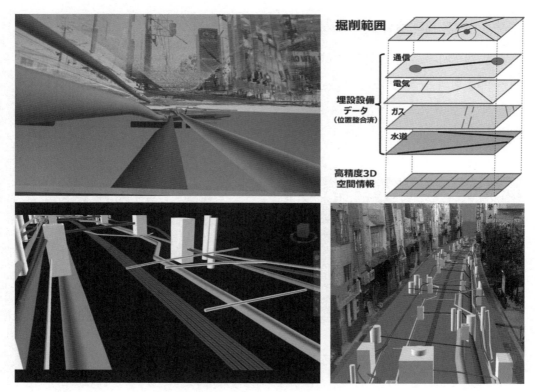

[그림 9.8] 일본 고정도 3D 지하공간정보 구현

3.2 대심도 지하정보 시스템(일본)

대심도 지하정보 시스템은 '대심도 지하의 공공적인 사용에 관한 특별조치법'에 따라 국토교통성이 진행하고 있다. 본 시스템은 공공사업의 원활한 수행과 대심도 지하의 적정한 이익용도에 기여하기 위해 지하개발사업자 등에 대해 정보제공을 제공하기 위하여 구축되었다.

대심도 지하정보 시스템에서는 원칙적으로 지하 20m 이내의 시설을 대상으로 조사를 실시하고 있으며, 지하 20m 이상의 시설에 대해서도 부분적으로 정비를 실시하고 있다. 본 시스템에서는 목표물 검색 기능을 사용하면 역이나 학교 등의 목표물 주변의 지도를 표시할 수 있으며, 본 시스템상에 표시되어 있는 매설물을 선택하면 그 매설물에 대한 자세한 정보가 표시되며, [그림 9.9]에는 대심도 지하정보 시스템의 예가 나타나 있다. 본 시스템을 이용할 수 있는 대상은 대심도 지하사용협의회를 구성하는 국가 행정기관 및 관계 도부현 등의 직원과 대심도 지하사용법 대상 사업자(국가, 지방공공단체, 공익기업 등)로 한정하고 있다.

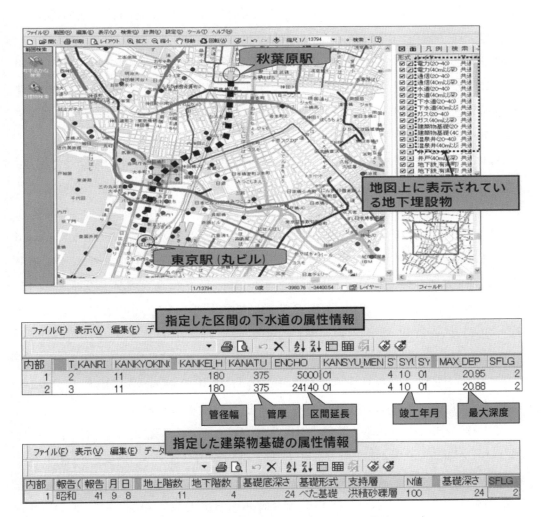

[그림 9.9] 일본 대심도 지하정보 시스템(일본 국토교통성, 2021)

3.3 Digital Underground(싱가포르)

싱가포르는 지하공간개발과 활용에 대한 국가적 과제로 추진하고 있다. 이러한 일환으로 2019년 3월 싱가포르 도시재개발청(Urban Redevelopment Authority)은 싱가포르의 향후 발전을 안내하기 위해 Draft Master Plan 2019를 공개했다. 국토가 부족한 도시국가의 경우, 지하공간의 사용은 증가하는 수요에 대한 공간을 만들기 위한 핵심 전략이다. 이에 따라 고도로 개발된 싱가포르의 지하공간은 점점 더 혼잡해질 수밖에 없으며, 많은 활동과 개발이 이루어질 것으로 예상된다.

광범위한 유틸리티 인프라 네트워크가 지하에 존재하며, 대부분의 기간 동안 보이지 않는 상태로 남아 있게 된다. 따라서 지하공간의 계획, 관리 및 개발에 있어 지표면 아래에 존재하는 것에 대한 신뢰할 수 있는 정보가 필수적이다. 신뢰할 수 있는 지하 디지털 트윈(Digital Twin)이 필요할 것이다.

Digital Underground 프로젝트는 싱가포르의 모든 지하 유틸리티의 신뢰할 수 있는 디지털 트윈을 설립하는 것을 목표로 싱가포르 토지청의 추진사업이다. 통합접근법에 따른 연구 및 협업을 통해 지속가능한 유틸리티 맵핑 생태계 구축을 위한 워크플로우, 지원 기구, 기술, 역량 등을 파악, 개발, 테스트 및 추천하는 것이 목적이다. Digital Underground 는 여러 단계로 구성된다. 첫 번째 단계가 끝나면 원하는 목표를 달성하기 위한 통합 접근 방식과 전략을 자세히 설명하는 로드맵이 제공되었다. 두 번째 단계에서는 생태계의 기초가 더욱 개발되고 설명되었으며, 지하 유틸리티 데이터 거버넌스, 데이터 관리 및 통합을 위한 인프라, 측량 및 매핑 기술, 역량 개발에 대한 자세한 권장 사항이 제시되었다.

Digital Underground에서 지하 시설물 조사를 위한 첨단탐사장비를 이용한 조사 장면과 지하시설물의 매핑자료를 획득하는 장면이 [그림 9.10]에 나타나 있다. 또한 [그림 9.11]에는 Digital Underground에 대한 구체적 로드맵이 표시되어 있다.

Digital Underground의 3단계는 신뢰할 수 있는 데이터 품질을 위한 워크플로우는 2021년에 시작되었으며 2023년 말까지 실행될 것으로 예상된다. 이 계획은 이전에 개발된 권장 사항을 실천에 옮기고 이를 평가하여 유틸리티 관리기관 및 주요 이해 관계자와 함께 파일럿 연구의 워크플로우로 더욱 세분화하는 것을 목표로 한다. 또한 새로운 연구를 통해 기존 데이터 품질의 조정 및 지하 유틸리티 데이터 품질의 시각화를 위한 과제를 해결하기 위해 지속적으로 번창하는 관행 커뮤니티와 민관 부문 참여를 구축할 것이다.

Underground utility survey and mapping

[그림 9.10] 싱가포르 지하시설물 조사

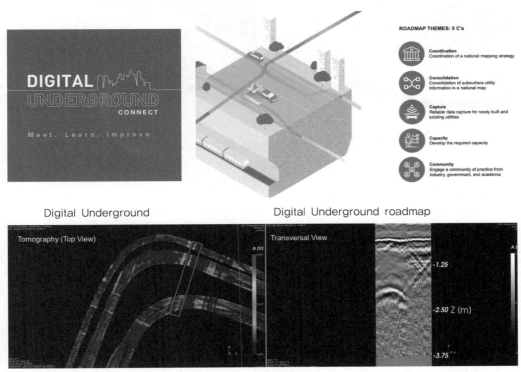

Digital Underground   Digital Underground roadmap

Data Mapping

[그림 9.11] 싱가포르 Digital Underground

Digital Underground에서는 지하에 존재하는 지하시설물 정보를 3차원으로 가시화하고 지상 건물과 도로 등을 포함하여 모든 자료를 이용한 디지털 모델링을 구현하도록하였다. [그림 9.12]는 지하 시설물의 매핑 자료에 의한 지하시설물과 건물에 대한 3차원모델링 결과를 보여주고 있다. 그림에서 보는 바와 같이 지하정보와 지상정보가 하나로통합되어 모든 관계자들이 이용 또는 활용할 수 있도록 하였다.

 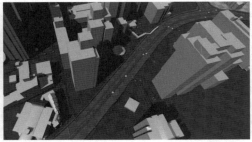

3D urban building modelling

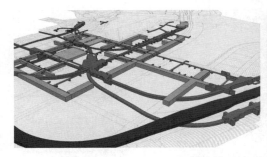 

3D urban building modelling

[그림 9.12] 싱가포르 3D 지하정보 시스템

3.4 DT DICT 시스템(프랑스)

프랑스는 2012년 지하 인프라의 매핑을 의무화하는 법을 제정하고, 2013년부터 공사 전 모든 중요한 지하 네트워크 인프라의 위치에 대해 40cm의 정확도를 달성하도록 하는 국가 지하인프라 피해방지시스템(National Damage Prevention System)을 운영하고 있다. 이를 실현하기 위해 개발된 DT DICT(Déclaration d'Intention de Commencement de Travaux – 건설공사 착공계획) 시스템은 건설공사 착공전에 지하시설물에 대한 모든 정보를 사전에 파악하고, 이를 고려한 공사계획서를 제출하고 승인받도록 하는 건설공사 관리 시스템이다. 본 시스템은 실제로 지하시설물에 대한 위치 데이터의 품질을 향상시켜 공사 중 사도를 방지하고 안전을 확보하기 위하여 개발되었다.

DT DICT 시스템에는 지하시설물(광케이블 및 파이프 라인 등)에 대한 모든 공공 사업자와 통신 사업자의 목록, 서비스 지역 지도, 연락처 등을 포함하고 있다. 건설 프로젝트 관리자는 프로젝트를 시작할 때 구체적인 건설공사 계획서 DT(Declaration de projet de Travaux)를 준비해야 한다. 지하시설물 관리자가 제공한 정보를 사용하여 제작된 DT는 건설 현장 근처에 각 네트워크 운영자에게 전달되며, 모든 네트워크 사업자는 9일 이내에 DT에 응답해야 한다. 또한 지하시설물 사업자는 제안된 사이트에서 기존 네트워크의 위치에 대한 보유 중인 모든 정보를 제공해야 한다.

DT DICT 규정은 건설 중 지하시설물에 대한 피해 신고를 네트워크 사업자에게 통보하도록 의무화하고 있다. DT DICT는 매년 이러한 보고서를 작성하고 해당 연도의 피해통계를 요약한 네트워크 운영자 리포트를 발행한다. 연간 피해 통계를 보면 매년 DT 제출 건수가 증가하고 있지만, 현재 지하 공공시설 피해 추세는 매년 2%씩 감소하고 있다. [그림 9.13]에는 국가 DT DICT 시스템과 DT DICT 시스템에서 발간된 각종 가이드가 나타나 있다.

DT DICT Guidebook

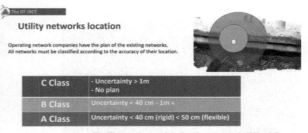

DT DICT Survey and Class

[그림 9.13] 프랑스 DT DICT 시스템

3.5 NUAR(영국)

영국 NUAR(National Underground Asset Register) 시스템은 지하 파이프와 케이블에 대한 대화형 디지털 지도이며, 매립된 인프라를 설치, 유지, 운영 및 수리하는 방식을 보다 개선한 시스템이다. 본 시스템은 지하 자산 소유자와 지하개발사업자 간에 데이터가 공유되는 방식을 합리화하고, 지하 자산 소유자의 데이터를 표준화하도록 하였다. 본 시스템상의 지하시설물에 대한 정보는 안전하게 보관되며 지하개발사업자가 즉시 사용할 수 있으며 오류데이터는 피드백될 수 있다. 또한 지하정보를 이용하여 지하공간 개발계획을 수립하고 공사계획을 수립할 수 있다.

지하공간위원회는 지하 파이프라인과 케이블에 대한 디지털 지도(digital mapping)를 만들고 있는데, NUAR 시스템과 연계하여 지하 인프라에 대한 설치, 유지, 운영 및 보수하는 방법을 개선할 것이다. NUAR 시스템은 안전하고, 신뢰할 수 있도록 마만들어져 지속 가능한 플랫폼을 구축하고 지하 공사의 효율성과 안전성을 향상시킬 것이다. 본 시스템은 지하공간을 개발을 계획하고 실행하는 지하공간개발사업자들이 언제, 어디서든지 접근가능한 지하시설물 데이터의 일관성 있는 대화형 디지털 지도를 제공하며, 서로간의 소통 강화와 지하정보의 품질 향상으로 이어질 것이다.

NUAR 시스템은 지하 유틸리티 데이터를 공유할 수 있는 협업 환경에서 지하시설물 소유자, 정부 기관 및 기타 기관들을 통합하는 표준화된 접근 방식을 채택하였다. 지하공간 데이터 체계적인 관리에 대한 관심과 지하자산 소유자와의 지하개발 사업자와의 지하정보 네트워크 유지와 정보 공유에 대한 필요성을 기반으로 NUAR 시스템이 만들게 되었다. 런던은 경우 공공시설, 운송 회사 및 지방 당국과 긴밀히 협력하여 지하 인프라에 대한 공유 디지털 지도를 만들고, 런던 지하자산 등록부(LUAR)를 구축하였다. [그림 9.14]에는 영국 NAUR 시스템과 도심지 디지털 표현에 대한 예시가 나타나 있다.

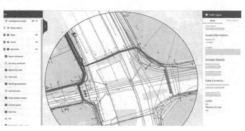

National Underground Asset Register(NUAR)

3D urban digital demonstration

[그림 9.14] 영국 국가지하자산등록(NUAR) 시스템

3.6 UCIMS(영국)

영국의 지하건설정보관리시스템(Underground Construction Information Management System, UCIMS)은 크로스레일(Crossrail)로 알려진 런던을 가로지르는 새로운 동서 철도연결에서 건설 데이터를 모니터링하기 위해 개발되었다. 유럽에서 가장 큰 건설 프로젝트인 크로스레일 프로젝트는 이미 혼잡한 런던 지하에 연장된 수직구, 터널, 갱구부로 구성된 지하 개발을 포함하고 있다.

지하터널공사가 수행되는 도심지 환경을 고려할 때, 건설공사의 모니터링과 인접한 지하 및 지상 구조물에 미치는 영향은 프로젝트 관리의 핵심이다. UCIMS는 수만 개의 실시간 계측기와 센서뿐만 아니라 전반적인 건설 진행상황을 모니터링하고, UCIMS는 건설공사에 대한 모니터링 외에도 TBM(Tunnel Boring Machine)의 진행 상황과 성능을 추적한다. UCIMS는 모든 이해관계자가 시공 및 계측 데이터에 실시간으로 액세스할 수 있도록 설계되었으며, 지표 특징 및 지하공간 정보에 대한 진행 상황과 데이터 위치를 보여주는 직관적인 지도기반 사용자 인터페이스로 구성되었다.

본 시스템은 GIS 기반 데이터 관리 및 3차원 시각화가 가능한 첨단기능의 모니터랑 시스템을 구현하고 있으며, 한 번에 수천 개의 센서 출력기록을 표시하고 CAD 도면, 항공 사진 등을 포함한 기본 지도 위에 오버레이할 수 있다. UCIMS에 통합된 기능은 정보 프레젠테이션을 용이하게 할 뿐만 아니라, 중요한 것은 출력 정보에 대응하고 건설공사와 관련하여 시간적으로 중요한 결정을 내려야 하는 운영자, 엔지니어 및 관리자에게 정보를 적시에 제공한다.

본 시스템 사용자 정의의 용이성을 위해 지하공간 매핑 소프트웨어를 사용하였으며, 전체 건설공사 네트워크에 걸쳐 데이터 관리, 데이터 시각화 및 효율적인 데이터 해석을 통합하여 기존 GIS 시스템의 기능을 확장하여 시공정보와 지하정보를 통합하여 운영할 수 있도록 하였다. [그림 9.15]는 영국 Crossrail 프로젝트에 적용된 UCIMS 시스템을 보여주고 있다.

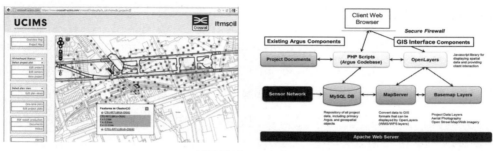

UCIMS Components

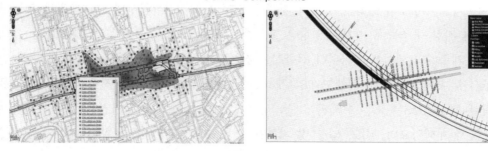

Underground construction Information

[그림 9.15] 영국 지하건설 정보관리시스템(UCIMS)

4. 지하 디지털 트윈(Underground Digital Twin)

지표는 인프라 시설, 유틸리티, 교통, 기타 기반시설 및 자연환경으로 구성되어 있으며, 지하는 지질 및 지반 특성으로 구성되어 있다. 지하 디지털 트윈(Underground Digital Twin)은 지하 인프라 디지털 트윈과 지질 디지털 트윈을 필요로 한다. 지역 및 국가의 공공시설, 통신, 교통망 및 기타 기반시설과 같은 지하 인프라 디지털 트윈은 많은 국가에서 우선순위가 되었다. 지난 10년 동안 지상 인프라에 대한 높은 정확도의 위치 데이터를 효율적으로 캡처할 수 있는 기술의 가용성으로 인해 지상 모델에 중점을 두었다. 그러나 많은 국가에서 지하 인프라의 중요성에 대해 인식하고 있으며 지하 인프라를 디지털 트윈에 통합하고 있다.

지질 및 지반 특성에 대한 3D 모델 및 보어홀 데이터베이스와 같은 지질 정보는도시계획, 인프라 건설프로젝트, 지질 위험도 식별, 환경 영향평가 및 상하수도 시설 개발과 같은 광범위한 분야에 적용할 수 있는 잠재력을 가지고 있지만 현재까지 이러한 분야에서 표준 사례가 되지 못하고 있다. 그러나 지하정보의 중요성에 대한 인식이 높아지고 있으며 조만간 지하 디지털 트윈이 개발 구축될 것으로 예상된다.

4.1 지하 인프라 디지털 트윈(Underground Infra Digital Twin)

지하 인프라의 디지털 모델은 지상 디지털 모델과 구별되며, 지하 인프라의 모델 개발 시 고려해야 하는 주요 특징을 가지고 있다. 이는 개발 목적, 데이터 품질 및 접근성에 대한 적합성 등으로 분류된다.

예를 들어 로테르담, 헬싱키, 아테네, 베를린, 런던과 같은 도시들과 네덜란드, 에스토니아, 싱가포르, 영국과 같은 나라들은 디지털 트윈의 기초로서 지상 인프라의 3D 모델을 개발하고 있다. 지상 인프라의 3D 모델은 건물, 교통망 등을 포함되며, 일반적으로 항공촬영 또는 GIS 지도에서 2D 또는 3D 이미지로 캡처된다. 그러나 지하 인프라 모델은 그 중요성에도 불구하고 아직 개발되지 않고 있다.

지하 인프라 모델링에는 건물과 교통망뿐만 아니라 지하 유틸리티와 지하 통신망에 대한 정보도 필요하다는 공감대가 형성되었다. 지하 유틸리티 및 지하 통신망 운영자는 지하 시설물의 위치, 운영, 검사 및 유지보수 데이터를 포함하여 지하 시설물의 광범위한 기록을 유지한다. 또한 모니터링, 제어 및 시뮬레이션을 효율적으로 수행하기 위하여 디지털 트윈 방향으로 움직이고 있다. 궁극적으로 지하 유틸리티 자산 관리와 네트워크 시뮬레이션을 넘어 수요와 공급망을 포함한 전체 지하 유틸리티 네트워크의 모델을 통합하기 위해 확장되는 디지털 트윈 사용 사례를 지원할 수 있게 된다. [그림 9.16]은 영국 Crossrail 프로젝트에 적용된 디지털 트윈 사례로서 실제 철도와 BIM에 의한 디지털 철도의 비교를 보여주고 있다.

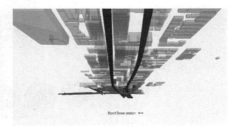

Physical railway and digital railway in Crossrail project

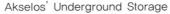

Akselos' Underground Storage   Chicago's Underground infrastructure

[그림 9.16] 지하 인프라에 대한 Digital Twin 적용사례

4.2 지하 디지털 트윈의 구성

싱가포르는 국토가 매우 제한적이지만 국민들의 더 나은 삶을 위해 지하에 많은 종류의 개발활동을 하기 시작했다. 전기, 물, 폐수와 같은 전통적인 유틸리티와 폐기물 운반 시스템과 같은 새로운 유형의 유틸리티는 거의 100% 지하에 있다. 지하철과 같은 교통망도 지하에 있으며, 폐기물 처리 및 국방시설 등이 지하에 있다.

싱가포르에서 지하개발이 확대됨에 따라 지하 인프라의 위치에 대하여 신뢰할 수 있는 데이터가 점점 더 중요해지고 있는 반면, 데이터 품질은 큰 문제가 되고 있다. 모든 이해 관계자는 가용 정보의 상당 부분이 신뢰할 수 없으며 이로 인해 시간, 비용 및 기회의 손실이 반복적으로 발생한다는 사실을 인식하고 있다.

싱가포르에서는 지상 및 지하인프라에 대한 안전관리를 목표로 지상 및 지하의 모든 데이터를 통합하고 3차원적으로 구현하기 위한 디지털 트윈 전략을 수립하였다. [그림 9.17]은 싱가포르 디지털 트윈에 구성된 데이터셋(datasets)을 표현한 것으로 14개의 코어 데이타셋과 6개의 추가 데이터셋으로 구성되어 있다.

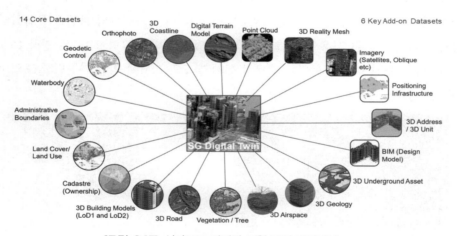

[그림 9.17] 싱가포르 디지털 트윈 구성 데이터셋

지하 인프라 개발의 계획 및 설계 관점에서 보면 신뢰할 수 있는 지하 정보가 필수적으로 요구된다. 여기에는 비용 절감, 불필요한 재작업 방지, 환경파괴 최소화, 소비자 서비스 중단방지, 일반 대중뿐만 아니라 작업자의 안전 강화 등이 포함된다. 이러한 문제를 근본적으로 해결하기 위해 DU(Digital Underground)가 수행되었다. DU의 목표는 국토 관리를 위한 싱가포르 지하 인프라에 대한 신뢰할 수 있는 지도를 개발하는 것이다. DU

는 4단계로 구성되며, 첫 번째 단계에서는 문제를 식별하고 로드맵을 작성하고, 두 번째 단계에는 지하 유틸리티 매핑 생태계를 만드는 데 무엇이 필요한지 살펴보는 작업이 포함되었다. 세 번째 단계에서는 신뢰할 수 있는 데이터에 기여할 많은 구성 요소를 포함하는 지하 유틸리티 워크플로우를 검토하고, 마지막 단계는 새로운 유틸리티 매핑 생태계를 구현하는 운영 단계이다.

데이터 품질 문제해결에는 근본적인 조사, 위치 확인 및 매핑 문제가 포함된다. 또한 데이터 품질 문제를 해결하기 위한 로드맵을 개발하는 것이었다. 로드맵의 핵심은 지하시설물에 대한 데이터 캡처, 데이터 품질개선 및 데이터 품질 관리에 대한 책임을 명확하게 규정하는 것이다. Digital Underground는 새로운 프레임워크를 도입하여 미래에 진행 중인 고품질 유틸리티 데이터를 보장하도록 하기 위하여 현재 지하 유틸리티 작업을 중단하거나 변경하지 않고 현재 작업내용에 새로운 데이터 품질 작업을 추가하는 프로세스로 구성했다. 결국 이 프로세스는 최종 사용자, 계획자 및 관리자들이 공유할 수 있는 신뢰할 수 있는 고품질 데이터를 확보하기 위한 것으로 지하 디지털 정보를 통합적으로 구축하기 위해 제공하는 플랫폼이다. [그림 9.18]에는 Digital Underground의 Data governance framework가 나타나 있다.

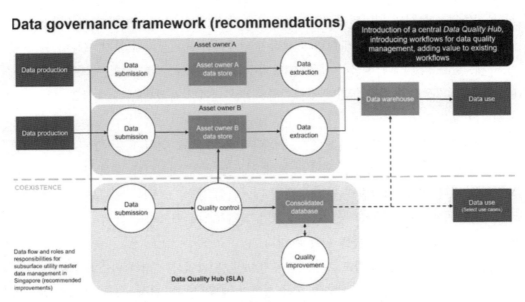

[그림 9.18] 싱가포르 Digital Underground의 Data governance framework

지상 인프라와 지하 인프라의 표현으로 무엇을 할 수 있는지에 근본적인 차이가 있다. 지상에서는 거리, 비행기, 드론 또는 위성에서 2D 또는 3D로 공공 공간에서 사진 찍거나 스캔할 수 있어 일반적으로 적용에 제한이 없다. 개인정보보호를 위해 인지할 수 있는 사람과 차량을 제거해야 하며 국가 보안제한이 있을 수 있지만, 일반적으로 데이터는 공개되고 공개적으로 사용 가능한 디지털 모델 또는 디지털 트윈을 만드는 데 제한 없이 사용할 수 있다. 디지털 트윈에서 지상 데이터의 정확도는 일반적으로 높다.

지하에서는 상황이 다르다. 우선 지하 인프라 위치 데이터에 대한 접근 제한이 있다. 많은 구역에서 공공시설의 일부 또는 전부가 공공기관 소유이다. 도시가 상하수도 서비스를 소유하고 있는 경우, 이 데이터는 공개되고 공개적으로 액세스할 수 있지만, 전력, 가스 및 통신은 공공기관 소유로 데이터에 대한 공개 액세스에 제한이 있다. 지하 인프라에서 지하 유틸리티 데이터의 일부는 개방되어 있고 접근이 가능하지만, 대부분 공공시설이기 때문에 접근 제한이 있다.

또 다른 주요 과제는 데이터 품질이다. 지하 유틸리티 네트워크 문서 및 기록은 일관되게 수집 또는 유지되지 않으며, 정확도 수준이 다양하며, 데이터가 최신이 아니거나 폐기된 인프라가 자주 누락된다. 지난 수십 년 동안 전기, 가스, 수도 및 통신 유틸리티는 그래픽 작업 관리 및 GIS 기록 관리 프로세스를 디지털화하는 데 많은 예산을 들여왔다. 지하 네트워크 문서의 데이터 품질이 낮은 이유 중 하나는 지하 유틸리티 비즈니스 모델이 전체 솔루션 데이터 개선에 대한 직접적인 인센티브를 제공하지 않기 때문이다. 이것은 규제, 실제 적용사례 및 신기술을 통한 정부의 개입을 요구할 수 있는 복잡한 문제이다. 영국, 싱가포르와 같은 국가에서는 지하시설물 데이터 품질 향상에 중점을 둔 규제를 시행하고 있다.

지하정보 표준 프로젝트에서는 지하 유틸리티 손상 감소, 건설 효율성, 지하시설물 관리, 비상 대응 및 재해 계획을 포함한 지하 인프라 위치 데이터에 대한 중요한 내용을 포함하고 있다. 또한 디지털 트윈에 공급될 데이터의 품질, 프로세스를 모델링하는 알고리즘, 지원해야 하는 시뮬레이션 및 사용자가 인지적으로 쉽고 접근할 수 있도록 모델을 만드는 분석 및 시각화 기술을 필요로 한다.

네덜란드, 헬싱키 및 싱가포르는 지하공간 개발을 지원하는 지하 마스터 플랜을 개발했다. 예를 들어, 싱가포르는 지하 인프라 시설의 계획, 설계, 건설, 소유 및 유지 보수와 같은 다양한 목적을 위한 지하 유틸리티 지도의 긴급성을 인식하여 싱가포르의 지하 유틸리티에 대한 정확한 최신의 완전한 지도를 구축하는 것을 목표로 디지털 지하 프로젝트를 시작했다. 그러나 대부분의 국가에서 지하 디지털 모델의 개발 목적은 지하 유틸리티 손상을 줄이는 것이다. 공사 중 지하 인프라 피해비용은 매년 수백억 달러에 달하고, 근로자와 일반인의 부상과 사망, 토목공사 공기지연과 예산초과 등이 발생하고 있다. 지하인프라 데이터의 정확성과 완전성은 필수 요건이다. 지하 인프라에 특화된 또 다른 문제는 통합이다. 일반적으로 각 유틸리티와 통신에는 서로 다른 데이터 모델, 어휘, 기호, 기본맵, 레이아웃 표준 및 데이터 보호 지침이 있다. 여러 조직의 데이터를 통합하려면 이러한 기능을 모든 데이터 공급자가 사용할 수 있는 공통 표준으로 조정해야 한다.

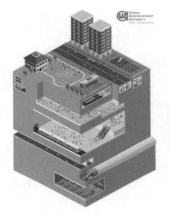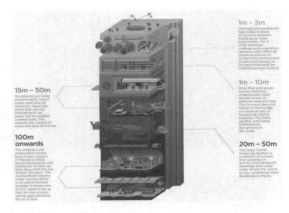

Underground space development master plan(Singapore)

Underground space model(London)　　　Underground development(Hongkong)

[그림 9.19] Digital Underground Construction

따라서 지하인프라 모델은 지하 디지털 트윈의 기반으로 사용될 수 있도록 중요한 변화를 필요로 한다. 디지털 트윈은 살아있는 모델이며 기본 자산의 변화를 실시간으로 반영해야 한다. 중요한 점은 모든 지하 인프라의 실시간 데이터를 통합하고 이러한 네트워크를 모델링하는 지하공간 시스템이 공통 표준을 공유하고 현장의 현재 데이터와 인텔리전스를 지속적으로 활용하는 살아있는 문서(living document)가 되도록 하는 것이다. 합의된 표준을 준수하는 실시간의 고정밀 지하 인프라 데이터가 필요하다. 이러한 요구사항과 새로운 기술 발전은 지하 인프라에 대한 데이터를 캡처하고 유지하는 방법에 대한 근본적인 변화를 가져오고 있다.

[그림 9.20]은 실제 건설현장에 적용되는 Digital Underground의 적용사례이다. 건설공사 시 공사 중 주변 지하시설물에 대한 정보를 바탕으로 공사계획을 수립하고 지하구조물과 간섭 및 이격 등을 정량적으로 3D 가시화함으로써 공사의 안전성 및 시공성을 극대화하고 있음을 볼 수 있다.

 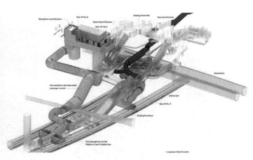

Actual and Digital Underground Construction

Digital dimension – Liverpool Street Station

[그림 9.20] Digital Underground Construction

4.3 디지털 지하의 해결과제

디지털 지하는 디지털 트윈기술을 기반으로 지하 인프라에 대한 체계적인 국가주도 전략을 위한 로드맵을 개발하고, 정확하고 완전한 디지털 데이터를 생산하여 이해관계자에게 제공하기 위한 생태계를 지원하기 위한 것으로, 많은 문제를 해결해야 한다. 우선적으로, 지하 인프라에 대한 기존 데이터의 품질이 신뢰할 수 있는 지하 디지털 트윈을 개발하는 데 주요 저해 요인이라는 것이다. 지하인프라에 대한 가용 정보의 상당 부분이 신뢰할 수 없으며 이로 인해 시간, 비용 및 기회의 손실이 반복적으로 발생하고 있다.

또 다른 과제는 지하 인프라 데이터에 액세스하는 것이다. 전 세계의 많은 국가에서 지하 유틸리티 및 통신 네트워크 및 설비의 위치에 대한 기록은 종종 민간 유틸리티 및 통신 사업자에 의해 소유되고 유지된다. 그 결과, 지하 인프라 데이터에 대한 액세스가 제한되고 건설 프로젝트에 대한 모든 관계자가 이용할 수 있는 것은 아니다. 프랑스의 DT DICT 시스템과 같이 정부를 수반하는 조직 구조를 통해 접근성 문제를 해결하는 경우도 있다.

싱가포르 Digital Underground 프로젝트는 이러한 과제를 해결하기 위해 필요하다고 생각하는 조치를 분석하고 시행했다. 데이터 생산, 데이터 관리, 데이터 공유 및 데이터 사용에 대한 현재의 비즈니스 관행은 지하 유틸리티 관리자, 네트워크 소유자, 시공자에 크게 좌우되며 모든 이해 관계자에 대해 일관성이 있는 것은 아니다. 그 결과 지하 인프라에 대한 신뢰할 수 있는 정보의 부족을 해결하기 위해 상당한 노력과 재원이 투자되어야 한다.

1) 모든 이해관계자의 데이터 접근성

데이터 접근성 문제를 해결하기 위한 토대는 새로운 지하 유틸리티 데이터 거버넌스 프레임워크이다. 이것은 정부와 네트워크 소유자의 데이터를 모든 이해관계자가 접근할 수 있도록 하는 기초를 제공한다. 영국의 NUAR(National Underground Register) 이니셔티브는 지하 유틸리티 및 공공기관 간에 체결된 데이터 공유 협약의 형태로 유사한 프레임워크를 가지고 있으며 모든 참가자들 간의 데이터 공유를 가능하게 했다. 700개에 가까운 지하시설물 관리자에게 이러한 유형의 장기 프레임워크를 달성하는 것이 NUAR 구현의 최우선 과제이다.

2) 데이터 품질 향상

일반적으로 지하 네트워크에 저장된 기존 지하 데이터의 가장 큰 문제는 데이터가 부정확하거나 오래되었거나 단순히 누락되었다는 것이다. 지하 디지털 트윈을 만들려고 시도하는 관할권에 대한 핵심은 지하시설물 관리자의 기록에서 신뢰할 수 없는 데이터에 의존해야 할지 아니면 최근의 새로운 데이터로 높은 정확도 데이터베이스를 만들어야 할지 여부이다.

새로운 데이터 거버넌스 제안의 핵심은 데이터 품질을 개선하고 신뢰할 수 있는 단일 진실 출처를 확립하기 위해 고안되었다. 특히 현재 유틸리티 데이터 워크플로우와 공존하도록 설계되었지만 데이터 품질 관리를 강제하는 통합된 지하 인프라 데이터베이스 및 데이터 흐름으로 구성된 국가 데이터 품질 허브 개념을 도입할 필요가 있다. 데이터 품질 허브는 지하 유틸리티에 대해 새로 캡처한 모든 데이터를 디지털 방식으로 제출하고 공통의 표준 규칙에 기반한 데이터의 품질관리 및 기존 데이터 품질 개선하기 위해 새로 수집된 데이터와 기존 데이터의 통합을 필요로 한다.

3) 새로운 고정밀 데이터를 기존 데이터와 통합

새로운 법률 및 규제로부터 정확도가 높은 데이터베이스를 개발하고 새로운 데이터를 가진 공공기관의 중요한 문제는 기존의 신뢰할 수 없는 데이터를 새로운 데이터베이스에 통합할 것인가 하는 것이다. 싱가포르의 접근 방식은 Data Quality HUB에 들어가는 모든 데이터가 새로운 데이터 거버넌스 프레임워크에서 정의한 일련의 품질 규칙을 통과하도록 요구하는 것이다. 예를 들어 최근 지하 유틸리티의 조사와 같은 기존 데이터를 새로운 데이터와 결합하면 품질 규칙을 통과할 수 있는 데이터가 생성될 수 있으며, 그 데이터는 데이터 품질 허브에 통합될 수준이 있어야 한다. 싱가포르는 부정확하고 불완전한 지하 인프라 지도에서 발생하는 문제점을 인식하고 데이터 품질과 접근 문제를 해결하기 위한 포괄적인 접근 방식을 채택했다.

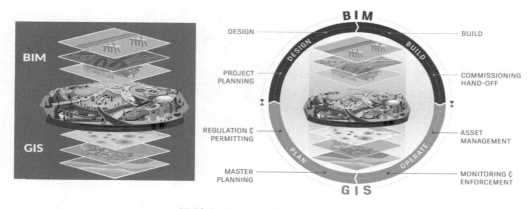

[그림 9.21] Integrating BIM and GIS

[그림 9.22]는 실제 건설현장에서 기존 데이터와 새로운 데이터가 통합되어 구현되는 Digital Underground의 적용사례를 보여주고 있다. 본 사례는 4-BIM을 기반으로 기존의 지상 및 지하정보를 구현하고 시공단계별 지하구조물을 가시화하고 있다.

[그림 9.22] Integrated Digital Underground and 4D–BIM

5. 디지털 지하정보 플랫폼(DUIP) 구축

국내에서 운용되고 있는 지하정보 기술과 해외에서 개발되고 있는 지하 디지털 기술을 바탕으로 국가 및 발주처에서 운영 가능한 디지털 지하정보 플랫폼(Digital Underground Information Platform, DUIP)에 대한 기본방향을 제안하였다.

5.1 DUIP의 기본 방향과 정보 구성

디지털 지하정보 플랫폼(DUIP)의 정보 구성은 [표 9.2]와 같다. 표에서 보는 바와 같이 지상 정보와 지하 정보 그리고 기타 정보 등 3개 파트로 구성되어 있으며, 지하터널 정보를 기반으로 모든 관련 정보를 통합관리하는 플랫폼이다. 지하 정보는 지하시설물, 지하구조물 그리고 지질/지반 정보 등을 포함하고 있으며, 디지털 지하(Digital Underground)를 구축하도록 하였다. 지상 정보는 도로에 대한 기본정보와 지상시설물, 지상구조물, 지형 정보, 지표 정보 등을 포함하고, 지리정보(GIS)시스템과 통합하도록 하였다. 건설 정보는 설계 정보, 시공정보 및 유지관리 정보를 포함하고 BIM 시스템과 연계하도록 하였다.

[표 9.2] 디지털 지하공간정보 플랫폼(DUIP)의 정보 구성

구분		정보 내용	비고
지상 정보	도로	선형, 폭원 등 도로에 대한 상세 정보	지리정보시스템 연계
	지상시설물	도로 주변에 위치한 각종 시설물 (가로등 등)	
	지상구조물	도로 횡단/교차하는 각종 구조물 (도로, 교량 등)	
	지형	지형(DEM)에 대한 종합적인 정보 (항공사진 포함)	
	지질위험	지진발생 위치, 급경사지 분포, 도로함몰 위치 등	
지하 정보	지하시설물	상수도, 하수도, 전기, 통신, 가스, 난방, 송유관	디지털 지하
	지하구조물	지하철, 지하보도, 지하차도, 지하상가, 지하주차장, 공동구	
	지질/지반	지질, 시추, 관정 (지층 및 지오리스크 구간 등)	
건설 정보	설계	도로, 터널 및 교량 등 설계에 대한 정보 (주요 구조물 등)	설계 BIM 및 시공 BIM과 연계
	시공	시공에 대한 상세 정보 (설계변경 및 문제발생 구간 등)	
	유지관리	유지 관리에 대한 정보 (안점점검 및 안전진단 등)	

5.2 DUIP의 시스템 구성

디지털 지하정보 플랫폼(DUIP)의 시스템 구성은 [그림 9.23]과 [표 9.3]에 나타나 있다. 표와 그림에서 보는 바와 같이 통합관리 시스템, BIM 연계 시스템, 디지털기술 시스템 및 상호표준 시스템으로 구성되어 있으며, 디지털 정보를 기반으로 모든 관련 정보를 가시화하고 표준화하는 통합 플랫폼이다.

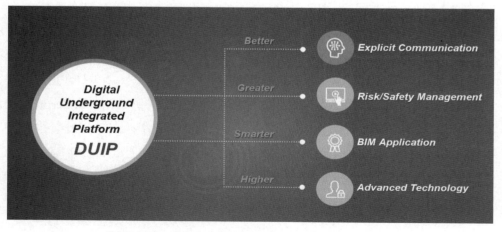

[그림 9.23] 디지털 지하공간정보 플랫폼(DUIP)의 시스템 구성

[표 9.3] 디지털 지하공간정보 플랫폼(DUIP)의 시스템

구분	주요 구성	비고
통합관리 시스템	계획, 설계 및 시공 그리고 유지관리 단계의 통합관리	Better
BIM연계 시스템	BIM 시스템과 연계하여 구성	Smarter
디지털기술 시스템	고정밀 고정도의 3차원 정보데이터 구축	Higher
상호표준 시스템	데이터 표준화 및 관리기관과위 상호 연계	Better

통합관리 시스템은 도로에 대한 계획, 설계 및 시공 그리고 유지관리 단계의 모든 정보와 지하공간정보를 통합관리할 수 있도록 하는 것이다. BIM연계 시스템은 설계 및 시공단계에서 적용되는 BIM시스템과 연계하여 구성하도록 하고, 4D-BIM과 같이 지하공간정보에 대한 시간개념을 포함하도록 한다. 디지털기술 시스템은 최신에 개발된 고정밀 고정도의 3차원 정보기술을 기반으로 모든 지하시설물 및 지하구조물에 대한 상세 정보를 구축하도록 한다.

상호표준 시스템은 지하시설물에 대한 정보의 정확도 및 정밀도를 표준화하고 지하시설물 관리기관과위 상호 연계를 용이하게 하는 것이다.

5.3 DUIP의 특성

디지털 지하정보 플랫폼(DUIP)의 주요 특성은 [표 9.4]와 [그림 9.24]에 나타나 있다. 표와 그림에서 보는 바와 같이 DUIP는 기술 플랫폼(Technology Platform), 정보 플랫폼(Information Platform), 관리(Management Platform) 및 소통 플랫폼(Communication Platform)의 으로 구성되어 있으며, 디지털 기술을 기반으로 지하공간 정보를 구현하여 모든 관계자 및 관계기관이 접근가능한 종합플랫폼이다.

[표 9.4] 디지털 지하정보 플랫폼(DUIP)의 특성

구분		정보 내용	담당자
기술 플랫폼	Technology Platform	스마트 기술, 디지털 기술, 신기술	Engineer
정보 플랫폼	Information Platform	지상정보, BIM 정보, 지하정보	O&M
관리 플랫폼	Management Platform	시공관리, 안전관리, 유지관리	Project Owner
소통 플랫폼	Communication Platform	발주자, 관리주체, 지하시설물관리자	Third Party

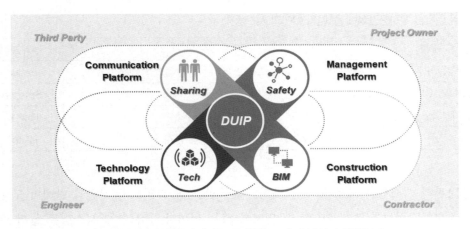

[그림 9.24] 디지털 지하정보 플랫폼(DUIP)의 특성과 상호연계

기술 플랫폼은 스마트 기술, 디지털 기술 및 신기술 등을 반영하여 고정도/고정밀 3차원 지하공간정보를 구현할 수 있도록 하는 것이다. 정보 플랫폼은 지상에 대한 GIS 정보, 설계 및 시공에 대한 BIM 정보 및 지하공간에 대한 Digital Underground 정보 등이 모두 포함되고 통합되도록 한다. 관리 플랫폼은 설계 및 시공정보뿐만 아니라 지상 지하정보를 분석하여 도로의 안전관리 및 유지관리업무에 활용하도록 하는 것이다. 소통 플랫폼은 발주처뿐만 아니라 설계자, 시공자 및 유지관리 주체 그리고 도로 주변 지하시설물 관리자 등이 접근하여 이용할 수 있게 하는 것이다.

5.4 DUIP 구축을 위한 해결과제와 목표

디지털 지하공간정보 플랫폼은 스마트 건설과 디지털 기술에 맞춰 도로의 효율적인 시공관리, 선진적인 안전관리 및 통합적인 유지관리를 달성하기 위하여 구축되어야 한다. 실제적으로 DUIP의 구축을 위해서는 해결해야 할 과제가 많다. 이를 [표 9.5]에 정리하여 나타내었고 요약하여 설명하면 다음과 같다.

[표 9.5] 디지털 지하공간정보 플랫폼(DUIP)의 과제와 목표

	과제	목표
Digital	지하공간정보의 고정밀 Mapping 기술 확보	고정밀 3D 가시화 및 4D 구현
Smart	지하공간정보의 정밀탐사 및 정보획득 기술 확보	지하정밀 탐사 및 지하정보 획득
Integrated	지하공간정보의 통합관리시스템 구축	지하정보, 지상정보 및 건설정보
Strategic	지하공간정보 통합관리에 대한 전략 수립	프레임워크 구성 및 로드맵 수립

1) Digital – 지하공간정보의 고정밀 Mapping 기술 확보

본 플랫폼은 지하공간정보에 대한 고정밀 Mapping 기술을 확보하여야 한다. 지하공간정보에 대한 고정밀 Mapping은 3D 가시화 기술뿐만 아니라 최종적으로 지하공간정보에 대한 4D 구현을 목표로 개발되어야 한다.

2) Smart – 지하공간정보의 정밀탐사 및 정보획득 기술 확보

본 플랫폼은 다양한 지하공간정보에 대한 신뢰성 확보를 위한 정밀탐사 및 정보획득 기술을 확보하여야 한다. 이를 위하여 자동로봇 탐사기술, AI 데이터 처리기술 등의 스마트 기술이 응용 및 적용되어야 한다.

3) Integrated – 지하공간정보의 통합관리시스템 구축

본 플랫폼은 관리주체인 발주처뿐만 아니라 지하공간정보에 대한 관계기관들이 유기적으로 통합관리시스템이 구축되어야 한다. 또한 도로의 설계/시공단계와 운영/유지관리 단계의 도로의 전 공정에서 활용되어야 한다.

4) Strategic – 지하공간정보 통합관리에 대한 전략 수립

본 플랫폼은 국가의 장기발전 미래전략과 함께 발주처주관으로 지하공간정보의 통합관리에 대한 구체적인 로드맵을 구성하고 실천전략을 수립하여야 한다. 여기에는 DUIP의 프레임워크와 데이터셋 구성과 개발조직이 포함되어야 한다.

6. 디지털 지하정보 플랫폼(DUIP) 기본 방안 제언

본 장에서는 현재 국내에서 운용되고 있는 지하정보기술과 시스템을 살펴보고, 싱가포르 등의 해외에서의 활용되고 있는 디지털 지하와 지하인프라 디지털 시스템을 분석하여, 국가 및 발주처에서 운영가능한 디지털 지하정보 플랫폼(DUIP)에 대한 기본 방안을 제안하였고, 그 내용을 요약정리하면 다음과 같다.

1) Digital Underground로의 전환

도로, 지상 및 지하에 대한 수많은 정보들이 만들어지고 이에 대한 효율적인 관리가 요구되고 있다. 특히 지하정보는 정보의 신뢰도와 정확도가 낮고, 누락되는 경우가 많은 사고의 원인이 되고 있다. 따라서 도로의 철저한 안전관리와 체계적인 유지관리를 위해서는 지하공간정보의 디지털로의 전환이 필요하다.

2) 지하공간정보에 대한 고정밀 기술 확보

지하공간정보에는 지하시설물, 지하구조물 및 지질/지반 정보가 포함되어 있지만, 기존에 만들어진 데이터의 수준인 낮고, 관리주체가 상이하여 기존 데이터에 대한 정확도도 매우 부실한 상황이다. 따라서 도로 주변 지하공간에 대한 정보를 정비하고 표준화기 위해서는 지하시설물에 정밀탐사기술이 개발되어야 하고, 기존 정보와 새로운 정보를 통합하고 구현하는 고정밀 기술이 필수적이다.

3) 지하공간정보의 개방적 통합관리시스템 구축

확실한 지하공간정보는 도로공사와 같은 운영주체뿐만 아니라 다른 공공기관 및 지하개발사업자에게도 반드시 필요한 정보라 할 수 있다. 또한 도로의 설계 및 시공단계에서의 실제적인 정보는 도로의 안전관리 및 유지관리업무에 있어 필수적인 정보가 된다. 따라서 지하공간정보 관련기관과 관심이 있는 모든 사람들이 정보를 공유하고 확인할 수 있는 개방적(Explicit) 통합관리시스템이 구축되어야 한다.

4) 디지털 지하공간정보 플랫폼(DUIP)

디지털 지하공간정보 플랫폼은 스마트 기술과 디지털 기술을 응용하여 도로에 대한 디지털 트윈을 실현하고 Digital Underground를 구축하고자하는 플랫폼이다. DUIP는 도로에 대한 모든 정보를 디지털화하고 통합하는 플랫폼으로서 도로의 시공관리, 안전관리 및 유지관리에 활용가능하고, 궁극적으로는 스마트 디지털 지하터널(Smart Digital Underground Tunnel)로 실현되어야 한다.

5) DUIP에 대한 제언

건설 분야는 디지털 시대로의 전환의 터닝포인트를 맞고 있다. 궁극적으로 계획·설계 및 시공 그리고 유지관리업무를 효율적으로 운영하기 위해서 모든 관련 정보의 디지털화를 위한 통합플랫폼을 구축하여야 한다. 특히 상대적으로 불확실성(uncertain)이 크고 불명확성(unknown)이 큰 지하공간에 대한 디지털 정보화는 가장 필요한 기술적 과제라 할 수 있다.

국가에서는 자율주행도로 등에 대한 기술적 숙제를 해결하기 위하여 스마트 도로의 토대를 마련해야 하고, 기존 도로에 대한 안전 및 유지관리를 위한 스마트 유지관리 등과 같은 핵심과제를 수행하여야 한다. 이러한 관점에서 디지털 지하공간정보 플랫폼은 가장 기본적인 토대가 될 것이다.

향후 국책연구원을 중심으로 지속적인 관심을 통하여 연구개발과제를 선정하고, 디지털 지하공간정보 플랫폼 구축을 위한 마스터 플랜과 로드맵을 수립하여야 할 것이다.

초장대 해저터널과 핵심 이슈

LECTURE 10 초장대 해저터널과 핵심 이슈
Extra Long Undersea Tunnel and Key Issues

1. 한국 해저터널 건설 현황과 특징

최근 대형교통인프라 건설계획이 증가함에 따라 바다 밑을 통과하는 해저터널(Under sea Tunnel)에 대한 관심이 증가하고 있다. 특히 육지와 섬을 연결하거나 국가와 국가를 해저터널로 연결하고자 하는 계획은 단순한 꿈이 아니라 그동안 축적되어온 터널 건설기술로서 실현 가능한 프로젝트가 되고 있으며, 세상을 하나의 교통물류 네트워크로 연결하고자 하는 원대한 이상을 조만간 구현할 수 있을 것이라 생각된다.

이러한 관점에서 이 장에서는 한국의 해저터널의 건설 방향과 미래 전망에 대하여 전반적으로 기술하고자 하며, 1절에서는 한국의 해저터널 건설현황과 특징을 중심으로 소개하고자 한다.

1.1 Why - 왜 해저터널인가?

해저터널은 교량, 선박 등과는 달리 태풍, 폭우 등과 같은 악천후에도 안정적으로 국내 도서지역 및 인접 국가 간 교통 및 물류 수송체계 운용을 가능하게 하는 주요 사회기반시설로서 활용되어 왔다. 또한 현재 세계 주요지역에서 철도와 운하해저터널 등 격리되어 있는 두 지역을 잇는 글로벌 물류통로 건설계획이 추진되고 있다. 이와 같은 사업이 본격적으로 추진될 경우 국가 간의 지리적인 장벽이 허물어지고 세계 물류환경뿐만 아니라 향후 정치 외교적인 역학 관계에도 크게 영향을 미칠 것으로 전문가들은 분석하고 있다. 이러한 글로벌 물류 통로 건설은 동북아를 포함한 세계 각국에서 계획되고 있으며, 중국과 타이완의 해저터널, 베링해를 가로지르는 러시아 – 알래스카 해저터널 그리고 한국과 일본을 연결하는 한일해저터널과 한국과 중국을 연결하는 한중해저터널도 구상되고 있다.

이와 같이 최근 들어 글로벌화 및 제4차 산업혁명의 흐름 속에 교역량, 자본이동, 인적 교류의 증대가 가속화됨에 따라 역내 국가 간의 경제교류 확대에 대비한 사회문화적·물리적·제도적 교류기반의 구축이 중요해지고 있다. 이러한 시점에서 통합교통·물류체계 구축을 위한 해저터널 건설이 실현될 경우 선진국으로의 발전과 성장에 많은 도움이 될 것이다.

현재 한국에서도 해저터널에 대한 관심이 증가하고 있으며, 특히 지자체 등을 중심으로 섬과 육지를 연결하거나, 해협을 바다 밑으로 최단거리로 횡단하여 교통문제를 개선하여 주민편의를 증대시키고 교통물류시스템을 개선하고자 하는 계획들이 만들어지고 있다.

장거리의 해협을 통과하는 건설방법은 여러 가지 방안이 제시될 수 있지만 바다 밑을 통과하는 해저터널은 많은 장점을 가진다. [표 10.1]에는 각각의 평가요소에 대한 해저터널이 해상교량과 비교하여 평가된 결과를 나타내었다. 표에서 보는 바와 같이 해저터널은 해상교량에 비하여 공기, 공사비, 전략적 안보, 항해 안전성, 기후 조건, 환경 영향, 시공성 및 지속적인 유지관리성을 확보하고 있음을 볼 수 있다. 따라서 장거리 해협을 통과하는 방법으로는 해저터널이 가장 유리한 건설 방안임을 알 수 있다.

[표 10.1] 해저터널의 장점

No	평가요소		건설공법		평가
			해저터널	해상교량	
1	공사비	Cost	○	△	공사비가 상대적으로 저렴
2	공기	Construction time	○	△	공사기간 상대적으로 단축
3	전략적 안보	Strategic security	○	×	비상시 유사시에 안전
4	항해 안전성	Navigation safety	○	×	항해에 영향을 주지 않음
5	기후 조건	Weather conditions	○	×	기후에 영향을 받지 않음
6	환경 영향	Environmental impact	○	×	환경에 미치는 영향 적음
7	시공성	Constructability	○	△	시공성이 매우 우수
8	유지관리	Operating availability	○	△	지속적인 유지관리 매우 우수

1.2 How - 해저터널은 어떻게 만들어지는가?

바다 밑을 통과하는 해저터널을 건설하는 방법은 크게 NATM 공법, TBM 공법, 침매 공법으로 구분되며, 각각의 건설공법에 대하여 간단하게 기술하였다.

1) NATM 공법

NATM 공법은 가장 오래된 전통적인 터널공법으로서 주로 발파(Drill and Blast)를 이용하여 굴착하며, 숏크리트와 록볼트와 같은 지보재를 이용하여 터널의 안정성을 확보하는 방법이다. 국내외적으로 적용실적이 많으며 보강공법이 발달하여 암반구간뿐만 아니라 토사구간에서도 적용할 수 있다. 대표적인 해저터널로는 세이칸 터널(연장 53.85km)이 있다.

NATM 터널 발파 굴착

NATM 터널 단면

[그림 10.1] 해저터널 건설공법 – NATM 공법

2) TBM 공법

TBM(Tunnel Boring Machine)이라고 불리는 기계장비를 이용하여 굴진하는 터널공법으로서 암반에 적용되는 그리퍼 TBM과 연약토사층에 적용되는 쉴드 TBM으로 구분된다. 기계공학의 발달과 함께 대단면의 TBM 장비가 개발되어 적용되고 있으며, NATM 공법에 비교하여 안전하다는 장점을 가지고 있어, 특히 리스크가 많은 해하저 터널에서의 적용성이 크다. 대표적인 해저터널로는 영불해협을 통과하는 유로 터널(연장 50.45km)이 있다.

TBM 터널 기계굴착

TBM 터널 단면

[그림 10.2] 해저터널 건설공법 – TBM 공법

3) 침매공법

침매터널(Immersed Tunnel)공법은 육상에서 제작한 대형 콘크리트 구조물인 함체(침매함)를 바다 속에 가라 앉혀 물속에서 연결하여 고정시켜 터널을 건설하는 공법이다. 이 공법은 NATM공법과 TBM공법과 달리 지반을 직접 굴착하지 않고, 바닷속 지반위에 함체를 고정하는 방법으로 비교적 얕은 심도의 해저구간에 적합한 공법이다. 대표적인 침매터널로는 덴마크와 스웨덴을 연결하는 Oresund 터널(연장 3.5km)이 있다.

침매터널의 함체 제작

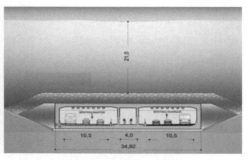
침매터널 단면

[그림 10.3] 해저터널 건설공법 – 침매공법

[표 10.2] 해저터널 건설공법의 비교

	NATM 공법	TBM 공법	IMT(침매터널) 공법
단면	아치형 단면	원형 단면	직사각형 단면
장점	• 단면 변화 가능 • 지질변화 대응 우수 • 시공경험/기술 확보	• 단면 활용(비상탈출로) • 기계굴착으로 자동화 • 굴진성능 우수	• 단면 활용 최적(폭 최대) • 복합기능(도로 + 철도) • 사전제작으로 품질 우수
단점	• 발파진동 안전문제 • 차수 그라우팅 문제 • 굴진속도 제한적	• 단변 변화 불가 • 폭 15m 내외(현 기술) • 공사비 부담	• 깊은 수심 시공 곤란 • 장대터널 적용성 낮음 • 방수와 유지관리
적용성 평가	• 적용성 보통 • 공사비 메리트 • 터널 연장 4~5km 이하	• 적용성 매우 우수 • 장대터널에서 공기 확보 • 초장대 터널에 최적	• 적용성 제한 • 연안 저심도에 적용 • 복합기능 터널에 적합

1.3 Which - 한국의 해저터널 건설사례는 무엇이 있는가?

1) 운영 중인 해저터널

1932년 국내 최초로 만들어진 통영 해저터널은 길이 461m, 너비 5m, 높이 3.5m로 양쪽 바다를 막고 바다 밑을 파서 운하폭을 넓힌 콘크리트 터널을 건설한 바 있으며, 현재는 인도용으로 사용 중이다. 실제적인 교통인프라목적의 해저터널은 2003년에 거가대교도로에 건설된 해저터널이다. 거제와 부산 간을 연결하는 거가대교 8.2km 구간 중 3.7km 구간은 침매공법으로 만들어진 해저터널로서 현재 운영 중에 있다. 또한 2017년 인천김포 고속도로구간에 해저터널이 개통되었다. 인천북항 해저터널은 국내 최장해저터널로서 연장은 5.6km, 최저 해저심도는 59m이며, 주거지 및 환경에 영향을 주지 않기 위해 터널방식으로 건설되었다.

보령 해저터널은 보령시 대천항에서 태안군 영목항까지 연결하는 도로구간(연장 14.01km)으로 해저터널구간은 연장 6.9km의 상하행 분리터널로 NATM 공법으로 시공하였다. 지난 2019년에 관통되었으며, 대한민국 최장 해저터널이자 도로 해저터널로는 세계에서 5번째로 길다. 2021년 12월 1일 개통되었다.

거가대교 해저터널(침매공법/도로)

인천북항 해저터널(NATM공법/도로)

[그림 10.4] 거가대교 해저터널과 인천북항 해저터널

[그림 10.5] 보령 해저터널(NATM 공법/도로)

2) 계획 중인 해저터널

국내에 계획 중인 대표적인 해저터널은 지자체를 중심으로 추진되고 있는 목포–제주 해저터널과 여수–남해 해저터널이 있다.

목포–제주 해저터널 사업은 호남고속철도를 제주까지 연장하자는 것인데, 목포–완도–보길도–추자도까지는 교량으로 연결하고 추자도에서 제주까지는 해저터널(연장 73km)로 연결한다는 구상이다. 본 해저터널에 대한 타당성조사용역을 수행하여 비용편익 분석이 0.894로 경제성을 확인한 바 있다. 고속철도가 서울에서 제주까지 이어질 경우 기상과 상관없이 이동체계가 안정돼 관광객과 물류 수송에 도움이 되며, 또한 제주를 찾는 국내외 관광수요가 남해안축에 영향을 미쳐 관광산업도 더욱 확대될 것으로 기대된다.

여수–남해 해저터널 사업은 여수시 상암동–경남 남해군 서면 서상리 국도 77호선에 해저터널 5.93km를 잇는 등 총 사업비 6,312억 원을 들여 7.3km 구간에 4차로를 신설하는 계획이다. 터널이 개통되면 현재 두 도시 간 차로 80분 걸리는 거리가 5분으로 줄어든다는 것이다. 그러나 이 사업은 현재까지 예비타당성심사결과 경제성이 부족하다는 평가이다.

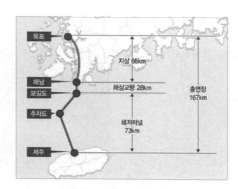

목포 – 제주 해저터널

여수 – 남해 해저터널(TBM 공법/도로)

[그림 10.6] 한국의 계획 중인 해저터널

1.4 What - 한국 해저터널 건설의 특징

지금까지 해저터널의 건설공법과 한국에 운영 중이거나 계획 중인 해저터널의 현황을 살펴보았다. 이로부터 한국해저터널 건설의 특징을 정리하면 다음과 같다.

1) 지금까지 해저터널프로젝트 시공 및 적용사례 적음

해저터널은 높은 기술적 난이도와 과도한 공사비 부담 그리고 시공 중 리스크 문제로 인하여 해저터널에 대한 적용사례가 매우 적음을 볼 수 있다. 특히 도로 및 철도 등의 교통인프라용 해저터널은 단면이 크고 연장이 길어지게 되어 사업비가 증가하게 되어, 각각의 해저터널 사업계획에 대한 면밀한 기술 검토가 수행되고 있다.

2) 세계적 수준의 국내 터널 기술로 해저터널 건설기술 확보

국내는 산악지형이 많은 지형적 특성으로 터널공사가 많기 때문에 다양한 기술노하우가 축적되었고, 육상구간 및 하저구간에서의 터널건설 기술이 세계적 수준에 도달하여 기술적 리스크가 큰 해저터널에 필요한 터널건설기술은 확보되었다 할 수 있다. 특히 국내외 해하저 터널설계 및 시공경험을 바탕으로 초장대 해저터널건설은 충분히 가능하다 할 수 있다.

3) 계획 중인 해저터널프로젝트에 대한 총체적 대안 마련

지자체를 중심으로 여러 가지 해저터널프로젝트 계획이 수립되어 왔지만, 해저터널사업에 대한 비용편익 분석결과 경제성이 미흡한 것으로 평가되는 경우가 많게 분석되었다. 따라서 경제성 확보를 위한 전략적 검토 및 대안이 요구되며, 산학연 중심으로 스마트 교통물류시스템 및 관광 산업과의 연계 전략 등을 수립하여야 한다.

4) 장기적, 전략적 해저터널프로젝트 건설계획 수립

해저터널프로젝트는 해상교량에 비하여 안정성, 시공성 및 유지관리성 측면에서 유리하며, 특히 환경 영향 및 전략적 안전성을 확보할 수 있는 장점이 크다고 할 수 있다. 따라서 섬과 육지를 연결하고 해협을 통과하고 국가 간을 연결하는 초고속 교통물류시스템의 기술적 해결책이므로 해저터널프로젝트가 계획되어야 하며, 장기적이고 전략적인 측면에서 체계적인 마스터 플랜이 수립되어야 한다.

2. 해저터널의 주요 건설기술과 특징

최근 국가와 국가, 육지와 섬을 연결하고자 하는 노력은 바다 밑을 통과하는 해저터널의 기술 발전과 함께 그 실현가능성이 커지고 있다. 이러한 이슈를 배경으로 해저터널을 어떻게 안전하게 그리고 빠르게 굴착하는지에 대한 기술적 관심이 증가하고 있으며, 이미 오래전부터 터널 엔지니어를 중심으로 해저터널에 대한 연구와 기술개발이 상당한 수준으로 발전하기에 이르렀다.

이러한 관점에서 지난 1절에서는 한국의 해저터널 건설현황과 특징에 대하여 소개한 바 있다. 이어 2절에서는 해저터널의 주요 건설기술과 특징을 중심으로 기술하고자 한다.

2.1 해저터널 건설에서의 중점 고려사항

터널은 지하 또는 지중을 통과하는 지하구조물로서 교량과 같은 토목구조물과는 다른 특징을 가지고 있다. 이는 자연적으로 만들어진 지하(Underground)를 굴착하기 때문에 상대적으로 잘 모르거나(Unknown) 불확실한(Uncertain) 지질 및 지반조건을 만날 수 있게 되고, 이로 인한 리스크가 매우 크다는 사실이다. 이를 공학적으로는 지질 또는 지반 리스크(Geo-Risk)라 하며 터널공사는 이와 같은 리스크를 얼마나 잘 관리하고 컨트롤 하느냐가 중요한 특징이라 할 수 있다.

해저터널은 바다 밑을 통과하기 때문에 해수에 의한 상당한 수압이 작용하게 되고, 시공 중 또는 운영 중에 이러한 고수압 조건을 견딜 수 있도록 설계 및 시공이 이루어져야 한다는 것이다. 또한 지각운동에 의해 발생한 대규모 단층파쇄대(Fault zone)와 같은 열악한 지질조건에서 안전하게 굴착할 수 있는 다양한 시공기술과 공사 중 대규모 출수 등과 같은 비상시를 대비한 다양한 대응기술도 요구되고 있다. 특히 지진이 발생할 가능성이 있는 지역에서는 지진에 견딜 수 있는 튼튼한 터널 구조물은 만들 수 있도록 내진기술도 반드시 필요한 기술일 것이다.

바다 밑을 통과하는 해저터널을 건설하는 경우에 여러 가지 사항을 종합적으로 고려하여야 한다. [표 10.3]에는 해저터널 건설 시에 요구되는 주요 고려항목과 각각의 항목에 대한 평가내용을 간략하게 정리하여 나타내었다. 표에서 보는 바와 같이 노선계획, 지반특성, 터널계획, 공법 검토와 시공성, 안전성, 환경영향 그리고 공사비, 공기 및 유지관리 등을 포함하고 있다. 표에서 제시한 고려항목은 계획하고자 하는 해저터널의 특징에 따라 항목을 추가할 수 있으며, 항목별로 가중치를 부과할 수 있도록 하여 최적의 해저터널을 건설할 수 있다.

[표 10.3] 해저터널 건설에서의 중점 고려사항

No	주요 고려항목		평가(예)			평가
			대안1	대안2	대안3	
1	노선 계획	Route Planning	○	×	△	지형특성을 반영한 최적 노선을 검토
2	지반 특성	Site investigation	○	×	△	지질 및 지반특성을 조사/반영
3	터널 계획	Tunnel planning	○	△	×	터널공법별로 장단점 상세분석
4	공법 검토	Construction Method	○	△	×	굴착방법 및 공법에 대한 기술검토
5	시공성	Constructability	○	△	×	현장여건을 고려한 시공성 검토
6	안전성	Safety aspect	△	○	×	공사 중 및 운영 중 안전요소 고려
7	환경 영향	Environmental effect	△	○	×	굴착에 의한 환경영향 평가
8	공사비	Cost	×	△	○	대안별로 실현 가능한 공사비 검토
9	공기	Construction time	×	△	○	대안별로 시행 가능한 공기 검토
10	유지관리	Operating availability	○	×	△	운영 중 유지관리의 편의성 검토

2.2 해저터널의 건설 프로세스와 주요 기술

바다 밑을 통과하는 해저터널을 건설하는 프로세스는 크게 지반조사단계 설계단계, 시공단계로 구분되는데, 각 프로세스에서의 주요 기술에 대하여 간단하게 기술하였다.

1) 지반조사 기술

지반조사는 가장 기본적이며 중요한 과정으로 해저터널 통과구간과 주변지역에 대한 지질 및 지반특성을 공학적으로 파악하는 절차이다. 하지만 해양에서의 지반조사는 많은 제약과 한계가 있으며, 상대적으로 엄청난 비용이 소요된다는 점이다. [그림 10.7]에는 해양구간에서 수행되는 여러 가지 지반조사기술을 나타내었다.

해양시추 조사

해양반사법 탄성파탐사

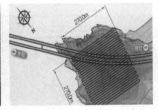
3차원 전기비저항탐사

[그림 10.7] 해저터널에서의 조사기술

2) 설계 기술

지반조사 결과를 바탕으로 터널을 설계하는 과정이다. 여기에는 해당 지질 및 지반에 적합한 터널공법 선정과 적합한 굴착장비 선정이 가장 중요한 설계항목으로 고수압 조건에 굴진이 가능하고 복합 지반과 단층파쇄대 구간에서의 대응이 가능한 굴진방법과 굴착장비 검토가 종합적으로 수행되어야만 한다. 해저터널의 설계기술은 지질 및 지반특성에 대한 공학적 분석능력과 터널링에 대한 다양한 경험 그리고 기계장비에 대한 전문성이 이 요구되는 프로세스이다. [그림 10.8]에는 고수압 구간에서의 TBM 설계기술의 예가 나타나 있다.

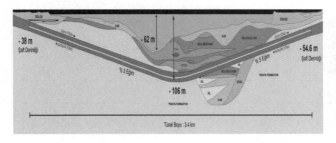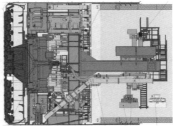

[그림 10.8] 해저터널에서의 설계기술

3) 시공 기술

지반 조사 및 터널 설계내용을 바탕으로 해저터널을 시공하는 과정이다. 현장 및 주변 여건을 반영한 시공계획과 분야별 시공을 위한 전문업체 선정, 공사에 필요한 인원과 자재 등에 대한 계획을 종합적으로 수립하고 시행하도록 한다. 장대화되는 해저터널 특성상 적절한 공기관리가 필수적이므로 굴착장비의 굴진관리가 가장 중요하다. 해저터널은 공사 중 안전성 확보가 가장 중요한 이슈이므로 고수압 조건, 대규모 단층대 조건, 열악한 지반조건에 대한 시공 중 대응방안이 요구되며, 특히 해수가 대규모로 유입되는 출수에 대한 비상대책이 반드시 수립되어 비상시 안전을 최대한 확보할 수 있어야 한다.

[그림 10.9] 해저터널 시공기술

2.3 해저터널 건설에서의 핵심기술

1) 고수압 조건에서의 굴진기술

해저터널은 수심과 암토피(Rock cover)에 의해 수압이 결정된다. 일반적으로 최소 암토피 50m 이상을 확보하도록 하고 있으며, 지금까지 시공된 해저터널 대부분은 최소 암토피 50m 이상을 확보하고 있다. 하지만 해저터널이 장대화됨에 따라 수심도 깊어지게 됨에 따라 상당한 정도의 수압이 작용하게 된다. 따라서 수심이 깊을수록, 최대수압이 10bar을 초과할 경우 별도의 터널 굴진비 개선 및 차수보강이 추가적으로 요구되므로 이에 대한 기술적 대책이 수립하는 것이 반드시 요구된다. [그림 10.10]에는 고수압을 고려한 TBM 장비의 예가 나타나 있다.

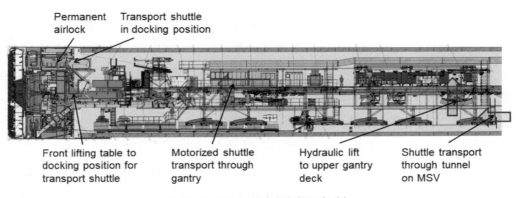

[그림 10.10] 고수압에서의 굴진 기술

2) 해저구간에서의 차수 및 보강기술

해저 암반을 굴착할 때 파쇄대와 같은 연약 암반층이 출현하거나 지하수 또는 해수가 굴착공간으로 유입될 경우에는 심각한 상황을 초래할 수 있다. 따라서 이러한 고수압의 위험구간에 적용될 차수 및 보강 기술이 요구된다. 차수를 위한 그라우팅은 터널 주위에 충분한 범위에서 실시될 수 있도록 침투성이 커야 하며, 해저 아래의 큰 수압에 저항해야 한다. 또한 연약한 지반에 대한 보강재 역할을 하므로 충분한 강도를 가져야 하며 경화시간이 적당해야 한다

이러한 제반사항 등을 만족시킬 수 있는 해저지반 및 현장상황에 맞는 그라우팅 재료 및 시공법의 개발이 요구된다. [그림 10.11]에는 해저터널에서의 차수 그라우팅 기술을 적용한 사례가 예가 나타나 있다.

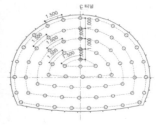

[그림 10.11] 해저구간에서의 차수 기술

3) 해저터널에서의 방재 및 유지관리기술

　해저터널 건설이 완료되어 운영될 경우 터널내부와 지상에 이를 관리하고 감시할 수 있는 각종 시스템이 구축된다. 즉 배수설비, 환기설비, 전기설비, 조명설비, 수송설비, 계측설비 및 방재설비가 터널 내에 설치되고 이와 관련된 지상의 운영시스템이 구축되게 된다. 이 중에서 환기설비, 방재설비 및 계측설비는 터널의 안전성과 인명사고 등의 대형사고를 방지할 수 있는 중요한 설비이다. 해저터널은 일반적으로 장대터널이며, 지상으로 통하는 공간이 입·출구부 외에는 존재하지 않는다. 따라서 터널 내에서 발생하는 화재를 예방하고 감지할 수 있는 조기 경보장치 및 방재 시스템 구축이 필요하며, 터널 내의 대피공간을 확보해야 한다. 또한 운행되는 차량에서 배출되는 배기가스의 농도를 측정하여 유입량을 조절할 수 있는 자동 유입량 산출 시스템의 구축이 필요하다. 그리고 터널의 안정성을 점검하기 위하여 해저터널 변형상태를 실시간으로 계측할 수 있는 모니터링 시스템의 개발이 필요하다. [그림 10.12]에는 해저터널에서의 방재기능과 설비를 적용한 사례가 예가 나타나 있다.

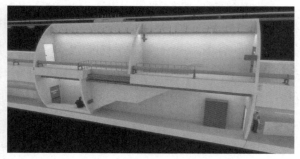

[그림 10.12] 해저터널에서의 방재 기술

2.4 해저터널 건설기술의 특징과 과제

해저터널의 건설기술은 육상에서 터널과는 매우 다른 새로운 개념의 건설기술이라 할 수 있다. 육상과 달리 해저는 건설 시 지반 상태에 따라 매우 높은 수압이 작용할 수 있어, 이때 안전하고 경제적인 설계 및 시공기술은 기존과 다른 새로운 기술 분야라 할 수 있다. 실제로 국내외적으로 도서와 대륙을 연결하기 위한 대형 프로젝트들이 계획 및 진행되고 있으므로 이와 관련된 기술을 종합적으로 검토하고 필요한 핵심 기술에 대한 개발이 요구되고 있다. 해저터널에 대한 주요 기술을 정리하면 다음과 같다.

1) 고수압에 대응 가능한 고난도 굴진기술

해저터널이 장대화 됨에 따라 상대적으로 수심이 깊은 구간을 통과하게 된다. 이러한 경우 상당한 정도의 수압이 작용하게 되고 고수압에 대응 가능한 터널 굴진기술이 요구된다. 지금까지 고수압에 대응하기 위한 여러 가지 기술들이 개발되어왔지만, 10Bar 이상에서의 굴진경험은 제한적이기 때문에 보다 차별화된 특수한 기술들이 구축되어 해저터널에 적용 가능하도록 하여야 할 것이다.

2) 고기능 방재성능을 고려한 방재 안전기술

해저터널이 장대화됨에 따라 비상사태 발생 시에 필요한 비상탈출구 등이 다수 요구되나, 해저 구간이라는 특성으로 인하여 지상으로 통하는 공간이 입·출구부 외에는 존재하지 않는다. 따라서 해저터널 운영 중에 발생할 수 있는 화재 등과 같은 사고에 대응할 수 있도록 고기능 방재성능을 구축한 안전기술이 요구된다.

3) 멀티 복합기능을 고려한 초대단면 시공기술

해저터널은 교통인프라기능을 가진 메가 프로젝트로서, 한 번의 시공으로 여러 가지 목적을 달성할 수 있도록 다양한 복합기능을 가진 대단면화가 요구되고 있다. 현재 시공 가능한 복층 구조(Double deck)기술을 포함하여 향후 초대단면 특성을 고려한 3층 구조(Tripple Deck) 기술도 요구되고 있다. 또한 현재의 15m급 TBM 장비기술이 향후 20m급의 TBM 장비가 개발되고 적용되도록 해야 한다.

4) 초장대 터널건설에 요구되는 급속 굴진터널

해저터널이 장대화됨에 따라 공기 등을 만족하기 위해 더욱 빠르게 굴착해야만 한다. 해저터널은 육상 터널과는 달리 인공섬을 만들지 않는 경우 별도의 작업구(수직구 등)를 만들 수 없기 때문에 급속 굴진기술은 해저터널에서 반드시 요구되는 기술이다. 굴진속도는 지질 및 암반 상태와 굴착장비의 성능에 좌우되므로 해저 암반에 적합한 장비 개발과 운영기술이 이 요구된다.

3. 한국의 해저터널 건설 계획과 전망

최근 한국의 급속한 경제발전과 글로벌 시장에서의 선진국 수준으로 도약함에 따라 보다 빠른 교통물류시스템에 대한 니즈가 급격히 증가하고 있다. 이와 같은 새로운 교통물류시스템의 일환으로 국가간을 연결하거나 국가내에서 내륙과 섬을 연결하여 하나의 교통네트워킹(Trans Networking)을 구축하고자 국가적인 노력은 계속되고 있다. 한국의 경우도 이러한 배경을 바탕으로 미래의 교통인프라시스템에 대한 기획과 검토가 진행되어 왔으며, 그 중심에 해저터널(Undersea Tunnel)을 건설하고자 하는 다양한 계획과 구상이 만들어지고 있다. 이러한 관점에서 한국의 해저터널 건설계획과 전망을 중심으로 기술하고자 한다.

3.1 한국의 해저터널 계획에서의 주요 고려사항

현재 한국은 급격한 경제발전과 제4차 산업혁명의 시대적 흐름과 함께 기존의 교통물류시스템을 개선하고 새로운 방식의 미래 교통물류시스템에 대한 방향과 중단기 중점 정책에 대한 고민을 구체화하고 있다. 특히 기존방식의 물리적 인프라 시대가 가도 무인화와 초고속교통수단 체계 적응해야 하는 디지털 인프라시대가 올 것으로 예상됨에 따라 4차 산업혁명의 후발주자인 한국은 새로운 미래 교통시스템을 준비하고, 혁신과 발전을 선도하여 이를 통해 국가 성장 동력을 창출해야 한다.

이러한 관점에서 해저터널은 초고속 교통물류시스템 구축에 가장 적합한 수단으로 고려될 수 있으며, 특히 해저터널은 기후 및 안보상황 등에 영향을 받지 않으므로 지하를 가장 빠르게 통과할 수 있으며, 지역과 지역 및 국가와 국가를 다이렉트로 연결할 수 있는 특징을 가지고 있으므로 제4차 산업시대의 무인화 및 초고속교통물류를 실현할 수 있는 핵심적인 건설인프라라 할 수 있다. 따라서 미래 신교통물류시스템에서 요구되는 해저터널의 건설기술개발과 추진방향과 전략을 국가적으로 마련되어야 하며, 이를 바탕으로 국내 및 국제간의 다양한 해저터널이 계획되고 건설되어야 한다.

현재 한국에서 구상 중이거나 계획 중인 해저터널을 정리하여 [표 10.4]에 정리하여 나타내었다. 표에서 보는 바와 같이 국내에서는 목포-제주 해저터널과 여수-남해 해저터널이 있으며, 국가 간에는 한일해저터널과 한중해저터널이 있다. 해저터널사업은 해저구간을 터널로 통과하기 때문에 보다 기술적인 문제 등이 있지만 현재의 국내 터널 기술 수준으로는 충분히 설계 및 시공이 가능할 것으로 판단된다. 하지만 상당한 건설비용이 소요되므로 경제성뿐만 아니라 지역 및 국가경제에 미치는 영향과 해저터널건설 시의 정치경제적 기대효과 등을 면밀하게 검토하여 국가정책사업으로서 해저터널사업을 추진할 필요가 있다.

[표 10.4] 현재 계획 중인 한국 해저터널의 주요 특징

구분	해저터널	용도	주체	추정 공사비	건설 특징
국내	목포-제주 해저터널	철도	전라남도	약 17조	TBM 터널 + 해상교량
	여수-남해 해저터널	도로	경상남도	약 0.63조	TBM 또는 NATM 터널
국제	한일 해저터널	철도	부산광역시	약 90~130조	TBM 터널
	한중 해저터널	철도	충청남도	약 80조~140조	TBM 터널 + 인공섬

3.2 국내 해저터널의 건설 계획과 과제

현재 국내에서 구상 중인 해저터널의 주요 건설계획과 특징을 기술성 및 경제성 그리고 경제적 파급효과 및 향후 기대효과 등을 중심으로 간단하게 기술하였다.

1) 목포-제주 해저터널(철도)

목포-제주 해저터널은 전남 목포와 제주도를 고속철도전용으로 해저터널로 연결하자는 구상이다. 현재 계획 중인 노선은 보길도에서 추자도, 화도를 거쳐 제주도 본섬으로 이어지는 경로로 해저터널 구간은 보길도-제주도 구간 71km이며, 이외에도 지상철도 66km, 해상교량 28km로 계획되었다.

목포-제주 해저터널은 한국교통구원에서 B/C분석을 실시하여 경제성에 분석한바 있으며, 건설비용은 14.6조 원으로 평가한 바 있다. 또한 서울에서 제주까지 3시간 이내로 소요되며. 44조 원의 생산유발 효과와 6조 원의 임금유발 효과, 34만 명의 고용창출 효과

등의 경제적 효과를 예상했고, 제주도를 국제자유도시로 육성하는 데 기여할 것으로 평가되었다.

제주–목포 해저고속철도 노선

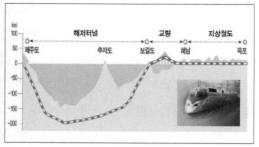
제주–목포 해저고속철도 구성(해저터널+교량)

[그림 10.13] 목포–제주 해저터널 건설 계획

2) 여수–남해 해저터널(도로)

여수–남해 해저터널은 여수시 상암동과 남해군 서면리를 해저터널로 연결하는 사업으로 총 사업비 6,312억 원을 들여 4차로 도로 7.3km와 접속도로 1.37km를 신설하는 계획이다. 해저터널은 4.2km이며, 남해방향 2차로와 여수방향 2차로로 각각 건설하는 병설터널로 검토되고 있다. 현재 남해~여수 해저터널건설 추진위원회를 구성해 추진 중이다.

현재 여수에서 남해를 육지로 가려면 거리가 80km에 이르고 시간은 1시간 20분가량 걸린다. 하지만 터널이 개통되면 거리는 10km, 시간은 10분 이내로 단축된다. 해저터널이 건설되면 여수시와 남해군이 30분대 공동생활권이 가능해지며, 여수 등 전남 동부권의 연간 관광객 4,000만 명과 남해 등 경남 서부권의 연간 관광객 3,000만 명이 연결돼 엄청난 관광 시너지 효과를 낳을 것으로 기대된다.

여수–남해 해저터널 위치

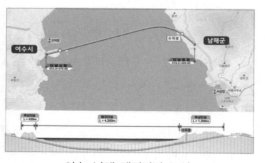
여수–남해 해저터널 노선

[그림 10.14] 여수–남해 해저터널 건설 계획

3) 국내 해저터널계획에서의 과제

(1) 경제성 확보방안 수립

현재 국내에서 추진중인 해저터널사업은 예비타당성 조사결과 경제성이 부족한 것으로 분석되므로, 경제성을 확보할 수 있는 사업계획과 공사비를 절감할 수 있는 기술적인 해결방안 등에 대하여 등에 대한 구체적인 방안을 수립해야 한다.

(2) 지자체 간의 원만한 합의

해저터널은 두 지역을 연결하는 교통물류이므로 기존의 교통시스템과의 연계성 및 기존의 지역 경제의 상권의 변화 등에 대한 면밀한 검토를 수행하여 두 지역을 포함하는 지자체 및 주민들의 동의가 요구된다.

(3) 국가 정책적 지원

국토의 균형발전을 위한 국도·국지도 발전계획을 수립하고 낙후된 지역경제를 활성화하기 위한 국가차원의 정책수립과 예산 반영을 통하여 적극적인 국가적 지원이 무엇보다 필요하다.

건설비에 대한 해결   지자체간 합의 필요   국가 정책적 지원

[그림 10.15] 국내 해저터널 건설계획에서의 해결과제

3.3 국제 간 해저터널 계획과 과제

1) 한일해저터널

한일해저터널은 일본 쓰시마섬과 이키섬을 경유해 너비 최소 128km의 대한해협을 지하해저터널로 관통하여 한국과 일본을 육로로 연결하는 해저터널구상이다. 길이가 200km가 넘는 한일해저터널구상이 실현되면 일 2만여 명의 사람과 화물이 육로로 오갈 수 있을 것으로 예상된다. 한일해저터널구상은 부산광역시 부분에서 시작해서 대한해협의 4개 섬

을 거쳐 후쿠오카시의 산요 신칸센 철도까지 연결한다는 제안이 이루어졌으며, 일본 규슈 사가현 가라쓰시를 지나는 3가지 경로가 제안되고 있다. 이 3가지 경로 중 하나는 부산광역시에서, 나머지 둘은 거제시에서 시작해 쓰시마섬과 이키섬을 지난다. 대한해협을 관통하는 3가지 경로의 총연장은 209~231km이다.

한일 해저터널 노선(안)

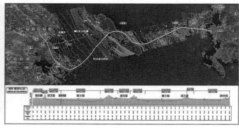
한일 해저터널 노선(B안)

[그림 10.16] 한일 해저터널 건설 계획

2) 한중해저터널

한중해저터널은 한중이 총 170조를 들여 중국 산중반도와 충남 태안반도를 323km 해저터널로 연결하자는 구상이다. 한중해저터널은 총 4개 노선으로 인천-웨이하이, 화성-웨이아이, 평택·당진-웨이처, 웅진-웨이하이로 총 연장은 207~332km로 계획되고, 중간에 환기구 및 정거장 역할을 하는 인공섬을 설치하도록 하고 있다.

한중해저터널은 국토균형발전과 서해안 스마트 하이웨이를 포함한 명실상부한 환황해권 시대 창출, 국제 해양 관광거점이 조성, 항만개발을 통해 최서단 영토주권이 강화, 한중 교통물류 네트워크를 구축하고 동북아 경제통합을 촉진하여 최소 275조 원 이상의 생산 유발과 100조 원 이상의 부가가치 유발효과 등 경제적 파급효과가 있을 것으로 예상된다.

한중해저터널 노선(안)

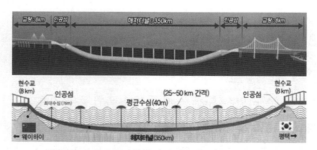
한중해저터널 구성(해저터널+인공섬+해상교량)

[그림 10.17] 한중해저터널 건설 계획

3) 국제간 해저터널 계획에서의 과제

(1) 메가 프로젝트의 막대한 건설비용에 대한 확보방안

국가간을 연결하는 해저터널은 연장이 수십~수백km로 공사비가 수백조에 이른다. 따라서 초대형 메가프로젝트의 건설에 필요한 비용은 가장 중요하고도 핵심적인 이슈사항이므로 보다 구체적이고 장기적인 재원마련과 자금 조달계획을 수립해야 한다.

(2) 국가적 정책사업으로서의 국민적 컨센서스 형성

국가간을 연결하는 해저터널은 오랜 역사적 배경과 국제정치적 관계에 있어 매우 민감한 이슈이기 때문에, 이를 실현하기 위해서는 국민적 이해와 설득 그리고 지속적인 소통을 통한 국민적 컨센서스가 반드시 요구된다.

(3) 글로벌 사업으로서의 국가간 협의와 동의 절차

국가간을 연결하는 해저터널은 양국간의 교통물류체계뿐만 아니라 법적 제도적 문제를 해결해야만 건설이 가능하기 때문에 기술적 논의뿐만 아니라 다양한 분야에서의 협의와 동의 절차가 무엇보다 필요하다. 특히 국가 사업으로서 국회 등의 정치적 합의도 요구된다.

건설비용에 대한 해결방안   국민적 컨센서스 형성   국가간 협의

[그림 10.18] 국제 간의 해저터널 건설계획에서의 해결과제

3.4 한국 해저터널 건설 계획의 과제와 전망

해저터널은 무인화 및 초고속화에 대한 미래의 새로운 교통물류시스템의 핵심수단으로서, 현재 한국에서는 국내 지역간을 연결하거나 국가간을 연결하는 다양한 해저터널이 검토되고 있다. 이는 보다 빠르게 그리고 보다 안전하게 교통물류시스템을 확보함으로써 지역간의 연결을 강화하여 지역의 경제발전과 관광산업의 활성화에 기여할 뿐만 아니라 국가간의 물류네트워킹을 발전시켜 글로벌 트랜스 체계와 글로벌 통합 시스템 구축에 기반을 마련하고자 하는 것이다. 이러한 배경을 바탕으로 한국 해저터널의 건설계획의 주요 현황과 특징을 살펴보았으며, 한국해저터널 건설계획에 대한 전망과 과제를 정리하면 다음과 같다.

1) 지자체 중심의 지역 균형발전을 고려한 메가 프로젝트 추진

목포–제주 해저터널 및 여수–남해 해저터널계획에서 보는 바와 같이 해저터널사업을 통한 지역경제의 발전과 관광사업의 활성화 그리고 지역 균형발전을 도모하기 위하여 메가 프로젝트를 추진하고 있다. 하지만 이러한 메가 프로젝트는 엄청난 재정과 건설비가 요구되므로 지자체에서 감당하기 어려운 현실적인 여건을 감안하여 지역간의 정치경제적 특성을 반영하도록 하여 국가정책적인 지원방안을 적극적으로 마련하도록 하여야 할 것이다.

2) 고비용을 고려한 신교통 물류시스템에 대한 국가정책 수립

제4차 산업혁명시대에 자동화, 무인화 및 초고속화와 같은 새로운 교통물류시스템을 구축하기 위하여 기존의 교통물류체계에 대한 혁신적인 변화가 정책이 요구되고 있다. 이러한 해결방안으로서 해저터널사업은 단순한 사업비와 경제성 측면을 벗어나 보다 광범위한 일자리 창출과 탄소중립정책 그리고 환경미래교통시스템이라는 국가의 미래정책 방향에 맞도록 적극적으로 추진되어야 할 것이다.

3) 국가 교통물류시스템에 대한 글로벌 마스터플랜 확보

포스트 코로나 시대 이후 글로벌 교통물류시스템의 중요성이 강조되는 지금, 중국 및 일본과 같은 인접국가간의 연결성과 관계성을 확보하기 위한 글로벌 교통물류정책 방향을 정립하고 해저터널건설을 포함한 글로벌 교통물류시스템에 대한 마스터플랜을 구체화함으로써 다가오는 글로벌 통합과 변화에 대응하도록 해야 할 것이다.

4) 국가 랜드마크 상징성을 반영하는 초대형 메가프로젝트 추진

한국의 건설을 대표하고, 한국의 교통물류를 상징할 수 있는 초대형 국가프로젝트를 구축함으로써 선진국으로서의 국위선양과 이미지를 제고하도록 한다. 또한 제4차 산업혁명의 혁신기술이 결합된 새롭고 미래의 해저터널을 건설하여, 글로벌 시장에서의 해저터널 기술을 선도하고 발전시키는 데 기여해야 할 것이다.

4. 글로벌 해저터널 건설사업의 전망과 과제

최근 전 세계적으로 제4차 산업혁명과 함께 보다 빠르고 안전한 건설교통물류시스템의 에 대한 니즈가 급격히 증가하고 있다. 이는 기존의 교통물류시스템으로는 급격하게 변화하는 새로운 상황에 적응할 수 없기 때문이다. 이러한 이유로 해서 기존의 시스템보다 빠르고 혁신적인 교통물류시스템을 이용한 새로운 글로벌 교통망을 구축하고자 하는 노력은 계속되고 있다. 선진국을 중심으로 하이퍼루프(Hyper loop)를 이용한 미래의 교통인프라시스템에 대한 연구와 개발이 꾸준하게 진행되어 왔으며, 그 중심에 대심도 초장대 터널(Deep super long deep tunnel)을 건설하고자 하는 다양한 계획이 검토되고 있다.

이러한 관점에서 지난 1절에서는 한국의 해저터널 건설현황과 특징을, 2절에서는 해저터널의 주요 건설기술과 특징, 3절에서는 한국의 해저터널 건설계획과 전망을 소개한 바 있다. 이어 4절에서는 글로벌 해저터널 건설사업의 전망과 과제를 중심으로 기술하고자 한다.

4.1 글로벌 교통인프라 구축과 해저터널 건설사업

미국, 독일 등과 같은 선진국을 중심으로 급격한 물류시장의 확대와 제4차 산업혁명의 기술혁신에 따라 기존의 교통시스템을 개선하고 새로운 방식의 미래 물류시스템에 대한 연구개발과 투자에 대한 계획을 구체화하고 있다. 특히 자동화 및 무인화와 같은 스마트 기술에 적응해야 하는 스마트 디지털 인프라시대가 다가옴에 따라, 국가적으로 글로벌 시장을 선도하기 위한 새로운 미래 교통물류시스템을 보다 적극적으로 준비하고, 기술혁신과 산업 발전을 체계적으로 수행하여 미래 성장 동력을 창출해야 한다.

이러한 배경에서 바다 밑을 통과하는 해저터널(Undersea Tunnel)은 스마트 기술과 새로운 터널 기술을 결합하여 미래에 핵심적인 미래 교통물류공간 구축에 가장 적합한 수단으로 고려될 수 있다. 특히 해저터널은 건설 중 또는 운영 중 자연 환경에 미치는 영향을 최소화할 수 있는 친환경 공간일 뿐만 아니라 운영 중 테러나 전쟁에 대비할 수 있는 가장 안전한 공간으로서 장점을 가지고 있으므로, 제4차 산업시대의 자동화 및 무인화기반의 초고속 교통물류를 실현할 수 있는 핵심적인 인프라라 할 수 있다. 따라서 미래 초고속 교통물류시스템에서 요구되는 해저터널에 대한 적극적인 기술 개발과 혁신적인 투자 전략을 글로벌적으로 수립하여야 하며, 이를 기반으로 초대형 해저터널이 계획되고 건설되어야 한다.

현재 세계적으로 시공 중이거나 계획 중인 해저터널을 정리하여 [표 10.5]에 정리하여 나타내었다. 표에서 보는 바와 같이 대표적인 메가 해저터널 건설사업은 독일과 덴마크를 연결하는 Fehmarnbelt Fixed Link 해저터널과 홍콩과 마카오를 연결하는 초장대 해저터널인 HZMB 해저터널 등이 이 있다. 글로벌 해저터널 건설사업은 국가간을 해저로 연결하거나 섬과 대륙을 해저로 연결하여 물류이동 및 수송거리를 대폭 단축하여 배나 비행기 등을 이용한 기존의 물류교통시스템을 대체함으로써 획기적으로 개선하고자 하는 목적으로 실현되고 있다. 그러나 메가 해저터널 건설사업은 막대한 건설비용이 소요되므로 사업의 경제적 타당성뿐만 아니라 국가간의 정치경제적 파급 효과 등을 검토하여 주요 정책사업으로서 글로벌 해저터널 건설사업을 추진하여야 한다.

[표 10.5] 시공 중 또는 계획 중인 글로벌 해저터널 건설사업

구분	국가	해저터널	상태	터널 공법
1	중국-홍콩-마카오	HZMB Tunnel	준공 및 운영 중	IMT(침매공법)
2	독일-덴마크	Fehmarnbelt Fixed Link	시공 중	IMT(침매공법)
3	터키	Eurasia Tunnel	준공 및 운영 중	TBM 공법
4	호주	Harbor UnsderseaTunnel	시공 중	TBM 공법
5	중국	Jiaozhou bay Sunsea Tunnel	준공 및 운영 중	NATM 공법
6		Xiannan Undersea Tunnel	시공 중	NATM 공법
7		Bohai Undersea Tunnel	계획 중/타당성 조사	TBM 공법
8	미국	San Francisco BART Tunnel	준공 및 운영 중	IMT(침매공법)
9	말레이시아	Penang Undersea Tunnel	계획 중/타당성 조사	TBM 공법
10	노르웨이	Ryfylle Undersea Tunnel	준공 및 운영 중	NATM 공법
11		Ryfast Undersea Tunnel	준공 및 운영 중	NATM 공법
12	일본	2nd Seikan Undersea Tunnel	계획 중/타당성 조사	TBM 공법
13	핀란드	Helsinki-Tallinn Undersea Tunnel	계획 중/타당성 조사	TBM 공법
14	베트남	Cua Luc Undersea Tunnel	계획 중/타당성 조사	TBM 공법

4.2 글로벌 해저터널 건설사업 추진 현황과 특징 분석

현재 세계적으로 시공 중이거나 운영 중인 해저터널의 주요 특징을 기술성 및 경제성 그리고 경제적 파급효과 및 향후 기대효과 등을 중심으로 간단하게 기술하였다.

1) 독일 덴마크 연결 해저터널 – Fehmarnbelt Fixed Link

총 사업비 7.9조를 들여서 2014년부터 2020년까지 독일 슐리스비히–홀슈타인주의 Fehmarn섬과 덴마크 Lolland섬 사이의 발틱해, 즉 Fehmarn Belt 해저로 연결하는 세계 최장의 침매 해저터널이다. 독일의 함부르크와 덴마크의 코펜하겐을 직선거리로 연결하여 유틀란트, 퓌넨과 스토어벨트를 통한 현재의 경로보다 약 160km 짧은 것으로 두 도시 간 이동시간을 약 1시간 정도 단축하고 기존 페리를 통한 수송비용을 절감하여 연간 5000만 유로 정도 경제적 이득이 발생한다고 한다. 또한 유럽과 스칸디나비아 반도까지 연결하는 유로의 기간사업 중 하나로 철새와 자연 환경을 최대한 보존하는 효과도 가진다고 한다.

주관은 덴마크 교통국이 비용부담을 하고, 유로에서 일정부분 보조해주는 형식으로 특징은 고속도로와 철도를 합친 침매터널로는 세계 최장인 약 18km의 총연장이며, 시속 110km로 달릴 경우 10분 정도 소요된다. 주관사는 덴마크의 컨설팅 엔지니어 회사인 Ramboll group이다.

독일–덴마크 연결 Fehmarnbelt 해저터널

초대단면 복합 해저터널(철도+도로)

[그림 10.19] Fehmarn Belt 해저터널

2) 홍콩–마카오 연결 해저터널 – HZMB

강주아오 대교라고 부르는 HZMB는 홍콩–주하이–마카오를 잇는 총 길이 55km의 세계 최장 해상대교로서, 해상교량과 해저터널로 구성된다. 홍콩 정부와 마카오 정부, 중국 중앙정부, 광둥성 정부의 합동 사업으로 추진되었으며, 총 건설비로 890억 홍콩 달러가 소요되었다. HZMB는 6차로의 자동차 전용도로이며, 홍콩 국제공항과 홍콩섬 센트럴 간을 연결하는 북란터우 고속도로와 직결된다. 대형 선박들이 다닐 수 있도록 일부 구간은 해저터널로 만들어졌으며, 해저터널은 침매터널이며 6.7km로 세계에서 가장 긴 해저침매터널이다.

HZMB 개통의 가장 큰 의미는 중국 경제의 핵심인 주장삼각주 지역의 상호 접근성이 매우 향상된 점이다. 광둥성 9개 도시와 홍콩, 마카오가 이 다리로 묶이게 된다. 홍콩과 마카오·주하이 사이의 차량 이동 시간은 3시간30분에서 30분으로 대폭 단축된다.

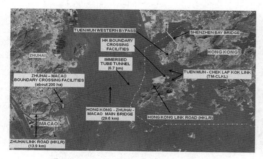 

홍콩–마카오 연결 HZMB 해저터널   해저터널–인공섬–해상교량

[그림 10.20] HZMB 해저터널

3) 글로벌 해저터널 건설사업의 주요 특성 분석

- **초대형화** : 현재 세계에서 추진 중인 해저터널 건설사업은 수십조의 건설공사비가 소요되는 초대형 사업이 주를 이루고 있다. 이는 해저터널의 연장이 길어지고 터널 단면이 커져서 발생하는 것뿐만 아니라 다양한 목적을 가진 다목적용의 해저터널을 구축하고자 하기 때문이다.

- **초장대화** : 예산의 부족과 기술적 한계로 구상하지 못했던 해저터널 건설사업이 터널 기술의 발전과 글로벌 경제성장과 함께 국가와 국가간을 연결하는 물류시스템 구축의 일환으로 해저터널의 연장이 수십km에 이르는 초장대화되는 특징을 보여주고 있다. 이는 단순한 연결의 의미를 넘어 고속 교통물류시스템으로서의 기능을 수행하고

자 하기 때문이다.

- **초복합화** : 최근의 해저터널 건설사업은 하나의 교통수단이 운행되는 단순한 도로나 철도용 교통수단이 아닌 철도와 도로가 복합적으로 운행될 수 있는 멀티 기능을 가지는 초복합화하는 특징을 나타내고 있다. 이는 단순한 교통기능을 넘어 대규모 교통물류시스템으로서의 역할을 수행하고자 하기 때문이다.

 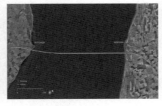 

초대형화(Mega Project)　　　초장대화(Super Long)　　　초복합화(Complex Multi)

[그림 10.21] 글로벌 해저터널 건설사업의 주요 특징

4.3 글로벌 해저터널 건설사업에서의 미래 기술

1) 하이퍼 루프 지하교통수송시스템

하이퍼 루프는 큰 튜브 속 공기를 감압해 내부를 1,225km/h 가까운 속도로 사람이나 화물이 들어간 캡슐을 이동시키는 차세대 교통 시스템이다. 튜브 바닥에는 자기장이 흐르도록 설계하고 차량 뒤쪽에 설치된 팬과 압축기를 이용해 터널 속 공기를 빨아 밑으로 내보낸다. 이때 차량이 공중에 뜨게 되며 자기장을 통해 추진력을 얻고 공기 분사로 마찰력을 최소화한다. 지하를 이용한 하이퍼 루프에서 반드시 요구되는 시스템이 바로 지하터널이다.

현재 하이퍼 루프 기술은 하이퍼 루프원(Hyper Loop One)과 하이퍼루프 트랜스포테이션 테크놀로지(HTT)의 두 개 기업이 선도하고 있으며 가까운 미래에 화물수송과 승객수송을 목표로 사업화를 추진 중이다. 특히 하이퍼루프원은 가장 실용화에 근접한 기술을 보유하고 있으며, 최근 하이퍼 루프 추진체 시험을 성공적으로 마쳤다.

Hyper Loop ONE(미국)   Hyper Loop Trans. Tech(HTT)(독일)

[그림 10.22] 하이퍼 루프 교통시스템

2) 국내 초고속 하이퍼 튜브 HTX

국내에서는 1200km/h로 달리는 철도인 하이퍼튜브(Hyper Tube eXpress, HTX)를 한국철도기술연구원 신교통혁신연구소에서 개발하고 있다. HTX는 미국의 하이퍼루프의 차량의 부상방식과 추진방식이 다르며, HTX의 부상방식은 전자기유도반발식이며, 캡슐 차량 하부에 장착된 초전도 전자석과 튜브 바닥에 설치한 도체 대향판 또는 전자기 코일의 전자기 유도작용에 의해 반발력이 발생하여 차량을 부상시키는 원리다.

향후 HTX 개발을 통해 초고속 육상 신교통을 실용화해, 대한민국을 어디서나 출퇴근할 수 있는 도시형 국가로 만들고, 세계시장을 선점해 대한민국의 신성장 동력으로 자리 매김할 수 있도록 정부의 미래지향적 기술 개발에 대한 적극적인 투자를 기대한다.

Hyper Tube – HTX 주요 핵심기술   Hyper Tube – HTX의 개념도

[그림 10.23] 국내 하이퍼 튜브 HTX

3) 글로벌 해저터널 건설사업에서의 기술적 과제

(1) 더 빠르게 - 초고속 굴진

해저터널공사는 공사를 수행할 수 있는 작업장의 제한을 받게 된다. 따라서 초장대 터널을 적정 공기 내에 건설하기 위해서는 기존의 터널 굴진속도에 비하여 수십 배 더 빠르게 굴착할 수 있는 초고속 굴진기술이 반드시 개발되어 이를 해저터널 건설공사에 적용하여야 한다.

(2) 더 크게 - 초대형 터널

해저터널공사는 터널장비와 기술 한계로 인해 수행가능한 터널 단면의 크기에 제한을 받게 된다. 따라서 해저터널을 효율적으로 건설하기 위해서는 기존의 터널 터널 단면크기에 비하여 수십배 더 크게 굴착할 수 있는 초대형 터널 굴착기술이 반드시 개발되어 이를 해저터널 건설공사에 적용하여야 한다.

(3) 더 안전하게 - 스마트 기술

해저터널공사는 바다밑을 통과하기 때문에 상당한 리스크를 수반하게 된다. 해저터널을 안전하게 건설하기 위해서는 최신의 스마트 건설기술을 이용하여 보다 더 안전하게 굴착할 수 있는 스마트 터널 기술이 반드시 개발되어 이를 해저터널 건설공사에 적용하여야 한다.

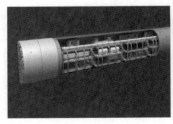 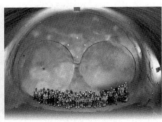 

더 빠르게 – 초고속 굴진   더 크게 – 초대형 단면   더 안전하게 – 스마트 기술

[그림 10.24] 글로벌 해저터널 건설사업에서의 해결 과제

4.4 글로벌 해저터널 건설사업의 전망과 미래

　현재 세계적으로 지역 간을 연결하거나 국가 간을 연결하는 다양한 해저터널 건설사업이 시공 중이거나 계획 중에 있다. 이는 해저터널이 미래의 신교통물류의 핵심수단으로서 그 기능과 역할을 충분히 수행할 수 있기 때문이며, 보다 빠르게 그리고 보다 안전한 신교통물류시스템으로서 국가간의 물류네트워킹을 발전시켜 전 세계를 하나로 연결하는 글로벌 트랜스 통합시스템 구축 기반을 마련할 수 있기 때문이다. 이러한 배경을 바탕으로 글로벌 해저터널 건설사업의 주요 현황과 특징을 살펴보았으며, 글로벌 해저터널 건설사업에 대한 전망과 과제를 정리하면 다음과 같다.

1) 하나로(The One) Global Trans – 초국가 연결 교통물류시스템

　유럽의 독일과 덴마크를 연결하는 Fehmarnhelt 해저터널, 핀란드와 에스토니아를 연결하는 Helsinki–Tallinn 해저터널 건설사례에서 나타난 바와 같이, 최근 국가간을 해저터널널 연결하여 운송 및 수송거리를 획기적으로 단축시켜 통합적인 신교통물류시스템을 구축하고자 하는 노력이 계속되고 있다. 이는 막대한 건설비용에도 불구하고 해저터널을 이용한 교통물류시스템을 통하여 경제적 교역을 활성화하고, 정치문화적 소통을 강화하고자 하는 하는 것으로 해저터널 건설사업은 국가간 연결 교통물류시스템의 핵심이라 할 수 있다.

2) 더 빠른(The Faster) Hyper Trans – 초고속 미래 교통물류시스템

　미국의 하이퍼루프원(Hyper Loop One)과 독일의 하이퍼루프 트랜스포테이션 테크놀로지(HTT) 및 국내의 하이퍼 튜브(HTX)의 사례에서 나타난 바와 같이, 세계적으로 하이퍼 루프 기술을 적용한 초고속교통물류에 대한 관심과 투자가 활발히 진행되고 있다. 이는 보다 빠른 초고속화의 미래 신교통물류시스템을 구축하기 위한 것으로 기존의 시스템에 혁신적인 변화가 요구되고 있다. 특히 지하공간을 이용하는 경우 해저터널 건설사업은 하이퍼 루프를 이용한 초고속 미래교통물류시스템의 중심이라 할 수 있다.

3) 더 큰(The Larger) Mega Trans – 초대형 인프라 교통물류시스템

　홍콩–마카오를 연결하는 HZMB 해저터널, 일본의 본토와 홋카이도를 연결하는 제2의 Seikan 해저터널 그리고 중국의 보하이 해협을 통과하는 Bohai 해저터널의 건설사례에서 나타난 바와 같이, 최근 준공되었거나 계획 중인 글로벌 해저터널 건설사업은 수십조에 수백조의 건설비용이 투자되는 메가 프로젝트임을 확인할 수 있다. 이는 길어지는 터널 연장과 커지는 터널 단면으로 발생하는 것일 뿐만 아니라 한번의 건설로 다양한 복합기능을 가지고자 하기 때문이다. 해저터널 건설사업은 국가적 사업으로 추진되는 초대형 인프라 교통물류시스템의 랜드마크라 할 수 있다.

4) 더 깊은(The Deeper) Under Trans – 대심도 지하 교통물류시스템

목포와 제주를 연결하는 제주 해저터널과 한국 부산과 일본 규슈를 연결하는 한일해저터널 그리고 한국 서해안과 중국 웨이하이를 연결하는 한중해저터널 사례에서 나타난 바와 같이 보다 안전하고 튼튼한 해저터널을 구축하기 위해서는 보다 더 깊은 대심도 구간에 건설하는 것이 필요하다. 이는 대심도 구간으로 갈수록 암반이 양호하고 균질해져 터널 굴착이 용이해지기 때문이다. 해저터널 건설사업은 대심도 지하공간에 구축되는 대심도 지하 교통물류시스템의 주춧돌이라 할 수 있다.

Hyper[초] 교통인프라 시대

[해저터널]이 만들다

Undersea Tunnel

[그림 10.25] 초교통인프라시대 해저터널이 만들다

선진 터널공사와 건설 관리

LECTURE 11 선진 터널공사와 건설 관리
Advanced Tunnel Construction Management

최근 터널지하공간 건설사업이 대형화, 복잡화, 전문화됨에 따라 건설사업관리에서의 터널 공사관리의 중요성이 강조되고 있다. 특히 지하공사라는 특수성으로 인하여 계획단계의 리스크 관리의 중요성이 강조되면서, 계획단계부터 프로젝트 리스크를 관리하는 형태의 발주방식이 점차 증가되고 있다. 국내 지하터널공사사업의 글로벌 경쟁력을 확보하기 위해서는 건설사업관리 및 통합 건설엔지니어링에 대한 기술역량의 강화가 시급하다. 특히 글로벌 스탠다드의 지하터널공사의 건설사업관리 방법에 대한 면밀한 검토를 통하여 글로벌 건설시장에서의 경쟁력 제고를 위해 지하터널공사 전반에 대한 제도 개선을 꾸준히 추진해야만 한다. 따라서 이 장에서는 국내에서 운영되고 있는 터널공사관리 시스템의 제반문제점을 분석하고, 선진국에서 운영되고 있는 공사관리 시스템을 고려하여 합리적인 개선방안을 수립하고자 하였다.

[그림 11.1] 선진 터널공사 관리의 핵심은 선진화된 건설사업관리 시스템 운영

1. 선진 터널공사관리 시스템의 기본 구조

지금까지 선진국에서 있는 건설공사관리체계를 검토하고, 특히 지하터널공사에서의 공사관리 시스템을 중점적으로 살펴보았다. 가장 중요한 점은 FIDIC에서 규정하는 발주자와 시공자 그리고 엔지니어사이의 관계가 정확하게 명확하고, 그 책임과 규정이 명학하다는 것이다. 선진 터널공사관리 시스템의 기본 특징을 보면 다음과 같다.

1) 공사관리 측면

공사 관리 측면에서 살펴보면, 책임감리의 역할과 권한을 정확히 부여하고 설계자와 시공자의 역할을 명확히 하도록 하여야 한다. 이는 국제엔지니어링 계약시스템상의 The Engineer의 프로젝트 공사관리(Project Management)기능을 갖도록 하는 것이다.

2) 현장관리 측면

현장관리 측면에서 살펴보면, 터널 현장 내에 터널전문기술자를 상주하도록 하여 공사 중 발생하는 모든 기술적 사항에 대한 의사결정을 할 수 있도록 하는 것이다. 이는 발주처와 시공자로부터 독립성을 가지고 터널 현장 내에서의 기술적인 의사결정을 즉각적으로 수행하도록 하는 것이다.

3) 엔지니어링관리 측면

엔지니어링관리 측면에서 살펴보면, 설계자들이 설계한 기술적 내용이 정확히 시공에 반영되는지를 확인하고, 시공 중 변경사항에 대하여 설계자가 직접 확인하도록 하는 것이다. 이는 시공단계에도 설계자의 권한과 책임을 유지하도록 하는 것이다.

4) 리스크관리 측면

리스크관리 측면에서 보면 안전설계개념을 도입하여 조사단계에서부터 주요 리스크를 선정하고 설계단계에서 리스크를 평가하도록 하는 것이다. 이를 통하여 시공단계에서 리스크 확인하고 공사 중 안전관리가 가능하도록 하는 것이다.

이상의 특징을 종합적으로 정리하여 나타낸 선진 터널공사시스템의 기본구조는 [그림 11.2]에서 보는 바와 같다. 지하터널공사는 설계단계에서 지반의 불확실성을 완전히 파악하기 어렵기 때문에 시공 중에 이를 확인한 후 적정한 공사를 수행하여야만 한다. 이러한 터널공사의 특징을 반영하고 합리적인 공사가 가능하도록 하기 위하여 가장 중요한 것은 독립성과 공인성을 갖도록 하는 것이다.

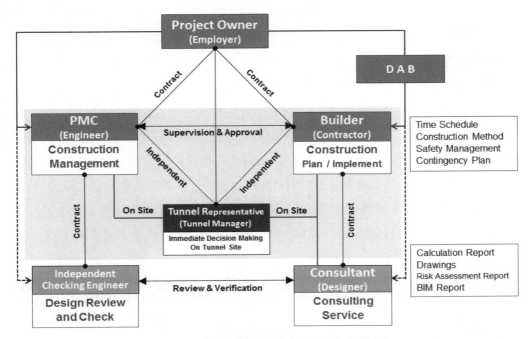

[그림 11.2] 선진 터널공사관리 시스템의 기본 구조

이러한 목적을 달성하기 위하여 선진 터널공사시스템의 구조는 터널전문기술자(Tunnel Engineer or Representative)가 터널현장에 상주하도록 하여, 발주자와 시공자와는 별도로 기술적인 의사결정을 현장에서 즉각적으로 수행할 수 있도록 하는 것이다. 또한 프로젝트 전 과정에서 안전설계개념을 도입하여 일반적인 설계와 별도로 리스크 평가와 관리를 수행하도록 하도록 하는 것이다. 그리고 책임감리의 기능과 권한을 더욱 강화하여 발주자를 대행하여 프로젝트 관리를 할 수 있어야 한다. 또한 설계내용을 확인하는 독립적인 체커시스템(Independent Checker)도 운용되고 있다.

2. 선진 터널공사관리 시스템의 핵심 사항

2.1 건설사업관리(CM) 측면

국내는 감리자는 「건설기술관리법」 및 「감리업무수행지침서」에 규정된 감리업무의 역할분담이 명확치 않고, 현장에서는 실질적으로 설계변경 확인 등 기술능력을 요구하는 감리업무가 효율적으로 이루어지지 않고 있다. 법과 지침서에 감리자의 권한(재시공, 공사중지명령 등)과 책임이 규정되어 있지만 발주처 감독관행이 그대로 공사 현장에 남아있어 감리원의 실질적인 권한 행사가 이루어지지 않고 있다. 많은 감리원들이 실질적인 감리권한을 행사하기 위해 노력하고 있지만 감리경험이 미숙하고 기술능력이 부족하여 자율적인 권한행사를 수행하지 못하는 경우도 많다.

선진국의 시스템을 바탕으로 한 개선방안으로는 감리자가 기술전문성을 확보하여 건설사업관리(CM)으로의 전문화를 이루어 책임과 권한을 부여하도록 한다. 이에 대한 투입인원과 비용을 확보하도록 하여야 한다. 또한 설계자와 시공자의 역할과 권한을 명확히 하도록 하여야 설계자의 기술위상을 강화하고 기술독립성을 확보하게 함으로써, 시공단계에서도 적극적으로 관여하도록 하여야 한다. 또한 시공자는 기술중심의 리스크 관리를 통하여 효율적인 전문업체관리를 통하여 원가중심의 시공관리를 탈피하도록 한다.

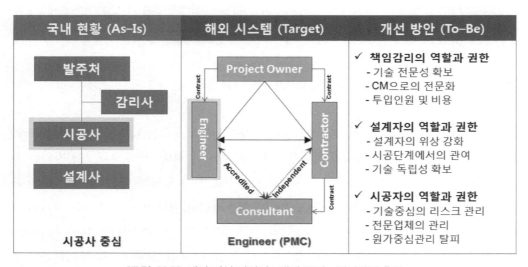

[그림 11.3] 해외 건설 관리시스템의 특징 – 건설관리 측면

2.2 터널 현장기술 측면

국내 터널공사에서는 현장에 상주하는 상주감리와 토질분야의 전문성을 가진 비상감리로 구성하여 터널공사의 제반업무를 진행하게 된다. 건설기술관리법령의 정의에 의하면 '비상주감리원'이라 함은 감리업체에 근무하면서 상주감리원의 업무를 기술적·행정적으로 지원하는 자를 말하며 비상주 감리원 중 1명은 고급감리원 이상으로 임명하도록 하고 있다. 하지만 비상주감리원이 터널현장의 공사 중 발생하는 리스크를 파악하기에는 현실적으로 불가능하다 할 수 있으며, 터널현장변경에 대한 확인절차에 그치고 있는 실정이다. 또한 상주감리원의 터널공사에 대한 전문성과 기술력이 부족하여 터널공사에서의 독립적인 의사결정에 한계가 있다.

선진국의 시스템을 바탕으로 한 개선방안으로는 기술전문성을 갖춘 터널 기술자가 터널현장에 상주하도록 하여 일정한 권한과 책임을 부여하도록 하여 즉각적이고 독립적인 의사결정을 진행하도록 하여, 터널 현장에서 발생하는 각종 기술적 문제에 대하여 적극적으로 대처하도록 하는 것이다. 이는 선진국의 지하터널공사에서 운용되는 Tunnel Manager 또는 Tunnel Representative 제도와 유사한 것으로, 터널공사의 기술적 책임을 현장에 상주하는 터널 기술자에게 일임하도록 하여 시공 중 리스크를 관리하도록 하는 것이다.

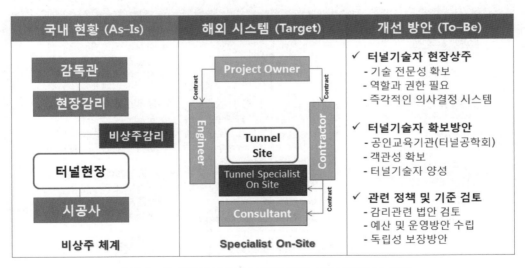

[그림 11.4] 해외 건설관리시스템의 특징–터널 현장기술 측면

2.3 설계 엔지니어링 측면

　설계 엔지니어링은 과학기술의 지식을 응용하여 사업 및 시설물에 관한 기획, 타당성 조사, 설계 및 분석과 그 활동에 대한 사업관리를 말하는 것으로 시공과 함께 건설공사에의 중요한 부분을 담당하고 있다. 현재 국내 터널공사의 경우 설계엔지니어들이 터널설계를 수행한 후, 실제 터널현장에서 시공되고 있는 제반조건과 변경상황의 관여에 대한 제한이 많다고 할 수 있다, 이는 시공자중심의 현장진행으로 인한 것으로 상주감리원의 기술력의 부족과 비상주 감리원의 현실적 한계 등을 감안하면 설계자의 현장설계변경 등에 대한 확인과 설계조건과 시공조건과의 차이 검토 등에 대하여 원설계자의 기술적 의도를 확인해야 하지만, 현재 국내 터널공사에서는 이러한 절차가 이루어지지 않고 있다.

　선진국의 시스템을 바탕으로 한 개선방안으로는 설계자를 중심으로 조사결과의 신뢰성을 확보하기 위하여 시공 중 조사결과를 피드백하도록 하고, 설계단계에서의 주요 리스크를 분석하도록 한다. 또한 특히 시공단계에서 설계자가 시공단계를 철저히 확인하도록 하고, 변경설계에 대한 확인과 검증과정을 거치도록 하는 것이다. 이는 Fully Engineered Design개념으로서 조사단계부터 시공단계까지 설계자의 시공에 대한 권한과 책임을 부여하도록 하여 설계자의 설계목적을 달성하도록 하는 것이다.

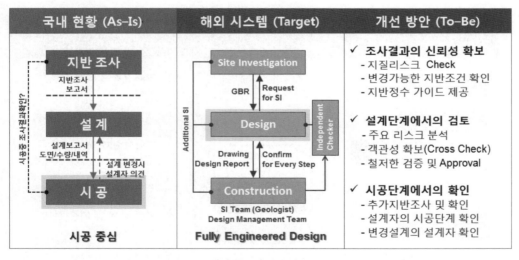

[그림 11.5] 해외 건설관리시스템의 특징－설계 엔지니어링 측면

2.4 리스크 관리 측면

터널공사는 다른 공사와는 달리 지반불확실성으로 인한 지반리스크가 상대적으로 크기 때문에 공사의 전 단계에서 리스크를 확인하고, 평가하는 과정을 통하여 리스크를 철저히 관리하도록 하여야 한다. 현재 국내 터널공사의 경우, 리스크 관리에 대한 개념이 확립되어 있지 않고, 터널공사에서의 리스크 관리방법이나 절차에 대한 규정이 준비되지 못한 상태이다. 특히 터널공사의 리스크 또는 안전관리는 단지 시공 중에 점검하는 하나의 절차로서만 인식되기 때문에 조사단계나 설계단계에서의 리스크 평가에 대한 의미를 부여하지 않고 있는 실정이다. 따라서 조사 및 설계 단계에서의 터널공사에 관련된 리스크에 대한 기술적인 검토나 분석리포트 작성에 대한 절차가 이루어지지 않고 있다.

선진국의 시스템을 바탕으로 한 개선방안으로는 조사단계에서의 지반 리스크를 선정하고, 설계단계에서 주요 위해요인을 분석하고, 리스크를 평가하여 리스크에 대한 대책을 수립하게 하는 것이다. 또한 설계단계에서 리스크 평가 리포트를 작성하도록 하여 설계단계에서의 안전설계(Design for Safety)를 도모하도록 하는 것이다. 또한 시공단계에서 리스크 대책을 기반으로 한 터널공사 안전관리대책과 비상대책을 수립하여 리스크 대한 피드백을 통한 리스크 관리가 체계적으로 수행하도록 하는 것이다.

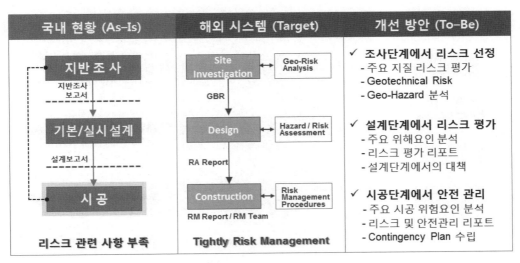

[그림 11.6] 해외 건설관리시스템의 특징-리스크 관리 측면

2.5 정보관리 측면

터널 시공 중에는 매 막장에서의 막장조사결과와 계측결과와 같은 많은 시공정보가 만들어 지고 있다. 이와 같은 정보는 터널의 시공 조건과 안정 상태를 평가할 수 있는 매우 중요한 자료로서 이에 대한 관리가 매우 중요하다. 현재 국내 터널공사에는 계측업체를 중심으로 계측결과와 막장조사결과가 분석되고 있지만, 설계자 및 시공자 그리고 감리자와의 상호 커뮤니케이션이 부족하고, 이에 공학적 분석이 이루어지지 않는 실정이다. 특히 모든 시공관련 자료는 일부 관리자에게만 폐쇄적으로 운영되고 있어, 주민과 관련 단체에 대한 불신을 초래하고 있으며, 단지 시공자료로서만 기능을 하고 있는 실정으로 관련 설계조건이나 시공상태와의 분석과 정보관리가 제대로 이루어지지 않고 있다.

선진국의 시스템을 바탕으로 한 개선방안으로는 시공 중 발생하는 모든 자료를 통합적으로 관리 운영하도록 하며, 개방형 데이터 관리를 통하여 제3자에게 관련 자료를 열람가능하게 하고, 시공 중 리스크를 오픈하여 민원에 대한 공동대책을 수립하도록 하는 것이다. 특히 설계단계에서 제공된 BIM 설계자료는 시공조건에 따라 변경 수정되도록 하고, 시공단계에서의 조사 및 계측결과를 입력하여 모든 자료가 총합적으로 입력되고 관리되는 Integrated Data Management 체계적으로 수행하도록 하는 것이다.

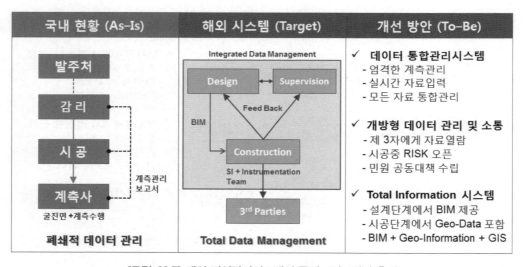

[그림 11.7] 해외 건설관리시스템의 특징 – 정보관리 측면

3. 선진 터널공사관리 시스템

지하터널공사는 설계단계에서 지반의 불확실성을 완전히 파악하기 어렵기 때문에 시공 중에 이를 확인한 후 적정한 공사를 수행하여야만 한다. 이러한 터널공사의 특징을 반영하고 합리적인 공사가 가능하도록 하기 위하여 가장 중요한 것은 독립성과 공인성을 갖도록 하는 것이다. 이러한 목적을 달성하기 위하여 선진 터널공사관리 시스템(T-CMS)은 터널전문기술자가 터널현장에 상주하도록 하여, 발주자와 시공자와는 별도로 기술적인 의사결정을 현장에서 즉각적으로 수행할 수 있도록 하는 것이다.

또한 프로젝트 전 과정에서 안전설계개념을 도입하여 일반적인 설계와 별도로 리스크 평가와 관리를 수행하도록 하도록 하는 것이다. 또한 설계자의 책임과 권한을 더욱 강화하여 터널현장에 대한 시공자 지원과 협업을 통하여 시공 중 발생하는 현장설계변경을 확인하도록 하는 것이다. 이를 통하여 터널현장을 중심으로 설계와 시공이 통합적으로 운영되는 시스템이다.

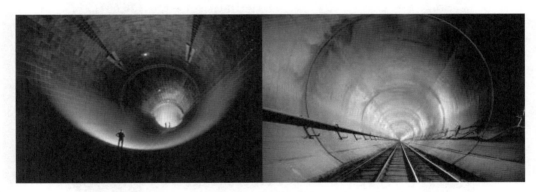

[그림 11.8] 선진 터널공사관리 시스템은 현장중심의 합리적인 의사사결정구조

3.1 선진 터널공사관리 시스템의 기본방향

효율적인 목표 설정을 위하여 SMART 기법을 통하여 선진 터널공사관리 시스템의 기본 방향을 설정하였다. SMART의 원칙은 다음과 같다.

- **Specific(구체적인)** : 명확하고 구체적인 목표는 막연한 목표보다 실현 가능성이 훨씬 크므로, 본 시스템은 기존 국내 방법과 대비되는 개선안을 마련하고, 이를 수행하기 위한 구체적인 추진방안과 전략을 수립되었다.

- **Measurable(측정 가능한)** : 목표달성에 대한 진도를 판단하기 위해서는 정량적인 판단기준들을 통하여 측정할 수 있도록 수행방안을 수립하였다.
- **Attainable(실현 가능한)** : 현재의 제도나 시스템을 개선하기 위한 가장 중요한 목표를 설정했다면, 그것을 실현시킬 수 있는 방법을 설정해야 한다. 즉 목표를 달성하기 위해서 우리학회를 중심으로 준비하고 노력해야 하는 제안을 포함하도록 하였다.
- **Relevant(관계적인)** : 현재 운영되고 있는 제도는 터널공사뿐만 아니라 건설 전반에 걸친 시스템에 대한 개선이 필요한 것이므로, 관련 제도와 관계 주무기관 및 학회 등과의 관계 등을 포함하도록 하여야 한다.
- **Time Based(기간 설정)** : 목표는 반드시 기간을 정해야 하므로 우리학회의 장단기 계획과 비전과 연동하여 상세추진계획을 수립하도록 한다.

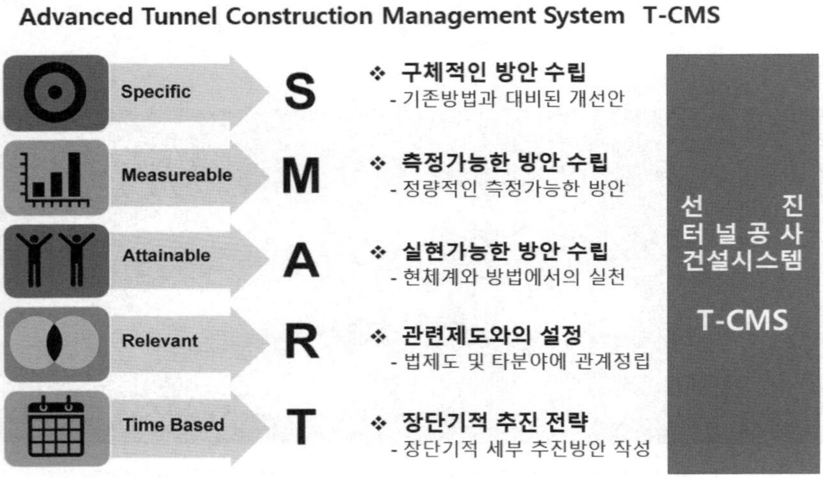

[그림 11.9] 선진 터널공사 시스템의 기본방향

기존 국내의 터널공사 관리의 문제점을 개선하기 위하여 선진 터널공사관리 시스템에서 중점적으로 추진하고자 하는 핵심적인 사항을 정리하면 다음과 같다.

1) 터널현장 중심으로 전환

터널 공사 중 리스크는 지반 불확실성을 포함한 터널현장에서 발생하게 된다. 따라서 터널공사의 건설관리시스템은 터널현장을 중심으로 수행되도록 하여야 하며, 모든 의사결정은 현장에서 이루어지도록 한다.

2) 설계-시공 통합 중심으로 전환

터널구조물에 대한 기본계획과 상세설계를 수행한 설계 엔지니어가 터널 현장에서의 진행되는 상황을 파악하게 하고, 현장설계변경에 대한 적극적인 지원을 통하여 설계 엔지니어링과 시공이 같이 나아가도록 한다.

3) 전문기술자 중심으로 전환

지하에서 수행되는 터널공사의 특수성을 고려하여 터널에 대한 전문성과 공인성을 갖춘 터널전문기술자가 현장에서 기술적 경험과 노하우를 바탕으로 즉각적인 결정을 내리고 공사수행을 합리적으로 리딩하도록 한다.

4) 건설사업관리 중심으로 전환

단순한 시공감리나 책임감리의 형태가 아닌 선진국에서 수행하고 있는 본연의 건설사업관리의 의미를 갖도록 터널공사에 대한 책임과 권한을 갖도록 하여 공사관리업무를 수행하도록 한다.

5) 프로세스 중심으로 전환

발주자의 의사중심의 감독체계에서 벗어나, 발주자, 시공자 및 건설사업관리자간의 정확한 역할분담과 책임을 규정하고, 터널현장에서의 의사결정프로세스를 명확히 하여 공사 중 상호간의 원활한 소통이 가능하도록 한다.

3.2 터널 전문감리 시스템

1) 터널 전문감리 시스템의 목적

터널 전문감리제는 터널현장에서의 분산되어 있는 책임과 의사결정 창구를 통합 제공함으로써 발주자에게 신뢰성과 편리성을 제공하고 시공자에게 공사 중 리스크를 최소화하도록 하여 터널공사의 건설관리를 수행하도록 한다. 이를 위하여 터널공사의 건설관리를 위해 시공사와는 독립적인 전문성을 갖춘 터널 전문 감리(Tunnel Construction Manager, T-CMr)를 도입한다.

• 터널공사에 대한 전문적인 사업관리 및 변화관리 역량을 갖춘 전문 인력으로 터널공

사 사업관리를 수행하게 함으로써 프로젝트 통제력 향상 및 방향성을 관리
• 터널공사의 위험요소를 줄이고 프로젝트 관리기술 및 절차를 정립, 체계적인 관리를 통해 품질 향상 및 성공적인 사업 수행을 도모

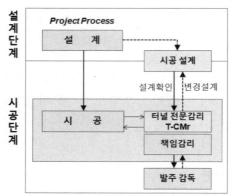

[그림 11.10] 터널 전문감리 T-CMr 역할

2) 터널 전문감리자의 역할

터널 전문감리원 T-CMr은 터널 현장에 상주하여 터널전반에 걸친 CM 업무를 수행한다. [그림 11.11]에서 보는 바와 같이 터널업무 전반에 대한 감독업무를 수행하면서 발주감독에 대한 업무보고를 주관하고, 설계자와 현장변경설계에 대한 업무협의를 진행하게 된다. 특히 터널 전문감리원 T-CMr은 터널막장에서 시공자와 책임감리원과 함께 암판정 업무에 대한 주된 역할을 수행하며, 암판정에 최종결정을 현장에서 수행하며, 현장변경 시공에 대한 기술적 책임을 가지고 시공자의 공사관리업무를 지시하고, 책임감리원에게 이를 확인하도록 한다.

3) 기존 방법과의 차이점

현재 국내터널공사에서는 토질분야 전문가가 터널현장에 상주하지 않고 비상주 체계로 운영되고 있어, 터널현장에서 발생하는 제반문제에 대하여 효과적인 기술적 판단이 어렵고, 즉각적인 의사결정이 이루어지지 못하고 있는 실정이다.

개선된 시스템에서는 터널현장에 공인된 전문기술력을 갖춘 터널 전문감리 T-CMr을 상주하게 하여, 터널현장에서 발생하는 제반 기술적 사항에 대하여 권한과 책임을 가지고

현장변경설계, 지보공 및 보강공 선정 시 즉각적인 의사결정이 진행될 수 있다.

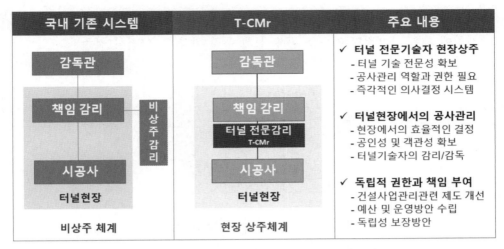

[그림 11.11] 기존 시스템과 터널 전문감리 T-CMr 비교

4) 주요 내용

- 터널전문기술자의 현장 상주체계 : 터널관련 전문기술을 바탕으로 현장에 상주하면서 막장마다 Face Mapping을 실시하고, 현장에서 지보패턴과 지보량의 가감을 정한다.
- 독립적인 의사결정체계 : 터널막장에 대한 지질특성과 암반분류를 직접 실시하고, 그 결과를 바탕으로 지보와 보강량을 독립적으로 결정할 수 있다.
- 기술 협력체계 : 터널현장에서의 적극적인 기술협업의 코디네이터로서 발주자(감독)에 대한 보고와 시공자에 대한 감독 및 책임감리원에 대한 기술지도 등을 주관한다.

3.3 터널 설계검증 시스템

1) 터널 설계체크 검증시스템의 목적

터널 설계검증 시스템은 터널설계에서 발생할 수 있는 설계오류의 리스트를 최소화하기 위하여 설계과정과 설계결과물에 검증과정을 확인 제공함으로써 발주자에게 설계의 신뢰성과 안전성을 제공하고 시공자에게 공사 중 시공오차를 최소화하도록 하여 터널공사의 안전설계를 수행하도록 한다. 이를 위하여 터널공사의 건설관리를 위해 시공사와는 독립적인 전문성을 갖춘 터널 설계검증(Tunnel Independent Checker, T-ICr)을 도입한다.

- 터널 설계에 대한 전문적인 계산능력과 및 설계엔니니어링 역량을 갖춘 전문 인력으로 터널설계 검증업무를 수행하게 함으로써 터널설계의 공신력 향상 및 신뢰성 확인
- 터널 설계에 대한 구조적 해석과정의 오류를 줄이고 설계도면에 표시된 구조적 세부사항에 대한 체계적인 검토를 통해 설계 품질 향상 및 안전성 검증

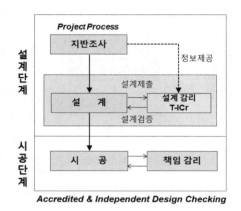

[그림 11.12] 터널 설계감리 T-ICr 역할

2) 터널 설계감리자의 역할

터널 설계감리 T-ICr은 설계자로부터 제출된 설계 도서에 대한 기술적인 상세검토 업무를 수행한다. 그림 10에서 보는 바와 같이 터널설계 전반에 대한 검증업무를 수행하면서 발주감독에 대한 검토결과를 보고하고, 설계자에게 설계내용에 대한 확인작업을 위한 업무협의를 진행하게 된다. 특히 터널 설계감리 T-ICr에게는 설계의 부적합성을 수정할 수 있도록 충분한 시간이 제공되어야 하며, 어떠한 압력을 받아서는 안된다. 또한 발주자는 설계검증결과를 설계자와 시공자에게 피드백하도록 하며, 설계자는 이를 설계에 반영하도록 하여야 한다. T-ICr은 발주자가 임명하여 독립성을 보장받도록 하여야 한다.

3) 기존 방법과의 차이점

현재 국내터널공사에서는 터널설계에 대한 기술검토를 설계자문위원에 의존하고 있어 터널 설계과정에서 발생하는 제반 문제에 대하여 효과적인 기술적 검증이 어렵고, 상세한 기술검토 등이 이루어지지 못하고 있는 실정이다.

개선된 시스템에서는 터널 설계에 대해 공인된 전문기술력을 갖춘 터널 설계감리 T-ICr이, 독립적인 지위를 가진 상태에서 터널설계도서 전반에 걸쳐 상세한 기술검토를 실시하고, 설계내용을 재검증하도록 하여 설계오류를 최소화할 수 있다.

4) 주요 내용

- 터널설계에 대한 상호체크체계 : 설계자의 설계과정에서 나올 수 있는 설계오류나 잘못을 동등한 지위를 가진 설계엔지니어가 크로스 체크하도록 한다.
- 독립적인 설계검증체계 : 설계검증을 수행하는 터널 설계감리 T-ICr은 발주자가 임명하도록 하고, 검토에 대한 독립성을 보장하도록 한다.
- 설계기술 협력체계 : 터널설계 및 현장변경설계에 대한 설계엔지니어링의 협력자로서 발주자에 대한 보고와 시공자에 대한 기술지원 등을 수행한다.

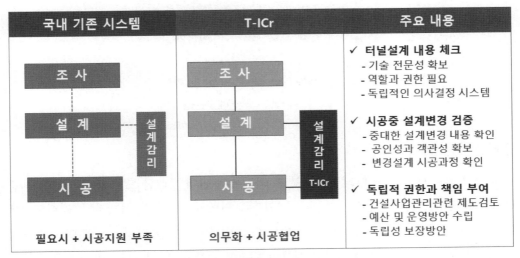

[그림 11.13] 기존 시스템과 터널 설계검증 T-ICr 비교

3.4 책임설계자의 시공관리 시스템

1) 터널 책임설계시스템의 목적

터널 책임설계시스템은 터널 설계자가 터널공사의 전 과정에 걸쳐 설계를 통하여 터널 구조물의 설계, 시공 및 유지관리에 필요한 충분한 정보를 제공함으로써 발주자에게 설계의 신뢰성과 시공자에게 설계결과에 대한 이해를 높여 안전한 고품질의 터널공사를 수행하도록 한다. 이를 위하여 터널공사의 책임설계를 위해 터널 설계의 전문성을 갖추고 설계에 책임을 지는 책임설계(Tunnel Principal Designer, T-PDr)을 도입한다.

- 터널 설계에 대한 전문적인 계산능력과 및 설계엔지니어링 역량을 갖춘 전문 인력으로 책임설계 업무를 수행하게 함으로써 터널설계의 공신력 향상 및 신뢰성 확인

• 터널 설계에 대한 시공과정에서의 오류를 최소화하고, 설계도면에 표시된 구조적 세부사항에 대한 시공자와의 협업을 시공 품질 향상 및 안전성 검증

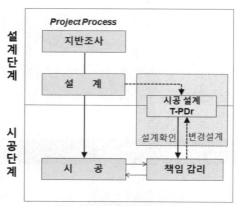

[그림 11.14] 터널 책임설계 T-PDr 역할

2) 터널 책임설계자의 역할

터널 책임설계 T-PDr은 터널공사의 전 과정에서 설계에 대한 모든 관련 정보를 제공하고, 안전하고 정밀한 시공이 진행될 수 있도록 터널현장에 대한 설계지원 및 협조업무를 수행한다. 그림 12에서 보는 바와 같이 터널설계가 시공단계에 이르게 되면 시공자및 감리자에게 설계내용을 설명하고 시공이 원활히 진행될 수 있도록 지원업무를 수행하게 된다. 특히 터널현장에서의 중대한 변경설계에 대해서는 책임기술자로서 그 내용을검토하고, 변경설계에 대한 책임을 지도록 한다. 또한 책임설계자 T-PDr은 터널시공에서의 설계책임업무를 수행하도록 한다.

3) 기존 방법과의 차이점

현재 국내터널공사에서는 시공자를 중심으로 시공이 진행되고 있어 설계자가 설계결과물을 제출한 이후, 시공에 관여하거나 협업하는 경우가 많지 않아 터널 시공과정에서의설계가 어떻게 시공에 구현되는지에 대한 기술적 확인 및 검증이 어려운 실정이다. 개선된 시스템에서는 터널 설계에 대해 공인된 전문기술력과 설계전반에 책임을 가진 터널책임설계 T-PDr이, 시공현장에서 발생하는 설계에 관한 사항과 중대한 변경설계에 대한상세한 기술검토를 실시하여 시공자에게 시공지원 및 협업을 제공하도록 한다.

4) 주요 내용

- 시공과정에서 설계내용 확인체계 : 설계자의 시공과정에서 나올 수 있는 시공오류나 문제점을 실시설계를 담당했던 책임설계자가 확인하도록 한다.
- 중요한 설계변경 검증체계 : 시공현장에서 현장여건에 따라 발생할 수 있는 중요한 설계변경 내용을 실시설계를 담당했던 책임설계자가 검증하도록 한다.
- 시공지원 및 협력체계 : 시공 중에 발생하는 다양한 설계업무를 시공자의 설계팀과 협조하여 시공성을 확보하여 안전한 품질시공이 되도록 한다.

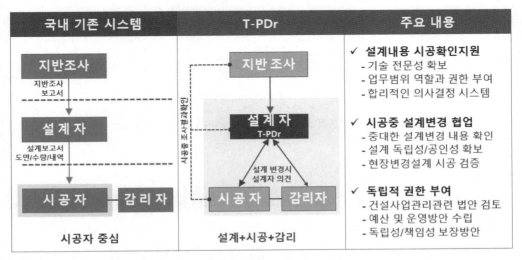

[그림 11.15] 기존 시스템과 터널 책임설계 T-PDr 비교

3.5 터널 리스크 관리 시스템

1) 터널 리스크 관리 시스템의 목적

터널 리스크 관리 시스템은 터널공사의 설계단계에서부터 리스크를 확인하고, 정량적으로 평가하여 리스크 저감대책을 수립하도록 하며, 또한 시공단계에서 리스크 저감대책을 시행하고 리스크를 철저히 관리하여 안전한 터널공사를 수행하도록 한다. 이를 위하여 터널공사의 전 단계에 걸쳐 공인된 방법과 절차에 의해 리스크를 평가하고 관리하도록 하는 터널 리스크 관리 시스템(Tunnel Risk Management System, T-RMs)을 도입한다.

- 터널 리스크 관리에 공인된 절차와 검증된 방법으로 리스크 관리 업무를 수행하게 함으로써 터널공사 중 발생할 수 있는 안전 문제에 대한 대비

• 설계단계에서부터의 안전설계(Design for Safety) 개념을 도입하여 시공과정에서의 리스크 발생을 최소화하여 발주자 및 제3기관에 대한 신뢰성 확보

[그림 11.16] 터널 리스크 관리 시스템

2) 터널 리스크 관리 시스템의 프로세스

터널 리스크 관리 시스템 T-RMs는 시공이전단계부터 리스크를 확인하고 이를 정량적으로 평가함으로써 안전설계에 대한 관련 정보를 제공하고, 안전한 시공이 진행될 수 있도록 시공단계에서의 리스크 관리 및 유지관리업무를 수행한다. [그림 11.17]에서 보는 바와 같이 기본계획단계에서부터 유지관리단계에 이르기까지 모든 단계에서 설계자와 시공자는 리스크를 평가하고, 감리자는 이를 확인하여 발주자에게 보고하여 적절한 리스크 저감대책을 적정한 시간에 수행하도록 하며, 모든 단계에서 리스크 평가 및 관리보고서를 의무적으로 제출하도록 한다.

3) 기존 방법과의 차이점

현재 국내터널공사에서는 조사단계에서의 지반리스크에 대한 확인, 설계단계에서의 리스크 평가를 바탕으로 한 안전설계 그리고 시공단계에서의 정량적인 리스크 관리가 수행되지 않아, 터널 공사 중 체계적인 리스크 및 안전관리에 문제점을 가지고 있다. 개선된 시스템에서는 공인된 리스크 평가절차 및 방법을 포함한 터널 리스크 평가시스템은 T-RMs 는, 설계단계에서 예상되는 설계 리스크 사항과 시공 중 발생가능한 리스크에 대한 상세한 기술검토를 실시하여 현장에서의 안전관리를 제공하도록 한다.

4) 주요 내용

- 리스크 평가에 의한 안전설계체계 : 책임설계자의 주관하에 설계단계에서 리스크 분석/평가를 수행하여 지반 리스크에 대비한 안전설계를 수행하도록 한다.
- 시공단계에서의 리스크 관리체계 : 시공단계에서 설계 및 시공리스크를 확인하고 이에 대한 철저한 리스크 저감대책을 발주자와 협의하에 수립하도록 한다.
- 터널시공의 통합 안전관리체계 : 터널공사에 대한 통합적인 안전관리시스템을 구축하여 비상대책을 수립하도록 하여 안전한 터널시공이 되도록 한다.

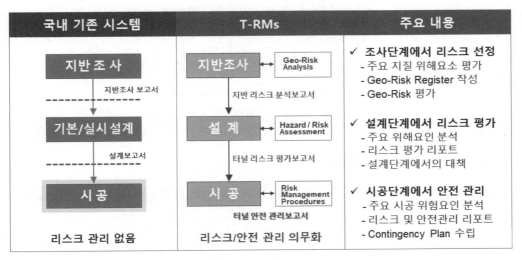

[그림 11.17] 기존 시스템과 터널 리스크 관리시스템 T-RMs 비교

3.6 터널 통합 정보관리 시스템

1) 터널 통합 정보관리 시스템의 목적

터널 통합정보 관리시스템은 터널공사의 설계단계에서 BIM을 이용한 설계 성과품을 작성하고, 시공단계에서 획득된 막장조사 및 계측자료 등을 통합적으로 관리하도록 하여 안전한 터널공사를 수행하도록 한다. 이를 위하여 터널공사의 공인된 방법과 절차에 의해 데이터를 통합 관리하는 터널 통합 정보관리 시스템(Tunnel BIM & Integrated Data Management System, T-BIMs)을 도입한다.

- 설계 및 시공에 관련된 다양한 정보를 공인된 절차와 방법으로 데이타 관리업무를 통합 수행함으로써 터널정보에 대한 신뢰성 및 시공품질 향상

- 터널 설계단계에서 BIM(Building Information Modeling)을 적극 도입하여 디지털 도면작성과 수량산정 그리고 시공단계의 3차원 구현을 통한 설계 정밀성 향상

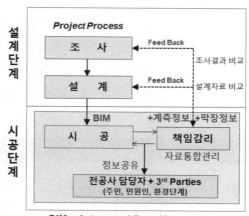

[그림 11.18] 터널 통합 정보관리시스템

2) 터널 통합 정보관리시스템의 프로세스

터널 통합 정보관리시스템 T-BIMs 는 설계단계부터 BIM을 이용하여 설계성과품을 작성하여 시공과정을 모델링하여 설계품질을 향상시키고, 시공단계에서 발생하는 시공자료, 지질 및 지반정보 그리고 계측결과 등을 통합적으로 관리하도록 한다. [그림 11.19]에서 보는 바와 같이 설계단계에서의 조사결과는 시공 중 확인 결과에 따라 피드백하여 보완하도록 한다. 또한 계측결과를 포함한 모든 시공정보는 발주자를 포함한 공사담당자뿐만 아니라 관련기관 및 민원인들에게 오픈하여 터널공사 안전성검증에 대한 대외적인 신뢰도를 높이도록 한다.

3) 기존 방법과의 차이점

현재 국내터널공사에서는 BIM 기법이 적용되지 않아, 설계성과품 작성시 어려움이 있으며, 또한 시공 중 얻어지는 시공자료 및 계측자료 등이 제대로 피드백이 되지 않아, 터널 공사 중 체계적인 데이터 관리가 이루어지지 않고 있다.

개선된 시스템에서는 BIM 기법을 포함한 터널 통합 정보관리 시스템 T-BIMs는 설계단계에서 BIM을 통한 정보관리를 실현하고, 시공 중 발생하는 다양한 정보를 통합관리하도록 하여 터널현장에서의 개방형 정보관리시스템을 제공하도록 한다.

4) 주요 내용

- BIM 정보관리체계 : 터널설계단계에서 BIM 기법을 도입하여 설계성과품을 작성하고 설계단계에서 시공단계에 대한 시뮬레이션 작업을 수행하도록 한다.
- 통합 정보관리체계 : 시공단계에서 단계별 시공과정을 3차원적으로 구현하고, 시공과정에서의 다양한 정보를 하나의 시스템하에서 통합적으로 운영하도록 한다.
- 개방형 정보관리체계 : 터널공사 중 발생하는 모든 정보를 개방형으로 오픈하여 발주자를 포함한 공사 주체 및 제3자에게 공개 운영하도록 한다.

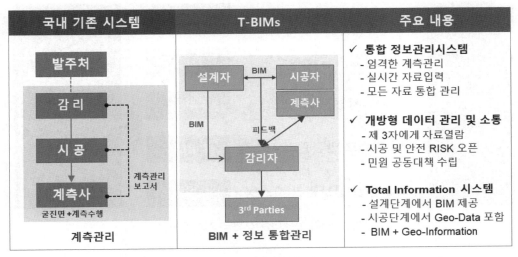

[그림 11.19] 기존 운영시스템과 터널 통합 정보관리시스템 T–BIMs 제도의 비교

4. 선진 터널공사관리 시스템

국내의 터널공사 관리의 문제점을 개선하기 위하여 선진 터널공사관리 시스템을 도출하였으며, 본 시스템의 핵심적인 구성요소를 정리하면 다음과 같다.

- 터널 전문감리 시스템 터널 현장에 터널업무에 대한 전문 사업관리책임자를 문가를 상주하도록 하여, 터널공사에 관한 문제에 대한 의사결정을 현장에서 즉각적으로 이루어지도록 한다.
- 터널 설계검증 시스템 설계자가 수행한 설계내용에 대하여 독립적인 설계검증엔지니어가 검증하도록 하여 터널설계에서 발생할 수 있는 오류나 문제를 최소화하도록 한다.

- 터널 책임설계 시스템 설계를 담당한 책임설계자가 시공과정에서 발생하는 시공내용 및 변경설계에 대하여 확인하고, 시공자를 지원 또는 협업하도록 책임을 지도록 한다.
- 터널 리스크 관리시스템 안전설계개념을 도입하여 설계단계에서 리스크를 확인하고 평가하며, 시공단계에서 리스크 저감대책을 시행하고 관리하도록 한다.
- 터널 통합정보 관리시스템 터널 설계에 BIM을 도입하여 설계성과품을 작성하고, 시공단계에서의 다양한 정보를 통합적으로 관리하고 개방형으로 운영하도록 한다.

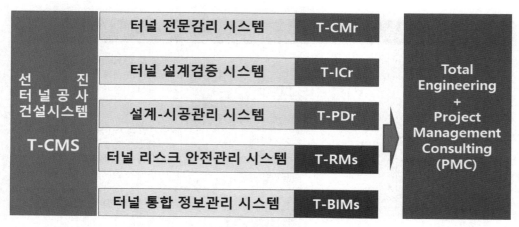

[그림 11.20] 선진 터널공사관리 시스템 구성

국내 터널공사의 건설관리시스템에 대한 기본적인 체계는 [그림 11.21]에 나타나 있다. 그림에서 보는 바와 같이 국내 터널공사관리는 발주자와 시공사 그리고 건설사업관리자(또는 책임감리자)로 구성된다.

건설사업관리(CM)제도의 도입으로 건설사업관리자의 권한과 역할 그리고 업무범위 등이 잘 정리되어 있지만 실제적으로 이러한 시스템이 정상적으로 운용되는 것은 쉽지 않는 것이 현실이다. 이는 발주자와의 계약 관계, 시공자의 원가중심의 관리시스템, 감리원의 기술적 제약 등으로 인한 것으로, 단지 터널공사의 문제만은 아니라 할 수 있다. 하지만 지반불확실성으로 인한 지반공학적 리스크가 상대적으로 큰 지하터널공사는 이러한 시스템으로는 안전사고의 문제점을 가지고 있으며, 실제로 많은 지하터널공사의 부실과 안전문제라는 현실로 나타나고 있음이다.

터널공사에서의 가장 합리적인 시스템은 터널전문기술자들이 현장중심으로 공사 중 즉각적인 의사결정을 수행하도록 보장하며, 터널 기술자에게 독립적인 권한과 책임을 부여하는 것이라 할 수 있다. 이를 위해서는 선진국에서 운용되는 터널 공사관리 시스템을 참고로 하여 관련법규나 제도 그리고 시스템의 총체적인 개선이 요구된다.

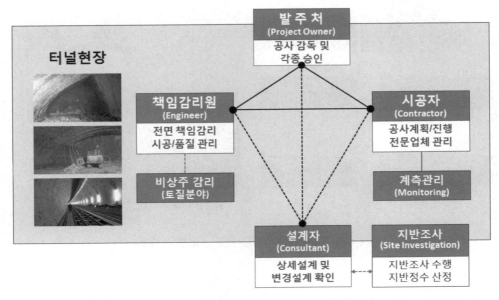

[그림 11.21] 국내 터널공사관리 시스템의 체계

선진국에서 운영되는 터널공사관리방법을 참고하고, 국내 현재의 여건을 반영하여 선진 터널공사 건설관리시스템을 도출하였다. 본 시스템의 기본적인 체계가 [그림 11.22]에 나타나 있다. 그림에서 보는 바와 같이 발주자와 시공사 그리고 건설사업관리자(또는 책임감리자)외에 터널 기술자로 구성된다.

본 시스템의 기본적인 방향은 터널전문가가 현장에 상주하면서 지반의 불확실성에 대한 리스크를 시공 중에 확인하고 이에 대한 즉각적인 대처를 하도록 하자는 것이다. 이러한 역할을 담당하는 전문 감리자(T-CMr)는 발주자와 시공자로부터 객관성과 독립성을 확보하여 기술적인 의사결정을 하도록 하는 것이다. 또한 터널설계의 책임기술자(T-PDr)이 설계단계에서부터 리스크 평가를 통한 안전설계를 수행하고, 설계내용이 시공에 실현되는 과정을 확인하도록 하여 설계자가 시공단계에서의 권한과 책임을 가지도록 하는 것이다. 또한 설계자는 설계내용과 성과품에 대하여 독립적인 체커엔지니어(T-ICr)에게 검증을 받도록 하여 설계자의 오류 및 문제점을 사전에 방지하도록 하는 것이다.

이와 같이 본 시스템은 각각의 기술자가 업무를 수행하면서 일정한 권한과 책임하에서 독립적이고 동등한 관계를 가지며, 상호 체크를 통한 협업 시스템이다.

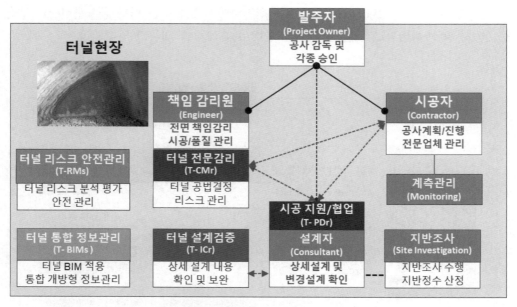

[그림 11.22] 선진 터널공사관리 시스템의 체계

5. 선진 터널공사관리의 핵심

　본 장에서는 지반불확실성에 의한 지반 리스크와 이를 시공 중에 관리해야 하는 지하 터널공사의 특성을 살펴보고, 국내 터널공사의 문제점을 조사/설계, 시공/감리 및 감독 등의 측면에서 고찰하였다. 또한 해외 선진국에서의 운영되고 있는 글로벌 터널 공사관리의 핵심사항을 분석함으로써 선진 터널공사관리 시스템(T-CMS)을 도출하였다. 이 시스템은 국제엔지니어링 계약시스템에서 발주자, 시공자 그리고 엔지니어(PMC)간의 관계를 현재의 국내 건설사업관리 방식에 도입하거나 개선하는 터널공사관리 시스템이라 할 수 있다.

　본 시스템은 현재 지하터널공사의 문제점을 근본적으로 개선하기 위한 것으로, 선진화된 합리적인 방법으로 터널공사를 수행하게 함으로써 지하터널공사 중 발생하는 리스크에 능동적으로 대응하여 공사당자자 간의 리스크를 적극적으로 분담하게 하는 것이다. 이러한 시스템을 도입함으로써 부실공사를 예방하고, 안전한 터널시공이 가능할 것이다.

[그림 11.23] 선진 터널공사관리 시스템(T-CMS)의 실현은 터널 기술자의 목표이자 비전

1) 지하터널공사에서 리스크는 가장 중요한 관리요소이다

지하터널공사는 지반의 불확실성과 이로 인한 지반리스크가 존재하게 된다. 다양한 지반조사기법을 통하여 터널구간에 대한 지질 및 지반특성을 분석하고, 그 결과로부터 터널 전 구간에 예상되는 지반리스크를 확인하게 되며, 설계단계에서 예상된 지반리스크를 고려하여 터널 지보패턴과 보강공법을 설계하게 된다. 그러나 조사·설계단계에서 지반 리스크를 완벽하게 파악하는 것은 매우 어렵기 때문에, 터널 시공단계에서 지반리스크에 대한 대책이 필요하게 된다. 일반적으로 터널시공 중 막장관찰을 통하여 암반을 평가하고, 그 결과로부터 적절한 지보공 또는 보강공법을 선정하여 시공함으로써 터널의 안정성을 확보하는 것이 가장 중요한 터널시공 프로세스라 할 수 있다. 이와 같이 지하터널공사의 가장 중요한 관리 요소는 바로 지반리스크이며, 설계단계에서 리스크 확인과 평가가 수행되고 시공단계에서 리스크가 관리되어야 한다.

2) 국내 터널공사는 리스크 분담 중심의 공사관리로의 전환이 요구된다

국내 지하터널공사는 계속되는 부실공사와 안전사고문제로 인하여 국가적 사회적 이슈가 되어 왔으며, 이러한 문제점을 근본적으로 개선하고 보다 효율적인 공사시스템으로의 전환하는 것은 터널 기술자들에게 오랜 과제라 할 수 있다. 하지만 발주자에 의한 불합리한 계약관계와 시공자중심에 의한 원가중심의 현장운영, 건설사업관리자(감리자)의 기술적 한계와 비용부족, 설계자의 권한과 책임부재 등으로 인하여 조사/설계, 시공/감리, 감독 등의 모든 부분에서의 문제점들이 존재하는 국내터널공사의 현실이다.

이러한 불합리한 터널공사시스템을 근본적으로 개선하기 위해서는 터널공사 중 발생하는 리스크를 효율적으로 관리할 수 있는 체계적인 시스템을 구축하여야 한다. 이를 위해서 건설사업관리자와 터널전문가의 권한과 책임강화, 설계자의 현장변경설계와 시공책임강화, 시공자의 리스크 관리 및 안전관리를 포함한 공사관리 시스템을 만들어 공정하고 합리적인 의사결정체계로의 전환이 필요하다.

3) 선진국에서의 지하터널공사는 현장중심의 전문가 책임시스템이다

선진국에서의 공사관리는 국제엔지니어링 계약시스템의 발주자, 시공자 그리고 엔지니어로 구성되어 있으며, 엔지니어는 발주자를 대신하여 단순한 시공감리업무에서 벗어나 전반적인 프로젝트관리를 주관하는 건설사업관리자(PMC)로서의 역할을 수행하고 있다. 특히 지하터널공사에서는 일정한 경력과 엔지니어링 능력을 가진 터널 전문기술자를 상주시켜 터널공사 중 발생하는 리스크에 대해 적극적으로 대처하도록 하고 있다.

또한 영국과 싱가포르와 같은 선진국에서는 설계단계에서 리스크 관리를 포함한 안전설계(Design for safety, DfS) 개념과 안전사고 방지를 위한 설계(Prevention through Design, PtD)를 도입하여, 설계단계에서부터 안전관리를 강조하고 있다. 그리고 설계자, 시공자 및 엔지니어(PMC)가 동등한 계약적 관계에서 각각의 책임과 권한을 가지고, 정확한 공사관리 프로세스와 통합적인 의사결정을 통하며 공사를 수행하고 있다.

4) 선진 터널공사관리 시스템은 공정한 협력체계의 관리 시스템이다

선진 터널공사관리 시스템은 지하터널공사를 수행함에 있어 시공현장에서의 기술자 중심의 합리적인 의사결정시스템이라 할 수 있다. 이는 지반의 불확실성에 적극적으로 대처하여 공사 중 리스크를 최소화하기 위하여 현장에 터널 전문기술자를 상주시켜 공사관리를 리딩하도록 하며, 프로젝트 전 단계에 걸쳐 리스크 관리 시스템을 적용하게 하여 안전시공이 되도록 하며, 공사에 관련된 모든 자료를 피드백하여 통합관리하도록 함으로써 공사의 안전성과 신뢰성을 높이도록 하였다.

본 시스템은 국내 터널공사의 문제점을 개선하기 위하여 도출된 것으로 실제 터널공사에 적용하기 위해서는 기존 제도와 시스템에 접목하는 정책적 개선작업이 병행되어야 한다. 이는 향후 글로벌 시장에서의 진출과 성장을 위해 국내 건설제도와 엔지니어링 그리고 건설시스템을 글로벌 스탠다드 시스템으로의 변환하는 과정으로서, 글로벌 엔지니어로서 공정한 권한과 책임을 가지는 시스템을 구축하는 작업이라 할 수 있다.

6. 안전성 제고를 위한 터널공사의 선진화 제언

터널공사는 다른 구조물에 비교하여 지반공학적 불확실성(Uncertainty)에 의하여 많은 어려움을 겪는 것이 사실이다. 이는 터널 낙반사고 등과 같은 대형사고를 수반하기도 하고 공사의 어려움으로 인한 부실시공의 형태로도 나타나기도 한다. 실제 터널 현장에서 조사자, 설계자, 시공자가 느끼고 고민하는 문제는 상상 이상이며 매우 열악한 것이 작금의 현실이다. 또한 그 문제점을 직시하고 이를 개선하기 위한 노력은 모든 터널 기술자의 바램일 것이다.

이러한 문제점을 개선하는 방법은 무엇이 있을까? 이를 구체적으로 살펴보기 위한 첫 번째 과정이 바로 다른 나라, 특히 선진국에서는 어떻게 터널공사를 관리하고 있는지를 살펴보는 것이다. 지난 몇 년간 한국이 아닌 다른 나라에서 근무하면서 참 다른 시스템으로 관리되고 운영되는 것이 놀랐고, 과연 이러한 시스템이 국내에 적용될 수 있을지 회의적이기도 하였다. 물론 그곳에서도 터널사고도 발생하고 기술적 문제점이 없는 것은 아니지만 그들이 갖는 기술적 장점이 분명히 있고, 우리가 배워야만 한다는 것이다.

해외의 선진적인 터널공사의 건설시스템을 이해하기 위해서는 먼저 국제 계약시스템을 이해해야 하는데, 이를 기본으로 한 공사관리 시스템을 파악해야만 한다. 이것이 건설공사시스템의 기본 프레임으로 해외 건설문화에 대한 종합적인 사고의 틀 속에서 가능한 것이기도 하다. 즉 다시 말하면 커다란 건설시스템의 한 축으로서 터널과 같은 지하공사에 대한 특징적인 관리를 필요로 한 것이며, 이것이 바로 지반불확실에 의한 지반 리스크에 대한 분석과 평가, 리스크에 대한 공사당자자 간의 분담(Sharing) 그리고 리스크에 대한 관리 책임 등을 명확히 하여야 한다는 것이다.

이러한 관점에서 터널공사의 건설시스템의 중심적인 핵심사항과 기본적인 틀은 다양한 분석과 검토를 통하여 충분히 도출되었다고 판단된다. 많은 터널 기술자들의 현장에서의 Need와 VOC를 바탕으로 보다 현실적인 방안들이 만들어져야 함은 물론이다. 또한 이러한 것들이 정책과 제도 속에 반영될 수 있도록 터널 기술자들이 학회를 중심으로 꾸준히 노력해야 할 것이다.

지하터널의 시대는
오는가?

제 1 장

지하터널의 시대!

The Era of Underground Tunnel
지하터널의 시대!

The Era of Underground Tunnel
지하터널의 시대

　　　　　　터널 엔지니어로서 업에 들어선지 30년이라는 세월이 흘렀습니다. 1993년 박사학위를 마치자 마자 멋모르고 업에 뛰어 들어서 연구개발, 설계와 시공 및 해외 경험을 거치면서 어느덧 우리 터널 분야의 전문가로서 자리매김하게 되었습니다. 지난 30년간의 시간을 돌아보면서 현재 우리 터널 분야의 이슈와 발전방안에 대한 고민을 바탕으로 과연 우리 터널기술자들이 무엇을 생각하고 무엇을 해야 할 것인지에 논하고자 합니다.

　　지난 수십 년 동안 우리 터널 분야는 많은 변화와 발전을 거듭하여왔습니다. 1980년대 초에 NATM 공법이 서울 지하철공사에 도입되어 계속적으로 성장하여 이제는 NATM 터널기술이 세계적 수준으로 발전하였으며, 세계 4위의 연장 50.03km 초장대 터널인 율현 터널이 준공되어 운행 중에 있습니다. 또한 1990년대 초에 TBM 공법이 부산지하철에 도입되어 도심지 터널구간 및 하저터널 구간에 꾸준히 적용되어 왔으며, 현재는 국내 최초로 직경 14.01m의 쉴드 TBM이 한강하저 도로터널에 굴진 중에 있습니다. 그리고 도심지 터널굴착시의 안전 및 민원 문제에 대응하기 위하여 TBM와 로드헤더(Roadheader)를 이용한 기계화 시공이 적극적으로 도입되고 적용되고 있습니다.

지금은 건설공사의 패러다임이 변하여 기존의 경제성 및 시공성 중심의 공사에서 안전성 및 민원최소화 중심의 공사로 변화하고 있습니다. 특히 도심지 터널공사의 경우 지하안전영향평가, 설계안전성 검토 등의 안전문제에 대한 기술적 검토사항이 요구되며, 환경 및 안전이슈에 대한 민원 문제에도 적극적인 대응이 요구되고 있습니다.

바야흐로 지하터널의 시대(The Era of Underground Tunnel)가 오고 있습니다. 이와 같은 시대적 변화에 맞추어 우리 터널기술자들의 기술적 과제와 노력에 대하여 몇 가지 키워드를 중심으로 설명하고자 합니다.

The Vision of Underground Tunnel
지하 터널의 비전

스마트 지하터널(Smart Underground Tunnel)

현재 지하터널은 대단면화(Lager)되고, 초장대화(Longer)되고, 대심도화(Deeper) 되고 있습니다. 또한 지하터널은 다양한 첨단 ICT 기술과 스마트(Smart) 기술이 접목되고 융합되고 있으며, 여러 가지 기술적 문제를 해결하고자 하는 상당한 노력과 관심이 계속되고 있습니다. 특히 터널공학의 경우에는 이러한 다양한 기술을 바탕으로 지반의 불확실성을 해결해야 하는 본질적인 문제를 가지고 있기 때문에, 보다 적극적으로 대응하고자 하는 기술적 해결방안에 대한 노력이 지속적으로 이루어져야 하며, 그 중심에 스마트 기술이 있습니다.

지난 수십 년 동안 터널기술은 수많은 연구 개발과 공법 개발을 통하여 발전하여 왔습니다. 1960년대 기존의 재래식 공법을 혁신한 NATM 공법이 만들어져 터널공법의 주공법으로 자리하였으며, 1990년대 기계공학의 발전과 함께 TBM 공법의 혁신적인 변화가 이루어짐에 따라 Mega TBM의 적용이 확대되고 있습니다. 이제는 NATM 기술과 TBM 기술 모두, 자동화 기술을 포함한 스마트 기술과의 융합이 필수적이라 할 수 있습니다.

따라서 지하터널에 대한 조사, 설계 및 시공 그리고 유지관리에 이르기까지 다양한 첨단 스마트 기술이 적용되고 운용되도록 하는 스마트 지하터널(Smart Underground Tunnel)이 터널을 구축하기 위해서는 터널 관련 모든 분야의 기술자, 전문가 그리고 연구자들이 함께하고, 분야 간의 문턱을 넘어서고, 서로 다른 생각들을 조율하고 함께 고민함으로써 최고의 목적을 위해 같이 나아가는 것입니다.

디지털 지하터널(Digital Underground Tunnel)

현재 대심도 지하터널 및 지하공간개발에서의 또 하나의 핵심이슈는 디지털(digital) 입니다. 지하공간은 불확실성(uncertainty)과 미지성(unknown)의 요소가 많기 때문에 지하공간개발 시 기존 지하구조물과의 간섭과 지상 소유권 등의 우려가 더욱 증가하는 것이 현실이며, 특히 도심지 터널공사와 관련된 안전 문제에 대한 민원이 계속 커지고 있으므로 이에 대한 보다 객관적이고 구체적인 기술적 노력이 필요한 시점입니다.

지하터널, 지상 및 지하에 대한 수많은 정보들이 만들어지고 이에 대한 효율적인 관리가 요구되고 있습니다. 특히 지하정보는 정보의 신뢰도와 정확도가 낮고, 누락되는 경우가 많은 사고의 원인이 되고 있습니다. 따라서 지하터널의 철저한 안전관리와 체계적인 유지관리를 위해서는 지하공간정보의 디지털 전환이 필요합니다.

지하공간정보에는 지하시설물, 지하구조물 및 지질/지반 정보가 포함되어 있지만, 기존에 만들어진 데이터의 수준이 낮고, 관리주체가 상이하여 정확도가 매우 부실한 상황입니다. 따라서 지하터널 주변 지하공간에 대한 정보를 정비하고 표준화기 위해서는 지하시설물에 정밀탐사기술이 개발되어야 하고, 기존 정보와 새로운 정보를 통합하고 구현하는 고정밀 기술이 필수적이라 할 수 있습니다.

확실한 지하공간정보는 발주처와 같은 운영주체뿐만 아니라 다른 공공기관 및 지하개발사업자에게도 반드시 필요한 정보입니다. 또한 지하터널의 설계 및 시공단계에서의 실제적인 정보는 지하터널의 안전관리 및 유지관리업무에 있어 필수적인 정보가 됩니다. 따라서 지하공간정보 관련기관과 관심이 있는 모든 사람들이 정보를 공유하고 확인할 수 있는 개방적(explicit) 통합관리시스템이 구축되어야 합니다.

디지털 지하터널플랫폼(Digital Underground Tunnel Platform, DUTP)은 디지털 기술을 응용하여 지하터널에 대한 디지털 트윈(Digital Twin)을 실현하고 Digital Underground를 구축하고자 하는 플랫폼입니다. DUTP는 지하터널에 대한 모든 정보를 디지털화하고 통합하는 플랫폼으로서 지하터널의 시공관리, 안전관리 및 유지관리에 활용가능하고, 궁극적으로는 디지털 지하터널(Digital Underground Tunnel)로 실현되어야 합니다.

신공간 지하터널(New Underground Tunnel)

최근 도심지에서의 수해나 지진에 대한 안전대책, 지상의 자연환경이나 경관보전대책 그리고 안전하고 쾌적한 생활공간의 재생을 위해서 지하공간의 활용이 활발히 추진되고 있습니다. 특히 일본 도쿄와 같은 대도시의 경우 2000년대부터 도심지 공간개발의 한계를 해결하기 위하여 지하토지이용과 보상 문제를 대심도 지하(Deep Underground)라는 개념을 도입하여 법·제도적으로 수용하여 지하공간개발을 활성화하고자 국가/지자체를 중심으로 다양한 노력을 지속적으로 수행하고 있습니다.

또한 일본에서의 2001년 소위 대심도 지하개발에 관한 대심도법의 제정은 도심지에서의 대심도 지하인프라 구축을 촉진시키는 중요한 계기가 되었습니다. 하지만 대심도 지하도로인 동경외곽도로에서의 도로함몰 및 싱크홀 사고에서 보듯이 대심도 지하터널에서의 안전 문제는 터널기술자들에게 많은 숙제를 남기고 있습니다. 그럼에도 불구하고 도심지 대심도 지하터널에 대한 기술적 문제점을 보다 적극적으로 대응한다면 도심지 새로운 필수 공간으로서 지하공간개발은 미래의 중요한 핵심적인 필수공간이 될 수 있을 것입니다.

현재 도심지 메가시티는 기존에 엄청난 규모의 도시개발로 인하여 한계에 도달하고 있습니다. 이에 보다 살기 좋은 도시공간 창출을 위하여 기존의 노후화된 인프라를 개량하고 새로운 인프라를 구축하여야 하며, 또한 스마트 건설의 흐름에 따라 도시 인프라에 대한 모든 정보를 디지털화하는 계획을 수립하여야만 합니다. 이러한 관점에서 지하터널은 가장 중요한 핵심 공간으로서 새로운 라이프라인의 지하인프라를 구축할 수 있고 도심지의 새로운 가치를 창출할 수 있는 미래의 우리 모두의 삶의 새로운 지하공간(New Underground Tunnel)이 될 수 있을 것입니다.

What is to be done?
우리는 무엇을 할 것인가?

지금까지 현재에 있어 가야 할 지하터널의 비전에 대하여 이야기를 해봤습니다. 터널 엔지니어로서 살아오면서 느껴온 것들에 대한 바람들이 모아져 이런 비전을 제시하게 되었습니다. 운명적인 선택과 그 속에서의 고민들 그리고 성장하고 발전하는 과정을 거쳐 우리 터널 분야에 대한 일을 이해하고 우리 업에 대한 애정을 가지게 되어 지하터널에 대한 비전을 그려 보았습니다. 비록 멋지고 화려하지는 않지만, 정말 가치롭고 멋진 길이었음을 느끼면서, 원대한 목표를 향하여 열심히 논의하고 꾸준히 일하는 과정을 통하여 진정한 터널 엔지니어로서 의미를 가지게 되며, 또한 기술경쟁력 있는 터널 엔지니어로서 가치를 가지게 된다고 생각합니다.

세상은 분명 변하고 있습니다. 우리 분야도 분명 변해야 하고 변하는 세상에 적극적으로 대응해야만 합니다. 지하터널 분야는 상대적으로 환경과 안전 분야에 취약성을 노출하게 됨에 따라 이에 대한 대책이 없으면 생존할 수 없는 시대가 다가오고 있습니다. 이러한 대책의 일환이 바로 기술전문가 집단의 통합을 통한 혁신이라는 생각을 가져봅니다. 최종적으로는 하나의 목표를 향해 나아갈 수 있도록 하는 추진체와 같은 것이 반드시 요구되는 때이기 때문입니다. 그 중심에 우리 학회가 있으며, 그 핵심에 우리 터널기술자들이 자리해야 하는 것이라 생각합니다.

오늘 우리 모두가 꿈꾸고 고민하는 것들은 우리 업의 발전을 위해 보다 나은 것을 만들기 위한 노력이며, 변화에 대한 갈망의 결과라 할 수 있습니다. 아직 극복해야 할 문제가 쌓여 있고, 해야 할 일이 많지만 터널기술의 발전에 기여하고, 터널 전문 엔지니어로서 성장하기 위해 더욱 노력하고 열심히 달려가야 할 것입니다.

끝으로 변화속의 현재를 극복하고 발전적인 미래를 준비하기 위하여 지금 우리들에게 우리 모두의 공간이자 우리 모두의 바람이 이루어지는 지하터널이 만들어져 모두가 함께 즐겁게 일할 수 있으며, 모두가 같이 세상에 기여할 수 있는 행복한 멋진 미래를 그려봅니다. 또한 지하터널을 안전하게 굴착하고, 지하공간을 멋지게 만들고, 지하세계를 아름답게 구현함에 있어 전문 기술로 완전 무장하고 적극적으로 해결하며, 열심히 활동할 수 있는 우리 모두의 스마트 공간, 디지털 공간, 새로운 신공간으로서의 지하터널을 만들어가야 합니다.

끝으로 지하터널의 시대에 있어 우리 터널 엔지니어들이 해야 할 일들을 크게 3가지로 정리해 보았습니다.

첫째 '변화(Changing)' 입니다.

세상이 급격하게 변하고 있습니다. 이제 우리 터널 엔지니어도 변해야만 합니다. 기존의 틀과 기존의 관행 그리고 기존의 시스템을 유지하는 것이 편하고 쉬울 수 있습니다. 하지만 지하 터널에 대한 기술적 변화니즈가 점점 더 증가함에 우리 터널 엔지니어들도 새로운 기술에 대한 철저한 노력과 준비를 통하여 근본적으로 변화하여야 합니다.

둘째 '도전(Challenging)' 입니다.

터널 기술이 엄청나게 변하고 있습니다. 이제 우리 터널 엔지니어도 새로운 터널 기술을 받아들이고 도전해야만 합니다. 경제성과 시공성 중심의 틀에서 안전성과 민원성을 중심으로 변화하고 있는 지금, 이에 대한 솔루션을 제공할 수 있도록 철저한 검토와 연구를 통하여 적극적으로 도전하여야 합니다.

셋째 '협동(Cooperating)' 입니다.

우리는 다같이 함께 가야 합니다. 이제 혼자만의, 단일분야만의 터널 기술은 의미없는 기술이며, 존재할 수 없는 융합의 세상입니다. 지하터널의 시대가 오고 있는 지금 시대 지질, 지반, 암반, 기계, 전자, 건축 등의 모든 분야의 전문엔지니어들이 서로 협력하여 공동의 목적을 달성하도록 협동해야 합니다.

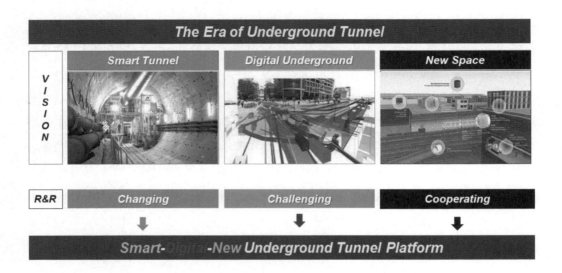

Tunnel Engineer's Oath
터널 엔지니어 선서

터널 엔지니어에 대한 숭고한 애정과 무한한 믿음 그리고 절대적 자부심을 담아 터널 엔지니어의 선서와 선서문을 만들어 보았습니다.

우리 터널 엔지니어는 공학의 신과 터널 기술, 그리고 선배기술자들의 이름을 걸고
나의 능력과 판단으로 다음을 서약하노라.

• 우리 터널 엔지니어는 이 선서를 지킬 것이니, 터널 기술을 가르쳐준 자를 스승으로 생각하고, 모든 것을 터널기술자와 나누겠으며, 필요하다면 서로의 일을 덜어줄 것이다. 동등한 지위에 있을 후배 기술자들을 동지처럼 여기겠으며 그들이 원한다면 조건이나 보수없이 교훈이나 강의 등 다른 모든 교육방법을 써서 터널 기술을 나눌 것이다.

- 우리 터널 엔지니어는 터널 지식을 후배 기술자와 동료들에게, 그리고 공학의 원칙에 따라 터널 기술자들에게 전할 것이다. 그리고 터널 기술을 사랑하는 그 누구와도 이 지식을 함께 공유할 것이다.

- 우리 터널 엔지니어는 능력과 판단에 따라 사회의 이익이라 간주하는 공학의 법칙을 지킬 것이 며, 인류와 사회에 해를 주는 어떠한 것들도 멀리할 것이다.

- 우리 터널 엔지니어는 어떤 요청을 받는다 하더라도 불합리한 결론을 그 누구에게도 주지 않을 것이며, 이해관계를 가진 모든 분들에게도 그러할 것이다.

- 우리 터널 엔지니어는 부당한 일은 하지 않을 것이며, 터널 기술을 행하는 전문가에 의해서 이 루어지게 할 것이다. 어떠한 업무를 맡는다 할지라도 사회의 공익을 위해 노력하고 어떠한 해악 이나 부패스러운 행위를 멀리할 것이며, 모든 유혹을 멀리할 것이다. 전문적인 업무와 관련된 것이든 혹은 관련이 없는 것이든 객관적인 관점에서 공정성을 유지할 것이다.

- 우리 터널 엔지니어는 터널 기술에 관한 모든 것에 신의를 지켜야 한다고 생각하기에, 결코 불 의와 타협하지 않겠노라. 본 선서를 준수한다면 그 어떤 때라도 모든 이에게 존경을 받으며, 즐겁게 기술을 펼칠 것이요 인생을 즐길 수 있을 것이다. 또한 본 선서의 길을 지키기 위하여 부단히 노력하고 정진할 것이다.

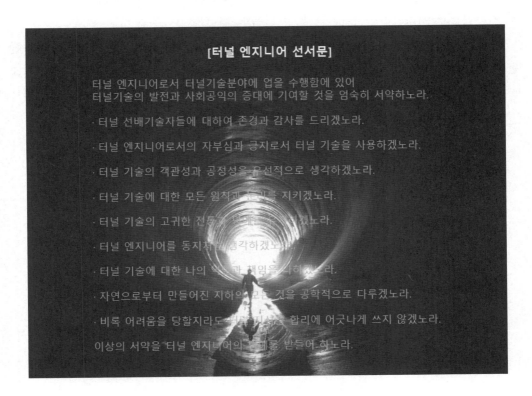

[터널 엔지니어 선서문]

터널 엔지니어로서 터널기술분야에 업을 수행함에 있어
터널기술의 발전과 사회공익의 증대에 기여할 것을 엄숙히 서약하노라.

· 터널 선배기술자들에 대하여 존경과 감사를 드리겠노라.
· 터널 엔지니어로서의 자부심과 긍지로서 터널 기술을 사용하겠노라.
· 터널 기술의 객관성과 공정성을 우선적으로 생각하겠노라.
· 터널 기술에 대한 모든 원칙과 신의를 지키겠노라.
· 터널 기술의 고귀한 전통 □□□□□□□□겠노라.
· 터널 엔지니어를 동지처럼 생각하겠노라.
· 터널 기술에 대한 나의 □□과 책임을 다하□□□.
· 자연으로부터 만들어진 지하의 모든 것을 공학적으로 다루겠노라.
· 비록 어려움을 당할지라도 □□지식을 합리에 어긋나게 쓰지 않겠노라.

이상의 서약을 터널 엔지니어의 □□로 받들어 하노라.

Dream is Come True

위대한 지하터널의 시대를 꿈꾸며

어느 날 문득 돌아보니 암반을 전공하고 터널을 업으로 살아온지 30년이 지났습니다. 그동안 많은 선배님들로부터 훌륭한 가르침을 받고, 터널 현장에서 실제적인 경험을 얻었고, 다양한 기술자들을 만나 고민하면서 소중한 기술적 토대를 만들어 왔습니다.

그리고 요즈음 지하터널의 시대가 오고 있음을 실감하게 되고, 이러한 지하터널의 시대에 있어 우리 터널기술자들의 역할과 책임이 더욱 막중해짐을 느끼게 됩니다. 또한 내가 배운 기술로서 우리 사회에 기여할 수 있고, 터널 기술로서 새로운 지하공간을 창출할 수 있음에 감사드립니다.

30년 전 존경하는 선배기술자들께서 터널과 지하공간이 우리사회의 핵심이 될 것임을 강조하던 기억이 새롭습니다. 모든 터널기술자들의 지난 30년의 노력과 성과가 모여서 지하터널이 핵심이슈가 되고 중심이 되는 시대가 왔습니다. 이제부터는 우리가 더 노력하고 더 정진해야 할 때라 생각합니다. 우리 터널기술자들이 변화를 수용하고 도전적인 자세로 함께 협력한다면 우리 터널기술자들이 진정으로 꿈꾸는 스마트하고 디지털한 새로운 지하터널과 지하공간을 만들어 갈 수 있음을 믿어봅니다.

지금 이 순간 "터널 엔지니어의 선서문"을 천천히 읽으면서, 30년 전 열정으로 가득했던 엔지니어의 초심을 되새기면서, 우리 터널 분야의 자리매김과 위대한 지하터널의 시대를 만들어 갈 것임을 다짐해봅니다. 모두들 다시 한번 파이팅하길 당부 드리면서… 꿈은 반드시 이루어집니다. "Dream is Come True"

제2장

더 좋은
우리 모두의 U-Space

Make the Better Our Underground Space

더 좋은
우리 모두의 U-Space

What is U-Space?

U-Space란?

　　　　우리들에게 지하(地下, Underground)라는 단어는 도전이 대상이 자 연구의 대상인 가슴 벅찬 단어입니다. 지금까지 우리는 오랫동안 지하공간의 필요성과 개발에 대하여 공부하고, 얘기하고, 주장하여 왔습니다. 이러한 우리들의 지속적인 노력의 결과로 이제 드디어 지하공간의 시대가 다가오고 있으며, 지하공간은 점차적으로 미래의 핵심공간으로 자리하고 있습니다. 이는 도심지 교통인프라개발사업이 계획됨에 따라 지하공간을 이용하는 것이 필연적인 과정으로 인식되고 있으며, 현재 대부분의 주요프로젝트가 지하공간을 이용한 지하터널로 계획되거나 시공되고 있습니다. 즉 이제는 지하공간은 우리들의 개발 공간, 미래 공간 그리고 삶의 공간으로서 자리 잡고 있습니다.

　　이러한 '지하'를 보다 미래지향적인 공간개념으로 변화시키는 의미에서 키워드를 만들어보았습니다. 'U-Space Underground Space'는 지하공간으로 우리들에게 안전한 삶의 공간을 제공하고, 아름다운 미래공간을 만들어 줄 수 있는 터널과 지하구조물의 지속가능한 꿈의 공간이라고 정의하겠습니다.

　　우리들에게는 다양한 공간이 있습니다. 삶의 주요 터전인 지상공간, 바닷 속의 해양공간 그리고 머나먼 우주공간 등이 있습니다. 이러한 공간은 우리 삶을 지속하고 발전시키는 주요한 공간으로서 각자의 공간에 대한 다양한 개발노력들이 계속되고 있습니다. 그리고 또 다른 제4의 공간으로서 지하공간이 있습니다.

지하공간은 합목적적 이용이 가능한 범위 내에서 지표면의 하부에 자연적 또는 인위적으로 조성된 일정규모의 공간자원을 말합니다. U-Space가 우리들의 가야 할 중요한 미래공간이라고 한다면 U-Space를 보다 안전하고 보다 쾌적하고 보다 완전하게 만들 수 있도록 기술자들의 기술적인 노력을 모아져야 한다는 진정한 엔지니어의 바람을 바탕으로, 우리들이 만들어야 가야 할 궁극적인 미래공간으로 생각한 것이 바로 U-Space입니다.

대심도화의 U-Space: The Deeper

세상은 빠르게 변화하고 있습니다. 또한 지하공사도 더욱 빠르게 변화하여 대심도화되고 있습니다. 이제는 도심지에서 대심도의 [U-Space]가 구축되고 있는 것입니다. 대심도의 [U-Space]는 많은 장점이 있습니다. 먼저 지하심부로 갈수록 암반상태가 양호해지지 때문에 굴착 시의 안전이 보다 증가한다는 점입니다.

또한 지하인프라프로젝트는 대형화되고, 다양한 첨단기술과 스마트 기술이 접목되고 융합되고 있으며, 여러 가지 기술적 문제를 해결하고자 하는 엄청난 규모의 노력과 관심이 계속되고 있습니다. 특히 암반공학의 경우에는 이러한 다양한 기술을 바탕으로 지반의 불확실성을 해결해야 하는 기술적 숙제를 가지고 있기 때문에, 보다 적극적으로 대응하고자 하는 유기적인 전문조직 확보에 대한 고민이 지속적으로 이루어져야 하며 그 중심에 우리 학회가 자리매김하기를 바랍니다.

대형화의 U-Space: The Larger

세상은 점점 복합하고 다양해지고 있습니다. 따라서 지하프로젝트도 더욱 대형화하고 복잡하게 진화하고 있습니다. 이제는 도심지 지하개발에서 엄청난 규모의 대형 대공간의 메가 [U-Space]가 구축되고 있는 것입니다. 대형화의 [U-Space]는 복잡하고 다양한 공간을 구축하게 됨으로서 지하공간 내에 교통공간, 소통공간, 건축공간, 환경공간 등을 만들 수 있고, 단순한 목적의 공간이 아니라 다양한 목적을 한꺼번에 실현할 수 있는 복합공간으로서의 기능을 가질 수 있다는 것입니다.

따라서 대형화하는 'U-Space'의 구축을 위해서는 관련 모든 분야의 기술자, 전문가 그리고 연구자들이 함께하고, 분야 간의 문턱을 넘어서고, 서로 다른 생각들을 조율하고 함께 고민함으로써 최고의 목적을 위해 같이 나아가는 것입니다.

더 좋은 U-Space: The Better

대심도 대형 지하프로젝트 관련 민원이슈에 대한 기술적 대응은 이제 우리 기술자의 현실이자 해결해야 할 숙제이기도 합니다. 이럴 때 일수록 우리 모두가 힘을 모으는 지혜가 요구되는 시대입니다. 특히나 도심지 대심도 지하는 중요 프로젝트에서의 암반 기술자의 역할이 정말 중요하다는 사실을 보여주고 있습니다. 이러한 문제점을 극복하는 유일한 방법은 준비하고 배우고 공부하는 수밖에 없다고 생각합니다. 각자의 분야에서 전문가를 중심으로 힘을 모아야 합니다. 학계의 리딩, 산업계의 노력 그리고 관의 적극적인 지원, 산학관의 합심이 가장 필요한 때가 아닐까 합니다. 지금까지의 우리만의 시스템을 분석하여 우리만의 관행을 과감히 개선하고, 제4차 산업혁명시대의 새로운 패러다임에 대응하는 적극적인 자세가 요구되는 시간입니다.

우리 암반기술자들의 열정과 노력만큼은 그 누구보다도 우수하다는 것은 확실합니다. 아마도 그러한 우리의 자산이 미래시장에서 자리매김하는 중요한 토대가 될 것입니다. 어려운 시대에 우리가 모두가 어려움을 극복하고 우리 분야의 발전과 변화를 생각하며, 그동안의 엔지니어링의 경험을 통하여 나름대로 정리한 'U-Space'로서 갖추어야 할 세 가지를 생각해 보았습니다.

첫째 'U-Space는 초(超)공간(Hyper Space)' 입니다.

가장 중요한 사항입니다. [U-Space]가 만들어지고 운영되기 위해서는 기존의 공간개념을 초월한 초공간이 실현되어야 합니다. 지하공간이 대심도화함에 따라 지하공간의 안전성 및 고성능 기능을 더욱 확보할 수 있도록 해야 할 것입니다. [U-Space]이야말로 기후변화 및 외부 환경변화에 가장 안전한 초(超)공간이라 할 수 있습니다.

둘째 'U-Space는 高(고)공간(Hi-Tech Smart Space)' 입니다.

가장 핵심적인 내용입니다. [U-Space]의 계획과 설계 및 시공 그리고 운영까지 모든 스마트 기술과 하이테크기술이 적용되고 활용될 수 있습니다. [U-Space]가 우리들의 미래공간으로 자리하기 위해서는 첨단 스마트 건설기술과 운용기술이 반드시 응용되어야 할 것입니다.

셋째 'U-Space는 合(합)공간(Hybrid Space)' 입니다.

가장 필수적인 요소입니다. 대심도 지하공간의 핵심은 바로 모든 공간의 통합성에 있습니다. 기존 지하인프라와의 연결, 지상공간과의 연계성을 확보하는 것이 필요합니다. [U-Space]는 지상과 지하가 하나로 통합되는 기능과 지하의 모든 축이 연결되는 확실한 미래공간으로 만들어질 수 있습니다.

U-Space for all of us
우리 모두의 U-Space를 위하여

지금까지 우리 모두의 [U-Space]에 대하여 야기를 해봤습니다. 엔지니어로서 살아오면서 느껴온 것들에 대한 바람들이 모아져서 이런 거창한 생각까지 하게 되었습니다. 운명적인 선택과 그 속에서의 고민들 그리고 성장하고 발전하는 과정을 거쳐 우리 일을 이해하고 우리 업에 대한 애정을 가지게 되어 큰 꿈을 그려보았습니다. 비록 멋지고 화려하진 않지만, 정말 가치 있고 멋진 길이었음을 느끼게 되면서, 원대한 목표를 향하여 열심히 논의하고, 꾸준히 일하는 과정을 통하여 진정한 엔지니어로서 의미를 가지게 되며, 또한 기술경쟁력 있는 엔지니어로서 가치를 가지게 된다고 생각합니다.

세상은 분명 변하고 있습니다. 우리 분야도 분명 변해야 하고 변하는 세상에 적극적으로 대응해야만 합니다. 지하터널 분야는 상대적으로 환경과 안전 분야에 취약성을 노출하게 됨에 따라 이에 대한 대책이 없으면 생존할 수 없는 시대가 다가오고 있습니다. 이러한 대책의 일환이 바로 기술전문가 집단의 통합을 통한 혁신이라는 생각을 가져봅니다. 최종적으로는 하나의 목표를 향해 나아갈 수 있도록 하는 추진체와 같은 것이 반드시 요구되는 때이기 때문입니다. 그 중심에 우리 학회가 있으며, 그 핵심에 우리 기술자들이 자리해야 하는 것이라 생각합니다.

오늘 우리 모두가 꿈꾸고 고민하는 것들은 우리 업의 발전을 위해 보다 나은 것을 만들기 위한 노력이며, 변화에 대한 갈망의 결과라 할 수 있습니다. 아직 극복해야 할 문제가 쌓여 있고, 해야 할 일이 많지만 터널기술의 발전에 기여하고, 터널 전문 엔지니어로서 성장하기 위해 더욱 노력하고 열심히 달려가야 할 것입니다.

끝으로 변화 속의 현재를 극복하고 발전적인 미래를 준비하기 위하여 지금 우리들에게 우리 모두의 공간이자 우리 모두의 바람이 이루어지는 [U-Space]가 만들어져 모두가 함께 즐겁게 일할 수 있으며, 모두가 같이 세상에 기여할 수 있는 행복한 멋진 미래를 그려 봅니다. 또한 [U-Space]를 안전하게 굴착하고, [U-Space]를 멋지게 만들고, 지하세계를 아름답게 구현함에 있어 전문 기술로 완전 무장하고 적극적으로 해결하며, 열심히 활동할 수 있는 우리 모두의 더 안전하고 스마트한 미래통합 超(초)공간으로서 [U-Space]을 만들어가야 합니다.

기술과 사람이 만드는 U-Space

U-Space made by Technology and Human
기술과 사람이 만드는 U-Space

무엇을 할 것인가?

작금의 세월이 너무 복잡하고 너무 급격히 변화하고 너무 빨리 지나가는 듯합니다. 누군가가 그랬듯이 나이가 들수록 세월이 참 빠르게 느껴진다고 했지만 요즘처럼 시간이 화살처럼 빠르게 지나가는 적이 없다고 생각됩니다. 잠시 돌이켜보면 1983년 대학을 입학하고 1987년 암반을 전공으로 선택하고 1993년 지반 엔지니어를 직업으로 선택하면서 우리 업으로 밥 먹고 산 지가 28년이 지났고, 우리학회와 인연을 맺은 지도 30여년이 훌쩍 지나버린 지금입니다. 어느덧 지나온 세월만큼이나 주변의 환경도 변했고, 주변 사람들이 많이 경륜이 쌓여 조직의 장도 맡고, 전문가로 자리 잡게 되었으며, 저 또한 운 좋게도 많은 분들의 도움으로 우리학회의 부회장이라는 직함을 얻게 되었습니다. 따라서 우리 분야에 종사하는 많은 엔지니어와 회원들에게 의미 있는 말씀을 나누고자 이 글을 시작하고자 합니다.

변화와 변혁의 시대입니다. 코로나-19와 같은 전혀 예상치 못한 팬데믹 시대를 살고 있는 지금, 건설의 패러다임이 바뀌고 건설 분야에서 토목의 중심축이 무너지고 있는 지금, 우리 지반 엔지니어들은 무엇을 해야 하는지 참으로 고민이 되지 않을 수 없습니다.

특히나 업에 있는 저로서는 현업과 현장의 회피, 엔지니어링의 도외시, 우리 업에 대한 자존감 상실 등의 현실적인 문제로부터 어떠한 돌파구나 대책을 생각하고 논의하고 구체화하고자 하는 노력이 가장 시급한 때라고 생각합니다.

"**무엇을 할 것인가?**(What is to be done)" 오늘 우리에게 그리고 저에게 던져본 명제입니다. 지금 우리가 누리고 있는 많은 결실들을 바탕으로 우리 분야의 오피니언 리더들이, 우리 분야의 훌륭한 선생님들이, 우리 분야의 존경받는 선배 기술자들이 중심이 되어서, 지반을 사랑하고 지반공학에 열정을 가지고 우리학회에 애착을 가진 우리 후배기술자들에게 우리 학회 회원들에게 우리 분야에 관심을 가진 모든 분들에게 비전과 희망을 제시하도록 하는 것을 목적으로, 우리 지반공학 분야가 앞으로 무엇을 할 것인지에 대한 생각들을 3가지 꼭지로 풀어보고자 합니다.

첫째 꼭지 ‖ 기술 Geo-Tech ‖

지금은 스마트 디지털 시대입니다. 주변을 둘러보면 정말 빠르게 변하고 발전하는 전기, 전자, 기계 분야를 볼 수 있고 체험할 수 있습니다. 이러한 스마트 디지털 기술들이 시대를 선도하고 미래를 만들어 가고 있습니다.

우리 지반공학 분야는 지하 또는 지중에 내재된 불확실성(uncertainty)을 다루기 때문에 상대적으로 경험에 의존하고 현장에 지향적인 공학이라고 할 수 있습니다. 하지만 이러한 특징들이 많은 학생들과 후배들이 우리 분야를 회피하는 주된 이유가 되기도 하기 때문에 근본적인 변화를 필요하다는 생각입니다. 이러한 관점에서 이제 우리 지반 분야도 빠르게 변화해야 할 것입니다. 지반기술이 추구해야 할 세 가지 키워드를 만들어 보았습니다.

디지털 지오텍(Digital Geo-Tech)

첫째는 '지반 정량적으로 분석하고 숫자로 표현하는 디지털 지오텍'입니다. 가장 중요한 사항입니다. 지반에 대한 다양한 현상과 특성을 보다 정량화된 분석기법을 통하여 누구나 쉽게 이해할 수 있도록 숫자로 나타내도록 하는 것이 중요합니다. 이제 정성적이고 주관적인 분석이나 평가는 지양하고 정량적인 객관화된 평가를 해야 할 것입니다.

스마트 지오텍(Smart Geo-Tech)

둘째는 '첨단기술과 기법 활용하는 스마트 지오텍'입니다. 제4차 산업혁명의 시대에 있어 수많은 첨단기술들이 개발되고 활용되고 있습니다. 가장 핵심적인 사항입니다. 현장을 베이스로 하는 우리 분야에서 현장에서의 데이터 획득과 처리 그리고 분석에서 로봇, 드론, BIM 등의 다양한 첨단 기술 등을 과감히 도입하고 활용하도록 해야 할 것입니다.

통합 지오텍(Integrated Geo-Tech)

셋째는 '프로젝트 관리를 추구하는 통합 지오텍'입니다. 지반공학은 프로젝트 전체 분야의 하나의 구성분야라는 인식을 벗어나서 주요 지반 프로젝트인 경우 프로젝트 관리(project management)을 주관할 수 있는 통합관리 기술자로서 역할을 적극적으로 수행하도록 해야 합니다. 이를 위해서는 지반공학적 접근방식과 공학적 사고체계로부터 프로젝트를 통합적으로 관리되도록 해야 할 것입니다.

둘째 꼭지 ‖ 사람   Geo-Engineer ‖

지금은 엔지니어가 중심인 시대입니다. 시간이 변화고 세월이 흘러가도 그 중심에는 전문 엔지니어가 있습니다. 복잡하고 거대화되고 있는 건설패러다임 시대에서 가장 중요하고 핵심적인 것이야말로 이를 계획하고 문제를 해결하며 대책을 수립하는 전문엔지니어가 프로젝트를 성공시키고 세상을 만들어 가고 있습니다.

지반 엔지니어는 지반의 복잡성(complexity)을 취급하기 때문에 상대적으로 수많은 경험을 통하여 성장하고 발전할 수 있습니다. 다시 말하면 세월이 지날수록, 다양한 프로젝트를 경험할수록, 지반기술자의 역량과 실력은 확대된다고 생각합니다. 이러한 관점에서 이제 우리 지반 엔지니어도 더 신속하게 변신해야 할 것입니다. 지반 엔지니어가 추구해야 할 세 가지 키워드를 만들어 보았습니다.

첫째는 '지반 관련 전문지식과 경험을 겸비한 전문성(Special Geo-Engineer)'입니다.

가장 중요한 기본사항입니다. 지반에 대한 지식과 경험을 바탕으로, 지반중에 발생한 제반 현상을 이해하고, 이를 공학적으로 분석할 수 있어야 합니다. 지반 엔지니어만의 전문기술을 가져야 합니다. 이를 위해서는 항상 공부하고, 고민하고, 소통하는 엔지니어로서의 노력을 기울이도록 해야 할 것입니다.

둘째는 '도전과 혁신을 추구하는 혁신성(Challenging Geo-Engineer)' 입니다.

지반분야의 한계를 벗어나는 가장 핵심적인 사항입니다. 우리 분야의 폐쇄성을 탈피하여 중요 관련 분야에 있어 타 분야 전문가와 선진 시스템을 통한 도전과 혁신이 반드시 필요합니다. 이를 위해서는 변화를 수용하고 미래기술에 대한 이해가 수반되어야 하며, 다양한 선진 프로젝트를 경험할 기회를 적극적으로 만들어 가도록 해야 할 것입니다.

셋째는 '종합 엔지니어링능력을 갖춘 총체성(Total Geo-Engineer)' 입니다.

현재 글로벌 건설은 설계, 시공 및 감리분야에 대한 영역이 허물어지고 있습니다. 이제 한 분야에 대한 제한적인 경험과 지식만으로는 메가 프로젝트 리딩할 수 없습니다. 이제 설계 및 시공 그리고 감리분야에 대한 다양한 기술적 경험과 노하우가 요구되는 토탈 엔지니어 시대입니다. 이를 위해서는 공동으로 일을 수행하고 서로 협력하는 통합적 마인드를 바탕으로, 기술적 한계성을 극복하여 힘을 모아 만들어가야 할 것입니다.

셋째 꼭지 ‖ 더 나은 세상 Geo-Space ‖

지반 엔지니어가 가장 보람을 느끼는 순간은 프로젝트가 잘 완성되고 멋진 구조물이 만들어지고, 이를 통해 보다 나은 발전하는 세상을 보는 것입니다. 비록 힘들고 어려운 순간들이나 과정이 있었음에 불구하고, 지반 엔지니어로 이를 고민하고 해결하는 것이야말로 엔지니어로서의 사회적 책임과 역할을 다하는 것일 거라 생각합니다.

지반 엔지니어는 추구하는 완벽한 세상을 G공간(Geo-Space)으로 표현해 보았습니다. G공간은 땅을 전공으로 하는 엔지니어가 만들고 창출해야 하는 가장 중요한 공간으로, 이는 안전하고 멋진 우리들의 공간이 되어야 하며, 궁극적으로 미래 세상의 공간으로 자리할 것입니다. 지반 엔지니어가 구축해야 할 G공간에 대한 세 가지 키워드를 만들어 보았습니다.

첫째는 '우리 다음세대가 더 잘 살 수 있는 미래 공간(Future Geo-Space)' 입니다.

G공간은 제4의 공간으로서 미래시대에 우리 인류에게 편안하게 살만한 가장 중요한 핵심공간입니다. 미래 G공간을 창출하기 위해서는 더 나은 미래 핵심기술이 어우러져 사람들이 살고 싶은 공간으로 만들어야 할 것입니다.

둘째는 '모든 선진 기술과 시스템들이 통합되는 융합 공간(Fusion Geo-Space)' 입니다.

G공간은 제4차 산업혁명시대에 요구되는 공간으로서 우리가 개발한 모든 혁신기술과 미래 시스템이 하나로 구현되는 통합공간입니다. 융합 G공간을 실현하기 위해서는 더 나은 융합 선진기술이 적용되고 활용되어 사람들이 살고 싶은 공간으로 만들어야 할 것입니다.

셋째는 '모든 사람들이 필요로 하는 필수 공간(Essential Our Geo-Space)' 입니다.

G공간은 경관이 아름다운 환경 친화적 지상공간과 함께 우리들의 삶을 영위하는 데 반드시 필요한 교통, 물류, 처리 등을 담당하는 필수 지하공간입니다. 필수 G공간을 구축 하기 위해서는 더 다양한 복합 처리기술이 개발되고 운영되어 사람들이 함께 살아가야 할 공간으로 만들어야 할 것입니다.

무엇을 꿈꿀 것인가?

지금까지 어려운 시대를 살아가는 우리들에게 희망과 비전을 가질 수 있는 세 꼭지를 중심으로 이야기를 해봤습니다. 첫째가 우리가 만들어 가야 할 지반기술(Geo-Tech), 둘째가 우리가 앞으로 되어야 지반 엔지니어(Geo-engineer), 셋째가 지반기술과 지반 엔지니어가 실현할 G공간(Geo-Space)입니다. 이를 하나로 묶어서 표현해 보면 [기술과 사람이 만드는 더 나은 G-Space]입니다.

지난 30여 년 동안 지반 엔지니어로서 살아오면서 느껴온 것들이 많고, 느낀 것들이 많은 만큼 우리 업에 대한 애정과 바람들이 모아져서 이러한 생각까지 하게 되었습니다. 지반공학을 선택한 모든 분들에게는 아마도 나름의 사정과 사연이 있을 것으로 생각됩니다만, 각자의 선택과 그 속에서의 고민들 그리고 성장하고 발전하는 과정을 거쳐 우리 일을 이해하고 우리 업에 대한 애정을 가지게 되었을 것으로 믿습니다.

우리 업이야말로 우리들에게 있어 가장 소중하고 가장 중요한 과정이나 결실이었음을 다시 한번 생각하게 됩니다. 비록 멋지고 화려하진 않지만, 정말 가치롭고 멋진 길이었음을 느끼게 되면서, 원대한 목표를 향하여 열심히 논의하고, 꾸준히 일하는 과정을 통하여 진정한 엔지니어로서 의미를 가지게 되며, 또한 기술경쟁력 있는 엔지니어로서 가치를 가지게 된다고 생각합니다.

세상은 분명 변하고 있습니다. 오늘 우리 모두가 꿈꾸고 고민하는 것들은 우리 업의 발전을 위해 보다 나은 것을 만들기 위한 노력이며, 변화에 대한 갈망의 결과라 할 수 있습니다. 아직 극복해야 할 문제가 쌓여 있고, 해야 할 일이 많지만 지반기술의 발전에 기여하고, 지반 전문 엔지니어로서 성장하기 위해 더욱 노력하고 열심히 달려가야 할 것입니다.

끝으로 변화 속의 현재를 극복하고 발전적인 미래를 준비하기 위하여 지금 우리들에게 우리 모두가 한 팀이 되는 진정한 지반 엔지니어들이 많이 만들어져 모두가 함께 즐겁게 일할 수 있으며, 모두가 같이 세상에 기여할 수 있는 행복한 멋진 미래를 그려봅니다. 또한 지반기술(Geo-Tech)을 바탕으로 지반을 안전하게 굴착하고, 지반 엔지니어(Geo-engineer)를 중심으로 멋진 지반구조물을 만들고, 궁극적으로 우리 모두가 더 잘 살 수 있는 G공간(Geo-Space) 꿈꿔봅니다.

- **G벤져스(Gvengers)**
  지반 전문기술을 통하여 땅에 대한 모든 문제를 해결하고 궁극적으로 세상을 이롭게 하고 구하는 지반 엔지니어들의 총합체
- **G공간(Gspace)**
  G벤져스가 지반 전문기술을 통하여 더 나은 세상을 위해 구축하고자 하는 미래 최고의 지하공간

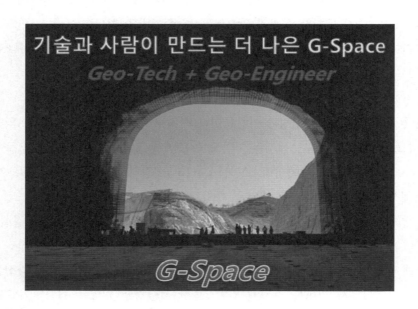

제4장

대심도의 안전한 G공간

> # The Deeper We Go, The Safer We Have
> # 대심도의 안전한 G공간

G공간이란?

　　최근 들어 대심도(大深度, Deep), 지하(地下, Underground)라는 단어가 정말 핫합니다. 지하는 땅밑의 공간을 의미하는 것으로 지상과 대별되는 개념입니다. 지금까지 '지하'라는 단어는 왠지 음의 기운이 느껴지는 어둡고 불안한 공간이라는 이미지가 매우 강한 것이 사실이었습니다. 하지만 지하공간은 점차적으로 미래의 핵심공간으로 자리하고 있습니다. 이는 도심지 교통인프라개발사업이 계획됨에 따라 지하공간을 이용하는 것이 필연적인 과정으로 인식되고 있으며, 현재의 대부분의 주요사업이 지하공간을 이용한 터널로 계획되거나 시공되고 있습니다. 즉 이제는 지하공간은 우리들의 개발 공간, 미래 공간 그리고 삶의 공간으로서 자리잡고 있습니다.

　　이러한 '지하'를 보다 미래지향적인 공간개념으로 변화시키면서 우리 터널기술자들에게 무엇을 이야기해줄까 고민하면서 키워드를 생각해보았습니다. 이름하여 'G공간(Gspace)', 즉 "G공간은 지하공간으로 우리들에게 안전한 삶의 공간을 제공하고, 아름다운 미래공간을 만들어 줄 수 있는 터널과 지하구조물의 지속가능한 꿈의 공간"이라고 정의하겠습니다.

　　우리들에게는 다양한 공간이 있습니다. 삶의 주요 터전인 지상공간, 바닷속의 해양공간 그리고 머나먼 우주공간 등이 있습니다. 이러한 공간은 우리 삶을 지속하고 발전시키는 주요한 공간으로서 각자의 공간에 대한 다양한 개발노력들이 계속되고 있습니다. 그리고 또 다른 제4의 공간으로서 지하공간이 있습니다.

[지하공간]은 합목적적 이용이 가능한 범위내에서 지표면의 하부에 자연적 또는 인위적으로 조성된 일정규모의 공간자원을 말합니다. G공간이 우리들의 가야 할 중요한 미래공간이라고 한다면 G공간을 보다 안전하고 보다 쾌적하고 보다 완전하게 만들 수 있도록 터널기술자들의 기술적인 노력을 모아져야 한다는 진정한 엔지니어의 바람을 바탕으로, 우리들이 만들어야 가야 할 궁극적인 미래공간으로 생각한 것이 바로 [G공간]입니다.

대심도화의 G공간: The Deeper we go

현재 도시지 지하개발에서 핵심 이슈는 대심도 지하개발(Deep Underground Development)입니다. 일반적으로 지하 40m 이하를 대심도라 정의하고 있으며, 수도권 급행철도사업(GTX), 신안산선 민간투자사업, 인덕원–동탄 및 월곶–판교 철도사업 등 대부분의 지하프로젝트가 대심도 터널로 계획되고 있습니다.

해외의 런던, 싱가포르, 홍콩 등과 같은 메가시티의 경우 오래전부터 도심지 지하개발(Urban Underground Ddevelopment)에 대한 정책과 제도를 입안하고 관련 계획을 수립하여 실천함을 볼 수 있습니다. 영국의 Deep Think UK, 싱가포르의 Next's Frontier 로서의 Underground Master Plan과 Digital Underground, 홍콩의 Pilot study of Underground Space Development, 헬싱키의 Underground Master Plan(UMP) 등이 대표적인 사례라 할 수 있습니다.

세상은 빠르게 변화하고 있습니다. 또한 지하터널공사도 더욱 빠르게 변화하여 대심도화되고 있습니다. 이제는 도심지에서 대심도의 G공간이 구축되고 있는 것입니다. 대심도의 G공간은 많은 장점이 있습니다. 먼저 지하심부로 갈수록 암반상태가 양호해지지 때문에 터널굴착시의 안전이 보다 증가한다는 점입니다.

또한 지하인프라프로젝트는 대형화되고, 다양한 첨단기술과 Smart 기술이 접목되고 융합되고 있으며, 여러 가지 기술적 문제를 해결하고자 하는 엄청난 규모의 노력과 관심이 계속되고 있습니다. 특히 터널공학의 경우에는 이러한 다양한 기술을 바탕으로 지반의 불확실성을 해결해야 하는 기술적 숙제를 가지고 있기 때문에, 보다 적극적으로 대응하고자 하는 유기적인 전문조직 확보에 대한 고민이 지속적으로 이루어져야 하며 그 중심에 우리학회가 자리매김하기를 바랍니다.

따라서 대심도화하는 'G공간'의 구축을 위해서는 터널 관련 모든 분야의 기술자, 전문가 그리고 연구자들이 함께하고, 분야 간의 문턱을 넘어서고, 서로 다른 생각들을 조율하고 함께 고민함으로써 최고의 목적을 위해 같이 나아가는 것입니다.

더 안전한 G공간: The Safer we have

현재 대심도 터널 및 지하공간개발에서 또 하나의 핵심이슈는 안전(Safety)입니다. 지하로 내려갈수록 안전상의 우려가 더욱 증가하는 것이 현실이며, 특히 터널공사와 관련된 안전 및 환경문제에 대한 민원이 더욱 커지고 있습니다. 이러한 도심지 터널공사에서의 안전 및 환경 관련 민원은 당연한 것이라 할 수 있지만 이에 대한 보다 객관적이고 구체적인 기술적 노력이 요구되는 시점입니다.

해외의 경우에도 도심지 터널공사에 따른 안전성 영향(safety impact) 및 환경성 영향(environment impact)에 따라 다양한 형태의 민원이 발생하는 것이 사실입니다. 따라서 이러한 민원과 갈등에 대처하기 위한 다양한 시스템으로서 발주자, 시공자 및 주민이 참여하는 보다 정량적이고 객관적인 자료를 기반으로 하는 열린 소통(explicit communication) 체계와 서로 소통하고 공감하도록 하는 인터액티브(interactive)시스템을 운영하고 있음을 볼 수 있습니다.

지하인프라사업 관련 민원이슈에 대한 기술적 대응은 이제 우리 터널기술자의 현실이자 해결해야 할 숙제이기도 합니다. 이럴 때일수록 우리 모두가 힘을 모으는 지혜가 요구됩니다. 특히나 도심지 대심도 지하는 중요 프로젝트에서의 터널기술자의 역할이 정말 중요하다는 사실을 보여주고 있습니다. 이러한 문제점을 극복하려면 준비하고 배우고 공부하는 수밖에 없다고 생각합니다. 각자의 분야에서 전문가를 중심으로 힘을 모아야 합니다. 학계의 리딩, 산업계의 노력 그리고 관의 적극적인 지원, 산학관의 합심이 가장 필요한 때가 아닐까 합니다. 지금까지의 우리만의 시스템을 분석하여 우리만의 관행을 과감히 개선하고, 제4차 산업혁명시대의 새로운 패러다임에 대응하는 적극적인 자세가 요구되는 시간입니다.

우리 터널기술자들의 열정과 노력만큼은 그 누구보다도 우수하다는 것은 확실합니다. 아마도 그러한 우리의 자산이 미래시장에서 자리매김하는 중요한 토대가 될 것입니다. 어려운 시대에 우리가 모두가 어려움을 극복하고 우리 분야의 발전과 변화를 생각하며, 그동안의 엔지니어링의 경험을 통하여 나름대로 정리한 'G공간'으로서 갖추어야 할 세 가지를 생각해 보았습니다.

첫째 'G공간은 안전한 공간(Safe Space)' 입니다.

가장 중요한 사항입니다. G공간이 만들어지고 운영되기 위해서는 안전이 가장 우선입니다. 터널이 대심도화함에 따라 터널의 안전성 및 지하공간의 안전성을 더욱 확보할 수 있도록 해야 할 것입니다. G공간이야말로 기후변화 및 외부 환경변화에 가장 안전한 공간이라 할 수 있습니다.

둘째 'G공간은 스마트 공간(Smart Space)' 입니다.

가장 필요한 사항입니다. G공간의 계획과 설계 및 시공 그리고 운영까지 모든 스마트 기술이 적용되고 활용될 수 있습니다. G공간이 우리들의 미래공간으로 자리하기 위해서는 첨단 스마트 건설기술과 운용기술의 반드시 응용되어야 할 것입니다.

셋째 'G공간은 통합 공간(Integrated Space)' 입니다.

가장 핵심적인 사항입니다. 대심도 지하공간의 핵심은 바로 모든 공간의 통합성에 있습니다. 기존 지하인프라와의 연결, 지상공간과의 연계성을 확보하는 것이 필요합니다. G공간은 지상과 지하가 하나로 통합되는 기능과 지하의 모든 축이 연결되는 확실한 미래 공간으로서 만들어질 수 있습니다.

미래 스마트 통합공간: G공간을 위하여

지금까지 우리들의 G공간에 대하여 이야기를 해봤습니다. 터널 엔지니어로서 살아오면서 느껴온 것들에 대한 바람들이 모아져서 이런 거창한 생각까지 하게 되었습니다. 운명적인 선택과 그 속에서의 고민들 그리고 성장하고 발전하는 과정을 거쳐 우리 일을 이해하고 우리 업에 대한 애정을 가지게 되어 큰 꿈을 그려보았습니다. 비록 멋지고 화려하진 않지만, 정말 가치롭고 멋진 길이었음을 느끼게 되면서, 원대한 목표를 향하여 열심히 논의하고, 꾸준히 일하는 과정을 통하여 진정한 엔지니어로서 의미를 가지게 되며, 또한 기술경쟁력 있는 엔지니어로서 가치를 가지게 된다고 생각합니다.

세상은 분명 변하고 있습니다. 우리 분야도 분명 변해야 하고 변하는 세상에 적극적으로 대응해야만 합니다. 지하터널 분야는 상대적으로 환경과 안전 분야에 취약성을 노출하게 됨에 따라 이에 대한 대책이 없으면 생존할 수 없는 시대가 다가오고 있습니다. 이러한 대책의 일환이 바로 기술전문가 집단의 통합을 통한 혁신이라는 생각을 가져봅니다. 최종적으로는 하나의 목표를 향해 나아갈 수 있도록 하는 추진체와 같은 것이 반드시 요구되는 때이기 때문입니다. 그 중심에 우리 학회가 있으며, 그 핵심에 우리 터널기술자들이 자리해야 하는 것이라 생각합니다.

오늘 우리 모두가 꿈꾸고 고민하는 것들은 우리 업의 발전을 위해 보다 나은 것을 만들기 위한 노력이며, 변화에 대한 갈망의 결과라 할 수 있습니다. 아직 극복해야 할 문제가 쌓여 있고, 해야 할 일이 많지만 터널기술의 발전에 기여하고, 터널 전문 엔지니어로서 성장하기 위해 더욱 노력하고 열심히 달려가야 할 것입니다.

끝으로 변화 속의 현재를 극복하고 발전적인 미래를 준비하기 위하여 지금 우리들에게 우리 모두의 공간이자 우리 모두의 바람이 이루어지는 'G공간'이 만들어져 모두가 함께 즐겁게 일할 수 있으며, 모두가 같이 세상에 기여할 수 있는 행복한 멋진 미래를 그려봅니다. 또한 지하터널을 안전하게 굴착하고, 지하공간을 멋지게 만들고, 지하세계를 아름답게 구현함에 있어 전문 기술로 완전 무장하고 적극적으로 해결하며, 열심히 활동할 수 있는 우리 모두의 더 안전하고 스마트한 통합공간으로서 'G공간'을 만들어가야 합니다.

제5장

G벤져스 그리고 터널맨

Gvengers and TunnelMan

G벤져스 그리고 터널맨

G벤져스를 꿈꾸며

　　　　땅(地, Geo, Earth)을 업으로 해서 살아온 지 많은 세월이 지났습니다. 운명적인 기회로 전공을 선택하고 공부를 하면서 가끔씩 후회하면서 지나온 시간도 있었지만 어느덧 우리 분야의 전문가로 성장하게 되었고, 돌이켜 보면 그 시간 그 세월들이 감사하게 느껴지게 되었으며, 우리 업에 대한 자긍심과 우리 일에 대한 소중함도 가지게 되었습니다. 얼마 전 우리학회에 투고했던 지난 20여 년간의 많은 원고(글)들을 정리하면서 우리 일에 사랑과 우리 업에 대한 열정을 다시 한번 확인할 수 있었습니다.

　　땅을 공부하고 땅을 아는 것은 참으로 어렵다는 생각이 듭니다. 자연재료로서의 불균질성과 흙과 돌 그리고 물과의 복합성 그리고 어떻게 변할지 알 수 없는 불확실성(uncertainty) 등으로 인하여 이를 공학적으로 파악하고 규명하는 일은 일정한 한계를 가질 수밖에 없음을 인식하면서, 배울수록 알아갈수록 더 어렵게 다가오는 것이 사실이며, 이러한 이유로 현장에서의 경험은 가장 중요한 공부임을 알게 되었습니다.

　　요즘 지하(Underground)라는 단어가 뜨겁습니다. 매스컴을 통하여 발표되는 대심도 지하개발사업들이 주목을 받고 있고, 이에 따라 땅(지하)에 대한 관심도 증가하고 있습니다. 아마도 지반기술자로서 그동안 어려웠던 시절을 뒤로하고 새로운 지하개발의 시대에서 핵심적인 역할을 할 수 있지 않을까 기대하면서 그리고 우리 지반기술자들에게 무엇을 얘기해줄까 고민하면서 키워드를 잡아보았습니다. 이름하여 'G벤져스(Gvengers)', 즉 "지반 관련 전문기술을 통하여 땅에 대한 모든 문제를 해결하고 궁극적으로 세상을 이롭게 하고 구하는 지반 엔지니어들의 총합체"라고 정의하겠습니다. 모두들 어벤져스(Avengers)라고 알고 있을 것입니다. 지구상의 최상의 히어로들의 연합체로서 각자가 가진 특수 기술을 이용하고 서로 힘을 합쳐 지구를 지키는 팀으로서 대표적인 히어로로서 캡틴 아메리카, 아이언맨, 토르, 헐크, 스파이더맨 등이 있으며, 수많은 히어로들이 각자의 능력을 발휘하고 협력하여 궁극적으로 지구를 구하는 모습이 인상적이었습니다. 이를 우리 지반 분야에 적용하여 생각한 것이 바로 'G벤져스'입니다.

G벤져스,
무엇이어야 하는가?

지반공학은 다양한 분야로 구성되어 있습니다. 흙을 다루는 토질 분야, 돌을 취급하는 암반 분야, 물을 상대하는 지하수 분야, 땅을 검토하는 지질 분야 등 각각의 분야가 있으며, 지반공학적 문제를 해결하기 위해서는 관련 분야의 엔지니어와 전문가들이 함께 모여 연구하고 검토하고 논의하는 과정이 필수적이라는 것입니다.

이러한 관점에서 우리 지반분야의 힘은 바로 협업과 협력의 과정에서 제대로 된 힘과 시너지가 발휘된다는 것이며, 이것이 'G벤져스'의 기본적인 축이라고 생각됩니다. 각자가 가진 전문성을 하나로 묶어내고, 하나의 문제를 해결하기 위하여 공동으로 협동하는 것이 바로 'G벤져스'의 틀이어야 한다는 것입니다.

또한 어벤져스가 악의 무리에 대항하여 싸울 수 있는 것은 다양한 히어로를 한 팀으로 만들어내고 리딩하는 쉴드(SHIELD)라는 조직이 있기에 가능하다는 점입니다. 이러한 의미에서 우리도 많은 지반 관련 전문가들을 모아서 서로 협력하고 공동의 노력을 하도록 해야 한다고 생각합니다. 전공과 분야를 초월하고 다양한 분야의 전문가들이 함께 하는 명실상부한 지반 분야의 최고의 리딩조직이 되어야 하지 않을까 합니다.

세상은 빠르게 변화하고 있습니다. 프로젝트는 대형화되고, 다양한 첨단기술이 접목되고 융합되고 있으며, 안전과 환경문제가 중요한 이슈화되어 이를 우선적으로 해결하고자 하는 엄청난 규모의 노력과 관심이 계속되고 있습니다. 특히 지반공학의 경우에는 이러한 다양한 기술을 바탕으로 지반의 불확실성을 해결해야 하는 기술적 숙제를 가지고 있기 때문에, 보다 적극적으로 대응하고자 하는 유기적인 전문조직 확보에 대한 고민이 지속적으로 이루어져야 하며 그 중심에 우리 엔지니어가 자리매김하기를 바랍니다.

따라서 궁극적으로 바라는 G벤져스의 모습은 지반 관련 모든 분야의 기술자, 전문가 그리고 연구자들이 함께하고, 분야 간의 문턱을 넘어서고, 서로 다른 생각들을 조율하고 함께 고민함으로써 최고의 목적을 위해 같이 나아가는 것입니다.

G벤져스,
무엇을 할 것인가?

작금에 우리 업계가 어려워지고 있습니다. 국가사회의 인프라 사업의 축소에 따른 건설 분야의 위기는 이제 우리들의 현실이자 해결해야 할 숙제이기도 합니다. 이럴 때일수록 우리 모두가 힘을 모으는 지혜가 요구되는 시대입니다. 특히나 지반분야의 사고는 중요 프로젝트에서의 지반기술자의 역할이 정말 중요하다는 사실을 보여주고 있습니다. 이러한 문제점을 극복하려면 준비하고 배우고 공부하는 수밖에 없다고 생각합니다. 각자의 분야에서 전문가를 중심으로 힘을 모아야 합니다. 학계의 리딩, 산업계의 노력 그리고 관의 적극적인 지원, 산학관의 합심이 가장 필요한 때가 아닐까 합니다. 지금까지의 우리만의 시스템을 분석하여 우리만의 관행을 과감히 개선하고, 제4차 산업혁명시대의 새로운 패러다임에 대응하는 적극적인 자세가 요구되는 시간입니다.

우리 지반기술자들의 열정과 노력만큼은 그 누구보다도 우수하다는 것은 확실합니다. 아마도 그러한 우리의 자산이 미래시장에서 자리매김하는 중요한 토대가 될 것입니다. 어려운 시대에 우리가 모두가 어려움을 극복하고 우리 분야의 발전과 변화를 생각하며, 그동안의 엔지니어링의 경험을 통하여 나름대로 정리한 'G벤져스'로서 갖추어야 할 세 가지를 생각해 보았습니다.

첫째는 '땅을 잘 알아야 하는 전문성(Special Geo-Engineer)' 입니다.

기본 중에 기본입니다. 지반에 대한 지식과 경험이 그 무엇보다 중요합니다. 팩트에 집중하고 현상을 이해하고, 이를 공학적으로 설명할 수 있어야 합니다. 자기만의 기술을 가져야 합니다. 이를 위해서는 항상 공부하고, 정리하고, 노력하는 엔지니어로서의 소양을 가지도록 해야 할 것입니다.

둘째는 '글로벌 능력을 갖춘 글로벌(Global Geo-Engineer)' 입니다.

우리의 한계를 벗어나는 가장 중요한 자세입니다. 학연과 지연 그리고 분야 폐쇄성을 탈피하여, 관련 분야에 있어 글로벌 전문가와 글로벌 시스템을 경험하는 것이 반드시 필요합니다. 이를 위해서는 어학소통능력을 갖추고 글로벌 기준에 대한 이해가 수반되어야 하며, 다양한 해외프로젝트 기회를 적극적으로 만들어 가도록 해야 할 것입니다.

셋째는 '협업 능력을 갖춘 통합성(Integrated Geo-Engineer)' 입니다.

지반공학은 토질, 지질, 암반 등과 같은 다양한 분야의 집합체입니다. 따라서 프로젝트를 수행하고 지반공학문제를 해결하기 위해서는 여러 분야의 코웍이 필수입니다. 다양한 기술자들과 공동으로 일을 수행하고 서로 협력하는 통합적 마인드가 가장 중요합니다. 이를 위해서는 학문적 편견을 벗고 그 한계를 인정하여 같이 힘을 모아 만들어갈 수 있도록 해야 할 것입니다.

지반의 최강 히어로, G벤져스

지금까지 약간은 꿈같은 이야기를 해봤습니다. 지반 엔지니어로서 살아오면서 느낀 것들에 대한 바람이 모아져서 이런 거창한 생각까지 하게 되었습니다. 운명적인 선택과 그 속에서의 고민들 그리고 성장하고 발전하는 과정을 거쳐 우리 일을 이해하고 우리 업에 대한 애정을 가지게 되어 큰 꿈을 그려보았습니다. 비록 멋지고 화려하진 않지만, 정말 가치롭고 멋진 길이었음을 느끼게 되면서, 원대한 목표를 향하여 열심히 논의하고, 꾸준히 일하는 과정을 통하여 진정한 엔지니어로서 의미를 가지게 되며, 또한 기술경쟁력 있는 엔지니어로서 가치를 가지게 된다고 생각합니다.

세상은 분명 변하고 있습니다. 우리 분야도 분명 변해야 하고 변하는 세상에 적극적으로 대응해야만 합니다. 지반 불확실성으로 인한 지반 리스크(Geo-Risk)를 포함하고 있는 지반공학은 상대적으로 환경과 안전 분야에 취약성을 노출하게 됨에 따라 이에 대한 대책이 없으면 생존할 수 없는 시대가 다가오고 있습니다. 이러한 대책의 일환이 바로 기술전문가 집단의 통합을 통한 혁신이라는 생각을 가져봅니다. 이는 전공의 벽을 넘어서고, 분야의 턱을 넘어서는 과정이며, 최종적으로는 하나의 목표를 향해 나아갈 수 있도록 하는 추진체와 같은 것이 반드시 요구되는 때이기 때문입니다. 그 중심에 우리 학회가 있으며, 그 핵심에 우리 터널기술자들이 자리해야 하는 것이라 생각합니다.

오늘 우리 모두가 꿈꾸고 고민하는 것들은 우리 업의 발전을 위해 보다 나은 것을 만들기 위한 노력이며, 변화에 대한 갈망의 결과라 할 수 있습니다. 아직 극복해야 할 문제가 쌓여 있고, 해야 할 일이 많지만 지반기술의 발전에 기여하고, 지반 전문 엔지니어로서 성장하기 위해 더욱 노력하고 열심히 달려가야 할 것입니다.

끝으로 변화 속의 현재를 극복하고 발전적인 미래를 준비하기 위하여 지금 우리들에게 우리 모두의 히어로이자 우리 모두가 한 팀이 되는 진정한 'G벤져스'가 많이 만들어져 모두가 함께 즐겁게 일할 수 있으며, 모두가 같이 세상에 기여할 수 있는 행복한 멋진 미래를 그려봅니다. 또한 지반을 안전하게 굴착하고, 지하공간을 멋지게 만들고, 지하세계를 아름답게 구현함에 있어 전문 핵심 첨단기술로 완전 무장하고 적극적으로 해결하며, 세상을 헤치고 열심히 활동하는 우리 모두의 'G벤져스'를 꿈꿔봅니다.

터널맨에 대하여

연일 매스컴을 통하여 발표되는 GTX와 같은 대심도 지하개발사업과 영동대로 지하공간개발과 같은 지하개발사업들이 주목을 받고 있고, 이에 따라 터널과 지하공간에 대한 관심도 증가하고 있습니다. 이에 고민하면서 생각한 키워드는 이름하여 '터널맨(Tunnel Man)'입니다. 터널기술을 통하여 지하공간을 종횡무진 활약하고 궁극적으로 세상을 이롭게 하고 구하는 엔지니어라고 정의하겠습니다. 지금까지 슈퍼맨, 아이언맨, 배트맨과 같은 수많은 히어로가 우리들의 상상 속에 있었지만, 터널맨은 다가올 미래에서 진정한 히어로로 자리매김하고자 하는 바람으로 터널맨을 생각해봅니다.

우리 업을 시작한지도 27년이라는 시간이 지났습니다. 시공사와 설계사를 거쳐 우리 일을 알게 되고 그리고 우리 일에 대한 애정을 가지고 되었습니다. 그리고 호주와 싱가포르에서의 기술적 경험을 통하여 글로벌 엔지니어링(Global Engineering)에 대한 마인드셋을 가지게 되었습니다. 대부분의 사람들은 우리 업의 가장 큰 장점이 경험이라고 합니다. 그 경험이 쌓이면서 전문가로 성장하고 기술자로 발전하는 것은 분명하며, 시간이 지날수록 빛을 발하고, 세월을 겪을수록 성장하는 것입니다. 하지만 그러한 경험은 스스로를 제한된 울타리라는 틀 속에 갇히게 하고, 한정된 기술적 사고 속에 새로운 변화에 대응하지 못하는 경우가 나타날 수 있다는 점을 명심해야 할 것입니다.

세상, 어떻게 변하고 있는가?

우연한 기회로 싱가포르 PB에서 터널 엔지니어로서 일을 하게 되었습니다. 우리와 같은 수준의 설계 엔지니어링 업무를 수행하고 있었지만, 설계단계에서 리스크 관리와 안전보고서를 작성하는 PSR 프로세스, 하드카피 도면이 필요 없는 E-Submission 시스템, 일정 규모 이상의 프로젝트에서 BIM 작성의무, 설계자와 시공자의 동등한 기술자 권한과 책임 등에 놀라지 않을 수 없었으며, 모든 도심지 터널구간에서의 TBM 기계화 굴착 적용과 Underground Master Plan을 수립하고 지하공간개발을 Next Frontier로서 준비하는 과정이 참으로 대단하다고 생각했습니다.

또한 호주 UNSW 대학에서의 연구자로서 경험을 하게 되었는데, 호주의 경우 메가 프로젝트개발에서 제기되는 다양한 민원을 해결하고자 모든 기술적 노력과 소통 플랫폼을 만들고 운영하고 있다는 점입니다. 먼저 도심지구간에서의 발파 진동소음 문제를 최소화하기 위하여 로드헤더를 이용한 기계굴착공법 우선 적용, 민원인들과 소통하기 위한 커뮤니티 센터 운영, BIM 적용으로 공사 전체 과정의 구현, 누구나 쉽게 이용할 수 있는 인터액티브 맵 운영 등과 같이 발주자와 시공자/설계자뿐만 아니라 제3당사인 주민들과 안전 및 환경문제에 보다 적극적으로 대응하고 소통하고 있음에 정말로 대단하다는 생각을 가지게 되었습니다.

그리고 홍콩과 마카오를 연결하는 강주아오대교(HZMB) 해저터널 현장을 방문하게 되었습니다. HZMB 해저터널은 중국이 자랑하는 세계 최장대의 교량과 터널로 구성된 메가 프로젝트로서, 안전과 환경문제를 최우선적으로 고려한 E&MA 프로그램과 주민참여 프로그램 그리고 설계·시공 전단계에 4D-BIM 적용을 통하여 메가 프로젝트를 성공적으로 운영하고 있음에 다시 한번 놀라지 않을 수 없었습니다.

세상은 분명 변하고 있습니다. 프로젝트는 대형화되고, 다양한 첨단기술이 접목되고 융합되고 있으며, 안전과 환경문제가 중요한 이슈화되어 이를 우선적으로 해결하고자 하는 엄청난 규모의 노력과 관심이 계속되고 있습니다. 특히 도심지 터널의 경우 기계화 시공(Mechanized Tunnelling) 및 통합 디지털 기술(Integrated Digital Technology)이 적극적으로 도입되어 운영되고 있습니다. 대규모 지하 프로젝트를 둘러싼 관련 민원인들의 요구도 엄청나게 증가하고 변하고 있으며, 우리가 만들어낸 기술도 빠른 속도로 발전하고 변화하고 있음을 우리 모두 명확히 인식해야 합니다.

터널맨, 무엇을 할 것인가?

우리 엔지니어링 업계가 정말 어렵다고 합니다. 국가사회의 인프라 사업의 축소에 따른 건설 분야의 위기는 이제 우리들의 현실이자 숙제이기도 합니다. 오래전부터 이에 대한 대안으로 해외로의 진출을 고민해왔지만 생각보다 쉽지만은 않다는 사실입니다. 엔지니어링 능력은 되는데 뭔가 부족하고 자신감이 없는 게 지금의 현실입니다. 이러한 문제점을 극복하는 유일한 방법은 준비하고 배우고 공부하는 수밖에 없다고 생각합니다. 각자의 분야에서 전문가를 중심으로 힘을 모아야 합니다. 학계의 리딩, 산업계의 노력 그리고 관의 적극적인 지원, 산학관의 합심이 가장 필요한 때가 아닐까 합니다. 지금까지의 우리만의 시스템을 분석하고, 우리만의 관행을 과감히 개선하고, 제4차 산업혁명시대의 새로운 패러다임에 대응하는 적극적인 자세가 요구되는 시간입니다.

우리 터널기술자들의 열정과 노력만큼은 세계 그 어느 누구보다도 우수하다는 것은 확실합니다. 아마도 그러한 우리의 자산이 글로벌 시장에서 자리매김하는 중요한 토대가 될 것입니다. 어려운 시대에 우리가 모두가 어려움을 극복하고 우리 분야의 발전과 원대한 웅비를 생각하며, 그동안의 엔지니어링의 경험을 통하여 나름대로 정리한 터널맨(Tunnel Man)으로서 갖추어야 할 세 가지를 정리해 보았습니다.

첫째는 '설계시공 능력을 겸비한 토탈 엔지니어(Total Engineer)' 입니다.

모든 엔지니어링에 있어 종합화를 통한 분야별 경계는 무너지고 있습니다. 설계능력을 갖춘 기술자가 시공과 감리를 수행함으로써 보다 체계적인 프로젝트 관리를 수행할 수 있으며, 미래 터널시장에서는 이러한 기술자를 원하고 있기 때문입니다.

둘째는 '글로벌 능력을 갖춘 글로벌 엔지니어(Global Engineer)' 입니다.

현재 우리의 공사 시스템으로는 해외시장의 진출에 그 한계를 노출하고 있습니다. 글로벌 국제기준의 공사시스템을 이해하고, 엔지니어의 역할 확대를 통하여 우리 엔지니어들의 위상을 강화하여야만 합니다.

셋째는 '소통 능력을 갖춘 통합 엔지니어(Integrated Engineer)' 입니다.

앞으로 지속적으로 계속되는 안전 및 환경문제에 대한 민원에 효율적으로 대응하기 위해서는 바로 기술적 도구를 이용한 소통의 능력이 요구되며, 다양한 분야에 적용되고 있는 첨단 기술에 대한 이해가 무엇보다 필요하기 때문입니다.

G벤져스의 핵심 멤버, 터널맨

엔지니어로서 살아온 길을 생각해봅니다. 우연한 선택과 그 속에서의 고민들 그리고 성장하고 발전하는 과정을 거쳐 우리 일을 이해하고 우리 업에 대한 애정을 가지게 되어 이제야 진짜 엔지니어가 뭔지를 깨닫게 됩니다. 비록 멋지고 화려하진 않지만, 정말 가치롭고 멋진 길이었음을 느끼게 됩니다. 또한 목표를 향하여 열심히 논의하고, 꾸준히 일하는 과정을 통하여 진정한 엔지니어로서 의미를 가지게 되었고, 또한 기술경쟁력 있는 엔지니어로서 가치를 가지게 되었다고 생각합니다. 오늘 우리 모두가 만들어낸 성과물은 우리 업의 발전을 위해 보다 나은 것을 만들기 위한 노력이며, 변화에 대한 갈망의 결과라 할 수 있습니다. 아직 극복해야 할 문제가 쌓여있고, 해야 할 일이 많지만 터널기술의 발전에 작은 힘이나마 기여하고, 터널 엔지니어로서 그리고 터널전문가로의 성장하기 위해 더욱 노력하고 열심히 달려가야 할 것입니다.

끝으로 변화 속의 현재를 극복하고 발전적인 미래를 준비하기 위하여 지금 우리들에게 우리 모두의 히어로이자 우리 자신의 영웅인 진정한 터널맨(Tunnel Man)이 아주 많이 나타나서 모두가 함께 즐겁게 일할 수 있으며, 모두가 같이 인류에 이바지할 수 있는 행복한 멋진 미래를 그려봅니다. 또한 지하터널을 굴착하고, 지하공간을 건설하고, 지하세계를 구현함에 있어 첨단 터널기술로 완전 무장하고 적극적으로 응답(應答)하며, 지하를 헤치고 지하공간 속으로 엄청나게 비하(飛下)하는 우리들의 터널맨(Tunnel Man)을 꿈꿔봅니다.

응답(應答)하라 터널맨(Tunnel Man)이여!
비하(飛下)하라 터널맨(Tunnel Man)이여!

터널 엔지니어 선언문

터널 엔지니어로서 터널기술 분야에 업을 수행함에 있어
터널 기술의 발전과 사회 공익의 증대에 기여할 것을 엄숙히 서약하노라.

- 터널 선배기술자들에 대하여 존경과 감사를 드리겠노라.
- 터널 엔지니어로서의 자부심과 긍지를 가지고 터널기술을 사용하겠노라.
- 터널 기술의 객관성과 공정성을 우선적으로 생각하겠노라.
- 터널 기술에 대한 모든 원칙과 논리를 지키겠노라.
- 터널 기술의 고귀한 전통과 명예를 유지하겠노라.
- 터널 엔지니어를 동지처럼 생각하겠노라.
- 터널 기술에 대한 나의 역할과 책임을 다하겠노라.
- 자연으로부터 만들어진 지하의 모든 것을 공학적으로 다루겠노라.
- 비록 어려움을 당할지라도 터널지식을 합리에 어긋나게 쓰지 않겠노라.

이상의 서약을 터널 엔지니어의 명예를 받들어 하노라.

AUTHOR

1983년 서울대학교 자원공학과에 입학, 1993년 동 대학원에서 암반공학 박사 학위를 취득하였다. 대우건설, 삼보기술단, 삼성물산 등의 현업에 재직하면서 설계와 시공에 대한 다양한 실무를 경험하고 화약류 관리 기술사 및 지질 및 지반기술사를 취득한 후, 전문학회 이사와 공공기관의 자문위원 및 평가위원 으로서 활동하고 있다. 서울대학교와 호주 UNSW 대학교를 거쳐 글로벌 설계 사인 Parsons Brinckerhoff에서 터널 전문가로서 컨설팅 업무를 수행하였으며, 현재 종합설계사인 (주)건화에서 설계업무와 기술개발업무를 담당하고 터널 전문엔지니어로서 활동하고 있다.

김영근 Kim Young Geun

babokyg@hanmail.net / babokyg@kunhwaeng.co.kr

경력 CAREER

1983 – 1993	서울대학교 자원공학과 암반공학 전공(공학박사)
1993 – 2002	대우건설 토목연구팀
2002 – 2006	삼보기술단 지반사업부
2006 – 2012	삼성물산 토목엔지니어링팀
2012 – 2012	서울대학교 에너지자원공학과 겸임교수
2012 – 2103	호주 UNSW 대학교 마이닝 스쿨 객원연구원
2013 – 2015	Parsons Brinckerhoff Singapore C/S Division 터널전문가
2015 – 현재	(주)건화 지반터널부 부사장
2020 – 현재	명지대학교 토목환경공학과 유지관리대학원 겸임교수

자격 CERTIFICATES

1996	화약류 관리기술사 (No. 96147100022V)
1997	지질 및 지반기술사 (No. 97150100042L)

저서 PUBLICATIONS

2003	터널의 이론과 실무 – 터널공학시리즈 1 (공저)	한국터널공학회
2007	터널의 이론과 실무 – 터널공학시리즈 2 (공저)	한국터널공학회
2007	터널기계화 시공 – 설계편 (공저)	한국터널공학회
2008	터널 표준시방서 (공저)	국토해양부/한국터널공학회
2009	지반기술자를 위한 지질 및 암반공학 I (공저)	한국지반공학회
2010	대단면 TBM 터널 설계 및 시공 (공저)	삼성물산
2011	지반기술자를 위한 지질 및 암반공학 II (공저)	한국지반공학회
2011	터널설계시공 (공역)	씨아이알
2012	지반기술자를 위한 지질 및 암반공학 III (공저)	한국지반공학회
2013	응용지질 암반공학	씨아이알
2015	글로벌 터널 설계 엔지니어링 실무	씨아이알

2017	터널 라이닝 설계 가이드	씨아이알
2018	선진국형 터널공사 건설시스템	한국터널지하공간학회
2019	터널공사 시방서	씨아이알
2020	터널맨 이야기	씨아이알
2021	로드헤더 기계굴착가이드 (공저)	씨아이알
2022	터널 리스크 안전관리	씨아이알
2022	암반 지오리스크	씨아이알
2022	TBM 터널 이론과 실무 (공저)	씨아이알
2023	터널 페이스 매핑	씨아이알

대외활동 ACTIVITIES

2000 – 현재	한국암반공학회 발전위원장
2002 – 현재	한국지반공학회 부회장
2002 – 현재	한국터널지하공간학회 부회장
2016 – 현재	국토교통부 중앙건설기술심의위원 (토질 및 터널)
2000 – 현재	국토교통과학기술진흥원 R&D 및 신기술평가위원
2015 – 현재	과학기술정보통신부 기준수준평가 전문가 (건설교통분야)
2002 – 현재	한국도로공사 설계자문위원 (토질 및 터널)
2018 – 현재	국가철도공단 설계자문위원 (토질 및 터널)
2018 – 현재	한국광해공단 평가위원 및 출제위원
2016 – 현재	국가기준위원회 위원 (터널)
2021 – 현재	새만금개발공사 기술심의위원(토질 및 기초)
2021 – 현재	국토교통부 국가건설사고조사위원

수상 AWARDS

2001	한국암반공학회 일암논문상
2008	국토해양부 장관상
2008	한국터널공학회 논문상
2009	한국암반공학회 공로상
2011	한국암반공학회 기술상
2012	한국지반공학회 기술상
2017	(주)건화 개인 우수상
2017	한국지반공학회 저술상
2018	한국지반공학회 기술상
2018	한국터널지하공간학회 학회장상
2020	한국도로공사 사장 표창
2021	한국지반공학회 특별상
2021	대한토목학회 저술상
2022	한국터널지하공간학회 공로상
2022	한국암반공학회 공로상
2022	한국건설인정책연구원 우수강사상
2023	국무총리 표창장

TUNNEL SMART U-SPACE
터널 스마트 지하공간

초판 발행 | 2024년 1월 5일

지은이 | 김영근
펴낸이 | 김성배
펴낸곳 | (주)에이퍼브프레스

책임편집 | 최장미
디자인 | 엄혜림, 엄해정
제작 | 김문갑

출판등록 | 제25100-2021-000115호(2021년 9월 3일)
주소 | (04626) 서울특별시 중구 필동로8길 43(예장동 1-151)
전화 | 02-2274-3666(대표) 팩스 | 02-2274-4666
홈페이지 | www.apub.kr

ISBN   979-11-984291-5-5 (93530)